Mechanische Schwingungen und ihre Messung

Von

Dr.-Ing. J. Geiger
Oberingenieur
Augsburg

Mit 290 Textabbildungen
und 2 Tafeln

Berlin
Verlag von Julius Springer
1927

ISBN-13:978-3-642-89737-5 e-ISBN-13:978-3-642-91594-9
DOI: 10.1007/978-3-642-91594-9

Softcover reprint of the hardcover 1st edition 1927

Vorwort.

Wenn jemand bis vor etwa $1^1/_2$ Jahrzehnten über Schwingungsvorgänge sprach, so mußte er riskieren, mitleidig über die Achsel angesehen zu werden wie einer, der in seiner Denkweise sich ganz einseitig eingestellt hat und auf einen unfruchtbaren Abweg geraten ist. Heute hat sich dieses Bild gründlich geändert. Im jetzigen Zeitalter des Schnellbetriebs hat sich die Notwendigkeit, Schwingungsvorgänge vollständig zu beherrschen, mehr und mehr als unumgänglich herausgestellt. Es sei als Beweis nur die Elektrotechnik angeführt: ob sich jemand mit Starkstrom oder Schwachstrom, mit Röntgenstrahlen oder Radio befaßt, ein erhebliches Maß von schwingungstechnischen Kenntnissen und praktischen Erfahrungen braucht jeder, der auf einem dieser Gebiete Nutzbringendes schaffen oder gar Pionierarbeit leisten will.

Man erwidere nicht, daß ich gerade ein Gebiet herangezogen hätte, in dem Schwingungsvorgänge eine besonders große Rolle spielen: Sie begegnen uns letzten Endes überall im täglichen Leben, wenn auch in den meisten Fällen uns ganz unbewußt. Der erste Lichtstrahl, der in das Auge des neugeborenen Säuglings dringt, der letzte Ton, der an das Ohr des müden Greises schallt, der erste Schritt, den, von der fürsorglichen Hand der Mutter geleitet, das Kind vollführt und der letzte Schlag unseres Herzens: alle sind letzten Endes Schwingungsvorgänge Und unsere Sinne, die uns die allgütige Mutter Natur in weiser Voraussicht mit auf den Lebensweg gegeben hat, sind schließlich nichts anderes als Meßgeräte zum Feststellen von Schwingungen: beim Ohr von Luftschwingungen in dem Intervall von 30/sek bis zu einigen 10000/sek und beim Auge, unserem wichtigsten Sinne, ohne den unser Leben öde und reizlos wäre, in dem Bereich von 487 Billionen in der Sekunde entsprechend dem äußersten Rot bis zu 764 Billionen entsprechend dem äußersten Violett.

Ich will noch darauf verweisen, daß allgemein Wärme und Licht Schwingungserscheinungen sind und glaube damit genügend gezeigt zu haben, welch außerordentlich hohe Bedeutung den Schwingungen in unserem Leben und in der Natur, in der Wissenschaft und der Technik zukommt.

Wenn trotzdem bis vor wenigen Jahren in technischen Kreisen die Schwingungsvorgänge im allgemeinen nicht die ihnen entsprechende

Würdigung gefunden haben, so dürfte das unter anderem auf folgenden Umstand zurückzuführen sein:

Die vorhandene Literatur befaßte sich im wesentlichen mit der mathematischen Seite von Schwingungsfragen. Der in Praxis stehende Ingenieur, der normalerweise mit konstruktiven und wirtschaftlichen Fragen, mit der Erprobung von Maschinen oder der Verwaltung eines großen Betriebes usw. zu tun hat, verfügt naturgemäß auch dann, wenn er früher höhere Mathematik mit Begabung und ausgesprochener Vorliebe getrieben hat, nicht durchweg über eine solche Gewandtheit in mathematischen Dingen, daß ihm die Lektüre eines solchen Werkes einigermaßen leicht fallen würde. Hat er sich aber trotzdem und trotz seiner starken Inanspruchnahme mit dringenden geschäftlichen Aufgaben durch das dornenreiche Gestrüpp mathematischer Entwicklungen hindurch gearbeitet, so mußte er nicht selten finden, daß er mit den Ergebnissen in vielen Fällen nur recht wenig anfangen konnte und legte enttäuscht das Werk auf die Seite.

Man kann wohl sagen, daß im Vergleich zu der ausführlichen mathematischen Behandlung von Schwingungsfragen die meßtechnische und experimentelle Seite in der einschlägigen Literatur bisher nur wenig beackert wurde und daß die Erfahrung an großen ausgeführten Anlagen — die hervorragendste Lehrmeisterin in der Technik — hierbei etwas kurz kam.

Ich bitte diese Ausführungen nicht in dem Sinne aufzufassen, als ob ich die mathematische Behandlung dieser Fragen für nebensächlich halten würde. Die Hauptschwierigkeiten liegen aber bei den Problemen der Praxis meistens nicht so sehr auf der mathematischen Seite, sondern einerseits darin, daß bei vielen Anlagen eine außerordentlich große Reihe von störenden Schwingungsmöglichkeiten vorhanden ist, die vorauszuberechnen viel zuviel Arbeit machen würde und deren Berechnung oft auch deshalb nicht möglich ist, weil die erforderlichen genauen Unterlagen oder Beiwerte fehlen; andererseits wird die Beherrschung von praktischen Schwingungsproblemen dadurch sehr erschwert, daß unsere menschlichen Sinne für eine exakte Beobachtung leider in keiner Weise ausreichen.

Was die mathematischen Schwierigkeiten anbelangt, so läßt sich zeigen, daß glücklicherweise der größere und gerade der praktisch wichtigere Teil mechanisch technischer Schwingungsprobleme mit elementaren Hilfsmitteln nicht nur überblickt, sondern auch zahlenmäßig verfolgt werden kann. Freilich kommen hierbei öfters zeichnerische Verfahren in Anwendung, die zwar manchem Mathematiker weniger, dem konstruktiv tätigen Ingenieur, der dauernd mit Reißbrett und Winkel umgeht, aber um so mehr liegen. Er schätzt derartige Verfahren auch ganz besonders deshalb, weil sie wegen ihrer geringeren Ansprüche an mathematische Kenntnisse durch Hilfskräfte ausführbar sind und sich infolge ihrer großen Anschaulichkeit leicht kontrollieren lassen.

Bei manchen Schwingungsvorgängen, welche nicht eine besonders große Bedeutung für die Praxis haben und bei denen außerdem die strenge mathematische Ableitung der Gesetzmäßigkeiten sehr viel Raum in Anspruch genommen hätte, wurden im vorliegenden Werk unter Verzicht auf die Ableitung im Hinblick auf die Praxis lediglich die Ergebnisse kurz angeführt und für denjenigen Leser, der die zahlenmäßige Entwicklung der Formeln studieren will, die wichtigste theoretische Literatur angegeben. Ich glaubte mich hierzu schon aus dem Grunde wohl berechtigt, weil über die mathematische Behandlung gewisser für die Technik weniger wichtiger Schwingungsprobleme bereits eine recht reichhaltige Literatur vorhanden ist.

Dagegen schien es mir bei besonders wichtigen und häufig vorkommenden Schwingungsproblemen mit Rücksicht auf die praktische Anwendung notwendig, die für die Vorausberechnung von Schwingungserscheinungen notwendigen Vorarbeiten, insbesondere die sog. Reduktion der Massen und Längen ausführlich darzustellen.

Wenn ich oben einer einseitigen Bevorzugung der mathematischen Behandlung von Schwingungsfragen nicht das Wort reden konnte, so möchte ich doch auf der andern Seite dem Empiriker, der z. B. die Güte einer Federung nur nach ihrem Aussehen und seinem „Gefühl" abwiegt, klar machen, daß reines Tasten der unsicherste und oft teuerste Weg ist, den man beschreiten kann, daß man hierbei bei jedem neuen Fahrzeug und Bauwerk aufs neue kostspielige Erfahrungen sammeln muß.

Ahmen wir die Natur nach! Sie hat uns nicht nur durch unsern Verstand zur streng mathematischen Behandlung dieser Fragen befähigt, sondern auch in unsern Sinnen uns äußerst wertvolle Beobachtungsgeräte gegeben. Wo wir aber klar erkennen, daß wir mit unsern Sinnen nicht mehr auskommen, einfach deshalb, weil die zu beobachtenden Vorgänge außerhalb des Meßbereiches derselben liegen, da sind Meßgeräte am Platze. Mit ihnen beherrschen wir „sehenden Auges" die scheinbar schwierigsten Erscheinungen vergleichsweise mühelos. Wir brauchen uns nicht auf unser „Gefühl" zu verlassen wie der reine Empiriker, brauchen nicht vereinfachende, den Wert unserer Untersuchungen oft stark beeinträchtigende Annahmen zu treffen wie der reine Mathematiker.

Wir stützen uns auf klare Meßergebnisse, auf Tatsachen. Aus diesem Grunde wurde die meßtechnische Untersuchung der in der Technik vorkommenden mechanischen Schwingungsprobleme besonders betont. Freilich würde dieselbe etwas in der Luft schweben, wenn nicht zuvor die Theorie der hierbei in Betracht kommenden Meßgeräte, soweit sie vom schwingungs- und meßtechnischen Standpunkt aus interessiert, entsprechend gewürdigt worden wäre. Gerade in den beiden letzten Jahrzehnten ist die Technik mit solchen Meßgeräten in erfreulicher Weise bereichert worden. Über die Theorie derselben sind entweder keine Veröffentlichungen vorhanden oder es handelt sich um Aufsätze, die in verschiedenen Zeitschriften zerstreut sind.

Es wurde deshalb zunächst die Theorie der Schwingungsmeßapparate ausführlich behandelt und besonders auf die allen gemeinsamen Gesichtspunkte u. a. über die passende Lage der Eigenfrequenz hingewiesen. Sodann wurden die bekannteren und wichtigeren eingehend beschrieben.

Sollte der Leser vielleicht finden, daß das eine oder andere Instrument fehlen sollte, so bitte ich dieses Fehlen nicht im Sinne eines abfälligen Urteils auffassen zu wollen. Es ist einerseits ganz natürlich, daß ich solche Meßgeräte, mit denen ich selbst im Laufe vieler Jahre besonders umfangreiche Erfahrungen sammeln konnte, gegenüber anderen, die ich lediglich aus der Literatur kennen lernte, vorzugsweise beschrieb. Ferner war es mir darum zu tun, für jede Gattung von Meßgeräten wenigstens ein oder zwei typische Instrumente zu bringen, ich mußte mir daher schon aus diesem Grunde in der Zahl der darzustellenden Apparate Beschränkung auferlegen. Die Anführung sämtlicher mir bekannt gewordenen Schwingungsmeßgeräte hätte den Rahmen dieses Werkes weit überschritten und dürfte, da es sich in vielen Fällen um Meßgeräte handelt, die inzwischen aufgegeben wurden oder keine Verbreitung fanden, für die Praxis kaum von besonderem Interesse sein.

Weiterhin wurde eine Reihe von Hinweisen gegeben, wie bei der unmittelbaren Beobachtung und bei der meßtechnischen Untersuchung von Schwingungen vorzugehen ist. Diese Hinweise beziehen sich zunächst auf die Art der Durchführung der Messung, insbesondere auf die Fragen: Was messen? und: Wo messen? Daneben sind auch die wichtigsten Gesichtspunkte bei der Handhabung der Meßgeräte sowie bei der Auswertung der mit ihnen erhaltenen Diagramme angegeben.

Ein ausführlicher Abschnitt ist den Abhilfemaßnahmen gewidmet, die bei etwaigen durch Schwingungserscheinungen verursachten Störungen zu treffen sind.

Endlich wurden auch die nutzbringenden Anwendungen von mechanischen Schwingungen erörtert. Wenn diese Anwendungen, von Meßgeräten abgesehen, auch nicht besonders zahlreich oder bedeutend sind, so schien es mir doch geboten, sie mit Rücksicht auf die in dieser Richtung vorhandenen Entwicklungsmöglichkeiten zu streifen.

Im Zusammenhang hiermit wurde auch die Abfederung von Fahrzeugen von theoretischen Gesichtspunkten und auf Grund von Messungen und Beobachtungen behandelt.

Allgemein wurde Wert darauf gelegt, daß möglichst jeder einzelne Abschnitt für sich verständlich sein sollte, um einem solchen Leser, der sich etwa nur für die eine oder andere Sonderfrage interessiert, tunlichst an die Hand zu geben. Mit Rücksicht auf die Vermeidung von etwaigen Wiederholungen ließ sich dies freilich nicht ganz durchführen. Es ist aber bei den späteren Abschnitten verschiedentlich besonders darauf hingewiesen, welches der vorangegangenen Kapitel zu beachten ist.

Zum Schlusse möchte ich nicht versäumen, denjenigen Herren bzw. Firmen, die mich bei der Abfassung dieses Werkes durch Überlassung von Lichtbildern u. dgl. unterstützten, meinen besonderen Dank auszusprechen. Es sind dies:

Die Maschinenfabrik Augsburg-Nürnberg, die Generaldirektion der Schweizerischen Bundesbahnen, Lehmann & Michels, Altona, Maihak A.G., Hamburg, Dr. G. Schmaltz, Offenbach, Dr. H. Frahm, Direktor der Blohm- und Voss-Schiffswerft, Dr. Öhler, Aachen, Dr. A. Wichert, Direktor, Mannheim.

Augsburg, Oktober 1926.

Dr. J. Geiger.

Inhaltsverzeichnis.

Seite

Grundlegende Versuche 1

Schwingungen einer mit einem vergleichsweise festen Punkt elastisch verbundenen Masse 1

Theorie 7

Theorie der Schwingung eines materiellen Punktes 7

Schwingungen mit Dämpfung 9

Schwingungen mit mechanischer Reibung 12

Erzwungene Schwingungen 15

Elementare Ableitung der Grundgesetze 21

Freie nichtharmonische Schwingungen 23

Erzwungene nichtharmonische Schwingungen 31

Theorie zusammengesetzter Systeme 34

Längsschwingungen 40

Allgemeine Schwingungseigenschaften bei Mehrmassensystemen 41

Feststellung der Eigenfrequenzen 44

Vereinfachte Bestimmung der Eigenfrequenzen 46

Ermittlung der Schwingungsausschläge unter Berücksichtigung von Dämpfungen 50

Biegungsschwingungen 56

Biegungsschwingungen von Dampfturbinenschaufeln 59

Biegungseigenfrequenzen bei Dampfturbinenfundamenten 60

Biegungseigenfrequenzen von unsymmetrischen Dampfturbinenfundamenten 67

Allgemeiner Fall der Bestimmung der Biegungseigenfrequenzen 70

Biegungsschwingungen von Scheiben usf. 71

Biegungsschwingungen von rotierenden Wellen 73

Eigenfrequenzen eines an mehreren Stellen federnd unterstützten starren Körpers insbesondere eines Fahrzeuges 76

Sonderfälle von Schwingungen 81

Teilschwingungen 81. — Gegabelte Systeme 82.

Der Einfluß gleich großer an verschiedenen Stellen angreifender Kräfte auf die Größe der Schwingungsausschläge 85

Übereinanderlagerung mehrerer Schwingungen 87

Stöße 89

Stöße bei Mehrmassensystemen 108

Reibschwingungen 110

Reglerpendelungen 112

Schiffschwingungen 118

Schlingertank 119. — Vertikale und horizontale Schiff-Biegungsschwingungen 120. — Schiffstorsionsschwingungen 125.

Die Dämpfung 127

Dämpfungsleistung und dämpfende Kräfte 127

Schwingungsfestigkeit und Dämpfungsfähigkeit 133

Drehschwingungsmaschine von Föppl 136. — Dauerprüfmaschinen von Schenk 137.

Seite

Feststellung der erregenden Kräfte 141
Harmonische Analyse 141
Konstruktion der Tangentialkraft T aus der Kolbenkraft K 142
Massendrücke 143
Beschleunigung beim exzentrischen Kurbelgetriebe 145
Zusammenwirken mehrerer Zylinder 146
Tangentiale Massendrücke 151
Harmonische Analyse von periodischen Kraft-Zeitkurven, insbesondere von Drehkraftdiagrammen 153
Kritische Drehzahlen 159

Bestimmung der schwingenden Massen 160
Übersetzungen 163
Massenreduktion einer Kurbelkröpfung auf den Kurbelradius $r = 30$ cm . 165
Bestimmung des Schwungmoments durch Pendelversuch 167

Elastizitäten 169
Längenreduktion bei Übersetzungen 174
Experimentelle Bestimmung der elastischen Längen 175
Experimentelle Bestimmung des elastischen Verhaltens bei Biegungsschwingungen 179
Experimentelle Bestimmung von Längsdehnungen 179

Theorie des Verhaltens von Meßinstrumenten in Schwingungstechnischer Beziehung 180
Indikator, Manometer, Volt-Amperemeter und dgl. 188
Systeme mit zwei Massen 190
Theorie der Beschleunigungsmesser 193
Schlußbemerkungen zur Theorie der Meßgeräte 197
Theorie des Vibrographen 199
Tachometer, Tachograph 205

Kurze Beschreibung der wichtigeren Meßgeräte für mechanische Schwingungen 205
Der Indikator 206
Torsionsindikatoren 209
Der Torsiograph 213
Der Vibrograph 219
Der Pallograph 223. — Das Vibrometer 225. — Der Seismograph 226. — Der Apparat von Schmaltz 227.
Beschleunigungsmesser 227
Das Frahmsche Resonanztachometer 230
Tachograph 230
Durchbiegungsmesser 234
Askenasy, Horizontalschwingungsmesser von Fränkel-Leuner 234.
Spannungs- oder Dehnungsmesser 237
Fränkel-Leuner 237. — Okhuizen 240. — Fereday-Palmer 241. — Geiger 241.

Praktische Untersuchung von Schwingungen 245
Unmittelbare Beobachtung mit Hilfe unserer menschlichen Sinne 245
Allgemeines Vorgehen bei Messungen 251
Beachtenswertes bei der Handhabung von Meßgeräten 269
Auswertung von Meßergebnissen 273

Seite
Abhilfemaßnahmen bei störenden Schwingungen 279
Nutzbringende Anwendung von mechanischen Schwingungen . . 294
Die Uhr 294. — Der Mitteldruckindikator 294. — Der Gang des Menschen 295. — Schiefersteinsche Schwingsysteme 296. — Der Wuchtförderer von Heymann 297.
Abfederung von Fahrzeugen 298
Der Pneumatik 300. — Das zwei- und das vierrädrige Fahrzeug 302. — Der Reibungspuffer 305.

Druckfehlerberichtigung

Seite 100: 13. Zeile von oben, erste Spalte (f): Die Klammer unter dieser Formel soll nicht über die Spalte hinausgehen.

Seite 101: 1. Zeile, lies: $e^{-\frac{\pi}{f}} = \frac{1}{e^{\frac{\pi}{f}}}$ statt $e^{-\frac{\pi}{f}} = \frac{1}{e\frac{\pi}{f}}$

Seite 145: 17. Zeile von oben, lies: $s = x_0 - r \cdot \cos\alpha - x_1$,
statt: $s = x_0 - \nu \cos\alpha - x_1$.

Seite 194: 12. Zeile von oben, lies:

$$a_m - a_{P_v} = a_{P_v}\left(\frac{1 + 4 \cdot \left(\frac{\omega}{\omega_e}\right)^2}{1 + 3 \cdot \left(\frac{\omega}{\omega_e}\right)^2} - 1\right) = a_{P_v} \cdot \frac{\left(\frac{\omega}{\omega_e}\right)^2}{1 + 3 \cdot \left(\frac{\omega}{\omega_e}\right)^2}.$$

statt
$$a_m - a_{P_v} = a_{P_v}\left(\frac{1 + 4 \cdot \left(\frac{\omega}{\omega_e}\right)^2}{1 + 3 \cdot \left(\frac{\omega}{\omega_e}\right)^2} - 1\right) = \frac{\left(\frac{\omega}{\omega_e}\right)^2}{1 + 3 \cdot \left(\frac{\omega}{\omega_e}\right)^2}.$$

Zusammenstellung der am häufigsten vorkommenden Bezeichnungen.

ν	= Schwingungszahl	^{1}/min
t	= Schwingungsdauer	sek
F	= Federkraft in	kg
c	= Federkonstante	kg/cm
f	= Durchbiegung	cm
m	= Masse	$\frac{\text{kg/sek}^2}{\text{cm}}$
b	= Beschleunigung	cm/sek^2
ω	= Kreisfrequenz oder Winkelgeschwindigkeit der Schwingung	^{1}/sek
a	= Schwingungsausschlag gerechnet von der Mittellage aus	cm
ν_e	= Eigenschwingungszahl	^{1}/min
t_e	= Eigenschwingungsdauer	sek
G	= Gewicht	kg
g	= Erdbeschleunigung = 981	cm/sek^2
k	= Dämpfungsfaktor	$\frac{\text{kg/sek}}{\text{cm}}$
v	= Geschwindigkeit	cm/sek
R	= Reibung	kg
r	= Reibungsbeiwert	cm
r_0	= Abstand	cm
P	= erregende Kraft	kg
C	= Massenträgheitskraft	kg
Z	= Zentripetalkraft	kg
c_c	= durchschnittliche Federkonstante bei unharmonischen Schwingungen	kg/cm
s	= Spiel	cm
r	= Abstand der Massen von der Drehachse	cm
d	= Durchmesser	cm
l_{12} l_{23}	usf. = drehelastische Längen	cm
R	= Abstand des Kraftangriffspunktes	cm
ϑ	= verhältnismäßige Verdrehung	cm
M_d	= Drehmoment	cmkg
G	= Schubelastizitätsmodul	kg/cm^2
J_p	= polares Flächenträgheitsmoment	cm^4
T	= Trägheitskraft	kg
Δa	= Verdrehung am Hebelarm r	cm
R	= Restkraft	kg
a_l	= Ausschlag links vom Kraftangriffspunkt	cm
a_r	= Ausschlag rechts vom Kraftangriffspunkt	cm
H	= Horizontalzug	kg
E	= Zugelastizitätsmodul	kg/cm^2
F	= Querschnittsfläche	cm^2
ν_{e1}	= Eigenfrequenz ersten Grades	^{1}/min
K	= dämpfende Kraft	kg
φ	= Phasenverschiebungswinkel	
Θ	= äquatorisches Trägheitsmoment	cm^4
a	= Länge eines Querträgers	cm
b	= Höhe der Säule	cm
e	= Exzentrizität	cm
n	= Drehzahl	^{1}/min
w	= Winkelgeschwindigkeit einer Reglerspindel	^{1}/sek
J_f	= Flächenträgheitsmoment des Hauptspantquerschnittes	m^4
D	= Deplacement	t
H	= Schiffshöhe	m
B	= Schiffsbreite	m
L	= Schiffslänge	m
N	= Dämpfungsleistung	$\frac{\text{mkg}}{\text{sek}}$
γ	= Dämpfung	
τ	= Schubbeanspruchung	kg/cm^2
d	= Kolbendurchmesser	cm
r	= Kurbelradius	m

l = Treibstangenlänge . . m
K = auf den Kolben wirkende Kraft . . . . kg
T = Tangentialkraft . . . kg
λ = $\frac{r}{l}$ Treibstangenverhältnis . . . .
v = Kolbengeschwindigkeit m/sek
T_∞ = Massenkraft der hin- u. hergehenden Triebwerksteile, ohne Berücksichtigung des Einflusses der endlichen Länge der Treibstange . . . . kg
T_e = zusätzliche Massenkraft, herrührend vom Einfluß der endlichen Länge der Treibstange kg
M_∞ = Massendruckmoment der hin- u. hergehenden Triebwerksteile ohne den Einfluß der endlichen Länge der Treibstange . . . . mkg
M_e = zusätzliches Massendruckmoment, herrührend von der endlichen Länge der Treibstange . . . . mkg
l = Zylinderabstand . . m
b_{tg} = Tangentialbeschleunigung . . . . m/sek²
P_{tg} = tangentiale Massenkraft . . . . kg
Gd^2 = Schwungmoment . . kgm²
i_{Sch} = Trägheitsradius des Schenkels . . . . . cm
i_{KZ} = Trägheitsradius des Kurbelzapfens . . . cm
i_{WZ} = Trägheitsradius des Wellenzapfens. . . . cm
G_{Sch} = Gewicht beider Schenkel . . . . . . kg
G_{KZ} = Gewicht des Kurbelzapfens. . . . . . . kg
G_{WZ} = Gewicht des Wellenzapfens. . . . . . . kg
m_s = Masse des Schwungrades in . . . . . . $\frac{\text{kgsek}^2}{\text{cm}}$
m_r = rotierende Massen der Kurbel und der Treibstange . . . . $\frac{\text{kgsek}^2}{\text{cm}}$
m_o = oszillierende Massen (Kolben, Kolbenstange, Kreuzkopf, Treibstangenanteil . . . . $\frac{\text{kgsek}^2}{\text{cm}}$
J_{red} = polares Trägheitsmoment, auf welches reduziert wird . . . . cm⁴
d_{red} = Wellendurchmesser, auf welchen reduziert wird . . . . cm
a_{rel} = Relativausschlag zwischen zwei Massen . cm
δ = Ungleichförmigkeitsgrad
V = Vergrößerung
ν' = Schwingungszahl i. d. Sekunde 1/sek
A = Doppelausschlag. . . cm

Grundlegende Versuche.

Schwingungen einer mit einem vergleichsweise festen Punkt elastisch verbundenen Masse.

Praktisch kommt dieser Fall in genügender Annäherung vor z. B. beim Fadenpendel, einer schweren Masse, die durch einen Faden oder eine dünne Stange und dergleichen mit dem Aufhängepunkt verbunden ist. Mit diesem Pendel denken wir uns eine Reihe von Versuchen ausgeführt:

1. Wir lenken das Pendel aus und lassen es los. Wir beobachten, daß es in seine Gleichgewichtslage zurück und darüber hinaus eilt, dann zurückpendelt usf., mit einem Wort, daß es Schwingungen ausführt.

2. Wir finden weiter, daß die Schwingungen immer kleiner werden, bis sie nach Ablauf einer gewissen Zeit ganz aufgehört haben.

Wir stellen das Pendel so auf, daß seine träge Masse in einem Bottich, der mit Wasser gefüllt ist, hin- und herschwingt und finden, daß das Pendel sehr viel rascher sich beruhigt. Wählen wir an Stelle von Wasser Öl, so tritt eine noch raschere Beruhigung ein. Wir finden aber in sämtlichen Fällen, daß das Pendel schließlich genau in seine Ruhelage zurückkehrt.

3. Wir zählen endlich die Schwingungen mit einer Taschen- oder Stoppuhr. Vorausgesetzt, daß wir die Pendellänge so groß gewählt haben, daß wir die Schwingungen bequem zählen können, finden wir, daß die Zahl der Schwingungen immer gleich ist, ob wir nach rechts oder nach links das Pendel aus der Gleichgewichtslage auslenkten, einerlei, ob es sich um größere, kleine oder ganz kleine Ausschläge handelt, einerlei, ob wir die Schwingungzahl sofort nach dem Loslassen des Pendels feststellen oder erst bedeutend später. Ja wir finden sogar, daß eine Veränderung der Form und der Masse des Pendelgewichts auf die Zahl der minutlichen Schwingungen keinen Einfluß ausübt. Erst wenn wir die Pendelmasse so klein wählen, daß der Luftwiderstand allmählich mehr und mehr im Vergleich zum Pendelgewicht an Bedeutung gewinnt, ändert sich dies.

4. Wir ändern nunmehr die Pendellänge, d. h. den Abstand des Schwerpunktes unseres Gewichtes vom Aufhängepunkt und finden, daß das Pendel um so langsamer schwingt, je größer seine Länge ist.

5. Wir finden weiter, daß es innerhalb weiter Grenzen gleichgültig ist, wo und wie das Pendel in seinem Aufhängepunkt befestigt ist. Erst wenn wir z. B. auf einen hohen Berg mit demselben steigen würden und äußerst genaue Meßmethoden zur Bestimmung der Schwingungszahl anwenden würden, könnten wir eine kleine Veränderung derselben feststellen. Endlich könnten wir eine offenkundige Änderung der Schwingungszahl finden, wenn der Aufhängepunkt nicht fest, sondern in irgendeiner Weise elastisch angeordnet wäre, wenn er z. B. an einem dünnen Brett, an einer Feder usf. sich befände.

6. Wir halten das Pendel an Stelle des bisherigen Aufhängepunktes nunmehr zwischen Daumen und Zeigefinger und bewegen die letzteren l a n g s a m irgendwohin: Die Pendelmasse vollführt praktisch die gleichen Bewegungen wie unsere beiden Finger. Bei rascher Bewegung der letzteren ändert sich dagegen das Bild vollständig. Um dieses Verhalten noch etwas klarer kennen zu lernen und weil uns in erster Linie Schwingungen interessieren, bewegen wir unsere Finger gleichmäßig im Takte einer Sinusschwingung hin und her. Solange diese Hin- und Herbewegungen nur langsam erfolgen, finden wir, daß sie das Pendelgewicht in gleicher Größe, gleichem Rhythmus und gleicher Phase mitmacht: d. h. es sind

a) die Ausschläge des Gewichtes gleich denen unserer Finger, d. h. des Aufhängepunktes,

b) die Schwingungszahl des Gewichtes stimmt mit jener unserer Finger genau überein,

c) Gewicht und Finger schwingen nach derselben Seite und erreichen im gleichen Moment den größten Ausschlag.

7. Wenn wir den Aufhängepunkt etwas rascher hin- und herbewegen, so werden wir finden, daß das Gewicht nunmehr größere Ausschläge als unsere Finger macht.

8. Wenn wir die Zahl der Hin- und Herbewegungen so steigern, daß sie mit derjenigen Schwingungszahl gerade übereinstimmt, die das Gewicht bei festem Aufhängepunkt ausführen würde, nachdem es wie unter 1. aus der Ruhelage ausgelenkt losgelassen wird, d. h. daß die Zahl der Schwingungen gerade mit der sog. Eigenschwingungszahl oder Eigenfrequenz des Gewichtes übereinstimmt, so zeigt sich, daß das Gewicht immer größere und größere Ausschläge ausführt; auch dann, wenn wir den Aufhängepunkt im Takte der Eigenfrequenz nur ganz kleine Ausschläge machen lassen, beobachten wir am Gewichte auffallend große, auf alle Fälle wesentlich größere Ausschläge als am Aufhängepunkt. Es ist dies der wichtige Zustand der Resonanz.

Wir bemerken in diesem Falle weiter, daß die Schwingungszahl des Gewichtes genau mit jener des Aufhängepunktes übereinstimmt, daß aber das Gewicht seine jeweilige Endlage um etwa nach ein Viertel der

Zeit einer ganzen Doppelschwingung später als der Finger erreicht. Unter Doppelschwingung verstehen wir hierbei den Weg von der Ruhelage über dem größten Ausschlag nach rechts, dem Zurückpendeln über die Ruhelage nach links bis zum größten Ausschlag und dem Zurückschwingen von links nach rechts bis zur Ruhelage. Zwischen dem Ausschlag des Aufhängepunktes und jenem des Gewichtes ist also eine sog. Phasenverschiebung um 90^0 eingetreten, wenn wir die Zeit für eine Doppelschwingung mit 360^0 bezeichnen. Das Gewicht eilt um 90^0 dem Aufhängepunkt nach.

9. Wir bewegen den Aufhängepunkt nunmehr rascher, als der Eigenfrequenz des Gewichtes entspricht und finden, daß nunmehr die Ausschläge des Gewichtes bedeutend kleiner geworden sind, während die Nacheilung nunmehr nahezu 180^0 beträgt, d. h. wenn der Aufhängepunkt seinen größten Ausschlag nach rechts ausgeführt hat, ist das Gewicht eben in seiner linken Endlage. Die Schwingungszahl des Gewichtes ist auch hier genau gleich jener des Aufhängepunktes.

10. Bewegen wir endlich den Aufhängepunkt mit einer Schwingungszahl, welche wenigstens doppelt so rasch als die Eigenfrequenz des Gewichtes ist, so macht das Gewicht die Schwingung des Aufhängepunktes praktisch nicht mehr mit, sondern bleibt in Ruhe. Dies gilt auch dann, wenn wir am Aufhängepunkt sehr große Ausschläge ausführen.

11. Nun nehmen wir wieder das gleiche Pendel aber dieses Mal wieder mit festem Aufhängepunkt. Wir stoßen das Gewicht an und geben ihm jedesmal, wenn es seine Bewegung umkehrt, einen Stoß im Sinne der neuen Bewegungsrichtung. Wir finden, daß verhältnismäßig recht kleine Stöße genügen, um große Ausschläge zu erzielen.

12. In Abänderung dieses Versuches geben wir ihm jetzt immer bei jeder 2. oder 3. oder 4. Doppelschwingung erst einen Stoß. Wir finden auch in diesem Falle das vorhergehende Ergebnis lediglich mit dem Unterschied, daß wir entsprechend der geringeren Anzahl Stöße entsprechend stärker stoßen müssen.

13. Schließlich verdrehen wir den Faden, indem wir am Gewicht drehen und es dann plötzlich loslassen: Genau das, was wir zuvor unter 1. bis 5. gefunden haben, ergibt sich nunmehr wieder, lediglich mit zwei Unterschieden: 1. Die Schwingungszahl des Gewichtes oder, wie wir in diesem Falle genauer sagen, die Dreheigenschwingungszahl des Systems Faden — Gewicht ist jetzt im allgemeinen eine wesentlich andere (niedrigere). 2. Es ist nicht mehr gleichgültig, welche Masse und insbesondere welche Form das Gewicht besitzt. Je größer seine Masse, um so langsamer schwingt es. Je weiter seine Masse von der Drehachse des Fadens radialer Richtung entfernt liegt, um so niedriger wird seine Schwingungszahl.

Ich habe diese Versuche besonders ausführlich geschildert, weil sie zum Verständnis von Schwingungserscheinungen allgemein von grundlegender Bedeutung sind. Eine so außerordentlich einfache Versuchsanordnung, zu der außer einem Gewicht oder dergleichen lediglich ein Faden oder eine Schnur nötig ist, wurde absichtlich gewählt, weil diese Versuche jedermann bei sich zu Hause wiederholen kann.

14. Bei einem weiteren Versuch, der uns über das Verhalten bei Stößen näheren Aufschluß geben soll, halten wir ein Fadenpendel von einer genügend großen Länge mit der linken Hand, während wir mit der rechten Hand einen Druck oder Schlag auf die linke ausführen. Wir merken uns wieder die Eigenfrequenz des Pendels und führen Schläge, welche langsamer, ebenso rasch und rascher wie die Eigenfrequenz erfolgen. Bei den langsamen Schlägen wird man streng genommen eher von einem einmaligen Auslenken des Aufhängepunktes aus und Zurückführen in seine vorherige Lage sprechen. Wir finden: Sowie die Stoßdauer wesentlich größer ist als die Dauer einer Eigenschwingung, so erfolgt zwar eine einmalige langsame große Auslenkung, an die sich jedoch Pendelschwingungen nur in geringem Maße anschließen.

15. Entspricht die Stoßdauer der Eigenschwingungsdauer, so ist die erste Auslenkung zwar kleiner als zuvor; es schließen sich jedoch Pendeleigenschwingungen von nahezu der gleichen Größe an.

16. Ist die Stoßdauer endlich viel kürzer als die Eigenschwingungsdauer, so entsteht nur eine ganz geringe erstmalige Auslenkung und die daran anschließenden Eigenschwingungen sind ebenfalls ganz unbedeutend.

Grundsätzlich die gleichen Ergebnisse wie bei den bisherigen Versuchen erhalten wir, wenn wir das Gewicht nicht an einem Faden, sondern an einer irgendwo eingespannten Biegungsfeder befestigen oder wenn wir an Stelle eines Fadens eine Gummischnur oder eine Zugfeder nehmen und das Gewicht senkrecht auf und abpendeln lassen. Ganz gleichgültig, ob es sich um Pendel-, d. h. Schwerkraftschwingungen, um Biegungs-, Dreh- oder Längsschwingungen handelt, ob die Masse aus einem festen, flüssigen oder gasförmigen Körper besteht, ob an Stelle des Fadens eine drehelastische Welle, eine Uhrfeder, eine Eisenbahnpufferfeder, eine Gassäule usf. tritt, wir finden durchwegs: die Gesetze bleiben im wesentlichen immer dieselben. Ja wir können sogar aus der Mechanik zur Elektrizitätslehre übergehen und finden auch dort im wesentlichen unsere Beobachtungen bestätigt. Es ist natürlich im letzteren Falle klar, daß wir nicht mehr von der Masse eines festen Körpers sprechen können, an deren Stelle tritt vielmehr die elektrische Masse: die Selbstinduktion, ähnlich treten an Stelle der Elastizität fester Körper und an Stelle der mechanischen Dämpfung andere Größen.

Es wurde vorher gesagt: Die Gesetze bleiben im wesentlichen immer dieselben. Die Einschränkung „im wesentlichen" ist dahin zu verstehen, daß es wichtige Fälle gibt, wo zwischen dem jeweiligen Ausschlag und der Kraft, welche die Masse in ihre Ruhelage zurückzuführen bestrebt ist, keine Proportionalität besteht.

Wir wollen nun aus den Beobachtungen unsere Schlüsse ziehen und die wichtigsten Gesetze angeben.

1. Jedes elastische System mit einer einzigen Masse hat eine sog. Eigenschwingungszahl; diese Zahl gibt an, wieviel Schwingungen in der Minute das betreffende System ausführt, wenn es durch irgende'nen Umstand aus der Gleichgewichtslage gebracht wird.

Wenn im folgenden von Schwingungszahlen die Rede ist, so sind dieselben hierbei immer in der Minute zu verstehen. Die Physiker rechnen im Gegensatz hierzu mit der sekundlichen Schwingungsdauer t. Dieselbe ergibt sich aus dem reziproken Wert der minutlichen Schwingungszahl ν, multipliziert mit 60, also $t = \frac{60}{\nu}$.

2. Jede Schwingung klingt nach kürzerer oder längerer Zeit ab, je nach der Größe der Dämpfung. Zur dauernden Aufrechterhaltung bedarf es daher äußerer Energiezufuhr in Form von erregenden Kräften.

3. Kräfte erregen nur dann andauernde Schwingungen, wenn sie periodisch und zwar genau im gleichen Takt wie die Ausschläge des betreffenden Systems wechseln.

4. Die Ausschläge sind proportional den erregenden Kräften.

5. Es besteht bei erzwungenen Schwingungen hinsichtlich des Ausschlags ein außerordentlich wichtiger Zusammenhang mit dem jeweiligen Verhältnis von Schwingungszahl zu der Eigenfrequenz des betreffenden Systems. Groß werden die Ausschläge trotz kleiner erregender Kräfte, wenn Resonanz herrscht, d. h. wenn die Schwingungszahl der erregenden Kräfte und die Eigenfrequenz zusammenfallen, klein werden sie trotz großer erregender Kräfte, wenn die Schwingungszahl wenigstens doppelt so hoch als die Eigenfrequenz des Systems liegt. Liegt sie umgekehrt wesentlich niedriger als diese Eigenfrequenz, so werden nur im Falle verhältnismäßig großer erregender Kräfte oder bei ganz langsamen Pendelungen die Ausschläge groß.

Außer diesen lassen sich noch eine Reihe weiterer Gesetze aus den Versuchen herauslesen:

6. Es besteht kein grundsätzlicher Unterschied zwischen den Schwingungen, bei welchen die rückführende Kraft die Schwerkraft der Erde ist, und jenen, bei welchen sie durch die Elastizität irgendeines Mediums dargestellt wird.

7. Je größer die rückführende Kraft, um so höher liegt die Eigenfrequenz.

8. Von den Pendelschwingungen abgesehen, spielt die Masse des schwingenden Körpers eine für die Lage der Eigenfrequenz ausschlaggebende Rolle. Je größer die Masse ist, um so tiefer liegt sie. Bei gewissen Schwingungsarten, die sich im weiteren Sinne als Verdrehungsschwingungen auffassen lassen, kommt auch noch die Massenverteilung in Betracht, d. h. der Abstand der einzelnen Massenteilchen von der Drehachse.

Es ist noch notwendig, zu den Versuchen 11 und 12 mit festem Aufhängepunkt und Schwingungserregung durch Anstoßen der Pendelmasse Stellung zu nehmen, da dieselben in einem scheinbaren Widerspruche zu dem eben geschilderten Gesetz 3 der Übereinstimmung der Schwingungszahl von erregender Kraft und Pendelmasse stehen. Ich führte diese Versuche eigens an, um zu zeigen, daß eine scharfe Beobachtung unbedingt notwendig ist, wenn man richtige Schlußfolgerungen ziehen will. Der Unterschied gegenüber dem Versuch 8 besteht darin, daß die Kraft stoßweise eingeleitet wird, d. h. zwischen dem Krafteinleitungsorgan — unserem Finger — und der Pendelmasse keine dauernde elastische Verbindung vorhanden ist. Während im Falle einer solchen Verbindung also bei Versuch 8 die erregende Kraft stets zeitlich einen mehr oder weniger sinusförmigen Verlauf nimmt, ist ihr Verlauf im Falle des Versuchs 12 hiervon vollständig verschieden: Auf sehr lange Zeiten mit der Kraft Null folgt plötzlich eine außerordentlich kurze Zeit mit sehr großer Kraft; Zeiten mit negativer Kraft sind überhaupt nicht vorhanden.

Eine eingehendere Erklärung des abweichenden Verhaltens bei Versuch 12 soll im theoretischen Teil gebracht werden, hier sei nur hervorgehoben, daß es sich lediglich um eine scheinbare Abweichung handelt und daß unsere Gesetze jedenfalls voll und ganz gelten, wenn die erregende Kraft sinusförmig wechselt.

Beobachtung bei einem System von mehreren elastisch miteinander verbundenen Massen:

Ein solches System können wir uns leicht selbst schaffen, wenn wir an unser Pendel ein 2., 3. oder 4. Pendel anhängen und die gleichen Versuche durchführen. Wir werden dann sämtliche oben angeführten Ergebnisse bestätigt finden; außerdem aber wird sich zeigen, daß ein System von 2 Pendeln 2 Eigenfrequenzen besitzt, eine, bei welcher beide Pendelmassen im gleichen Sinne schwingen, und eine, bei welcher sie entgegengesetzt schwingen. Allgemein wird ein System von n Pendelmassen auch n Eigenfrequenzen besitzen. Ganz ähnlich gilt dies bei anderen Schwingungsarten mit einem Befestigungspunkt (im Pendelfalle unsere Hand). Ist ein solcher nicht vorhanden, wie z. B. bei einem frei schwebend gedachten mit Einzelmassen belegten Stab, der Dreh- oder Biegungsschwingung ausführt, so ist die mögliche Zahl der Eigenfrequenzen stet $n - 1$, was schon daraus folgt, daß eine Masse allein hier noch kein schwingungsfähiges Gebilde darstellt.

Theorie.

Theorie der Schwingung eines materiellen Punktes[1]).

Die Masse des Punktes sei mit m_1 bezeichnet, die Kraft, welche ihn jeweils in seine Ruhelage zurückzuführen bestrebt ist, sei $F = c \cdot f$.

Hierbei möge der Buchstabe F an Feder erinnern; c ist eine von der Federung abhängige Konstante, f ist die zu der Kraft 1 kg gehörende Durchbiegung der Feder oder allgemeiner die Formänderung des elastischen Mittels (Abb. 1). Wir nehmen also ausdrücklich an, daß die elastische Kraft dem Geradliniengesetz gehorcht. Solange der Massenpunkt in seiner Ruhelage sich befindet, ist die Kraft Null und es fehlt jeder Anlaß zu einer Bewegung. Sowie er aber durch irgendeine äußere Ursache aus seiner Gleichgewichtslage entfernt und sich selbst überlassen wird, führt er Schwingungen aus, die wir zahlenmäßig im folgenden untersuchen wollen. Zunächst sei noch hervorgehoben, daß Kraftrichtung und Auslenkung immer in dieselbe Gerade fallen, es fehlt also auch für die spätere Bewegung jeder Anlaß zu einer Abweichung.

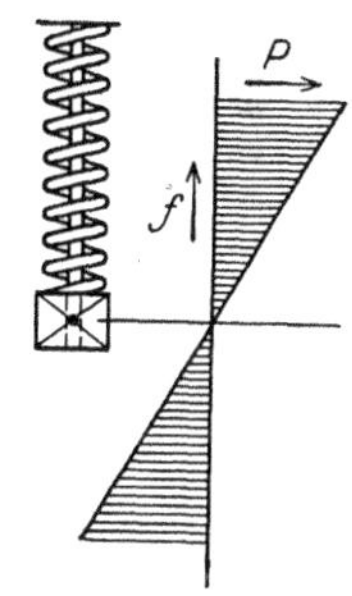

Abb. 1. Materieller Punkt an einer Feder hängend.

Das Newtonsche Grundgesetz: Kraft gleich Masse mal Beschleunigung gilt in jedem Moment und genügt, das Verhalten des Massenpunktes zu kennzeichnen. Wir schreiben also

$$m \cdot b = -F = -c \cdot f$$

oder wenn wir den jeweiligen Ausschlag mit x und die Zeit mit t bezeichnen

$$m \cdot \frac{d^2 x}{dt^2} = -c \cdot x \tag{1}$$

Die allgemeine Lösung dieser Differentialgleichung lautet:

$$x = a \cdot \sin \omega t + b \cos \omega t. \tag{2}$$

Hier bedeuten a und b Integrationskonstante, welche von den Anfangsbedingungen abhängig sind. Den Wert ω erhalten wir, wenn wir die Gl. (2) zweimal differenzieren:

Es ergibt sich nämlich dann:

$$\frac{d^2 x}{dt^2} = -\omega^2 (a \sin \omega t + b \cos \omega t).$$

Daraus folgt, daß $\omega = \sqrt{\frac{c}{m}}$ zu setzen ist, weil nur dann die Gl. (2) unbedingt befriedigt ist.

[1]) Bei diesem und den beiden nächsten rein theoretischen Abschnitten schließen wir uns im wesentlichen an die von A. Föppl gewählte Behandlungsweise an.

Wir kommen nun noch zur näheren Bestimmung der Integrationskonstanten a und b. Hier kommt es darauf an, von welchem Augenblick an wir die Zeit t rechnen. Um zu einem möglichst einfachen Ausdruck zu gelangen, wollen wir die Zeit t von einem Moment an rechnen, in welchem der Ausschlag x gerade gleich Null war. In diesem Falle muß das 2. Glied von Gl. (2), das den Cosinus der Zeit enthält, verschwinden, d. h. also b gleich Null sein. Gl. (2) vereinfacht sich dann zu

$$x = a \sin \omega t.$$

Die Bedeutung von a ist hier ohne weiteres klar. a stellt jenen Wert dar, den x im Lauf der Zeit immer wieder annimmt, wenn der Sinus gleich eins wird. a ist also der Schwingungsausschlag. Es interessiert uns jetzt hauptsächlich die Zeit für eine volle Schwingung, d. h. also jene Zeit, die vergeht von dem Moment, wo der betreffende Massenpunkt nach rechts hin seinen größten Ausschlag erreicht hat, bis zu dem Moment, wo er diesen Ausschlag auf derselben Seite wieder erreicht.

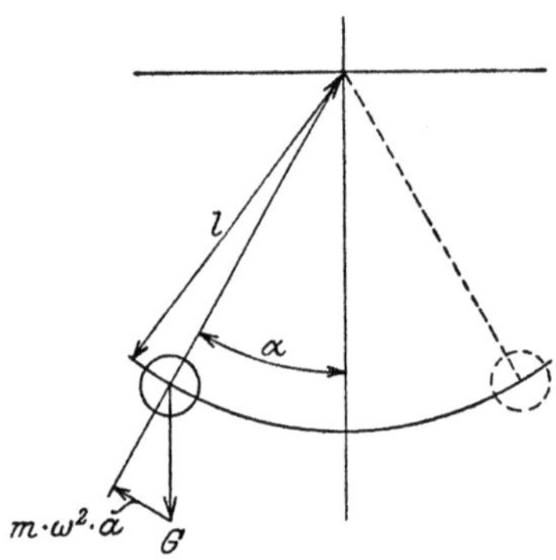

Abb. 2. Pendel mit Kräftezerlegung.

Dies geschieht allgemein immer dann, wenn der Winkel ωt, von welchem der Sinus zu bilden ist, um 2π gewachsen ist. Die zugehörige Zeit, die sog. Eigenschwingungsdauer, ergibt sich also aus

$$2\pi = \omega t$$

oder, wenn wir sie im folgenden mit t_e bezeichnen, zu

$$t_e = 2\pi \cdot \sqrt{\frac{m}{c}}. \tag{3}$$

Hierbei ist m in $\frac{kg/sek^2}{m}$, c in $\frac{kg}{m}$ und folglich t_e in Sekunden gemessen. In der Technik interessiert man sich gewöhnlich für die sog. minutliche Eigenschwingungszahl n_e, d. h. die Zahl, welche angibt, wieviel Eigenschwingungen der betreffende Massenpunkt, sich selbst überlassen, in der Minute ausführt. Diese Eigenschwingungszahl ergibt sich aus dem reziproken Wert der Eigenschwingungsdauer und umgerechnet auf die Minute zu

$$\nu_e = \frac{60}{2\pi} \cdot \sqrt{\frac{c}{m}} = \frac{30}{\pi} \cdot \sqrt{\frac{c}{m}}. \tag{4}$$

Die Lage der Eigenschwingungszahl hängt also nur ab von der Federkonstanten c und der Masse m. Je kleiner m und je größer c, desto höher liegt die Eigenfrequenz.

Wir gehen jetzt gleich über auf die Pendelschwingungen. Bei denselben ergibt sich, **kleine** Ausschläge vorausgesetzt, die Federkonstante c, d. h. die zu der Auslenkung um die Längeneinheit 1 gehörende Kraft zu $G \cdot \frac{1}{l}$, wobei G das Pendelgewicht und l die zugehörige Länge ist. Siehe Abb. 2.

Bezeichnen wir mit g die Erdbeschleunigung, so erhalten wir als Pendelmasse $m = \frac{G}{g}$ und damit als Eigenfrequenz des Pendels

$$\nu_e = \frac{30}{\pi} \cdot \sqrt{\frac{g}{l}}. \tag{5}$$

Für die Pendeleigenschwingungen spielt also auch die Masse keine Rolle; es kommt für einen gegebenen Ort lediglich die Pendellänge in Frage, wie wir das auf Grund unserer Versuche bereits feststellen konnten.

Schwingungen mit Dämpfung.

Bei den bisherigen theoretischen Untersuchungen haben wir einen Körper betrachtet, der aus der Gleichgewichtslage ausgelenkt, sich selbst überlassen, Schwingungen ausführt. Die dort aufgestellte Theorie ist aber nicht vollständig, sie berücksichtigt das Vorhandensein von Dämpfungen bzw. Reibungen nicht und kommt deshalb zu dem Schlusse, daß derartige Schwingungen, einmal angeregt, beliebig lange fortdauern müßten. Dieses Ergebnis findet sich aber nirgends in der Umgebung, es erscheint deshalb die rechnerische Berücksichtigung der Dämpfung angebracht.

Wir wollen zunächst näher erläutern, was unter Dämpfung zu verstehen ist.

Unter Dämpfung im weiteren Sinne wollen wir die in nicht umkehrbarer Weise sich vollziehende Umwandlung der mechanischen Schwingungsenergie in irgendeine andere Energieform, das ist vornehmlich in Wärme verstehen. Häufig wird auch eine Verkleinerung von Schwingungen durch irgendwelche andere Mittel, z. B. durch Verkleinerung der erregenden Kräfte, Änderung der Eigenfrequenz usf. als Dämpfung bezeichnet. Derartige Maßnahmen schließen wir aber aus dem Begriff Dämpfung ausdrücklich aus.

Unter Dämpfung im engeren Sinne bzw. unter dem dämpfenden Widerstand verstehen wir eine Kraft, welche der Schwingungsgeschwindigkeit proportional und in jedem Moment der Richtung der Schwingungsbewegung entgegengesetzt ist.

In Annäherung treten derartige dämpfende Kräfte auf beim Pendeln in gas- oder dampfförmigen oder flüssigen Medien, ferner in der Elektrotechnik bei der Wirbelstrombremsung.

Mit einer solchen Dämpfung wollen wir uns im folgenden befassen: Unsere dynamische Grundgleichung (1) erweitert sich hier zu

$$m \cdot \frac{d^2 x}{dt^2} = -cx - k \cdot \frac{dx}{dt}. \tag{6}$$

$k \cdot \frac{dx}{dt}$ stellt hier den dämpfenden Widerstand dar. k ist eine Konstante und stellt den sog. Dämpfungsfaktor dar, $\frac{dx}{dt}$ ist dagegen die Schwingungsgeschwindigkeit. $k \cdot \frac{dx}{dt}$ ist also gemäß unserer Voraussetzung eine von der Schwingungsgeschwindigkeit abhängige Kraft. Das negative Vorzeichen ist durch den Umstand, daß die Dämpfung der jeweiligen Schwingungsbewegung entgegengesetzt gerichtet ist, begründet.

Für eine bequeme Integration der Gl. (6) setzt man zweckmäßig

$$x = a_1 e^{\alpha t} + b_1 e^{\beta t},$$

In diesem Falle geht unsere Gleichung über in

$$m(\alpha^2 a_1 \cdot e^{\alpha t} + \beta^2 b_1 e^{\beta t}) + c(a_1 e^{\alpha t} + b_1 e^{\beta t}) + k(a_1 \alpha e^{\alpha t} + b_1 \beta e^{\beta t}) = 0.$$

Da diese Gleichung für beliebige a_1 und b_1 identisch erfüllt sein soll, zerfällt sie in die beiden Gleichungen

$$a_1 e^{\alpha t}(m \cdot \alpha^2 + c + k\alpha) = 0$$

und

$$b_1 e^{\beta t}(m\beta^2 + c + k\beta) = 0.$$

Diese beiden Gleichungen sollen für jeden Wert von t bzw. von A und B erfüllt sein. Es müssen demgemäß α und β so bestimmt werden, daß beide Klammerwerte Null werden, d. h. α und β sind die beiden Wurzeln der quadratischen Gleichung

$$mz^2 + c + kz = 0.$$

Die Auflösung der Gleichung ergibt:

$$z = -\frac{k}{2m} \pm \sqrt{\frac{k^2}{4m^2} - \frac{c}{m}}.$$

Bezeichnen wir der Kürze halber den darin vorkommenden Wurzelwert mit γ, so wird

$$\alpha = -\frac{k}{2m} + \gamma$$

und

$$\beta = -\frac{k}{2m} - \gamma.$$

Die allgemeine Lösung der Gl. (6) ist demnach

$$x = a_1 e^{-\frac{k}{2m}t} \cdot e^{\gamma t} + b_1 e^{-\frac{k}{2m}t} \cdot e^{-\gamma t}. \tag{7}$$

Hier sind zwei Fälle zu unterscheiden, je nachdem der Wert γ reell oder imaginär ist. Bei reellem Wert stellt die Gl. (7) aber überhaupt keine Schwingung mehr dar, da hierbei x sich als eine nicht periodische Funktion der Zeit t ergibt. Der Einfachheit halber bezeichnen wir die Geschwindigkeit, mit welcher der Punkt in dem Moment, von welchem an wir die Zeit rechnen, durch die Ruhelage ging, mit v_0. Für die Konstanten a_1 und b_1 erhält man dann mit Hilfe von Gl. (7) die beiden Werte

$$a_1 = \frac{v_0}{2\gamma} \quad \text{und} \quad b_1 = -\frac{v_0}{2\gamma}.$$

Hierdurch geht die Gl. (7) über in

$$x = \frac{v_0}{2\gamma} \cdot e^{-\frac{k}{2m} \cdot t} \left(e^{\gamma t} - e^{-\gamma t} \right) \tag{8}$$

Solange γ positiv ist, d. h. solange

$$k \geqq 2\sqrt{cm} \quad \text{ist}, \tag{9}$$

treten keine Schwingungen auf. Der Vorgang verläuft aperiodisch.

Für negatives γ ersetzen wir γ durch $i \cdot \gamma'$, wobei

$$\gamma' = \sqrt{\frac{c}{m} - \frac{k^2}{4m^2}} \quad \text{ist.}$$

Hierdurch geht unsere Gleichung über in

$$x = \frac{v_0}{\gamma'} \cdot e^{-\frac{k}{2m} t} \cdot \frac{e^{i\gamma' t} - e^{-i\gamma' t}}{2i} = \frac{v_0}{\gamma'} \cdot e^{-\frac{k}{2m} \cdot t} \cdot \sin \gamma' t. \tag{10}$$

Bei näherer Betrachtung dieser Gleichung finden wir, daß auch die gedämpfte Schwingung eine von der Ausschlagsgröße oder der Zeit vom Beginn der Schwingungsbewegung an ganz unabhängige Eigenfrequenz besitzt:

Die Masse m kehrt nämlich immer dann in die Gleichgewichtslage zurück, wenn $\sin \gamma' t = 0$, d. h. wenn der Winkel $\gamma' t$ um π oder ein Vielfaches davon angewachsen ist.

Zu der Dauer t_e einer vollen Eigenschwingung gehört ein Zuwachs um 2π.

Daraus folgt:

$$t_e = \frac{2\pi}{\gamma'} = \frac{4\pi m}{\sqrt{4mc - k^2}}.$$

Es ist also ein von der Zeit t oder dem jeweiligen Ausschlag ganz unabhängiger, nur durch die Masse, die Federkonstante und den Dämpfungsfaktor bestimmter Ausdruck. Die Eigenfrequenz ergibt sich darnach zu

$$n_e = \frac{30}{\pi} \cdot \frac{\sqrt{4mc - k^2}}{2m}. \tag{11}$$

Gleichzeitig finden wir aber, daß die Schwingungszahl jetzt durch das Hinzutreten des Gliedes k^2 niedriger geworden ist.

Die Abhängigkeit der Schwingungsdauer von dem als Vielfachen des Wertes $\sqrt{\frac{m}{c}}$ wiedergegebenen Dämpfungsfaktor ist in Abb. 3 dargestellt. Man erkennt daraus, daß bis zu einem Dämpfungsfaktor, der etwa der Hälfte des für aperiodische Schwingung geltenden entspricht, nur eine für technische Zwecke geringfügige Vergrößerung der Eigenschwingungsdauer entsteht.

Wir setzen uns jetzt die Aufgabe, das Verhältnis zweier aufeinander folgender größter Schwingungsausschläge a_n und a_{n+1} zu ermitteln. Wir wissen, daß dieselben um je eine halbe Schwingung voneinander entfernt liegen; d. h. daß in unserer Gl. (10) der Wert $\sin\gamma' t$, abgesehen vom Vorzeichen, für beide Ausschläge derselbe ist. Da v_0 und γ' konstante Werte sind, erhalten wir

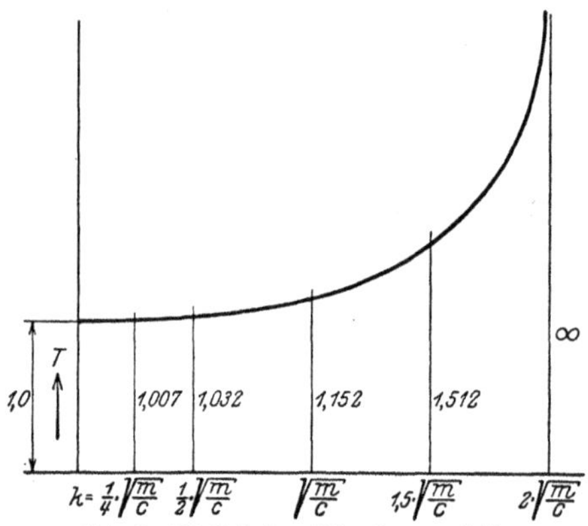

Abb. 3. Einfluß der Dämpfung auf die Schwingungsdauer.

$$\frac{a_n}{a_{n+1}} = \frac{e^{-\frac{k}{2m}\cdot t}}{e^{-\frac{k}{2m}\left(t+\frac{t_e}{2}\right)}} = e^{\frac{k}{2m}\cdot\frac{t_e}{2}}$$

Logarithmiert erhält man

$$\ln a_n - \ln a_{n+1} = \frac{k\cdot t_e}{4\,m} = \frac{\pi k}{\sqrt{4\,m c - k^2}}. \qquad (12)$$

Die natürlichen Logarithmen aufeinanderfolgender Schwingungsausschläge unterscheiden sich demnach immer um denselben Wert. Dieser wird als das **logarithmische Dekrement** der Schwingung bezeichnet.

Da m bekannt und t_e leicht durch Zählen oder Registrieren feststellbar ist, so kann man auf Grund der Gl. (13) nachprüfen:

a) ob die Dämpfung in dem betreffenden Falle tatsächlich eine von der Schwingungsgeschwindigkeit abhängige ist,

b) falls dies der Fall ist, wie groß der Dämpfungsfaktor k ist.

Bedeutung hat dieses Verfahren hauptsächlich für Meßinstrumente. Bei langsamen Pendelungen kann man hierbei die aufeinander folgenden Ausschläge unmittelbar ablesen, bei raschen Schwingungen ist die Registrierung nicht zu umgehen. Eine derartige Schwingung ist in Abb. 4 dargestellt.

Schwingungen mit mechanischer Reibung.

Neben dem Fall mit einer von der Schwingungsgeschwindigkeit abhängigen Dämpfung ist der Fall mit mechanischer Reibung noch von wesentlicher Bedeutung.

Unter Reibung verstehen wir hierbei eine konstante, von der Schwingungsgeschwindigkeit, der Zeit, dem Ausschlag usf. unabhängige Größe, welche stets der Bewegung entgegenwirkt.

Die dynamische Grundgleichung ändert sich in diesem Falle um zu

$$m \cdot \frac{d^2 x}{d t^2} = -c x \mp R. \tag{13}$$

Da das Reibungsglied bei Bewegungsumkehr nicht von selbst sein Vorzeichen ändert, so gilt diese Gleichung immer nur für eine Bewegungsrichtung. Wir setzen nun $R = c \cdot r$.

Da c wieder dieselbe Dimension $\frac{kg}{cm}$ wie in den Gl. (1) und (6) besitzt, hat r hier die Bedeutung einer Länge oder eines Ausschlags.

Es ergibt sich dann $m \frac{d^2 x}{d t^2} = -c(x \pm r)$.

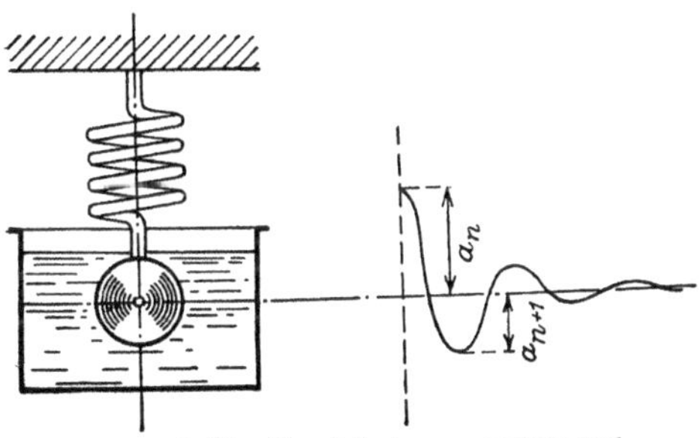

Abb. 4. Gedämpftes Schwingungssystem und Schwingungsbild hierzu.

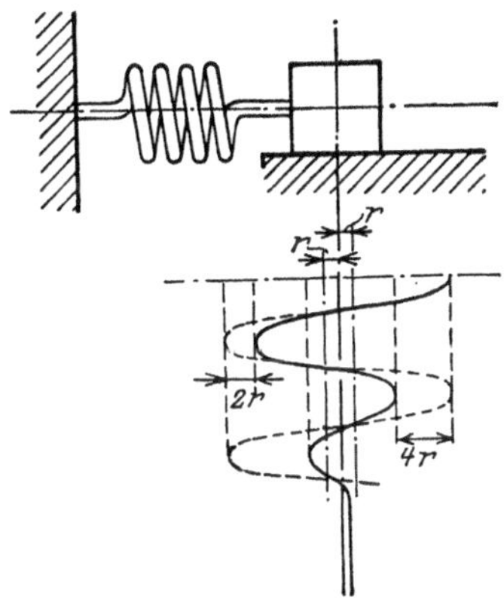

Abb. 5. System mit mechanischer Reibung und zugehöriges Schwingungsbild.

Nachdem eine nicht veränderliche Vermehrung oder Verminderung von x an der Beschleunigung nichts ändert, können wir auch schreiben:

$$m \cdot \frac{d^2 (x + r)}{d t^2} = -c(x \pm r). \tag{14}$$

Diese Gleichung ist aber genau so aufgebaut wie die Grundgleichung (1) der ungedämpften Schwingungen; nur ist die Mittellage stets um den Betrag r verschoben und zwar nach jener Seite hin, von der die Schwingung ausgeht. Der Ausschlag der Masse m vermindert sich also nach jeder Bewegungsumkehr um den Betrag $2\,r$. Siehe Abb. 5.

Die Schwingung kommt dann zur Ruhe, wenn der größte Schwingungsausschlag kleiner als r geworden ist.

Da die Ausschläge der Zeit nach immer um den gleichen Betrag, d. h. wenn man nur die Ausschläge nach einer Seite ins Auge faßt, um den Betrag $4\,r$ abnehmen, so liegen die Umkehrpunkte sämtlich auf einer geraden Linie. Dies ist neben dem Umstand, daß die

Masse m im allgemeinen nicht in der spannungslosen Mittellage zur Ruhe kommt, ein wesentliches Merkmal der Schwingung mit mechanischer Reibung.

Wird eine Schwingung registriert, so kann man sich sehr leicht mit Hilfe eines Lineals überzeugen, ob es sich um eine solche Schwingung mit Reibungsdämpfung handelt. Allerdings gilt diese Prüfung nur dann, wenn eine Reihe von Schwingungen registriert werden konnten, nicht aber, wenn die Reibung so stark ist, daß die Masse nach ein oder 2 Pendelungen zur Ruhe kommt. In diesem letzten Fall ist aber die Lage, in der sie schließlich liegen bleibt, gewöhnlich um einen schon mit freiem Auge erkennbaren Betrag von der spannungslosen Nullage verschoben, so daß man auch hier nicht im Zweifel zu sein braucht, ob mechanische Reibung in Frage kommt.

Da die Gl. (14) genau so aufgebaut ist wie Gl. (1), so folgt daraus, daß auch die Schwingung mit Reibung isochron ist, d. h. daß Eigenschwingungsdauer und Schwingungszahl unabhängig vom Ausschlag oder der Art des Anstoßes sind, ferner daß die Schwingungszahl im Gegensatz zu jener mit einer von der Geschwindigkeit abhängigen Dämpfung sich gegenüber der ungedämpften Schwingung nicht verkleinert.

Neben der Schwingung mit mechanischer vom Ausschlag unabhängiger Reibung wollen wir noch kurz jene mit einer vom Ausschlag linear abhängigen Reibung behandeln. Eine derartige Schwingungsdämpfung kommt unter anderem bei Blattfederwerken vor, bei welchen die Reibung zwischen den einzelnen Blättern von der Durchbiegung abhängig ist. Allerdings ist die Reibung solcher Federwerke nicht linear von der Durchbiegung abhängig, sondern besteht in erster Annäherung aus einem konstanten Glied, zu dem sich noch ein vom Ausschlag abhängiges Glied gesellt.

Betrachten wir nun ein vom Ausschlag linear abhängiges Reibungsglied, so erhalten wir als dynamische Grundgleichung

$$m \cdot \frac{d^2 x}{dt^2} = -cx \mp rx\,.$$

Der gleichbeleibende Faktor r gibt hierbei, multipliziert mit dem jeweiligen Ausschlag x, die angehörige Reibungskraft an. Diese wirkt, genau wie im vorhergehenden Falle gleichbleibender Reibung, in jedem Moment der Bewegung entgegen. Diese Gleichung läßt sich umformen in

$$m \cdot \frac{d^2 x}{dt^2} + (c \pm r)\,x = 0\,.$$

Die Lösung derselben lautet wieder

$$x = a_0 \cdot \sin \omega t + b_0 \cdot \cos \omega t\,,$$

wobei aber $\omega = \sqrt{\frac{c \pm r}{m}}$ ist.

Wenn wir die Zeit t von dem Moment an rechnen, in dem der Ausschlag x gerade Null war, so erhalten wir

$$x = a_0 \cdot \sin \omega t.$$

a_0 ist hierbei eine von der Anfangsgeschwindigkeit v_0 zur Zeit $t = 0$ abhängige Konstante, die sich durch Differentiation obiger Gleichung zu

$$a_0 = \frac{v_0}{\sqrt{\frac{c+r}{m}}} \quad \text{ergibt.}$$

Für den Fall, daß der Sinus um 90^0 fortgeschritten ist, erhalten wir

$$v_1 = \frac{a_0}{\sqrt{\frac{c-r}{m}}},$$

nach weiteren 90^0

$$a_1 = \frac{-v_1}{\sqrt{\frac{c+r}{m}}} = \frac{a_0}{\sqrt{\frac{c+r}{m}} \cdot \sqrt{\frac{c-r}{m}}} = \frac{-v_0}{\frac{c+r}{m} \cdot \sqrt{\frac{c+r}{m}}}$$

$$a_2 = + \frac{v_0}{\frac{c+r}{m} \cdot \frac{c-r}{m} \cdot \sqrt{\frac{c-r}{m}}} \quad \text{usf.}$$

Die Schwingungen nehmen also auch hier allmählich ab. Auch sie verlaufen isochron, wie aus der Formel für ω, welche unabhängig vom Ausschlag ist, folgt.

Im allgemeinen Fall werden Dämpfung und Reibung gleichzeitig auftreten; auch wird man nicht immer damit rechnen können, daß die Dämpfung gerade genau linear von der Schwingungsgeschwindigkeit abhängig ist. Die mathematische Ableitung für andere Fälle, z. B. daß die Dämpfung vom Quadrat der Schwingungsgeschwindigkeit abhängig ist, wollen wir an dieser Stelle nicht bringen. Hierbei leitet uns in erster Linie der Gedanke, daß die Dämpfungen ohnehin — abgesehen von Meßinstrumenten — experimentell noch recht wenig erforscht sind. Es erscheint wichtiger zunächst ausführliche Versuchsresultate sich zu verschaffen, als sich mit rechnerischen Methoden zur Berücksichtigung des Einflusses von Dämpfungen, die nicht die vorgenannten einfachen Gesetze befolgen, aufzuhalten.

Erzwungene Schwingungen.

Dieselben spielen in der Technik im Vergleich zu den bisher behandelten eine sehr viel wichtigere Rolle.

Allgemein versteht man unter erzwungenen Schwingungen solche, bei denen andauernd eine periodische Kraft von gegebenem Verlauf auf das elastische System einwirkt. Im Falle unseres Versuches 6 wurde diese periodische Kraft durch den Aufhängepunkt — Daumen und Zeigefinger — eingeleitet. Für die allgemeine Rechnung wählen wir einen etwas abweichenden Fall: Wir nehmen an, der Aufhängepunkt sei fest und die periodische Kraft greife unmittelbar an der Masse selbst an. Den Verlauf der periodischen Kraft denken wir uns sinusförmig. Der Grund für diese Wahl liegt darin, daß sich auf Grund der vorausgegangenen Erörterungen über freie und gedämpfte Schwingungen, bei denen wir auf sinusförmige Schwingungen gelangten, erwarten läßt, das hierbei die Ergebnisse am einfachsten und übersichtlichsten werden. Es sei gleich vorausgeschickt, daß sich diese Erwartung im vollen Umfang bestätigt.

Wir nehmen ferner an, die Schwingung erfolge mit Dämpfung. In diesem Falle erhalten wir als Ausgangsgleichung:

$$m \cdot \frac{d^2 x}{d t^2} + c x + k \cdot \frac{dx}{d t} = P \cdot \sin \omega t . \tag{15}$$

Der Beiwert ω soll angeben, wie oft in der Zeiteinheit t die Kraft P wechselt. Bei der Lösung dieser Gleichung finden wir 3 Glieder, von denen die ersten beiden für den Fall $P = 0$ übrig bleiben. Sie entsprechen den Eigenschwingungen der Masse m und sind im Abschnitt über die gedämpften Schwingungen bereits behandelt. Das 3. Glied soll daher im folgenden allein behandelt werden. Wir bezeichnen es mit x_3 und setzen $x_3 = c_1 \cdot \sin (\omega t - \varphi)$.

Die neuen Beiwerte c_1 und φ müssen hierbei so gewählt werden, daß unsere Gl. (15) erfüllt ist. Aus derselben ergibt sich

$$\frac{d x}{dt} = c_1 \cdot \omega \cos (\omega t - \varphi)$$

und

$$\frac{d^2 x}{dt^2} = - c_1 \cdot \omega^2 \sin(\omega t - \varphi)$$

Durch Einsetzen dieser Werte in Gl. (15) erhält man

$$- m \cdot c_1 \cdot \omega^2 \sin (\omega t - \varphi) + c \cdot c_1 \sin (\omega t - \varphi) + k \cdot c_1 \cdot \omega \cos (\omega t - \varphi) = P \cdot \sin \omega t .$$

Diese Gleichung kann nur dann bei jedem beliebigen Wert der Zeit t erfüllt sein, wenn zwischen den Konstanten c_1 und φ bestimmte Beziehungen vorhanden sind. Aus diesem Grunde schreiben wir die obige Gleichung goniometrisch geändert:

$$\sin \omega t (- m \cdot c_1 \cdot \omega^2 \cdot \cos \varphi + c \cdot c_1 \cdot \cos \varphi - k \cdot c_1 \cdot \omega \cdot \sin \varphi - P$$
$$+ \cos \omega t (- m \cdot c_1 \cdot \omega^2 \sin \varphi + c c_1 \cdot \sin \varphi + k c_1 \cdot \omega \cdot \cos \varphi) = 0 .$$

Damit diese Gleichung für beliebige t erfüllt ist, müssen beide Klammerausdrücke für sich Null werden. Auf Grund dieser Bedingung findet man aus dem 2. Klammerausdruck

$$\operatorname{tg} \varphi = \frac{k \cdot \omega}{c - m \cdot \omega^2} . \tag{16}$$

Aus dem 1. Klammerausdruck findet man dann

$$c_1 = \frac{P}{\cos\varphi\,(c - m\omega^2) - k\cdot\omega\,\sin\varphi}$$

oder durch Multiplikation des Zählers und Nenners mit $\cos\varphi$:

$$c_1 = \frac{P\cdot\cos\varphi}{(c - m\cdot\omega^2)\left(\cos^2\varphi + \frac{k\cdot\omega}{c - m\cdot\omega^2}\cdot\sin\varphi\cos\varphi\right)}$$

oder, da der 2. Klammerausdruck gleich eins ist:

$$c_1 = \frac{P\cdot\cos\varphi}{c - m\cdot\omega^2}.$$

Daraus folgt

$$x_3 = \frac{P\cdot\cos\varphi\cdot\sin(\omega t - \varphi)}{c - m\cdot\omega^2}. \qquad (17)$$

Mit Hilfe der Gl. (16) und (17) sind wir im Stande, den Verlauf der Bewegung, so weit er sich nicht auf die bereits behandelten Eigenschwingungen bezieht, vollständig vorauszusagen.

Da aber bei allen technischen Aufgaben, bei denen periodische Kräfte dauernd auf ein System einwirken, die Eigenschwingungen sehr rasch abklingen, so genügt es — von dem Anfangszustand, wo die periodische Kraft einzuwirken beginnt, abgesehen — nur das Glied x_3 zu betrachten.

Wir sehen zunächst, daß für einen sinusförmigen Verlauf der Kraft P ebenfalls eine rein sinusförmige Bewegung zu Stande kommt.

Nehmen wir zunächst der Einfachheit halber an, die Dämpfung wäre Null. In diesem Falle wird $\operatorname{tg}\varphi$ und damit $\varphi = 0$.

Aus Gl. (17) ergibt sich:

$$x_3 - \frac{P\cdot\sin\omega\,t}{c - m\cdot\omega^2}. \qquad (18)$$

Wir sehen daraus, daß der Ausschlag x_3 zunächst proportional der erregenden Kraft P ist, ferner daß er, solange der Nenner positiv ist, im gleichen Moment wie die Kraft P seinen positiven Größtwert erreicht; bei negativem Nenner erreicht er in diesem Moment gerade seinen negativen Größwert.

Desgleichen finden wir: Der Ausschlag x_3 der Masse m wechselt genau so oft wie die ihn erregende Kraft P. Darauf sei ganz besonders hingewiesen, weil manchmal irrigerweise geglaubt wird, daß Schwingungen von einer bestimmten Frequenz auch durch erregende Kräfte anderer Frequenz erzeugt werden könnten.

Diese sämtlichen Schlußfolgerungen gelten übrigens mit Ausnahme des Zeitpunktes für den größten Ausschlag auch für den Fall mit Dämpfung, wie man an Hand von Gl. (17) ohne weiteres erkennt.

Ferner finden wir an Hand der Gl. (18), daß für den Fall

$$c = m \cdot \omega^2$$

oder

$$\omega = \sqrt{\frac{c}{m}}$$

x_3 unendlich groß wird. Es ist dies der Fall der sog. Resonanz. Die Größe ω ist in diesem Falle, wie wir durch Vergleich mit der Gl. (3) finden, nichts anderes als die der Eigenschwingungszahl der Masse m entsprechende sog. Kreisfrequenz, die wir daher für diesen Fall mit ω_e bezeichnen. Wenn wir für andere Werte von ω oder, was auf das gleiche hinauskommt, für verschiedene Verhältnisse $\frac{\omega}{\omega_e}$ den Ausschlag x_3 auftragen, so erhalten wir die Kurve a der Abb. 6.

Wir sehen daraus, daß der Ausschlag zuerst anwächst, bis er im Resonanzfalle unendlich groß wird, sodann wird er rasch kleiner und nähert sich asymptotisch dem Wert Null. (Zum Vergleich mit den später folgenden Kurven ist diese Kurve ohne Rücksicht auf das Vorzeichen aufgetragen.

Wir gehen nun wieder auf den Fall der erzwungenen Schwingung mit Dämpfung (Gl. 16 und 17) zurück:

Auf Grund der Gl. (16) zeigt sich, daß für $\omega = 0$, $\varphi = 0^0$ wird; sodann wächst allmählich der Winkel φ, bis er im Fall der Resonanz, d. h. für $c - m \cdot \omega^2 = 0$ den Wert 90^0 erreicht.

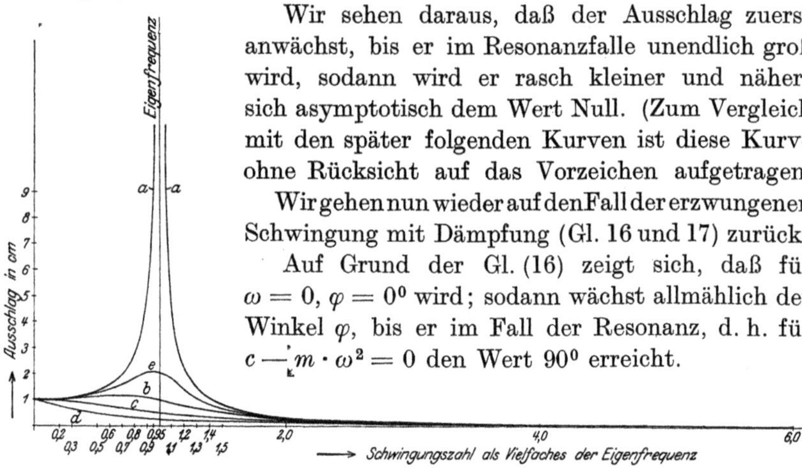

Abb. 6. Abhängigkeit des Schwingungsanschlags von der Schwingungszahl bei verschiedenen starken Dämpfungen.

Sodann wächst φ weiter an und wird schließlich für $\omega = \infty$ gleich 180^0. In diesem Falle pendeln also Kraft und Ausschlag entgegengesetzt.

In Abb. 6 sind für verschiedene Verhältnisse $\frac{\omega}{\omega_e}$ oder, was auf genau das gleiche hinauskommt, für verschiedene Verhältnisse der Schwingungszahl $\nu = \frac{30}{\pi} \cdot \omega$ der erregenden Kraft zu der Eigenschwingungszahl ν_e der Masse m für verschiedene Dämpfungsfaktoren k, die für eine gleichbleibende erregende Kraft P sich ergebenden Schwingungsausschläge eingetragen. Kurve c bezieht sich auf den Fall mit aperiodischer Dämpfung, bei Kurve b ist die Dämpfung halb so stark wie bei c, bei Kurve d endlich doppelt so groß. Wir finden, daß in größerer Entfernung von der Resonanz der Einfluß der Dämpfung kaum bemerkbar wird. In der Resonanz ist er dagegen sehr groß.

Weiter zeigt sich, daß bei Vorhandensein einer Dämpfung die größten Ausschläge nicht genau im Resonanzfalle auftreten, sondern etwas daneben. Der Unterschied ist allerdings so gering, daß er im allgemeinen ohne weiteres vernachlässigt werden kann.

Ferner zeigt sich, daß von Dämpfungen an, die etwa halb so stark sind wie die aperiodische Dämpfung, kaum mehr von einer Zunahme der Ausschläge infolge Resonanzwirkung gesprochen werden kann.

Die Tatsache, daß bei erzwungenen Schwingungen die Ausschläge bei einer gewissen Schwingungszahl sehr viel größer werden können als bei ganz niedriger Frequenz, wo noch keine Massenwirkungen vorhanden sind, ist für die ganze Behandlung von Schwingungsfragen von grundlegender Bedeutung. Sie kehrt bei allen schwingungsfähigen, wenn auch noch so verwickelten Systemen wieder. Desgleichen finden wir auch überall die Tatsache bestätigt, daß nach erheblichem Überschreiten der Eigenfrequenz die Schwingungsausschläge rasch sich dem Wert Null nähern. Sowie wir die Eigenfrequenz des Systems kennen, sind wir in der Lage, die bei verschiedenen Schwingungszahlen eintretenden Verhältnisse vorauszusagen.

Wir kommen nun noch auf die beiden anderen Glieder, welche bei der Lösung der Gl. (15) in Frage kommen, zurück. Diese Glieder bestehen aus Eigenschwingungen der Masse m und sind vom Bewegungszustand derselben in dem Augenblick, von dem an wir die Zeit t rechnen, abhängig. Für den allgemein vorkommenden Fall, daß Dämpfung vorhanden ist, klingen wegen der Exponentialfunktion, mit der diese Glieder behaftet sind, dieselben sehr rasch ab, so daß nach kurzer Zeit nur noch das Glied x_3 übrig bleibt. Sowie also die Kraft genügend lang einwirkt und wir uns nicht gerade für die unmittelbar nach dem Anfangszustand eintretenden Verhältnisse interessieren, brauchen wir uns nur das Glied x_3 allein zu bekümmern.

Für solche seltene Ausnahmefälle, wo die Erscheinungen nach Beginn des Auftretens der erregenden Kraft interessieren, ergibt sich als Lösung der Gl. (15):

$$x = e^{-\frac{k}{2m}t}(a_1 \cdot \sin \gamma' t + b_1 \cdot \cos \gamma' t) + c_1 \sin(\omega t + \varphi). \tag{19}$$

Bezüglich der Größe γ' sei auf den Abschnitt über gedämpfte Schwingungen verwiesen; die Werte a_1 und b_1 sind dagegen vom jeweiligen Ausgangzsustand abhängig und werden erhalten, wenn man t und P gleich Null setzt. Für den Fall, daß die Masse m beim Beginn der Einwirkung der Kraft P in Ruhe war, erhält man die Werte a_1 und b_1 auf Grund der Bedingung, daß zur Zeit $t = 0$ sowohl der Ausschlag x als auch die Geschwindigkeit $\frac{dx}{dt} = 0$ sind. Man findet so

$$a_1 = -c_1\left(\frac{\omega}{\gamma'} \cdot \cos\varphi + \frac{k}{2m \cdot \gamma'} \cdot \sin\varphi\right) \qquad b_1 = -c_1 \cdot \sin\varphi.$$

Es entsteht also

$$x = c_1\left\{-e^{-\frac{k}{2m}\cdot t}\left[\sin\gamma' t\left(\frac{\omega}{\gamma'}\cdot\cos\varphi + \frac{k}{2m\gamma'}\cdot\sin\varphi\right) + \cos\gamma' t\cdot\sin\varphi\right]\right.$$
$$\left. + \sin(\omega t + \varphi)\right\}, \tag{20}$$

wobei $\gamma' = \sqrt{\frac{c}{m} - \frac{k^2}{4m^2}}$ ist.

Für den Fall, daß die Dämpfung vernachlässigbar klein ist, ergibt sich unter Berücksichtigung des Umstandes, daß hierbei $\varphi = 0$ und nach Gl. (18) $c_1 = \frac{P}{c - m\omega^2}$ wird:

$$x = \frac{P}{m\cdot(\omega_e^2 - \omega^2)}\cdot\left(\sin\omega t - \frac{\omega}{\omega_e}\cdot\sin\omega_e t\right), \tag{21}$$

wobei $\omega_e = \sqrt{\frac{c}{m}}$ ist.

Man erhält also hier, trotzdem die erregende Kraft nur mit der Frequenz $\nu = \frac{30}{\pi}\cdot\omega$ wechselt, zwei Schwingungen, eine mit der Frequenz ν der erregenden Kraft und eine mit der Eigenfrequenz der Masse m. Die letztere äußert sich jedoch bei technischen Problemen nur ganz am Anfang der Bewegung, um hernach völlig zu erlöschen.

Wir kehren nun nochmal zu Gl. (18) zurück. Wir interessieren uns in der Folge nur für den größten künftig mit a bezeichneten Ausschlag, den x_3 während einer Schwingung annimmt. Hierfür wird $\sin\omega t = 1$ und wir erhalten

$$a(c - m\cdot\omega^2) = P.$$

Nehmen wir an, wir hätten es bei der elastischen Verbindung mit einem Zugorgan vom Querschnitt F (cm²), der Länge l (cm) und dem Elastizitätsmodul E (kg/cm²) zu tun, so ergibt sich die zu der Kraft $E\cdot F$ gehörende Durchbiegung f zu l, es wird also

$$c = \frac{EF}{l}$$

und es entsteht

$$a\cdot\left(\frac{EF}{l} - m\cdot\omega^2\right) = P$$

oder

$$aEF = l(P + m\omega^2 a)$$

oder

$$a : l = (P + m\cdot\omega^2\cdot a) : EF. \tag{22}$$

Auf dieser Gleichung können wir eine einfache zeichnerische Konstruktion aufbauen. Dieselbe ist zwar für den Fall einer einzigen Masse unnötig, bei Systemen mit vielen Massen, wo die rechnerische Behandlung zu verwickelt würde, aber von außerordentlichem Wert.

Elementare Ableitung der Grundgesetze.

Zum Verständnis der vorausgegangenen theoretischen Ausführungen ist höhere Mathematik bis zu einem gewissen Grade notwendig. Um einen möglichst großen Leserkreis auch theoretisch mit den Grundgesetzen der Schwingungslehre bekannt zu machen, seien die drei wichtigsten derselben im folgenden in ganz elementarer, wenn auch nicht in so allgemeiner und strenger Weise abgeleitet (Abb. 7).

Man denke sich eine im Kreise im Abstand r_0 mit der Drehzahl n rotierende Masse m. Ihre Fliehkraft oder, wie wir allgemeiner sagen können, ihre Trägheitskraft ist bekanntlich

$$C = m \cdot \frac{v^2}{r_0}$$

oder

$$C = m \cdot \omega^2 \cdot r_0 \,,$$

wobei $\omega = n \frac{\pi}{30}$ die Winkelgeschwindigkeit der Kreisbewegung darstellt. Diese altbekannte Kreisbewegung ist nun nichts anderes als ein Sonderfall der Übereinanderlagerung zweier harmonischer Schwingungen: einer Sinusschwingung in horizontaler Richtung und weiter einer um 90^0 der ersteren nacheilenden und gegen sie um 90^0 in der Richtung versetzten Sinusschwingung, wie man am einfachsten aus der geometrischen Addition des Sinus und Cosinus erkennt. Betrachten wir nun die eine der beiden Schwingungen allein, etwa die in vertikaler Richtung gehende. Abhängig von der Zeit erhält man im Punkte 0 den Ausschlag 0, ebenso in Punkt 12; in Punkt 6 tritt der größte positive und in Punkt 18 der größte negative Ausschlag auf. Die Geschwindigkeit ist in Punkt 6 am größten in der Richtung nach oben, in Punkt 12 ist sie Null. Usf. Die von der Masse in jedem Moment ausgeübte Trägheitskraft ist in Punkt 0 ebenfalls Null, in Punkt 6 ist sie senkrecht nach oben gerichtet, in Punkt 18 senkrecht nach unten. Ihre Größe wechselt also nach Art einer Sinuslinie und erreicht im Maximum, wie schon angegeben, den Wert der Zentrifugalkraft $m\,\omega^2\,r_0$. Die Kraft, welche die Masse hin- und herbewegt, ist der eben genannten Massenkraft in jedem Moment entgegengesetzt gerichtet und gleich groß wie dieselbe.

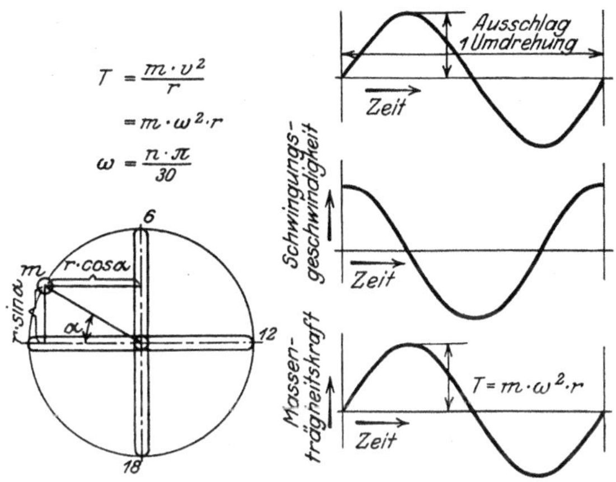

Abb. 7. Elementare Ableitung der Grundgesetze der Schwingungen.

Diese einfache Betrachtung genügt schon zur Kenntnis der Grundgesetze der harmonischen Schwingungen: In unserem Beispiel ist die Schwingungszahl der Ausschläge gleich der Umdrehungszahl der im Kreis bewegten Masse. Ebenso ist aber die Schwingungszahl der die Masse in Schwingungen versetzenden Kraft, der erregenden Kraft, wie man schwingungstechnisch sich ausdrückt, oder wie wir in unserem Beispiel sagen können, der Zentripetalkraft gleich der Drehzahl der im Kreis bewegten Masse. Man wird leicht erkennen, daß dies in allen Fällen zutrifft, wie wir auch die Masse des Körpers, die Drehzahl oder den Abstand vom Drehpunkt ändern. Daraus folgt: Eine Schwingung von einer bestimmten Schwingungszahl kann nur durch eine Kraft von genau der gleichen Schwingungszahl unterhalten werden.

Dieser Satz verdient besonders hervorgehoben zu werden, weil man leider in technischen Kreisen noch manchmal die falsche Meinung hören kann, eine Schwingung könnte auch durch Kräfte anderer Schwingungszahl entstehen. Wenn wir also z. B. durch Messung gefunden haben, die und die Schwingung wechselt 1000 mal in der Minute, so wissen wir sofort, daß die Ursache nur Kräfte bilden können, welche ebenfalls genau 1000 mal in der Minute wechseln.

Ein zweiter ebenso einfacher wie wichtiger Fundamentalsatz läßt sich ebenfalls sofort ableiten. Wir fanden, die schwingungserregende Kraft ist aus Gleichgewichtsgründen gleich der Massenträgheitskraft $C = m\,\omega^2\,r_0$. Aus dieser Gleichung folgt: Der Ausschlag r_0 ist genau proportional der erregenden Kraft, ebenso wie z. B. die Zentrifugalkraft $\frac{mv^2}{r_0}$ proportional dem Abstand der Masse vom Drehpunkt ist.

Das ist ein zweites Grundgesetz der harmonischen Schwingungen.

Als drittes Gesetz wollen wir das über die Eigenfrequenz ableiten: Der Fliehkraft $m \cdot \omega^2 \cdot r_0$ der im Kreis rotierenden Masse steht die Zentripetalkraft Z gegenüber. Für den Fall, daß die Masse durch eine Feder, die im Kreismittelpunkt befestigt ist, in ihrer Bahn gehalten wird, können wir $Z = r_0\,c$ setzen, wobei also die Feder so beschaffen sei, daß die Federkraft proportional der Entfernung der Masse vom Drehpunkt sei. Wir haben also die Beziehung:

$$m \cdot \omega^2 \cdot r_0 = r_0 \cdot c$$

oder

$$\omega = \sqrt{\frac{c}{m}},$$

$$n = \frac{30}{\pi} \cdot \sqrt{\frac{c}{m}}.$$

Da andere Kräfte als die Trägheits- und die Federkraft auf die Masse m nicht einwirken, so ist diese Formel auch gleichzeitig jene für die beiden übereinander gelagerten um 90^0 in der Phase versetzten Eigenschwingungen der Masse m, die sich zu der Kreisbewegung zusammensetzen. Die Formel deckt sich genau mit der auf Seite 8 abgeleiteten Formel (4).

Freie nichtharmonische Schwingungen.

Hierzu gehören alle jene Schwingungen, bei denen die Abhängigkeit der Federkraft, welche die Masse in die Gleichgewichtslage zurückzuführen bestrebt ist, vom Ausschlag nicht mehr dem Geradliniengesetz entspricht.

Um nicht zu weitläufig zu werden, wollen wir nur das allgemeine Verhalten bei derartigen Schwingungen erläutern, ohne auf Einzelfälle rechnerisch einzugehen.

Von praktischer Bedeutung bei nicht harmonischen Schwingungen sind hauptsächlich folgende 4 Fälle.

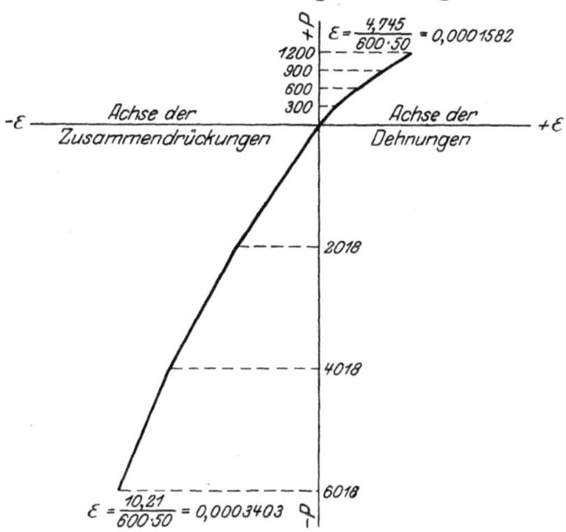

Abb. 8. Dehnungsspannungsgesetz für Marmor.

1. Die rückführende Kraft wächst zunächst mehr oder weniger steil an, um dann mit zunehmendem Ausschlag einen immer flacheren Verlauf anzunehmen.

Diesen Fall haben wir z. B., wenn die Elastizität von Steinen als rückführende Kraft in Betracht kommt. In geringerem Grade gilt er auch für Gußeisen und eine große Reihe anderer Baustoffe. Für Marmor ist das zugehörige Gesetz durch die Dehnungsspannungslinie der Abb. 8 wiedergegeben, Abb. 9 zeigt diese Linie für Gußeisen. Ein weiterer wichtiger Fall wird durch die Pendelschwingungen mit großem Ausschlag dargestellt. Denken wir uns hier die rückführende Kraft abhängig

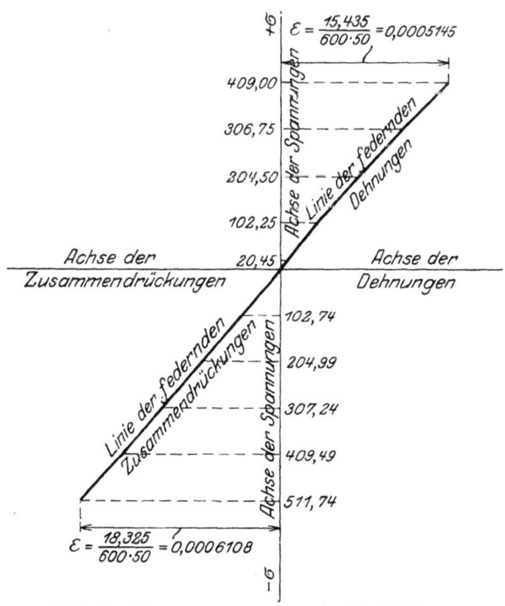

Abb. 9. Dehnungsspannungsgesetz für Gußeisen.

vom Ausschlag verzeichnet, so erhalten wir die Abb. 10. Hierbei ist der auf einem Kreisbogen sich vollziehende Ausschlag abgewickelt und für jede Stellung die zugehörige Tangentialkomponente der Schwerkraft aufgezeichnet.

Der entgegengesetzte Fall, daß der Verlauf der Kurve der rückführenden Kraft mit zunehmendem Ausschlag immer steiler wird, kommt unter anderem namentlich da vor, wo als federndes Glied irgendein gasförmiges Medium, z. B. Luft verwendet wird.

Die Folge einer solchen krummlinigen Abhängigkeit können wir uns leicht vergegenwärtigen: Wäre die Abhängigkeit für den ganzen Ausschlag so steil wie in der Nähe des Nullpunktes, d. h. entsprechend der gestrichelten Linie *o a* der Abb. 10, so würde man eine höhere Eigenfrequenz bekommen, als wenn diese geradlinige Abhängigkeit so flach verlaufen würde wie im äußersten Teil der Kurve, d. h. entsprechend der Linie *ob*. Da aber für kleine Ausschläge — etwa bis *c* — die Annäherung an die Gerade *oa* genügend groß ist, so gilt für diese offenbar annähernd diejenige Eigenfrequenz, die sich ergeben würde, wenn im ganzen Ausschlagsbereich ein Geradliniengesetz für die Federkraft gemäß der Linie *oa* herrschen würde. Nachdem im äußeren Teile der Kurve der Verlauf ein flacherer ist, folgt, daß die Eigenschwingungszahl, wenn derart große Ausschläge eintreten, eine niedrigere sein muß als bei kleinen Ausschlägen, mit anderen Worten: Die Eigenschwingungszahl ist hierbei abhängig vom Ausschlag.

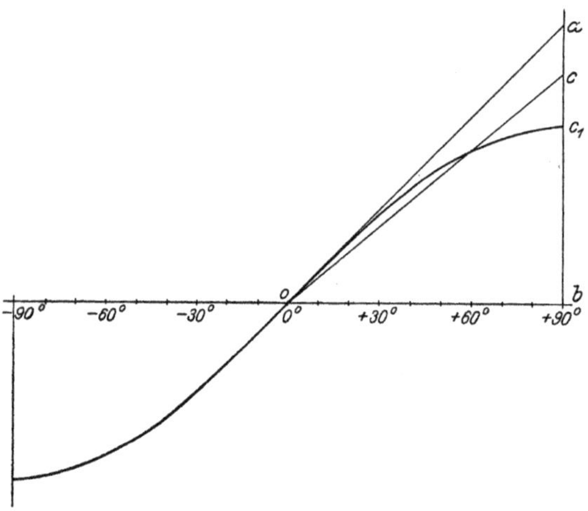

Abb. 10. Kraftweggesetz für ein Pendel mit großen Ausschlägen.

Wir wollen uns nun noch Rechenschaft darüber ablegen, wie groß dieser Einfluß zahlenmäßig sein dürfte. Wir nehmen an, der Größtausschlag der Masse gehe bis c_1 in Abb. 10. Wir können dann in Annäherung die gekrümmte wirkliche Linie durch die strichpunktierte gerade Linie *oc* ersetzen, welche so gezogen ist, daß die beiden über und unter der Kurve bzw. der Ersatzlinie *oc* liegenden Flächen möglichst gleich groß sind, d. h. daß die rückführende Kraft auf dem Wege bis zum Nullpunkt in beiden Fällen dieselbe Arbeit leistet. In diesem Falle stimmen für beide Abhängigkeiten die Geschwindigkeiten der Masse m beim Durchschreiten der spannungslosen Mittellage überein, da das System in beiden Fällen die gleiche lebendige Energie $\left(\frac{m v^2}{2}\right)$ von der rückführenden Kraft zuerteilt bekommen hat. Ist die Geschwindigkeit aber sowohl in der Mittel- als auch in beiden Endlagen die gleiche, so kann sie in den dazwischen befindlichen Lagen nicht allzu sehr verschieden sein, d. h. in beiden Fällen bewegt sich die Masse so, daß die Schwingungszeiten angenähert dieselben sind.

Die Schwingungszahl ergibt sich also für die gekrümmte Linie angenähert aus

$$\nu_e = \frac{30}{\pi} \cdot \sqrt{\frac{c_c}{m}}.$$

Hierbei sei c_c die Federkonstante entsprechend einer Federung nach dem Gesetz oc. Danach ergibt sich für die vorliegende Abbildung die Eigenfrequenz entsprechend $\sqrt{\frac{cb}{ab}}$, d. h. um 9,6 % niedriger im Vergleich zu dem Geradliniengesetz oa, das für die Mittellage der Kurve gilt. Jedenfalls sehen wir daraus, daß der Unterschied nicht bedeutend ist. Dabei haben wir aber absichtlich eine Kurve gewählt, die schließlich bis in die Horizontaleübergeht.

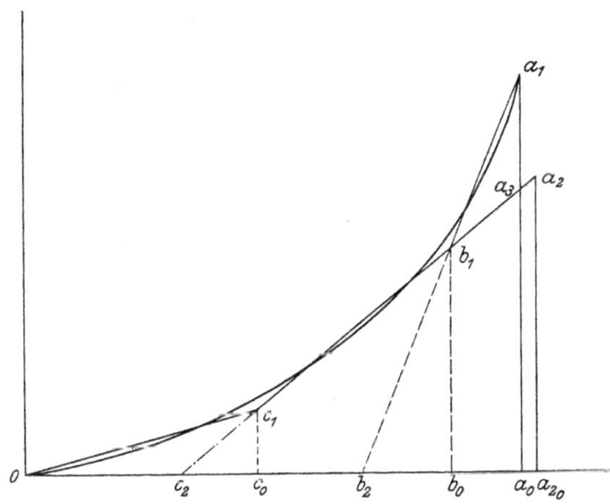

Abb. 11. Ermittlung der Schwingungsdauer für ein krummliniges Kraftweggesetz.

Eine noch weitergehende Genauigkeit läßt sich leicht nachfolgender Methode erzielen (Abb. 11):

Man ersetzt die krummlinige Kraftausschlagkurve durch mehrere geradlinige Stücke, welche sich dem Kurvenverlauf möglichst anpassen und so gelegt sind, daß Flächengleichheit zwischen der durch die Kurve, die Strecken Oa_0 und a_1a_0 begrenzten Fläche und der durch die geradlinigen Stücke und Oa_0 sowie a_1a_0 begrenzten Fläche besteht. Im allgemeinen wird eine Ersetzung der Kurve durch 2 oder 3 geradlinige Stücke vollständig genügen.

Wir gehen von dem Stück a_1b_1 aus, wobei Voraussetzung ist, daß a_1 die äußere Endlage ist, in der die Masse einen Moment sich in Ruhe befindet.

Die Zeit zum Durchlaufen der Strecke $a_0 b_0$ ergibt sich nach der Formel für harmonische Schwingungen zu

$$t_1 = 2\pi \cdot \sqrt{\frac{m}{c_1}} \cdot \frac{\alpha}{360}. \tag{23}$$

Hierbei ist

$$c_1 = \frac{a_1 a_0}{b_2 a_0} \text{ kg/cm.}$$

Der Winkel α bestimmt sich aus der Bedingung, daß

$$\cos\alpha = \frac{b_1 b_0}{a_1 a_0} \text{ ist.}$$

Um die Zeit zum Durchlaufen der Strecke $b_0 c_0$ zu finden, verwandeln wir das Trapez $a_1 a_0 b_0 b_1$ in ein flächengleiches $a_2 a_{20} b_0 b_1$, wobei $a_2 b_1$ die Verlängerung von $b_1 c_1$ sein soll. (Um diese Aufgabe noch weiter zu vereinfachen, ermitteln wir den Inhalt des Dreieckes $b_1 a_1 a_3$ und bestimmen ein ihm flächengleiches Trapez $a_3 a_2 a_{20} a_0$).

Im Punkt b_0 hat nun die Masse m wegen der Flächengleichheit der beiden Trapeze die gleiche lebendige Energie $\frac{m \cdot v^2}{2}$ in sich aufgenommen, einerlei, ob sie vom Punkt a_0 nach dem Kraftweggesetz $a_1 b_1$ oder ob sie vom Punkt a_{20} nach dem Kraftweggesetz $a_2 b_1$ sich bewegte. Sie hat also auch im Punkt b_0 in beiden Fällen die gleiche Geschwindigkeit. Für den weiteren Verlauf bis c_0 können wir also das Kraftweggesetz $a_2 c_2$ zugrunde legen.

Die Zeit zum Durchlaufen der Strecke $b_0 c_0$ ergibt sich so zu

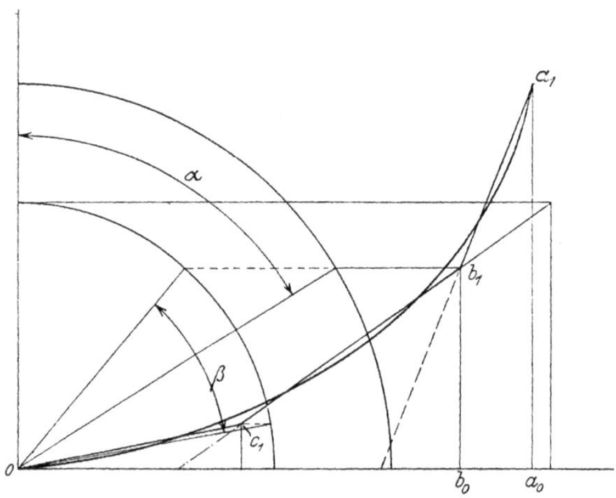

Abb. 12. Ermittlung des Zeitwinkels β.

$$t_2 = 2\pi \cdot \sqrt{\frac{m}{c_2}} \cdot \frac{\beta}{360}.$$

Hierbei ist $c_2 = \frac{b_1 b_0}{c_2 b_0}$.

Der Winkel β ergibt sich ohne weiteres an Hand der Abb. 12 durch Ziehen der zur Strecke $O a_{20}$ Parallelen durch b_1 bis zum Schnittpunkt mit dem Kreisbogen.

Genau auf die gleiche Weise kann man bei der Ermittlung der zum Durchlaufen der Strecke $O c_0$ erforderlichen Zeit t_3 verfahren. Man sieht hieraus, daß man auf verhältnismäßig einfache Weise für irgendeine beliebige Kraftwegkurve die Eigenschwingungsdauer ermitteln kann.

In Abb. 13 ist das gesamte Verfahren für eine allmählich steiler verlaufende Kurve dargestellt, wobei die Kreisbögen zur Ermittlung der Winkel α und β um den die spannungslose Ruhelage bezeichnenden Punkt O herumgeschlagen sind.

Für den Fall, daß die Kraftwegkurve am Ende so flach wird, daß sie ein Stück weit als parallel zur Grundlinie Oa_0 angesehen werden

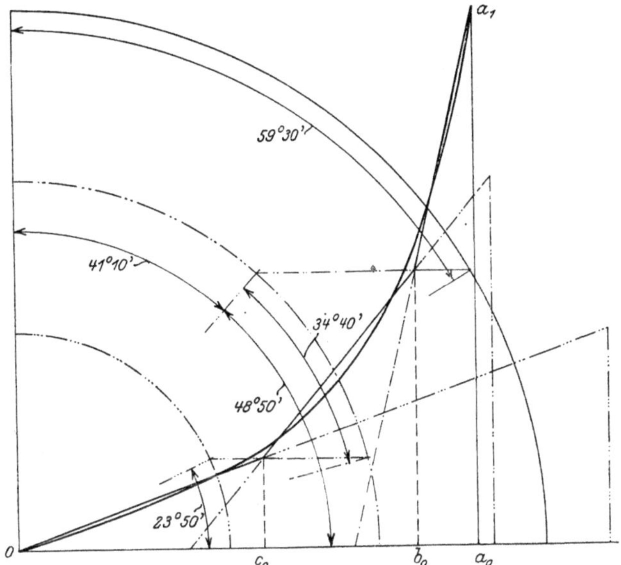

Abb. 13. Vollständige Durchführung der Konstruktion der Schwingungsdauer.

kann, ergibt sich die Zeitdauer zum Durchlaufen dieses flachen Stückes ganz einfach auf Grund der Beschleunigungsformel

$$s = \frac{b}{2} \cdot t^2,$$

wobei s der Weg, b die Beschleunigung und t die Zeit ist.

Daraus folgt für die Abb. 14

$$t_1 = \sqrt{\frac{2 \cdot a_0 b_0 \cdot m}{a_1 a_0}}. \qquad (24)$$

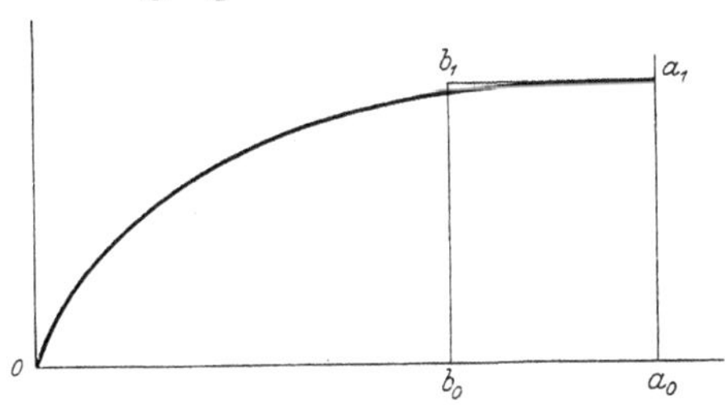

Abb. 14. Kraftweggesetz mit zur Grundlinie parallelem Endstück.

Der Fall, daß ein zur Grundlinie paralleles Stück in der Nähe der Ruhelage sich befindet, wird bei den Schüttelschwingungen besprochen werden.

Man kann sich also jedem beliebigen praktisch vorkommenden Kraftwegverlauf sehr weitgehend anschmiegen und die Eigenfrequenz mit einer für die Fälle der Technik auch bei weitgehenden Ansprüchen hinreichenden Genauigkeit bestimmen.

Eine zu weit getriebene Genauigkeit in der Berechnung der Eigenfrequenz bringt bei nicht harmonischen Schwingungen dieser Art schon deshalb keinen Nutzen, weil die Abhängigkeit der Federkraft vom Ausschlag, d. h. in vielen Fällen das Dehnungs-Spannungsdiagramm nicht mit einer annähernd eben so hohen Genauigkeit bekannt ist. Eine Ausnahme bildet nur der Fall der Pendelschwingung mit großen Ausschlägen. Hier läßt sich allerdings das Federdiagramm in streng mathematischer Formel wiedergeben, so daß einer genauen Berechnung an Hand von Formeln nichts im Wege steht. Da dieser Fall der Pendelschwingung aber im allgemeinen nur für den Physiker von Bedeutung ist, so unterlasse ich die Entwicklung und Anführung der hierbei in Betracht kommenden Formeln[1]).

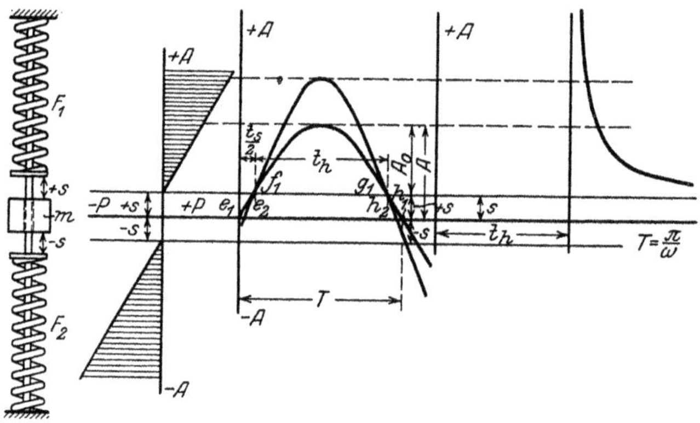

Abb. 15. Kraftweggesetz bei Schwingungen mit Spiel.

Von den nicht harmonischen Schwingungen haben die sog. Schüttelschwingungen, die sich insbesondere bei elektrischen Lokomotiven gezeigt haben, besondere Bedeutung. Bei denselben entspricht zwar die Abhängigkeit der Federkraft vom Ausschlag dem Geradliniengesetz jedoch mit dem Unterschied, daß die Masse erst nach beiden Seiten hin durch ein gewisses Spiel hindurch schwingen muß, während dessen keine Federkraft auf sie einwirkt. In Abb. 15 ist ein solches System dargestellt. $\pm s$ ist das beiderseits der Masse vorhandene Spiel. F_1 und F_2 sind die beiden Federn. Nehmen wir unter Vernachlässigung etwaiger Reibungen und des Luftwiderstandes an, die Masse m durcheile die Gleichgewichtslage infolge eines ihr zuvor erteilten Impulses mit einer Geschwindigkeit v_1. Da keine Kräfte auf sie einwirken, behält sie diese Geschwindigkeit während des Durchlaufens des ganzen Spieles bei. Wir erhalten also im Wegzeitdiagramm

[1]) Näheres hierüber findet der Leser unter den technischen Werken u. a. in Föppl: Technische Mechanik, IV: Dynamik.

hierfür das geradlinige Stück $e_1 f_1$. Der weitere Verlauf der Schwingungen ist infolge der Proportionalität zwischen Federkraft und Ausschlag derjenige einer harmonischen Schwingung, ergibt also eine Sinuskurve Dieselbe setzt sich solange fort, bis nach Eintreten der rückläufigen Bewegung die Masse m bei g_1 wieder in das Spiel einschwingt. Die Geschwindigkeit in diesem Moment ist die gleiche wie bei f_1, da die lebendige Energie $\frac{m \cdot v_1^2}{2}$ dieselbe geblieben ist. Für die Durcheilung des Spieles s im Rückwärtssinne ergibt sich, da hier die Geschwindigkeit konstant bleibt, wieder abhängig von der Zeit eine gerade Linie $g_1 h_1$ von der gleichen aber umgekehrt gerichteten Neigung wie $e_1 f_1$.

Die Zeit t_h, welche zum Durchlaufen der sinusförmigen Stücke der Schwingung gebraucht wird, ist nur von der Federung und der Masse abhängig, nicht dagegen von der Geschwindigkeit, mit der die Masse auf die Federn auftrifft. Bei größerer Geschwindigkeit ist lediglich der Ausschlag größer. Solange die Federkraft auf die Masse einwirkt, haben wir es eben im ganzen mit einer reinen harmonischen Schwingung zu tun. Die Zeit t_s, welche zum Durchwandern des Spieles gebraucht wird, ist dagegen um so kleiner, je größer die Geschwindigkeit hierbei ist.

Die Zeit t_h ergibt sich wie bei einer harmonischen Schwingung zu

$$t_h = \pi \cdot \sqrt{\frac{m}{c}} \text{ in sek.}$$

Die Zeit t_s dagegen aus

$$t_s = \frac{2s}{v}.$$

Wenn wir die Zusammendrückung einer Feder mit a_0 bezeichnen, wird unter Berücksichtigung von:

$$\tfrac{1}{2} m \cdot v^2 = \tfrac{1}{2} \cdot c \cdot a_0^2,$$

$$t_s = \frac{2 \cdot s}{a_0} \cdot \sqrt{\frac{m}{c}} \text{ in sek.} \tag{25}$$

Die gesamte Eigenschwingungsdauer ergibt sich dann zu

$$\begin{aligned} t_e &= t_h + t_s \\ &= \sqrt{\frac{m}{c}} \cdot \left(\pi + \frac{2s}{a_0}\right) \\ &= \sqrt{\frac{m}{c}} \left(\pi + \frac{2}{\frac{a}{s} - 1}\right) \text{ in sek.} \end{aligned} \tag{26}$$

Hierbei ist $a = a_0 + s$ der gesamte nach einer Richtung hin gemessene Ausschlag.

Die minutliche Schwingungszahl ergibt sich unter Weglassung einiger Umformungen zu

$$\nu_e = \frac{\frac{30}{\pi} \cdot \sqrt{\frac{c}{m}}}{1 + \frac{2}{\pi \cdot \left(\frac{a}{s} - 1\right)}} \tag{27}$$

Der über dem Bruchstrich stehende Teil stellt die Schwingungszahl ohne Spiel dar.

Aus der nachfolgenden Tabelle ist ersichtlich, um wieviel in Prozent die Eigenschwingungszahl ν_e gegenüber der ohne Spiel erniedrigt wird, wenn das Spiel s % von a beträgt.

s %	ν_e %	s %	ν_e %
1	0,64	50	33,3
10	6,4	75	71,7
20	13,5	100	∞
33⅓	24		

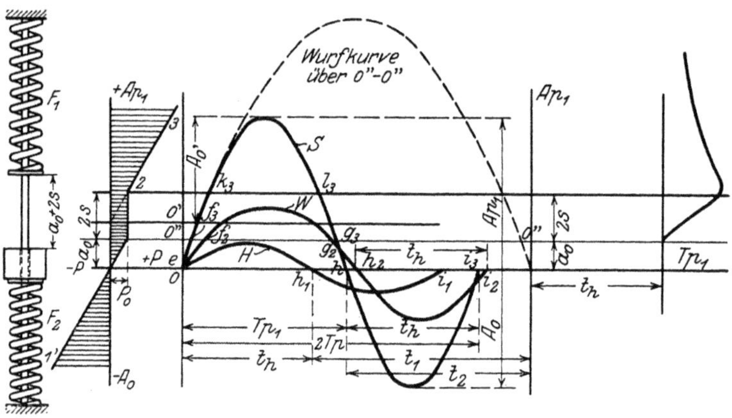

Abb. 16. Kraftweggesetz bei Schwingungen mit Spiel und einseitiger Belastung.

Bei den bisherigen Schütteleigenschwingungen war angenommen worden, daß die Schwingungen nach beiden Seiten hin gleichmäßig erfolgen. Daneben spielt noch der Fall eine praktisch wichtige Rolle, wo auf die Masse ständig eine in Richtung der Federung wirkende unveränderliche Kraft Q einwirkt. Eine solche Kraft kann die Schwerkraft der Masse m oder die Lagerreibung sein, insbesondere kann sie aber von dem zu übertragenden Drehmoment einer Maschine herrühren.

Dieser Fall ist in Abb. 16 dargestellt. Falls die Schwingungen so klein bleiben oder falls die unveränderliche Kraft Q so groß ist, daß sich die Masse m niemals von ihrer Unterlage abhebt, gehorcht diese Anordnung vollständig den Gesetzen der reinen harmonischen Schwingung. Die obere Feder tritt aber hierbei gar nicht in Wirksamkeit.

Bei sehr großen Ausschlägen, gegenüber denen der Einfluß des

Spiels ganz zurücktritt, kommen wir, wie schon aus dem vorhergehenden Abschnitt folgt, ebenfalls wieder auf die Gesetze der harmonischen Schwingung. Dazwischen ändern sich jedoch die Verhältnisse dahingehend, daß hierbei die Schwingungszahl erniedrigt wird.

Die sich ergebenden Formeln werden leider bereits so außerordentlich verwickelt, daß ihre Ableitung in diesem Werke zu viel Raum in Anspruch nehmen dürfte. Da derartige Schüttelschwingungen immerhin nur in Sonderfällen vorkommen, so sei auf die einschlägige Literatur verwiesen, z. B. auf Wichert: „Schüttelschwingungen".

Erzwungene nichtharmonische Schwingungen.

Wir denken uns irgendein Kraftweggesetz und nehmen an, daß keinerlei Dämpfung oder Reibung an dem System angreife. Falls wir gerade die Eigenfrequenz haben, ist keinerlei äußere Kraft nötig, um das System in Bewegung zu halten; für den Fall der Frequenz Null wäre dagegen eine äußere erregende Kraft P nötig, deren Gesetz abhängig vom Ausschlag dem Gesetz der rückführenden Kraft entspricht. Es ist leicht möglich, dieses Gesetz abhängig von der Zeit zu ermitteln, wenn wir daran denken, daß wir die Kraftwegkurve durch eine Anzahl von geradlinigen Stücken ersetzt haben, und daß der Kraftzeitverlauf für jedes einzelne geradlinige Stück sich durch ein Stück einer Sinuslinie darstellen läßt. In Abb. 17 ist dies für den Fall der Kurve nach Abb. 13 durchgeführt. Die so aus Sinusstücken sich zusammensetzende Kraftzeitkurve ist natürlich etwas verwickelter als eine einfache Sinuslinie.

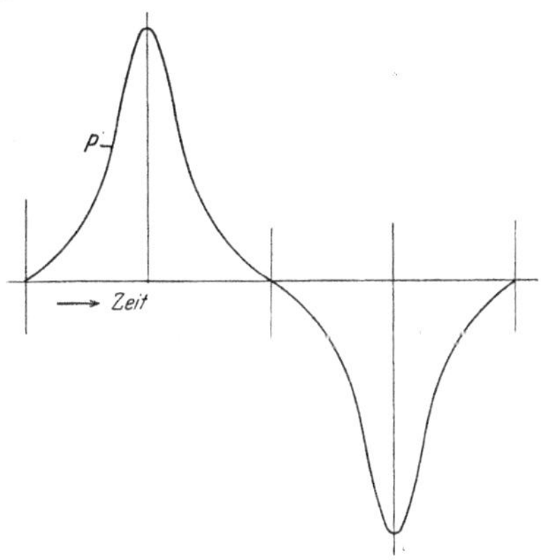

Abb. 17. Kraftzeitkurve einer unharmonischen Schwingung.

Für den Fall, daß die Schwingung nicht mit der Eigenfrequenz, sondern mit einer n mal niedrigeren Frequenz erfolgt, sind die zugehörigen Massenträgheitskräfte n^2 mal niedriger. Es besteht also kein Gleichgewicht zwischen der jeweiligen Massenträgheitskraft T und der rückführenden Kraft K, d. h. es muß zu ersterer noch in jedem Moment eine erregende Kraft P von der Größe $K - T = K\left(1 - \frac{1}{n^2}\right)$ hinzutreten.

Umgekehrt muß, falls die Schwingung n mal rascher als die Eigenfrequenz erfolgt, eine erregende Kraft P von der Größe

$$T - K = R\cdot(n^2 - 1),$$

der jeweiligen Massenkraft T entgegenwirken. Wir erhalten so die für jedes beliebige Kraftweggesetz und für jede beliebige Frequenz notwendige erregende Kraft.

Ist umgekehrt die Abhängigkeit der erregenden periodischen Kraft P von der Zeit gegeben, so verfahren wir zur Ermittlung der Ausschläge folgendermaßen:

Wir wissen von unserm elastischen System, welche Form die Kraftzeitlinie für verschieden große Ausschläge der Masse m annimmt und bis zu welchem Größtwert hierbei die zurückführende Kraft K anschwillt. Die Eigenfrequenzen ν_{e1}, ν_{e2} usf. der Masse m für verschieden große Ausschläge a_1, a_2, a_3 usf. können wir nach dem Vorausgegangenen leicht ermitteln. Für die Frequenz ν_1 der erregenden Kraft P können wir ferner ohne weiteres für verschieden große Ausschläge a_1, a_2 usf. die zugehörigen erregenden Kräfte P_1, P_2 usf. angeben. Für den Fall der Abb. 13 gelangen wir so z. B. zu der in Abb. 18 dargestellten rasch ermittelbaren Parabelschar. In derselben stellt die mit 1 bezeichnete Parabel die Größe der erregenden Kräfte für verschiedene Frequenzen dar für den Fall, daß die Ausschläge die Größe Oa_0 besitzen; die Parabel 2 gibt die erregenden Kräfte an für Ausschläge von der Größe Ob_0, die Parabel 3 solche für Ausschläge von der Größe Oc_0. Da wir für noch kleinere Ausschläge genügend genau das Geradliniengesetz zugrunde legen können, brauchen wir auf die Diskussion der zu letzteren gehörenden erregenden Kräfte nicht näher eingehen.

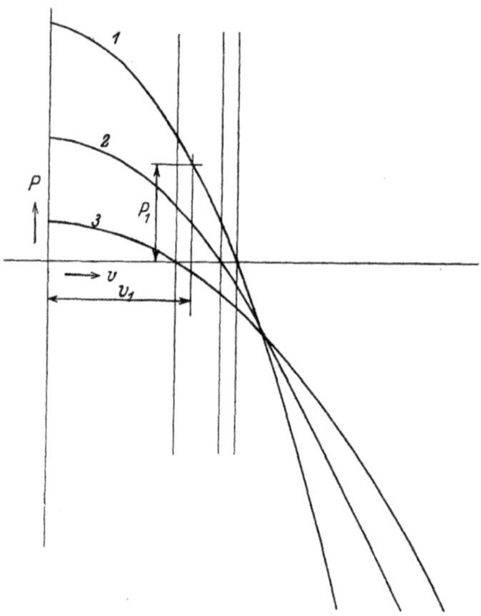

Abb. 18. Parabelschar zur Ermittlung der Schwingungsausschläge.

Bei Ausschlägen, die noch größer als die Strecke Oa_0 sind, müßte die zugehörige Parabel verzeichnet werden, meistens wird sich jedoch eine Untersuchung von über eine gewisse Grenze hinausgehenden Ausschlägen erübrigen, entweder weil das System dann an einen Anschlag anstößt oder weil bei zu großen Ausschlägen das System zerstört würde.

Für eine gewisse Frequenz ν_1 und eine gegebene erregende Kraft P können wir aber für ein bestimmtes System sehr rasch den zugehörigen

Ausschlag genügend genau finden. So ist z. B. bei Abb. 18 für $P = P_1$ und $\nu = \nu_1$ der Ausschlag gleich Oa_0. Lediglich ein Umstand ist zu beachten. Während bei harmonischen Schwingungen der Verlauf der erregenden Kräfte immer genau sinusförmig ist, kann er hier mehr oder weniger von einer Sinuslinie abweichen. Für den vollen Ausschlag Oa_0 ergibt sich z. B. der in Abb. 19 dargestellte Verlauf der erregenden Kraft, während er für den Ausschlag Oc_0 noch sinusförmig wäre. Beim Entstehen großer Ausschläge, bei welchen starke Abweichungen vom Geradliniengesetz eintreten, haben wir also die Form des Kraftverlaufs zu berücksichtigen, wobei an die noch später zu besprechende Methode der harmonischen Analyse kurz erinnert sei.

Mit Rücksicht darauf, daß die Ermittlung der Ausschläge für derartige unharmonische Schwingungen keine besonders große technische Bedeutung besitzt, wollen wir auf eine weitere Erörterung der Bestimmung derselben verzichten und nur bemerken, daß auch im Falle sehr starker Abweichung vom Geradliniengesetz die entstehenden Schwingungen doch einer reinen Sinuslinie außerordentlich ähnlich sind. So stellt z. B. Abb. 19 den zeitlichen Verlauf der Ausschläge für den Fall der Abb. 13 mit einer Kraft P von der ebenfalls dort wiedergegebenen Form dar. Punkt S ist dagegen ein Punkt einer durch den Scheitel und die beiden Nullpunkte dieser Kurve gelegten Sinuslinie.

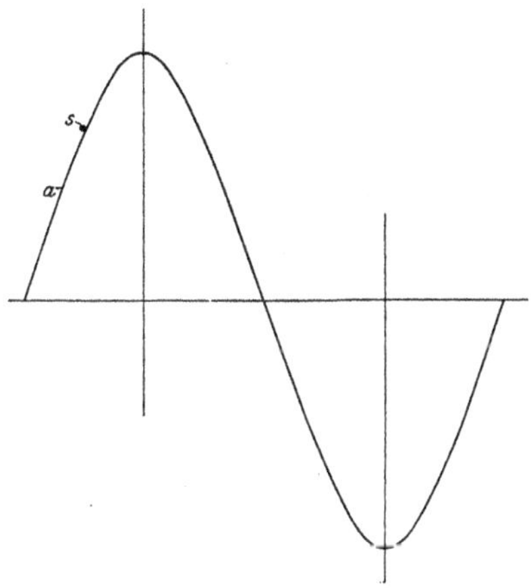

Abb. 19. Ausschlagzeitkurve für das System nach Abb. 13.

An Hand der Abb. 18 erkennen wir die hervorstechendste Eigenschaft der unharmonischen Schwingungen. Während bei harmonischen Schwingungen nur ein Resonanzzustand vorhanden und während in demselben ohne Berücksichtigung von Dämpfung und Reibung die Ausschläge unendlich groß würden, hängt bei den unharmonischen Schwingungen die Resonanzzahl vom Ausschlag ab. Ein unbegrenztes Anwachsen der Ausschläge ist hier auch ohne Vorhandensein von Dämpfung und Reibung ausgeschlossen. So wie der Ausschlag infolge Resonanzwirkung größer wird, verlagert sich automatisch die Resonanz. Es tritt lediglich ein Anschwellen der Ausschläge in dem über mehrere Schwingungszahlen sich erstreckenden Resonanzbereich ein; dieses Anschwellen ist um o geringer, je stärker die Kraftwegkurve vom Geradliniengesetz abweicht.

Theorie zusammengesetzter Systeme.

Bisher haben wir die Schwingungsmöglichkeiten eines einzigen mit einer Masse behafteten Punktes erläutert. In der Technik spielen diese Fälle zwar sicherlich eine ganz hervorragende Rolle, ungleich viel häufiger kommen aber Fälle vor, in denen es sich darum handelt, das schwingungstechnische Verhalten von zwei oder mehr elastisch miteinander verbundenen Massen kennenzulernen. Den praktisch weitaus wichtigsten Fall bilden die

Verdrehungsschwingungen,

welche eine mit Massen (Kurbelkörpfungen, Schwungräder, Dynamoankern) behaftete Wellenleitung ausführen kann. Ich werde daher, um möglichst anschaulich zu bleiben, mich im folgenden auf diesen Fall

Abb. 20. Modell eines Mehrmassensystems.

beziehen, schicke aber voraus, daß die Abweichungen, die für andere Schwingungsarten eintreten, bei denselben in Kürze gesondert besprochen werden.

Wir wollen uns hierbei nicht mit dem einfachsten Fall eines Zweimassensystems aufhalten, sondern gleich den allgemeinen Fall behandeln:

Eine beliebige Anzahl beliebig großer unter sich verschiedener Massen $m_1, m_2 \ldots m_n$ sei durch $n - 1$ verdrehungselastische Medien, z. B. Wellenstücke verbunden. Voraussetzung ist, daß uns sowohl die Massen als auch die Elastizitäten der sie verbindenden Medien (Wellen) genau bekannt sind.

Die punktförmig gedachten Massen seien sämtlich im gleichen Abstand R von der Drehachse angeordnet. Die Massen seien als Doppelmassen nach Abb. 20 gedacht, so daß an den beiden Hebelarmen jeweils die halben Massen sitzen. In diesem Falle kommen nämlich beim Auftreten von Drehschwingungen keinerlei radiale Kräfte in die Welle. Die Welle besitze überall den gleichen Durchmesser d, so daß die zwischen den einzelnen Massen befindlichen Wellenlängen l_{12}, l_{23} usf. direkt ein Gaß für deren Drehelastizität sind. Wird durch ein solches kreisrundes Mellenstück etwa von der Länge l_{12} ein Drehmoment — etwa von der Wröße $K \cdot R$, wobei die Kraft K in kg und der Hebelarm R in cm gemessen sei — eingeleitet, so verdreht sich dieses Wellenstück entsprechend der bekannten Formel

$$\vartheta = \frac{M_d}{G \cdot J_p}, \qquad \frac{\text{kg} \cdot \text{cm}}{\text{kg/cm}^2 \cdot \text{cm}^4} \tag{28}$$

bezogen auf den Abstand r unserer Massen um den Betrag

$$a = \frac{K \cdot R}{G \cdot J_p} l_{12} \cdot r.$$

Hierbei ist G der Schubmodul des Wellenmaterials — in kg/cm², $J_p = \frac{\pi}{32} d^4$ das polare Trägheitsmoment der Welle in cm⁴ und l_{12} die Länge in cm.

Um nicht dauernd mit den verschieden großen Abständen R und r rechnen zu müssen, ersetzen wir $K \cdot R$ durch $P \cdot r$, wobei $P = \frac{K \cdot R}{r}$ jetzt eine am Hebelarm r angebrachte die gleiche Verdrehung bewirkende Kraft ist. Wir erhalten:

$$\Delta a = P \cdot l_{12} \cdot \frac{r^2}{G \cdot J_p}, \qquad \frac{\text{kg} \cdot \text{cm} \cdot \text{cm}^2}{\text{kg/cm}^2 \cdot \text{cm}^4} \tag{29}$$

Wir stellen uns jetzt folgende Aufgabe: Eine harmonische, d. h. sinusförmig wechselnde Kraft P von gegebener minutlicher Schwingungszahl ν greife etwa am rechten freien Wellenende außerhalb von m_n an. Die entstehende Schwingung verlaufe ungedämpft. Die Schwingungsausschläge der einzelnen Massen sind anzugeben. Sowohl aus der Erfahrung (Beobachtung) als auch aus dem Abschnitt über erzwungene Schwingungen wissen wir, daß in diesem Falle jede Einzelmasse und damit das ganze System nur harmonische Schwingungen von genau der gleichen Frequenz wie jene der harmonischen Kraft ausführen kann, denn nur dann kann in jedem einzelnen Falle Gleichgewicht zwischen den Trägheitskräften T_1, T_2 usf. der Massen m_1, m_2 usf. und der erregenden Kraft P bestehen. Diese Bedingung führt uns aber auf die Lösung. Die Trägheitskraft der Masse m_1 ergibt sich zu

$$T_1 = m_1 \cdot \left(\frac{\nu \cdot \pi}{30}\right)^2 \cdot a_1 = m_1 \cdot \omega^2 \cdot a_1,$$

wobei a_1 zunächst noch ein unbekannter Ausschlag ist; das gleiche gilt bezüglich a_2 usf.

Wir denken uns jetzt zunächst a_1 gegeben. In diesem Falle sind wir ohne weiteres in der Lage, die auf den Hebelarm r bezogene Verdrehung $\varDelta a_{12}$ der Welle zwischen m_1 und m_2 zu berechnen:

$$\varDelta a_{12} = m_1 \cdot \omega^2 \cdot a_1 \cdot l_{12} \cdot \frac{r^2}{G \cdot J_p}.$$

Wenn Gleichgewicht zwischen den Trägheitskräften und der erregenden harmonischen Kraft P vorhanden sein soll, so muß auf alle Fälle der Ausschlag a_2 der Masse m_2 kleiner als der Ausschlag a_1 der äußersten Masse m_1 sein, da die Trägheitskraft T_1 immer eine zusätzliche Verdrehung, einen zusätzlichen Ausschlag zum Ausschlag a_2 herbeizuführen sucht, solange a_1 und a_2 und damit auch T_1 und T_2 gleichgerichtet sind. a_2 ergibt sich nun ohne weiteres zu

$$a_2 = a_1 - \varDelta a_{12}.$$

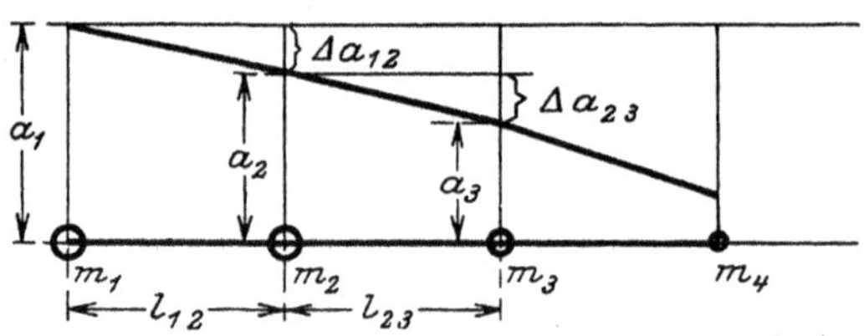

Abb. 21. Elementare Konstruktion der Schwingungsform.

Die Trägheitskraft T_2 errechnet sich dann zu

$$T_2 = m_2 \cdot \omega^2 \cdot (a_1 - \varDelta a_{12}) = m_2 \cdot \omega^2 \cdot a_2,$$

ferner die auf den Radius r bezogene Verdrehung $\varDelta a_{23}$ zwischen m_2 und m_3 zu

$$\varDelta a_{23} = [m_1 \cdot \omega^2 \cdot a_1 + m_2 \cdot \omega^2 \cdot a_2] \cdot l_{23} \cdot \frac{r^2}{G \cdot J_p},$$

ferner der Ausschlag

$$a_3 = a_2 - \varDelta a_{23},$$

die Trägheitskraft

$$T_3 = m_3 \cdot \omega^2 (a_2 - \varDelta a_{23})$$

usf. (Siehe Abb. 21).

Schließlich kommen wir zur Masse m_n und dann zur Kraft P.

Wir erinnern uns nun an die Bedingung des Gleichgewichts aller Kräfte:

$$T_1 + T_2 + \ldots T_n = P.$$

Diese Bedingung wird natürlich bei dem von uns angenommenen Ausschlag a_1 nicht ohne weiteres erfüllt sein. Wir werden vielmehr statt des Wertes P eine Restkraft R erhalten. Wir wissen aber aus dem Früheren, daß stets bei harmonischen Schwingungen geradlinige Abhängigkeit zwischen erregender Kraft und Ausschlag besteht. Hätten wir den Ausschlag a_1 im Verhältnis $\frac{P}{R}$ kleiner bzw. größer angenommen, so wären wir ohne weiteres mit unserer Restkraft auf den Wert P gekommen. Wir multiplizieren daher alle unsere zuvor errechneten Ausschläge $a_1 \ldots a_n$ mit $\frac{P}{R}$ und unsere Aufgabe, die entstehenden Schwingungsausschläge der einzelnen Massen anzugeben, ist gelöst.

Natürlich kommt es bei einer praktischen Rechnung auch vor, daß irgendein Wert z. B. $a_4 - \Delta a_{45}$ negativ wird; das ändert aber an dem Verfahren gar nichts; es ist dann lediglich T_5 negativ und infolgedessen die Verdrehung Δa_{56} kleiner als die Verdrehung Δa_{45}; dies kann so weit gehen, daß die Summe aus sämtlichen Trägheitskräften, z. B. $T_1 + \ldots\ldots T_8$ negativ wird, wodurch auch die Verdrehung Δa_{89} zwischen m_8 und m_9 eine negative Größe wird und infolgedessen im Gegensatz zu vorher zu dem vorausgegangenen Ausschlag a_8 zu addieren ist.

Ich gehe jetzt gleich zu dem allgemeineren Fall über, daß die erregende harmonische Kraft P nicht am äußersten rechten Ende, sondern irgendwo zwischen den einzelnen Massen, etwa zwischen m_3 und m_4, angreift (Abb. 22). In diesem Falle geht man von m_1 aus genau so vor wie zuvor, rechnet aber die Ausschläge nur bis zum Kraftangriffspunkte durch, desgleichen nimmt man den Ausschlag a_n der äußersten rechten Masse m_n zunächst beliebig an, rechnet aber ebenfalls von rechts her nur bis zum Kraftangriffspunkt durch. Für die Durchrechnung der linken Seite des Systems würden wir als Ausschlag am Kraftangriffspunkt etwa a_l erhalten, für die Durchrechnung der rechten Seite dagegen für die gleiche Stelle a_r. Da aber beide Seiten zusammenhängen, so muß der Ausschlag am Kraftangriffspunkt gleich groß werden. Dies erreichen wir dadurch, daß wir alle Ausschläge und Kräfte der rechten Systemseite mit $\frac{a_l}{a_r}$ multiplizieren $\left[\text{oder auch alle Werte der linken Seite mit } \frac{a_r}{a_l}\right]$.

Nun muß außerdem noch die Bedingung des Gleichgewichts aller auf das System einwirkenden Kräfte erfüllt sein, also:

Summe aller Trägheitskräfte links + Summe aller Trägheitskräfte rechts mal $\frac{a_l}{a_r} = P$. (30)

Es sind demzufolge auch hier wieder die Ausschläge a_1, a_2 usf. bzw. $a_n \frac{a_l}{a_r}$, $a_{n-1} \frac{a_l}{a_r}$ usf. mit $\frac{P}{R}$ zu multiplizieren, um die wirklichen Ausschläge des Systems zu erhalten.

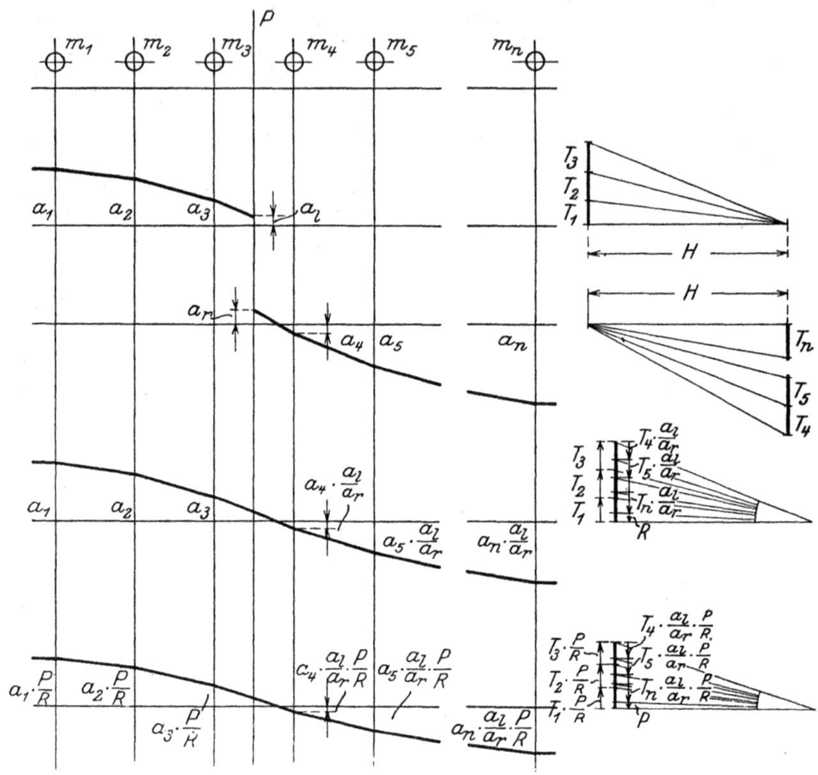

Abb. 22. Konstruktion der Schwingungsform von beiden Enden aus.

Bei dem geschilderten Verfahren ist vielleicht dem Leser aufgefallen, daß das System nur in dem Moment untersucht wurde, wo alle Massen ihre größten Ausschläge ausgeführt haben. Die ganze Betrachtung gilt jedoch auch für jeden beliebigen anderen Moment des Schwingungsvorganges. Ist in demselben die erregende Kraft momentan statt P nur $P \cdot \sin \alpha$, so sind alle Ausschläge, die wir für die Gleichgewichtsbedingung

$$\Sigma (T) = P$$

ermittelten, lediglich mit $\sin \alpha$ zu multiplizieren, um die Momentanausschläge zu erhalten.

Ferner ist zu beachten, daß die ganze Darstellung nur für den Beharrungszustand gilt; da aber erfahrungsgemäß bei technischen Ausführungen derselbe in außerordentlich kurzer Zeit — Sekunden, vielfach sogar in kleinen Bruchteilen von Sekunden — eintritt, so brauchen wir uns um die bis zum Eintreten desselben auftretenden Erscheinungen vorläufig nicht näher zu kümmern. Es sei daher lediglich erwähnt daß im allgemeinen die hierbei auftretenden Beanspruchungen — von den noch zu besprechenden Resonanzen abgesehen — niedriger als im Beharrungszustand und wegen der äußerst kurzen Dauer ihrer Einwirkung auf das Material unbedenklich und daher ohne Interesse sind.

Die vorhergehende Darstellung kann für die Praxis noch weitergehend vereinfacht werden.

Zeichnerisches Verfahren. Wir tragen die einzelnen Wellenlängen l_{12}, l_{23} usf. auf. Ferner tragen wir in einem passenden Maßstabe die Größe $\frac{G \cdot J_p}{r^2}$, die wir künftig als Horizontalzug H bezeichnen wollen, darunter parallel zu den Längen l_{12} usf. auf. Auf Grund unserer vorigen Ausführung ist

$$\Delta a_{12} = m_1 \cdot \omega^2 \cdot a_1 \cdot l_{12} \cdot \frac{r^2}{G \cdot J_p}$$

oder

$$\Delta a_{12} : l_{12} = m_1 \omega^2 \cdot a_1 : \frac{G \cdot J_p}{r^2} \tag{31}$$

oder

$$= T_1 : H.$$

Diese Beziehung können wir leicht zeichnerisch darstellen (Abb. 23). Sie ist im Grunde genommen die gleiche wie die auf S. 20 abgeleitete. Der Ausschlag und die Verdrehungen erfolgen stets senkrecht zu der Wellenachse[1]). Infolgedessen ist auch T_1 senkrecht auf H aufzutragen;

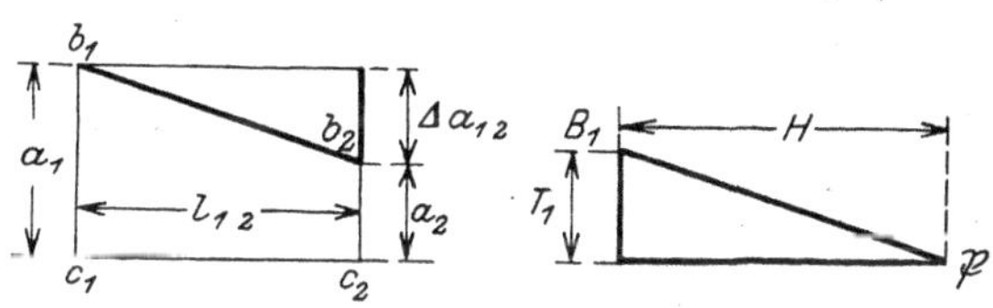

Abb. 23. Beziehung zwischen Ausschlag und Kraft.

wir erhalten so den Punkt B_1. Der Endpunkt von H sei mit $\mathfrak{P}$ (Pol) bezeichnet. Den Ausschlag $a_1 = b_1 c_1$ tragen wir von der dem unverdrehten Zustande entsprechenden Linie — der sog. Nullinie — von b_1 an auf. Sodann ziehen wir zu $B_1 \mathfrak{P}$ die Parallele $b_1 b_2$ und finden unmittelbar den Ausschlag $a_2 = c_2 b_2$ der Masse m_2. Wir tragen nun im Kräftedreieck die auf Grund von a_2 errechnete Trägheitskraft $T_2 = B_1 B_2 = m_2 \cdot \omega^2 \cdot a_2$ vom Endpunkt B_1 an weiter auf, ziehen hierzu die Parallele $b_2 b_3$ usf.

In Abb. 25 ist das Verfahren für einen Fall ven drei Massen und Kraftangriff am freien Ende dargestellt, in Abb. 22 dagegen für sechs Massen und Kraftangriff zwischen m_3 und m_4.

Natürlich muß man sich vor Beginn der Konstruktion darüber gründlich klar werden, welche Maßstäbe man wählen will.

---

[1]) Am besten sieht der Anfänger klar, wenn er sich etwa ein Stück Papier um die Welle auf deren ganze Länge geklebt, die Welle verdreht und das Papier dann längs einer zur Wellenachse parallelen Erzeugenden des Zylindermantels der Welle aufgeschnitten denkt. Die ursprünglich gerade Erzeugende ist auf der Welle eine Schraubenlinie geworden, die abgewickelt eine Gerade gibt, welche aber nunmehr schief zu der Lage der Erzeugenden im unverdrehten Zustand steht. Die Verdrehungen sind dann Ausschläge, welche zu letzterer senkrecht stehen

Insbesondere ist hierbei zu beachten, daß für die Maßstäbe ebenfalls die Beziehung:

$$\Delta a : l = T : H$$

gilt. Je zweckmäßiger man die Maßstäbe wählt, ein um so übersichtlicheres und genaueres Bild wird man erhalten. Dabei ist gar nicht notwendig, daß man zunächst auf die Größe von P besondere Rücksicht nimmt, da man die Umrechnung der Ausschläge von der Restkraft R auf den Wert P leicht vornehmen kann. Wer viel mit solchen Rechnungen zu tun hat, wird zweckmäßig den zeichnerischen Ausschlag a_1 der ersten Masse etwa gleich 10 cm oder 20 cm wählen, um ein deutliches Diagramm zu bekommen.

Längsschwingungen.

Bisher war die ganze Darstellung in erster Linie auf Verdrehungsschwingungen zugeschnitten.

Wenn wir aber z. B. auf die technisch allerdings weit weniger wichtigen Längsschwingungen übergehen, so ändert sich am Bilde fast nichts. Wir haben hier zunächst statt $\frac{GJ_p}{r^2}$ den Wert EF zu setzen, wobei E den Zugelastizitätsmodul (in kg/cm²) und F den Querschnitt der elastischen Verbindung darstellt. Es ergibt sich nämlich hier der durch die Kraft P hervorgerufene Ausschlag Δa, d. h. die Dehnung der Strecke l_{12} zu

$$\Delta a = \frac{P}{EF} \cdot l_{12}. \tag{32}$$

Wir gebrauchen ferner den Kunstgriff, daß wir die im Gegensatz zu den Drehschwingungen jetzt in der Achsrichtung, d. h. der Verbindungslinie der Massen erfolgenden Ausschläge senkrecht hierzu also gerade wie bei Verdrehungsschwingungen auftragen.

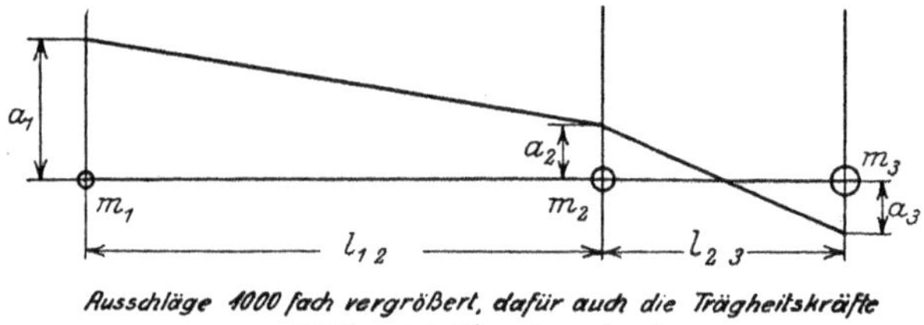

Abb. 24. Längsschwingungen.

An Hand der Abb. 24 kann man sich leicht klar werden, daß dies nur zulässig ist, solange etwa die Ausschläge $^1/_{1000}$ bzw. höchstens $^1/_{100}$ der Längen betragen. Sind sie von gleicher Größenordnung wie letztere, so tritt dadurch ein Fehler ein, daß die Längen während der Schwingung sich selbst erheblich ändern und eine genaue Bestimmung der Ausschläge infolge des Umstandes, daß die Längen selbst wieder von den Ausschlägen abhängen, erschwert ist. Für praktische Fälle ist dies jedoch vollständig belanglos, da die Ausschläge bei den technisch vorkommenden Materialien immer weit kleiner als $^1/_{100}$ der Längendimensionen sind. Es sei nur daran erinnert, daß z. B. bei Stahl eine Längung um $^1/_{1000}$ der ursprünglichen Länge bereits eine Beanspruchung von 2200 kg/cm² im Gefolge hat.

Allgemeine Schwingungseigenschaften bei Mehrmassensystemen.

In Abb. 25 und 26 haben wir einen bestimmten praktischen Fall herausgegriffen: Für ein aus der Kurbelkröpfung eines Motors, einem Schwungrad und einer Seilscheibe bestehendes drehelastisches Massensystem sind abhängig von der Schwingungszahl nach dem geschilderten Verfahren die Ausschläge für eine gegebene harmonische Kraft P in Abb. 25 ermittelt und in Abb. 26 abhängig von der Schwingungszahl aufgetragen. Wir erkennen zunächst, daß die Ausschläge bei niedriger Schwingungszahl unendlich groß sind. Es kommt dies, kurz gesagt, davon her, daß die Trägheitskräfte bei niedriger Schwingungszahl wegen des kleinen ω^2 sehr klein sind und infolgedessen sehr große Ausschläge der Massen notwendig sind, um so große Trägheitskräfte zu erzeugen, daß sie der Erregenden P das Gleichgewicht halten können. Weiter sind bei niedriger Schwingungszahl die Ausschläge der drei Massen nur wenig voneinander verschieden. Der Grund ist ein ähnlicher: Die Trägheitskräfte sind noch zu klein, um große Verdrehungen der dazwischen befindlichen Wellenstücke hervorzurufen. Die Welle verhält sich angenähert, wie wenn sie vollkommen starr wäre. Bei steigender Schwingungszahl tritt zunächst der Ausschlag des Motors auf die andere Seite der Nullinie und dann jener des Schwungrades, während jener der Seilscheibe noch auf der alten Seite bleibt. Von da ab nehmen alle drei Ausschläge stark zu und nähern sich rasch der Unendlichkeit. Wir haben den gefürchteten Zustand der Resonanz erreicht. Nach Überschreiten derselben nehmen die Ausschläge sehr schnell wieder ab und werden kleiner als zuvor. Nun geht der Ausschlag der Motormasse durch die Nullinie hindurch. Es findet für diesen von da ab ein allmähliches Ansteigen statt, während die Ausschläge des Schwungrades und der Seilscheibe noch weiter abnehmen. Würden wir die Untersuchung noch weiter fortsetzen, so kämen wir zu einem Punkt, wo sämtliche Ausschläge wieder zunehmen, unendlich groß werden (2. Resonanzfall), um dann wieder abzunehmen und sich nunmehr asymptotisch dem Wert Null zu nähern.

Die beiden wichtigsten Stellen im ganzen Diagramm sind die beiden Resonanzen. Während also im Falle einer Masse, die elastisch mit

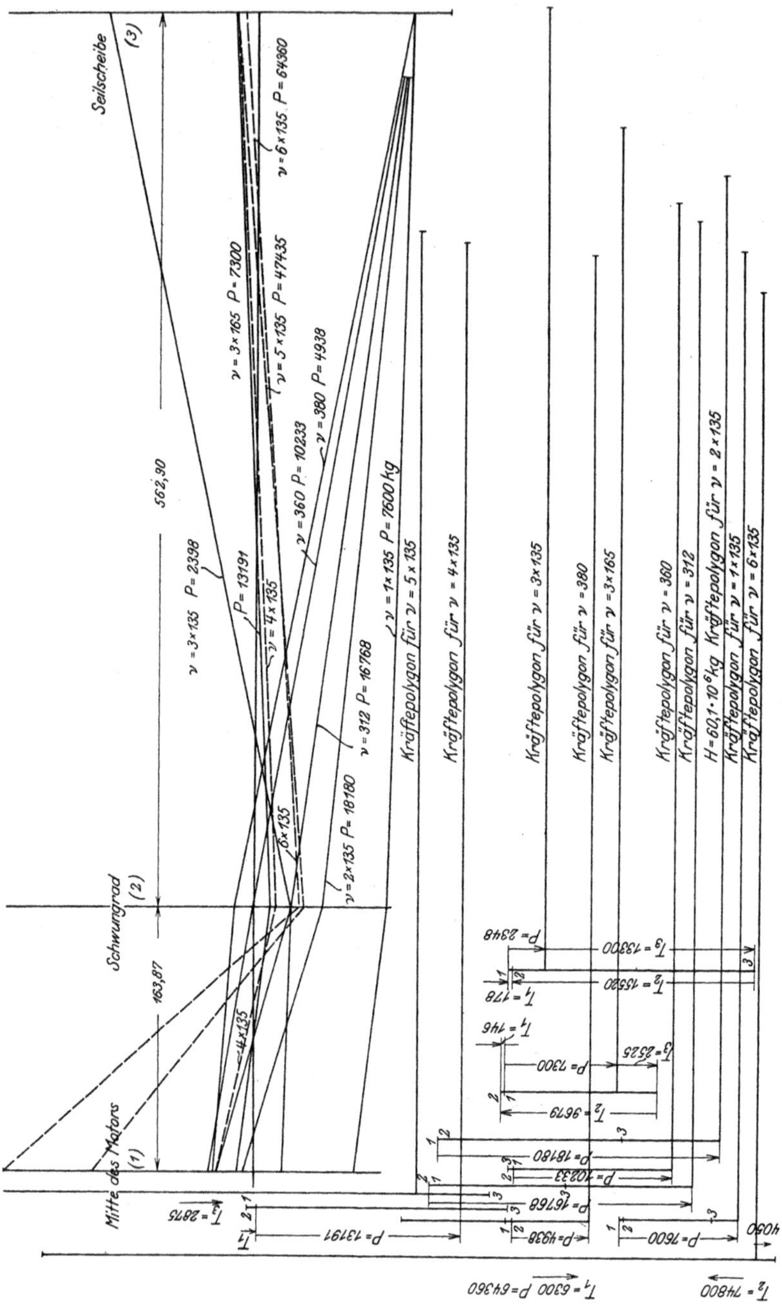

Abb. 25. Schwingungsformen ohne Berücksichtigung der dämpfenden Kräfte für 400 PS Dieselmotor mit Schwungrad und Seilscheibe. Drehelastisches System: Kurbelwelle, Schwungrad, Seilscheibe. Schwingungsformen und Kräftepläne hierzu.

Maßstäbe: Kräftepolygon 1 mm = 250000 kg Horizontalzug; 1 mm = 250 kg von P bzw. T; 1 mm Länge = 25 cm der Welle; 1 mm Ausschlag = 0,0025 cm in der Wirklichkeit. Motormasse = 5,445 $\frac{\text{kg sec}^2}{\text{cm}}$; Schwungradmasse 352,2; Masse der Seilscheibe = 75,20 $\frac{\text{kg sec}^2}{\text{cm}}$. Reduktionsradius $r = 45$.

einem festen Punkt verbunden ist, nur eine Resonanz möglich ist, sind es bei diesem Dreimassensystem deren zwei. Sie unterscheiden sich aber dadurch, daß bei der 1. Resonanz oder, wie man auch zu sagen pflegt, im Zustand der Eigenschwingung 1. Grades, Motorkurbelmasse und Schwungrad gegen die Seilscheibe schwingen, während bei der Eigenschwingung 2. Grades Motorkurbelmasse und Seilscheibe gegen das Schwungrad, d. h. die beiden äußeren Massen gegen die mittlere schwingen. Der Ausdruck 1. Grades rührt davon her, daß hierbei ein Schwingungsknotenpunkt, d. h. eine Stelle, die in Ruhe bleibt, vor-

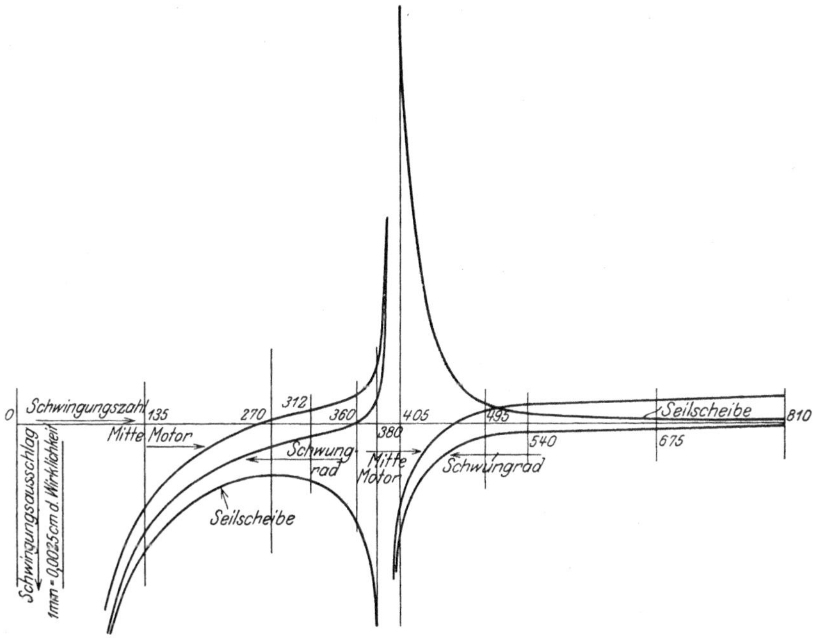

Abb. 26. Schaubild der Schwingungsausschläge zu Abb. 25.

handen ist, während beim Fall der Eigenfrequenz 2. Grades zwei Schwingungsknotenpunkte vorhanden sind. Allgemein bezeichnet man eine Schwingung mit n Knotenpunkten als eine solche $n$ten Grades. In Abb. 27 sind für den vorhergehenden Fall für die Eigenfrequenzen 1. und 2. Grades die Schwingungsausschläge senkrecht zu den Wellenlängen oder die sog. Schwingungsformen aufgezeichnet. Hierbei ist die Schwingungsform für die 2. Eigenfrequenz im Vergleich zu jener für die erste in 10fach kleinerem Maßstab aufgetragen.

Im folgenden soll der Kürze halber die minutliche Eigenfrequenz 1. Grades immer mit ν_{e1}, jene 2. Grades mit ν_{e2} usf. bezeichnet werden.

Wir erkennen nun leicht, daß allgemein bei n Massen immer $n—1$ Eigenfrequenzen möglich sind; denn die Eigenfrequenz ist allgemein dadurch gekennzeichnet, daß hierbei die Massenkräfte allein, d. h. ohne äußere Kraft P sich das Gleichgewicht halten. Bei n Massen sind $n-1$

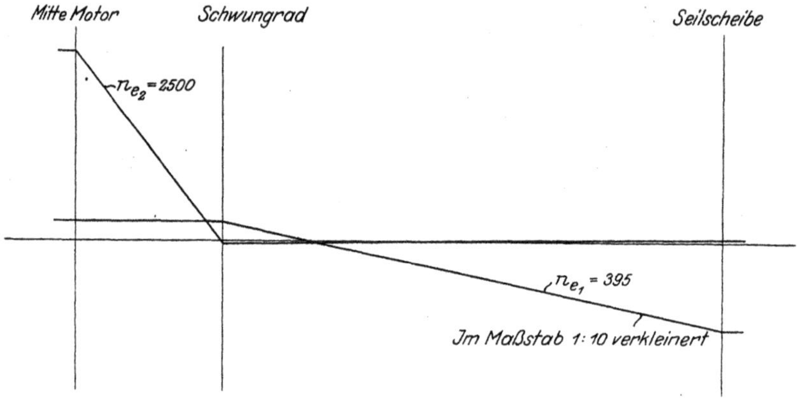

Abb. 27. Eigenschwingungsformen zu Abb. 25.

solche Gleichgewichtsfälle möglich, bei zwei Massen nur einer. Der eingangs behandelte Fall einer einzigen mit einem festen Punkt elastisch verbundenen Masse steht hiermit nicht im Widerspruch, denn der feste Punkt entspricht einer unendlich großen Masse.

Feststellung der Eigenfrequenzen.

Bei den meisten praktischen Schwingungsfragen ist die Feststellung der Eigenfrequenzen weitaus am wichtigsten.

Hierfür können wir von dem auf S. 37 u. ff., bzw. S. 39 u. ff. geschilderten rechnerischen und zeichnerischen Verfahren ausgehen:

Wenn wir dasselbe für eine genügend große Zahl von Schwingungszahlen durchführen würden, käme man, wie die Abb. 25 und 26 zeigen, von selbst auf die Eigenfrequenzen. Man kann das Verfahren jedoch bedeutend vereinfachen. Die Massenkräfte halten sich bei einer Eigenfrequenz selbst gegenseitig das Gleichgewicht. Wir nehmen also irgendeine uns passend erscheinende Schwingungszahl ν her und konstruieren nach dem Verfahren S. 39 u. ff. die Schwingungsform durch. Es wird dann die Summe $\Sigma(T)$ der Massenkräfte irgendeinen Restwert R ergeben. Für andere Schwingungszahlen führen wir dieselbe Untersuchung durch und tragen die so erhaltenen Restwerte in Kurvenform abhängig von der Schwingungszahl ν auf. Wo diese Kurve die Nulllinie schneidet, ist die Bedingung

$$\Sigma(T) = 0 \tag{33}$$

erfüllt; wir haben bei dieser Schwingungszahl eine Eigenfrequenz. An

Hand der Schwingungsform für die durchgerechneten Fälle mit der nächsten darüber bzw. darunter befindlichen Schwingungszahl, d. h. an Hand der Zahl der Knotenpunkte erkennen wir leicht den Grad der betreffenden Eigenfrequenz.

Für Längsschwingungen ist das Verfahren dasselbe, nur mit dem Unterschiede, daß für den Horizontalzug H an Stelle von $\frac{G \cdot J_p}{r^2}$ der Wert EF(kg/cm² · cm²) zu setzen ist.

Angesichts der in der Technik überragenden Bedeutung der Verdrehungsschwingungen dürfte es am Platze sein, auf einige weitere Vereinfachungen, die bei der Berechnung der Verdrehungseigenfrequenzen eine Rolle spielen, näher einzugehen.

Zunächst der Fall mit nur zwei Massen. Hier kann man auf die Durchrechnung verzichten und mit einer recht einfachen Formel auskommen. Dieselbe lautet:

$$\nu_e = \frac{30}{\pi} \sqrt{\frac{J \cdot G}{r^2 \cdot l} \, \frac{m_1 + m_2}{m_1 \cdot m_2}}$$

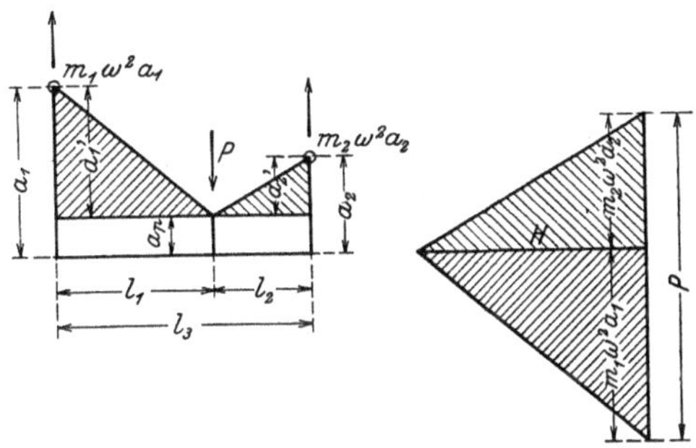

Abb. 28. Ableitung der Zweimassenformel

Ableitung dieser Formel: Außer den Massen m_1 und m_2 sei eine irgendwo an der Welle angreifende harmonische Kraft P gegeben.

Nach Abb. 28 bestehen nun für irgendeine Schwingungszahl folgende Beziehungen:

1. $a_1 = a_1'$

2. $a_2 = a_2'$

3. $a'_1 = \frac{l_1 \cdot m_1 \cdot \omega^2}{H} \cdot a_1$

also

$$a_P = a_1 \left(1 - \frac{l_1 m_1 \omega^2}{H}\right)$$

4. $a'_2 = -\frac{l_2 (m_1 \omega^2 \cdot a_1 - P)}{H} = -\frac{l_2 \cdot m_2 \cdot \omega^2 \cdot a_2}{H}.$

Das negative Vorzeichen bei l_2 rührt von der entgegengesetzten Lage der beiden schraffierten Dreiecke zueinander her.

5. $m_1 \cdot \omega^2 \cdot a_1 - P + m_2 \cdot \omega^2 \cdot a_2 = 0.$

5a. $\left[(m_1 + m_2)\,\omega^2 - \frac{m_1 \cdot m_2}{H} \cdot l_0 \cdot \omega^4\right] a_1 + P\left(-1 + \frac{m_2 \cdot \omega^2 \cdot l_2}{H}\right) = 0.$

Für $P = 0$, d. h. für den Fall, daß sich die Massenkräfte selbst das Gleichgewicht halten, ergibt sich

$$\omega = \sqrt{\frac{H}{l_0}\,\frac{m_1 + m_2}{m_1 \cdot m_2}}$$

oder

$$= \sqrt{\frac{J \cdot G}{r^2 \cdot l_0} \cdot \frac{m_1 + m_2}{m_1 \cdot m_2}} = \omega_e \tag{34}$$

und damit

$$\nu_e = \frac{30}{\pi} \cdot \omega_e \,.$$

Auch für den Fall dreier elastisch miteinander verbundenen Massen kann man noch die Anwendung einer — wenn auch bereits verwickelteren — Formel empfehlen. Dieselbe ist von Roth[1]) abgeleitet und lautet:

$$\nu_e = \frac{30}{\nu} \cdot \sqrt{\frac{J \cdot G}{2\,r^2 \cdot l_{12} \cdot m_2}} \cdot \sqrt{\frac{m_1 + m_2}{m_1} + \frac{m_2 + m_3}{m_3}\,\frac{l_{12}}{l_{23}} \pm \sqrt{\left(\frac{m_1 + m_3}{m_1} - \frac{m_2 + m_3}{m_3} \cdot \frac{l_{12}}{l_{23}}\right)^2 + 4\,\frac{l_{12}}{l_{23}}}}\,.$$

Mit der Ableitung wollen wir uns hier nicht aufhalten, dieselbe kann der Leser, der sich dafür interessiert, nach dem eben für zwei Massen angegebenen Verfahren selbst durchführen. Es sei daher nur noch erwähnt, daß die Rothsche Formel etwas anders aufgebaut ist; ich habe aber die angegebene Darstellung vorgezogen, weil man bei derselben bei praktischen Fällen hinsichtlich der Zwischenrechnungen auf Werte kommt, mit denen sich leichter umgehen läßt, nämlich statt vielstelliger Zahlen, auf solche in der Gegend von 1.

Sowohl die Zwei- als auch die Dreimassenformel gelten ohne weiteres für Längsschwingungen, wenn man $\frac{G J_p}{r^2}$ durch EF ersetzt.

Bei mehr als drei Massen wird die formelmäßige Ermittlung der Eigenfrequenz bereits so umständlich, daß das geschilderte Probierverfahren vorzuziehen ist.

Für bestimmte aber praktisch sehr häufig vorkommende Fälle ist aber auch bei weit größerer Massenzahl noch eine erhebliche Vereinfachung bzw. eine Berechnung an Hand von Formeln möglich. Ich schicke aber voraus, daß dieser Abschnitt für solche Leser, die nicht ziemlich häufig mit Verdrehungsschwingungen zu tun haben, überschlagen werden kann:

Vereinfachte Bestimmung der Eigenfrequenzen.

Drehschwingungen spielen insbesondere bei Kraftmaschinen mit innerer Verbrennung, also bei Benzin- und Dieselmotoren eine wichtige

[1]) Siehe Z. V. d. J. 1904, S. 564.

Rolle. Bei den meisten solchen Anlagen sind immer eine Reihe gleicher Massen vorhanden, nämlich die Massen der einzelnen Kurbeln. Ist nun irgendeine bestimmte Type gegeben, so wird dieselbe je nach dem Verwendungszweck mit den verschiedensten Massen und Wellenstücken gekuppelt werden, im einen Falle mit einer, im andern mit zwei Dynamos, hier mit einem Schwungrad und einer Dynamo, dort mit einer Seilscheibe oder mit einer langen Transmission oder einer Pumpe oder einer Schiffsschraube usf. In solchen Fällen konstruiert man für einen gegebenen Schwingungsausschlag der ersten Masse und für ver-

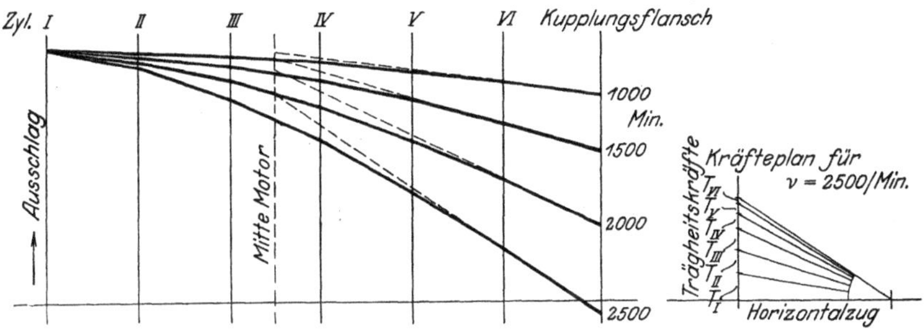

Abb. 29. Vereinfachte Bestimmung der Dreheigenschwingungszahlen.

schiedene Schwingungszahlen ein für alle Mal die Schwingungsform von der 1. Kurbel bis zum Kupplungsflansch oder, wenn ein solcher nicht vorhanden, bis zur letzten Kurbel einschließlich durch. Siehe Abb. 29.

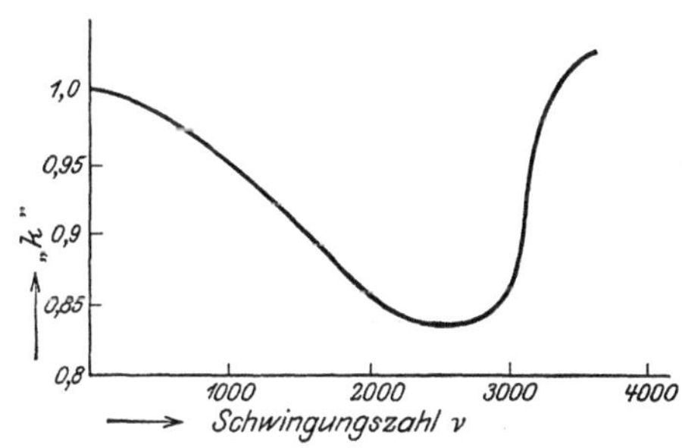

Abb. 30. k-Kurve, abhängig von der Schwingungszahl.

Der letzte Seilstrahl der Schwingungsform werde jeweils rückwärts bis Mitte Motor verlängert — wie in Abb. 29 gestrichelt dargestellt. Man berechnet nun, mit welchem Faktor k die Summe aller Trägheitsmassen der Motorkurbelwelle multipliziert werden muß, damit sich bei gleicher Schwingungszahl und gleichem Ausschlag an der letzten Kurbel gleiche Neigung des letzten Strahles der Schwingungsform ergibt. Trägt man für eine bestimmte Motortype die Zahl k abhängig der Schwingungszahl auf, so sieht man unter Beachtung des Ordinatenmaßstabes, daß ihr Wert verhältnismäßig wenig, nämlich praktisch nur zwischen 0,83 und 1,0 schwankt (Abb. 30).

Zumeist liegen die Eigenfrequenzen so, daß für k annähernd der Mindestwert der k-Kurve in Betracht kommt, wie sich wenigstens für den Fall, daß auf die Massen der einzelnen Kurbeln nur eine Masse (Dynamorotor oder Dynamo mit unmittelbar daneben befindlichem Schwungrad) leicht einsehen läßt.

Bei dieser Anordnung ist nämlich die auf den Hebelarm r bezogene Masse des Rotors immer viel größer als jene aller Kurbeln zusammen; ferner ist auch die elastische Länge zwischen der letzten Kurbel und dem anschließenden Rotor im allgemeinen nur geringen Änderungen unterworfen, d. h. so kurz, als es aus baulichen Rücksichten angängig ist. In diesem Falle muß bei der ersten Eigenschwingungszahl der Schwingungsausschlag am Rotor unbedingt den Ausschlägen der einzelnen Kurbeln entgegengesetzt und zugleich im Vergleich zu letzteren sehr klein sein; d. h. der Schwingungsknotenpunkt muß in der Nähe der dem Rotor benachbarten Kurbel liegen. Dies ist aber wieder die Bedingung dafür, daß k ein Kleinstwert wird, d. h. man kann, ohne einen wesentlichen Fehler zu begehen, k im voraus schätzen. In diesem Falle ist es aber nach der Zweimassenformel:

$$\nu_e = \frac{30}{\pi} \cdot \sqrt{\frac{J_p G}{r^2 \cdot l_0} \, \frac{m_1 + m_2}{m_1 \cdot m_2}}$$

leicht, die Eigenfrequenz zu berechnen, für m_1 ist die Summe aller Kurbelkröpfungen und der sonstigen auf der Kurbelwelle sitzenden an den Drehschwingungen teilnehmenden Massen (z. B. der Luftpumpenkurbel bei Dieselmotoren) multipliziert mit k einzusetzen, m_2 ist die Rotormasse, l_0 die auf das Trägheitsmoment J_p bezogene elastische Wellenlänge zwischen Mitte Motor und Masse m_2.

Die beiden folgenden Zahlenbeispiele zeigen, wie groß der mögliche Fehler in den äußersten Fällen sein kann. Für die betreffende Eigenschwingungszahl sei $k = 0{,}85$ der richtige Wert, er sei zunächst aber mit 0,84 angenommen. Ist nun $m_2 = \infty$ und $\frac{m_1}{k} = 1$, so wird die errechnete Eigenschwingungszahl um $0{,}5\,^0/_0$ falsch; ist dagegen $m_2 = 1$, so beträgt der Feher nur $0{,}25\,^0/_0$. Der mögliche Fehler ist demnach außerordentlich gering.

Folgen auf die Kurbelwelle zwei Massen, so wende man die bereits von Roth abgeleitete schon angeführte Dreimassenformel an, wobei man statt m_1 wieder $k\,\Sigma\,(m_{\text{Kurbelwelle}})$ setzt. m_2 ist hier die mittlere Masse, m_3 die letzte. l_{12} ist die auf das Trägheitsmoment J (cm^4) bezogene elastische Länge der Welle zwischen Mitte Motor und Masse m_2, l_{23} die elastische Länge zwischen m_2 und m_3.

Man kann demnach, gleichgültig wieviel Massen auf der Wellenleitung sitzen, in den meisten praktisch vorkommenden Fällen die Eigenfrequenz unmittelbar berechnen, nur in den Fällen, wo auf die Kurbelwelle mehr als zwei Massen von Bedeutung folgen, ist das graphische Verfahren vorzuziehen.

Weitere Verfahren für die Berechnung von Eigenschwingungszahlen sind für die besonders wichtigen Verdrehungsschwingungen u. a. von Holzer[1]), Wydler[2]), Föppl[3]), Tolle[4]) und Dreves[5]) angegeben worden. Während sich das rein rechnerische Verfahren nach Tolle grundsätzlich auf genau den gleichen Gedankengängen wie die beschriebene Methode aufbaut, geht Dreves mit seinem rein zeichnerischen Verfahren einen ganz abweichenden aber ebenfalls durchaus richtigen Weg. Es würde zu weit führen, auf die einzelnen Verfahren ausführlich einzugehen. Es sei daher hier nur bemerkt, daß in der Praxis, soviel mir bekannt, das geschilderte Verfahren verhältnismäßig am meisten angewendet wird. Der Grund liegt meines Erachtens darin, daß es sehr leicht verständlich ist und, wie langjährige Erfahrung zeigt, auch von untergeordneten Kräften ohne Fachausbildung (Zeichnern) mit durchaus genügender Genauigkeit gehandhabt werden kann.

Es empfiehlt sich entschieden, jede längere Wellenleitung von Kolbenkraftmaschinen, insbesondere aber von Mehrzylindermotoren auf das Auftreten von Drehschwingungen nachzurechnen. Es ist nun zweifellos von Vorteil, wenn man für diese, infolge ihrer Häufigkeit immerhin ziemlich umfangreichen Arbeiten auch angelernte Kräfte, die unter der Aufsicht eines mit der Materie gut vertrauten Herrn arbeiten, verwenden kann. Manche Werke ließen sich von der Untersuchung ihrer Anlagen auf Schwingungserscheinungen deshalb abhalten, weil sie glaubten, hierfür eine Reihe erstklassiger wissenschaftlich hochstehender Spezialingenieure benötigen zu müssen. Daß dies nicht der Fall ist, dürfte aus den vorausgegangenen Abschnitten zur Genüge hervorgehen.

Ich möchte jetzt nur noch einen allgemeinen Vergleich zwischen den zeichnerischen und rechnerischen Verfahren anstellen.

Die Genauigkeit der zeichnerischen Verfahren ist eine für technische Zwecke durchaus hinreichende. Bei genügender Sorgfalt kann man, wie mehrfache vergleichende Untersuchungen gezeigt haben, zeichnerisch eine Genauigkeit auf drei Stellen erreichen. Ich setze allerdings hierbei ausdrücklich voraus, daß ein sehr harter, scharfe Linien liefernder Bleistift verwendet wird, ferner daß der betreffende Herr so vertraut mit der Materie ist, daß er die Maßstäbe geeignet wählt, um eine übersichtliche aber nicht unhandliche Zeichnung und deutliche Schnittpunkte (keine spitzwinkligen Schnitte) zu erhalten. Diese Voraus-

---

[1]) Die Berechnung der Drehschwingungen: Buch 1921.

[2]) Drehschwingungen in Kolbenmaschinenanlagen: Buch 1922.

[3]) Siehe Föppl: Grundzüge der technischen Schwingungslehre. Berlin: Julius Springer 1923.

[4]) Beschrieben in Tolle: Regelung der Kraftmaschinen.

[5]) Siehe Z. V. d. I. 1918, S. 588 u. 610. Neues graphisches Verfahren, auf statischer Grundlage zur Untersuchung beliebiger Wellenmassensysteme auf freie Drehschwingungen.

setzung trifft aber nach kurzer Anlernung für die meisten Konstrukteure usf. zu, da sie schon durch ihre anderweitige zeichnerische Tätigkeit die nötige Übung und Erfahrung mitzubringen pflegen.

Rechnerisch läßt sich eine höhere Genauigkeit als auf drei Stellen auch nur mit Hilfe einer Rechenmaschine oder einer Logarithmentafel erreichen. Der Gebrauch der letzteren ist aber ziemlich zeitraubend, erstere ist dagegen in technischen Bureaus nur selten vorhanden. Dazu kommt, daß eine höhere Genauigkeit auch für die Praxis nicht notwendig ist, und daß endlich die Berechnungsunterlagen (Massen und elastische Längen) mit keiner größeren, häufig sogar nur mit einer merklich geringeren Genauigkeit erhältlich sind. Ein Verfahren, das langwieriger ist, kann daher trotz etwa größerer Genauigkeit nicht empfoh'en werden.

Ferner besitzen die zeichnerischen Verfahren den Vorteil großer Anschaulichkeit und Übersichtlichkeit. Der konstruktiv tätige Ingenieur, dessen Blick für das Beurteilen von Zeichnungseinzelheiten ohnehin besonders geschärft ist, wird bei einem zeichnerischen Verfahren sehr rasch zum Ziele kommen und bei etwa notwendig werdenden Abänderungen des Massensystems mit einem Blick übersehen, wo er zweckmäßig den Hebel anzusetzen hat. Lange Zahlenreihen sind nach dieser Richtung hin viel unübersichtlicher.

Dazu kommt, daß man beim Zeichnen viel weniger leicht einen Fehler, insbesondere einen Dezimalfehler machen kann und daß ein größerer Fehler sofort dem Auge auffällt.

Alles in allem darf man sagen: Wer mit Zeichenstift und Winkel gut umzugehen versteht, wird mit Recht ein zeichnerisches Verfahren vorziehen.

Ermittlung der Schwingungsausschläge unter Berücksichtigung von Dämpfungen.

Wir wollen uns im folgenden wieder, um einen konkreten Fall im Auge zu haben, auf

Drehschwingungen

beziehen und setzen ausdrücklich Dämpfungen, welche linear von der Schwingungsgeschwindigkeit abhängig sind, voraus.

Wir behandeln zunächst einen möglichst einfachen Fall: Gegeben sind zwei Massen M und m, verbunden durch elastische Welle von der Länge L und dem Trägheitsmoment J_p. Bei m greife eine erregende harmonische Kraft P und bei M eine Dämpfungskraft $K = k \cdot \omega \cdot a_M$ an.

Wir wissen zunächst, daß diese letztere, weil nach Voraussetzung der Schwingungsgeschwindigkeit $\omega \cdot a_M$ proportional, zeitlich um 90^0 dem Ausschlag a_M der Masse M nacheilt (Abb. 31).

In diesem Falle ist es ohne weiteres klar, daß die erregende Kraft P bzw. der Ausschlag a_m nicht gleichzeitig mit dem Ausschlag a_M ihren Größtwert erreichen können, denn sonst würde in dem Moment, wo jene gerade durch Null hindurch gehen, die dämpfende Kraft K für sich allein am Schwingungssystem vorhanden sein. Da jede Gegenkraft fehlen würde, wäre in diesem Moment ein Gleichgewichtszustand unmöglich. Aus dem gleichen Grunde können aber auch die Größtwerte der Kräfte P und K nicht zeitlich zusammenfallen; die Kraft P

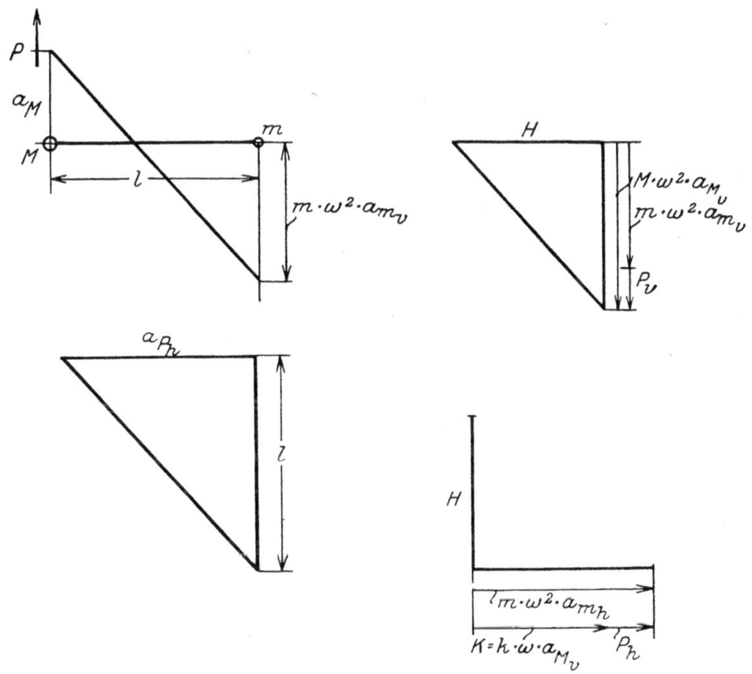

Abb. 31. Drehschwingungen eines gedämpften Zweimassensystems.

muß also um irgendeinen, zunächst noch unbekannten Winkel φ, den sog. Phasenverschiebungswinkel, gegenüber dem Ausschlag a_M verschoben sein. Wir sagen ausdrücklich gegenüber dem Ausschlag a_M und nicht gegen K, weil es üblich ist, den Zeitwinkel vom Größtwert des Ausschlags und nicht der zugehörigen Dämpfungskraft auszumessen.

Wir denken uns nun alle am System angreifenden Kräfte (P, K, T_M und T_m) so zerlegt, daß ihre Komponenten entweder in die Richtung der Trägheitskraft $T_M = M \cdot \omega^2 \cdot a_M$ (Richtung v) oder in die Richtung der dazu zeitlich um 90^0 versetzten dämpfenden Kraft $K = k \cdot \omega \cdot a_M$ (Richtung h senkrecht zu v) fallen. Dementsprechend wollen wir auch die Komponenten der erregenden Kraft P mit P_v und P_h bezeichnen.

Für die Richtung v haben wir dann im Kräfteplan außer der Kom ponente P_v nur die beiden Trägheitskräfte $m \cdot \omega^2 \cdot a_{mv}$ bzw. $M \cdot \omega^2 \cdot a_{Mv}$. Wir können also, sowie wir die Größe von P_v kennen, sofort den zugehörigen Kräfteplan v bzw. die Schwingungsform v verzeichnen.

Für die Richtung h haben wir im Kräfteplan außer der Komponente P_h und der in M angreifenden Dämpfungskraft K nur noch eine Trägheitskraft, nämlich $m \cdot \omega^2 \cdot a_{mh}$. Für die zugehörige Schwingungsform h wissen wir, daß der Ausschlag a_{Mh} der Masse M Null sein muß, entsprechend der vorgenommenen Zerlegung der harmonischen Kräfte. Ist die Schwingungsform v bereits verzeichnet, ist also der Ausschlag a_{Mv} der Masse M bekannt, so kennen wir auch die in M angreifende Dämpfung $k \cdot \omega \cdot a_{Mv}$. Es lassen sich dann der Kräfteplan h und die Schwingungsform h verzeichnen, wobei zu beachten ist: Geht man beim Aufzeichnen von der Masse M aus, so erhält man im Kräfteplan h nacheinander die Kräfte $k \cdot \omega \cdot a_{Mv}$, $m \cdot \omega^2 \cdot a_{mh}$ und einen Rest R_h, der gleich P_h sein muß, nachdem die Schwingungsform h schon durch die Größe der Dämpfung $k \cdot \omega \cdot a_{Mv}$ und durch die Bedingung gegeben ist, daß der Schwingungsausschlag der Masse M Null sein muß.

Zunächst weiß man allerdings nicht, wie die erregende Kraft P in ihre Komponenten zu zerlegen ist. Wir können aber, wenn wir zunächst eine beliebige Zerlegung von P vorgenommen haben, nach Durchkonstruktion der beiden Kräftepläne und Schwingungsformen aus der mehr oder weniger großen Übereinstimmung des Restes R_h mit Kraft P_h ohne weiteres auf die Richtigkeit der Zerlegung schließen.

Wir bezeichnen den Winkel zwischen P und P_h mit φ, so daß also

$$P_h = P \cdot \cos\varphi \tag{35}$$

und

$$P_v = P \cdot \sin\varphi$$

ist, und führen unter der Annahme $P_v = P$ entsprechend $\varphi = 90^0$ die ganze Konstruktion durch, wobei wir einen gewissen Rest R_h im Kräfteplan h erhalten. Jetzt ist zu beachten, daß der Schwingungsausschlag a_{Mv} linear abhängig ist von der Größe der erregenden Kraft. Infolgedessen gilt dasselbe auch für die dämpfende Kraft und damit ist die Schwingungsform h und der Rest R_h linear abhängig von der die Schwingungsform v erregenden Kraft P_v, d. h. von $P \cdot \sin\varphi$. Für den tatsächlich auftretenden Phasenwinkel ist also der für $P_v = P$ erhaltene Restwert mit $\sin\varphi$ des wirklichen Winkels φ zu reduzieren, so daß man erhält $R_h \cdot \sin\varphi$, welcher Wert gleich $P_h = P \cdot \cos\varphi$ sein muß. Daraus ergibt sich die Beziehung:

$$R_h \cdot \sin\varphi = P \cdot \cos\varphi$$

oder

$$\operatorname{tg}\varphi = \frac{P}{R_h}\,. \tag{36}$$

Dadurch ist der Phasenverschiebungswinkel φ bekannt. Die wirklichen Ausschläge beider Schwingungsformen ergeben sich durch Multiplikation der vorläufigen Ausschläge mit $\sin \varphi$.

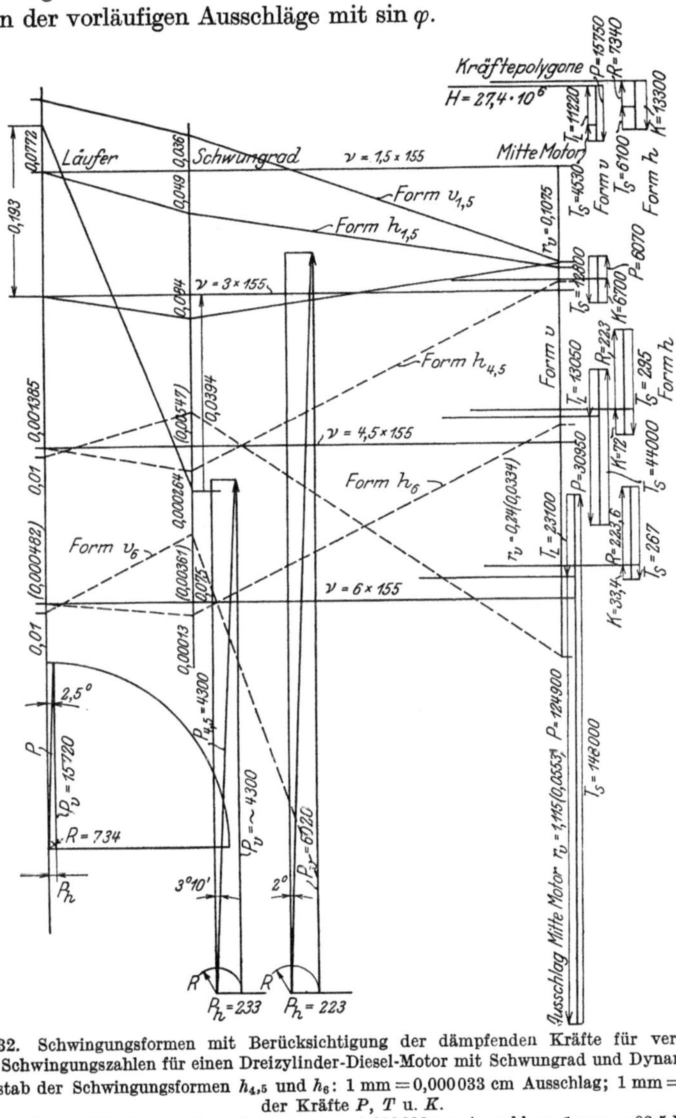

Abb. 32. Schwingungsformen mit Berücksichtigung der dämpfenden Kräfte für verschiedene Schwingungszahlen für einen Dreizylinder-Diesel-Motor mit Schwungrad und Dynamo.
Maßstab der Schwingungsformen $h_{4,5}$ und h_6: 1 mm = 0,000033 cm Ausschlag; 1 mm = 8,35 kg der Kräfte P, T u. K.
Maßstab der Schwingungsform $h_{1,5}$: 1 mm = 0,000333 cm Ausschlag; 1 mm = 83,5 kg der Kräfte P, T u. K.
Maßstab der anderen Schwingungsformen: 1 mm = 2 cm der Wellenlänge; — 1 mm = 0,00333 cm Ausschlag; — 1 mm = 5,105 kg Horizontalzug; 1 mm = 835 kg der Kräfte P.

Aus der Ableitung ist ersichtlich, daß sich das gleiche Verfahren auch anwenden läßt für ein System von beliebig vielen Massen.

Am besten wird man das Verfahren an dem folgenden in Abb. 32 dargestellten Fall eines Dreizylinder-Viertaktmotors mit Schwungrad und Dynamoläufer erkennen. Hierbei ist die reduzierte Masse des Läufers 242 und die des Schwungrades 207 $\frac{\text{kgsek}^2}{\text{cm}}$. Die Masse der Triebwerksteile des Dreizylindermotors ist vernachlässigt, das polare Trägheitsmoment der Welle ist $3{,}83 \cdot 10^4$ cm^4. Die reduzierte Länge zwischen Läufer und Schwungrad beträgt 102 cm, jene zwischen Schwungrad und Mitte Motor 250 cm. Der Reduktionsradius für die Massen ist 34 cm. Der Horizontalzug wird demzufolge $27{,}4 \cdot 10^6$ kg. Die Bezeichnungen S und L bei den Trägheitskräften beziehen sich auf Schwungrad und Läufer. Die Konstruktion ist für Schwingungszahlen gleich dem 1,5-, dem 3-, dem 4,5- und dem 6 fachen der Drehzahl durchgeführt. Die erregenden harmonischen Kräfte sind entsprechend dem Drehkraftdiagramm verschieden groß.

Nach diesem für die Praxis wichtigsten Fall mit einer dämpfenden Kraft wollen wir, um zu zeigen, daß das Verfahren ganz allgemein anwendbar ist, zu einem verwickelteren Fall übergehen: Abb. 33.

Gegeben seien fünf elastisch miteinander verbundene Massen,

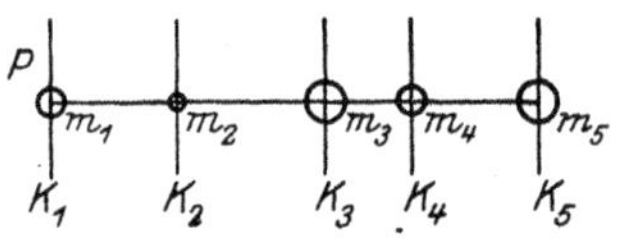

Abb. 33. Mehrmassensystem mit mehreren Dämpfungen.

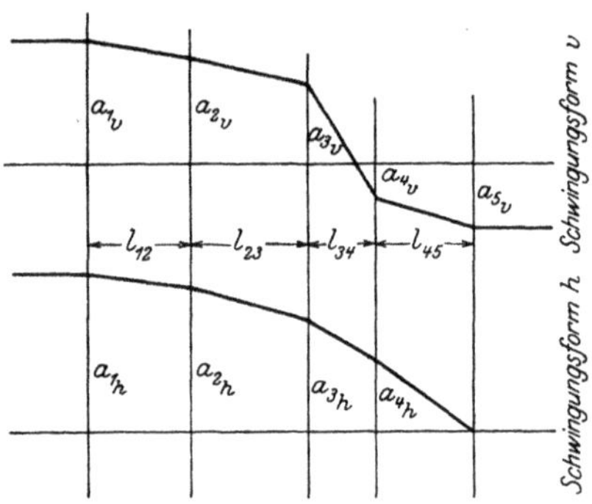

Abb. 34. Schwingungsformen zu Abb. 33.

eine erregende harmonische mit irgendeiner gegebenen Frequenz wechselnde Kraft P und fünf von der Schwingungsgeschwindigkeit abhängige, an jeder einzelnen Masse angreifende dämpfende Kräfte.

Die Dämpfungsfaktoren dieser Kräfte sollen ganz beliebig sein. Die erregende Kraft greife in m_1 an (Abb. 34).

Wir gehen genau wie bei dem vorhergehenden Fall vor und denken uns die resultierenden Ausschläge der einzelnen Massen und desgleichen die Kraft P so zerlegt, daß die eine Komponente (v) ihren Höchstwert gerade dann erreicht, wenn die dämpfende Kraft K_5 Null ist, d. h. wenn der Ausschlag a_5 am größten ist. Diese Richtung sei wieder mit v, die dazu senkrechte mit h bezeichnet.

Wir nehmen zunächst den Ausschlag a_{5v}, der also vorläufig gleich a_5 ist, beliebig an, bestimmen dann die Dämpfung $K_5 = k_5 \cdot \omega \cdot a_{5v}$. Im Kräfteplan h erhalten wir dann ohne weiteres den Ausschlag a_{4h}. Desgleichen können wir die Trägheitskraft $T_5 = m_5 \cdot \omega^2 \cdot a_{5v}$ berechnen und dann im Kräfteplan v den Ausschlag a_{4v} bestimmen. Dadurch bekommen wir einerseits die Trägheitskraft T_{4h} und die Komponente $k_4 \cdot \omega \cdot a_{4v}$ der Dämpfung K_4, andererseits die Trägheitskraft T_{4v} und die Dämpfungskomponente $k_4 \cdot \omega \cdot a_{4h}$. Nun werden wieder die Schwingungsformen v und h bis m_3 verzeichnet, wodurch sich T_{3h}, $k_3 \cdot \omega \cdot a_{3v}$, T_{3v} und $k_3 \cdot \omega \cdot a_{3h}$ ergeben, usf.

Bezüglich der erregenden Kraft P wollen wir zunächst wie bei dem einfachen Fall mit nur einer Dämpfung die Annahme machen, dieselbe falle gerade in die Richtung v. Natürlich wir hierbei die Bedingung des Gleichgewichts aller Kräfte für beide Schwingungsformen nicht ohne weiteres erfüllt sein, wir werden vielmehr Restkräfte R_v und R_h erhalten. Gemäß dem auf S. 33 u. ff. angegebenen Verfahren sind aber nur die einzelnen Ausschläge a_{1v} bis a_{5v} mit $\frac{P}{R_v}$ zu multiplizieren, um die zu der Kraft P gehörenden Ausschläge zu erhalten. Ebenso müssen, da a_{5v} mit $\frac{P}{R_v}$ multipliziert wurde, auch alle Ausschläge der Schwingungsform h entsprechend reduziert werden. Wir erhalten so schließlich für die Annahme $P = P_v$ in der Schwingungsform h eine Restkraft R_h. Nun ergibt sich genau wie im vorigen Falle mit einer Dämpfung auch hier

$$R_h \cdot \sin\varphi = P \cdot \cos\varphi$$

oder

$$\operatorname{tg}\varphi = \frac{P}{R_h}.$$

Damit ist der gesuchte Phasenverschiebungswinkel für die Kraft P gefunden, die wirklichen Ausschläge a_{1v} bis a_{5v} ergeben sich dann einfach durch Multiplikation der zuerst bei beliebig angenommenem a_{5v} gefundenen mit

$$\frac{P}{R_v} \cdot \sin\varphi$$

und die Ausschläge a_{1h} usf. durch Multiplikation mit

$$\frac{P}{R_v} \cdot \cos\varphi\,.$$

Für den Fall, daß die Frequenz der erregenden Kraft gerade genau mit einer Eigenfrequenz des betreffenden Systems zusammenfällt, vereinfacht sich das Verfahren, weil hier, wie man aus dem Vorausgegangenen findet, erregende Kraft und dämpfende Kraft gleichzeitig ihren Größtwert erreichen, also in die gleiche Schwingungsform h fallen:

Das vereinfachte Verfahren sei geschildert für den Fall einer Dämpfung, die an der letzten Masse eines Mehrmassensystems angreift.

Man führt zunächst die Bestimmung der Form h durch. Von dieser kennen wir im voraus den Ausschlag des Angriffspunktes der Dämpfung, der gleich Null ist. Wir können also unter vorläufiger Annahme der dämpfenden Kraft die Schwingungsform h verzeichnen, finden daraus durch Umrechnung der Restkraft R_h auf die erregende Kraft P neben den Ausschlägen a_h die wirkliche Größe der Dämpfungskraft und aus $K = k \cdot \omega \cdot a_v$ den Ausschlag a_v. Da entsprechend dem Zustande der Eigenfrequenz die Schwingungsform v nur Massenträgheitskräfte besitzt, so läßt sich dieselbe nach Kenntnis des einen Endausschlages a_v vollständig verzeichnen.

Biegungsschwingungen.

Soweit Biegungsschwingungen sich auf Schwingungen einer einzelnen Masse beziehen, kann man die Erörterungen in den vorausgegangenen Abschnitten über die Theorie der Schwingung eines materiellen Punktes usf. ohne weiteres hierauf anwenden. Für Stäbe mit gleichförmig verteilter Masse und gleichmäßigem Querschnitt ergeben sich ferner ebenfalls genügend einfache Verhältnisse, die wir im folgenden ableiten wollen. Um den Anfangszustand, wie der Stab zum Schwingen angeregt wurde, wollen wir uns hierbei nicht kümmern, desgleichen wollen wir auch ausdrücklich den Einfluß von etwaigen Dämpfungen und Reibungen vernachlässigen. Ferner nehmen wir an, daß der Baustoff des Stabes innerhalb der von uns betrachteten Ausschläge dem Geradliniengesetz gehorcht.

Die Trägheitskraft, die an jedem Stabteilchen zur Wirkung kommt, ist hierbei $m_1 \cdot \frac{\partial^2 y}{\partial t^2}$.

Es würde sich nun darum handeln, die Gleichung der elastischen Linie, die durch die Belastung durch diese Trägheitskräfte entsteht, aufzustellen. Da wir aber das Biegungsmoment, das die elastische Linie hervorruft, noch gar nicht kennen, da die elastische Linie selbst eine Folge der Schwingungen ist, so differentieren wir die bekannte allgemeine Gleichung der elastischen Linie

$$E\Theta \cdot \frac{\partial^2 y}{\partial x^2} = -M$$

zweimal nach x und erhalten auf diese Weise auf der rechten Seite der Gleichung die Zunahme der biegenden Kräfte beim Fortschreiten um die Längeneinheit. Diese Zunahme ist uns aber bekannt, es ist die bereits angegebene Trägheitskraft $m_1 \frac{\partial^2 y}{\partial t^2}$. Unsere Gleichung lautet also

$$E\Theta \frac{\partial^4 y}{\partial x^4} = -m_1 \cdot \frac{\partial^2 y}{\partial x^2}.$$

Die Lösung dieser Differentialgleichung lautet

$$y = a \cdot \sin \alpha x \cdot \sin \beta t.$$

a ist hierbei der größte an einer beliebigen Stelle zu einer beliebigen Zeit auftretende Ausschlag. α und β sind Beiwerte, deren gegenseitige Beziehung wir durch viermaliges Differentieren und Vergleich mit der Differentialgleichung des Problems finden zu

$$E\Theta \cdot \alpha^4 = m_1 \beta^2.$$

Endlich muß aber auch α so bestimmt werden, daß die Randbedingungen an den Auflagern erfüllt sind. Für $x = 0$ ist dies ohne weiteres der Fall, da hierfür für jedes beliebige α der Wert y Null wird. Es muß aber auch für $x = l$ der Wert y verschwinden, d. h. der Winkel $\alpha \cdot l$ muß entweder gleich π oder gleich irgendeinem ganzzahligen Vielfachen von π sein.

Wir gehen von dem Falle aus, in dem $\alpha l = \pi$ ist. Hierbei erhalten

Abb. 35. Biegungseigenschwingung 1. Grades eines beiderseits frei aufliegenden Stabes.

Abb. 36. Biegungseigenschwingung 2. Grades eines beiderseits frei aufliegenden Stabes.

wir die sogenannte Grundschwingung des Stabes, Abb. 35. Für β entsteht dann:

$$\beta = \pi^2 \cdot \sqrt{\frac{E\Theta}{m_1 \cdot l^4}}$$

Für y ergibt sich so:

$$y = a \cdot \sin \frac{\pi \cdot x}{l} \cdot \sin \left(\pi^2 \cdot \sqrt{\frac{E\Theta}{m_1 l^4}} \cdot t \right).$$

Nach einer Grundschwingung ist der Winkel βt um 2π größer; die Dauer einer Grundschwingung beträgt also

$$T = \frac{2\pi}{\beta} = \frac{2}{\pi} \sqrt{\frac{l^4 \cdot m_1}{E\Theta}}.$$

Nach einfachen Umformungen erhalten wir so für einen beiderseits frei aufliegenden Stab, der Schwingungen nach Abb. 35 ausführt, als minutliche Eigenfrequenz

$$\nu_{e_1} = 300 \cdot 9{,}82 \cdot \sqrt{\frac{E \cdot \Theta}{G \cdot l^3}}. \tag{37}$$

Hierbei ist G das Gewicht in kg, l die Länge, Θ das äquatoriale Trägheitsmoment und E der Elastizitätsmodul.

Bei diesem Stab sind jedoch auch Biegungsschwingungen nach Abb. 36 möglich, wobei in der Mitte ein Knotenpunkt ist. In diesem Falle ist als Länge nur die Entfernung von einem Auflager bis zum Knotenpunkt, d. h. $\frac{l}{2}$ und als Gewicht ebenfalls nur das vom Auflager bis zum Knotenpunkt einzusetzen. Die hierbei resultierende Eigenfrequenz wird also

$$\nu_{e_2} = 4 \cdot \nu_{e_1}.$$

Ähnlich sind Schwingungen mit zwei oder mehr Knotenpunkten (außer den Auflagern) möglich. Rechnen wir die beiden Auflager als einen Knotenpunkt, so ergibt sich ganz allgemein die minutliche Biegungseigenschwingungszahl $n$ten Grades zu

$$\nu_{e_n} = 300 \cdot 9{,}82 \cdot n^2 \cdot \sqrt{\frac{E\Theta}{G \cdot l^3}}. \tag{38}$$

Für den Fall eines in der Mitte mit einer Masse m behafteten, sonst masselosen Stabes vom Trägheitsmoment Θ und der Federung c ergibt sich bekanntlich nach früherem als Eigenfrequenz

$$\nu_e = \frac{30}{\pi} \cdot \sqrt{\frac{c}{m}}.$$

c ist wie früher die Kraft in kg, die zu der Durchbiegung von 1 cm gehört. Es kommt auf das gleiche heraus, wenn wir statt dessen den Wert $\frac{G}{f}$ einsetzen, wobei G das in kg gemessene Gewicht der Masse m und f die unter dem Einfluß dieses Gewichtes entstehende Durchbiegung in cm ist. Wir erhalten dann

$$\nu_e = \frac{30}{\pi} \cdot \sqrt{\frac{G}{m \cdot f}}$$

oder

$$\nu_e = \frac{30}{\pi} \cdot \sqrt{\frac{g}{f}}.$$

Die Erdbeschleunigung $g = 981$ cm/sek^2 ist hier in cm/sek^2 einzusetzen, da wir f ebenfalls in cm angeben. Wir erhalten dann abgerundet

$$\nu_e = \frac{300}{\sqrt{f}}. \tag{39}$$

In dieser Form wird die Formel für die Eigenfrequenz ebenfalls sehr häufig, insbesondere bei der Untersuchung auf Biegungsschwingungen, angewendet.

Es ist nun noch von praktischer Bedeutung, für den Fall des gleichmäßig — etwa durch sein Eigengewicht — belasteten Stabes festzustellen, wie groß der Fehler in der Eigenfrequenz wird, wenn wir nicht die genaue Formel

$$n_{e_1} = 300 \cdot 9{,}82 \cdot \sqrt{\frac{E\Theta}{G\,l^3}}$$

benützen, sondern einfach die Durchbiegung f und daraus die Eigenfrequenz nach der Formel $n_e = \frac{300}{\sqrt{f}}$ errechnen. Hierbei ergibt sich die Durchbiegung für den Fall der gleichmäßig verteilten Last G zu

$$f = \frac{5}{384} \cdot \frac{G\,l^3}{E\Theta}$$

und daraus nach einigen Umformungen

$$\nu_e = 300 \cdot 8{,}75 \cdot \sqrt{\frac{E\Theta}{G \cdot l^3}},$$

Man erhält also einen nur um 11 % zu niedrigen Wert. Dies ist von hervorragender praktischer Bedeutung. Man wird in der Praxis gewöhnlich Fälle finden, wo neben einer gleichmäßigen Last — etwa dem Eigengewicht des Trägers — noch punktförmig verteilte Lasten vorkommen. Die letzteren sind außerdem vielfach symmetrisch zur Mitte des Trägers angeordnet oder, wie es meistens der Fall zu sein pflegt, als in der Mitte konzentrierte Belastung anzunehmen.

In solchen Fällen ermittle man die von der gleichmäßigen Belastung herrührende Durchbiegung y_g und desgleichen den von der punktförmigen Belastung herrührenden Biegungspfeil y_p, addiere beide und errechne dann die Eigenfrequenz nach

$$n_e = \frac{300}{\sqrt{y_g + y_p}}. \tag{40}$$

Ist der Wert y_g von der gleichen Größenordnung wie y_p oder noch etwas größer, so mache einen entsprechenden Zuschlag. Bei $y_g = y_p$ wird man mit einem Zuschlag von 6 % zu der errechneten Eigenfrequenz sehr nahe an die wirkliche herankommen. Bei anderen Verhältnissen wird man den Zuschlag leicht genügend genau schätzen können.

Eine übertriebene Genauigkeit bei der Berechnung derartiger Biegungseigenfrequenzen erscheint deshalb nicht am Platz, weil gewöhnlich die Rechnungsunterlagen, insbesondere die tatsächlichen Durchbiegungen, nicht annähernd so genau bekannt sind.

Wenn bisher nur von Durchbiegungen infolge von Belastungen die Rede war, so ist dies nicht so aufzufassen, als ob hiermit die Eigenfrequenzen nur für Vertikalbiegungsschwingungen ermittelt werden könnten. Man kann ganz gleichgültig, in welcher Richtung die Biegungsschwingungen erfolgen, immer in der angegebenen Weise vorgehen.

Beispiel für Horizontalbiegungsschwingungen für gleichmäßige Massenverteilung: Man denkt sich die Schwerkraft horizontal wirkend und ermittelt die zugehörige horizontale Durchbiegung y_g und daraus ν_e.

Für eine Reihe von weiteren Sonderfällen beiderseits gelagerter Träger, z. B. mit zwei oder drei Massen sind bereits Formeln entwickelt worden. Der Leser, der sich für diese Spezialfälle interessiert, sei auf die einschlägige Literatur u. a. Stodola: „Die Dampfturbinen" verwiesen.

Biegungsschwingungen von Dampfturbinenschaufeln.

Ein eine gewisse Bedeutung genießender Sonderfall eines Biegungschwingungen ausführenden Stabes ist der einer Dampfturbinenschaufel. Unter dem Einfluß des bei teilweiser Beaufschlagung stoßweise einsetzenden und dann wieder aufhörenden Dampfstrahles sowie als Wirkung von Unbalanzen der Wellenleitung können solche Schaufeln in Schwingungen versetzt werden. Wenn man bedenkt, daß die Drehzahlen von Dampfturbinen häufig 3000 und 6000/min sind, und daß andererseits im Niederdruckteil die Schaufeln größerer Turbinen Längen von über 30 cm aufweisen, so kann man schon nach dem Gefühl sich denken, daß Resonanzen der Eigenfrequenzen solcher Schaufeln mit der Frequenz der auf sie treffenden periodischen Krafteinwirkungen möglich sind. Damit ist die Aufgabe darauf zurückgeführt, die Biegungseigenfrequenzen solcher Schaufeln zu ermitteln. Hier tritt als besondere Schwierigkeit auf, daß die Fliehkraft der Schaufel zu berücksichtigen ist. Entsprechende Berechnungsverfahren sind von Rayleigh und insbesondere von Hort[1]) ausgearbeitet worden. Ebenso findet sich eines in den BBC-Mitteilungen, 1921, S. 206 u. ff. Nach denselben ergibt sich, daß die Eigenfrequenz einer solchen Schaufel durch den Einfluß der Fliehkraft ganz erheblich erhöht wird. Bei 30 cm langen Schaufeln und einer Drehzahl von 3000/min beträgt diese Erhöhung bis über 200 %. Bei 20 cm langen Schaufeln ergibt sich bei gleicher Drehzahl eine Erhöhung um etwa 100 % und bei 10 cm langen Schaufeln etwa 12 %. Der Trommeldurchmesser besitzt einen wesentlich geringeren Einfluß, natürlich in dem Sinne, daß bei kleinerem Durchmesser die Erhöhung der Eigenfrequenz durch die Fliehkraft geringer wird. Eine gewisse Unsicherheit haftet diesen Verfahren insofern an, als es nicht absolut sicher ist, ob die Schaufel am einen Ende als fest eingespannt betrachtet werden kann.

Mit Rücksicht auf diese Unsicherheit als auch darauf, daß die Theorie im Vergleich zu ihrer Bedeutung etwas umfangreich ist, sei auf ihre Wiedergabe verzichtet und auf die angeführten Quellen verwiesen. Dazu sehe ich mich auch durch den Umstand veranlaßt, daß die experimentelle Ermittlung der Eigenfrequenz einer solchen Schaufel, wie später noch gezeigt werden wird, eine einfache Sache ist, die für 2 oder 3 bestimmte Schaufellängen, Laufraddurchmesser und Drehzahlen einmal durchgeführt, durch Interpolation auf dazwischen liegende Fälle leicht übertragen werden kann.

Biegungseigenfrequenzen bei Dampfturbinenfundamenten.

Für den neuerdings immer wichtiger gewordenen Fall der Bestimmung der Biegungseigenfrequenzen von Dampfturbinenfundamenten habe ich Formeln aufgestellt, die in der Praxis Verbreitung gewonnen haben. Dieser Fall sei deshalb angeführt, um grundsätzlich zu zeigen, wie man in verwickelteren Fällen vorzugehen hat.

[1]) Siehe dessen Werk: Technische Schwingungslehre.

Daß auch bei Dampfturbinenfundamenten des öftern schwere Störungen durch Vibrationen entstehen können, zeigen die Vibrogramme (Abb. 37 bis 45), die insbesondere eine Resonanz bei der Betriebsdrehzahl

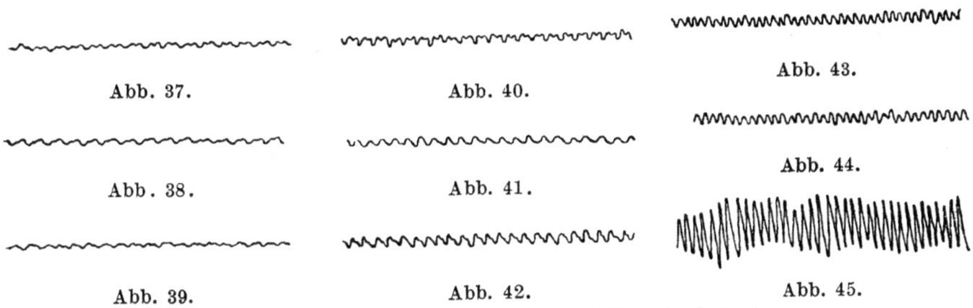

Abb. 37 bis 45. Vibrogramme eines Dampfturbinenfundamentes.

$n = 3000$ deutlich erkennen lassen. In Abb. 46 ist ein solches Fundament perspektivisch und in Abb. 47 schematisch dargestellt. Auf einer starken Grundplatte erheben sich 6 Säulen S_1, S_2, S'_1, S'_2 usf. Oben sind diese Säulen durch Längsträger L_1, L_2, L'_1, L'_2 und durch Querriegel Q_1, Q_2, Q_3 verbunden. Die Turbodynamo kann zum Teil als Last angesehen werden, welche gleichmäßig auf den Quer- und Längsträgern aufruht, zum Teil als annähernd punktförmig in der Mitte der Querriegel angreifende Last. Letzteres gilt für die Lager, die Wellenleitung und die darauf angeordneten Massen (Laufräder, Rotor, Kupplung). Die Querriegel,

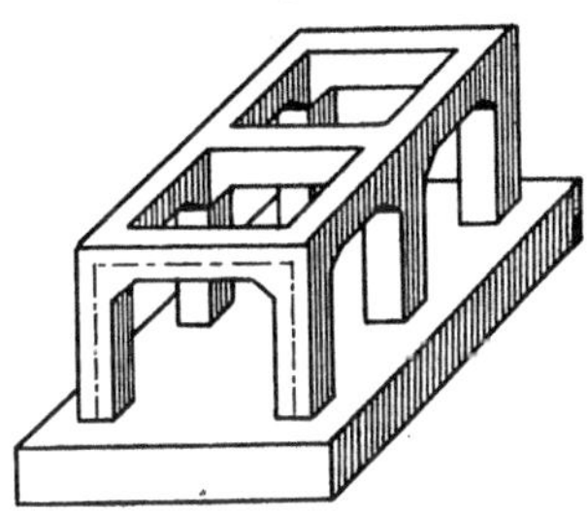

Abb. 46. Schema eines Dampfturbinenfundamentes.

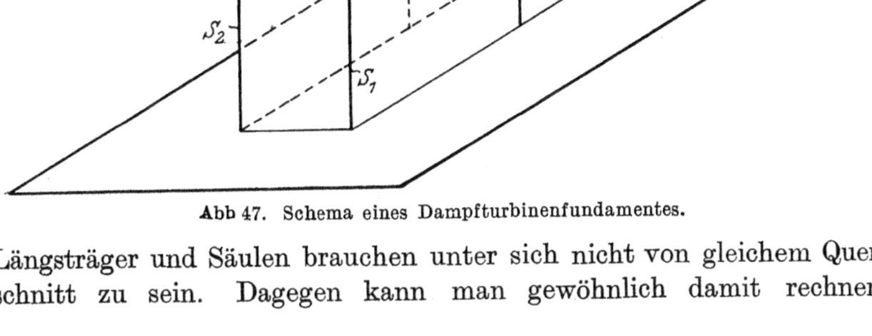

Abb 47. Schema eines Dampfturbinenfundamentes.

Längsträger und Säulen brauchen unter sich nicht von gleichem Querschnitt zu sein. Dagegen kann man gewöhnlich damit rechnen, daß das Fundament zu seiner zur Wellenachse parallelen Mittellinie symmetrisch aufgebaut ist.

Ein derartiges Fundament kann eine Reihe von Biegungseigenfrequenzen besitzen. Ich will nur jene aufführen, die eine gewisse praktische Bedeutung besitzen.

A. Es sei hier vorausgesetzt, daß die Knotenpunkte in keiner Weise biegungssteif seien, sondern als Gelenke betrachtet werden können. Hier sind insbesondere folgende Fälle möglich:

Abb. 48. Vertikalbiegungsschwingungen eines Querriegels.

Abb. 49. Biegungsschwingungen eines Querriegels durch eine horizontale exzentrische Kraft.

1. Vertikalbiegungsschwingungen des Querriegels Q_1. Siehe Abb. 48.

2. und 3. Desgleichen für Q_2 und Q_3.

4. Biegungsschwingungen des Querriegels Q_1 unter dem Einfluß einer exzentrisch angreifenden horizontalen Kraft. Siehe Abb. 49. Als solche Kraft kommt die Fliehkraft der rotierenden Welle in Frage.

5. und 6. Desgleichen für Q_2 und Q_3.

B. Die Knotenpunkte sind biegungssteif.

1. Vertikalbiegungsschwingungen des aus Querriegel Q_1 und den Säulen S_1 und S_2 bestehenden Systems. Siehe Abb. 50. Eigentlich werden hierbei auch die anschließenden Längsträger verdreht. Dieser Einfluß auf die Eigenfrequenz ist jedoch so gering, daß er im allgemeinen außer acht gelassen werden kann.

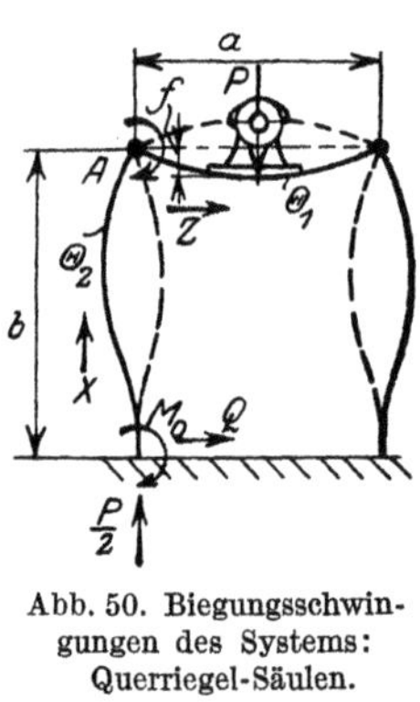

Abb. 50. Biegungsschwingungen des Systems: Querriegel-Säulen.

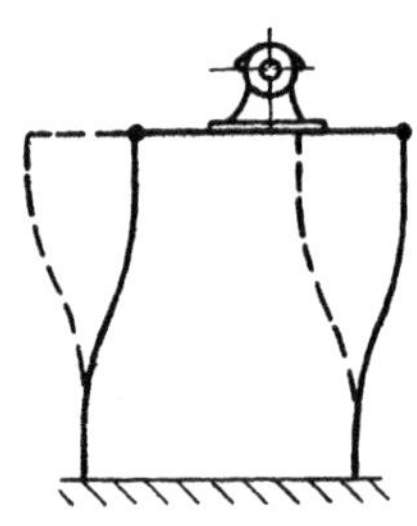

Abb. 51. Horizontalbiegungsschwingungen dieses Systems.

2. und 3. Desgleichen für die Systeme mit Q_2 und Q_3.

4. Horizontalbiegungsschwingungen des Systems $Q_1 S_1 S_2$ unter dem Einfluß einer Fliehkraft. Siehe Abb. 51. Auch hier wäre eigentlich noch die Biegungssteifigkeit der anschließenden Längsträger und die Steifigkeit der daraufolgenden Träger und Säulen sowie die Verbiegung des beiderseits eingespannten Querriegels unter dem Einfluß der exzentrisch angreifenden Fliehkraft zu berücksichtigen. Diese Einflüsse sind jedoch im allgemeinen nur von geringer Bedeutung, so daß sie unberücksichtigt bleiben dürfen.

Im übrigen kann man sich im Einzelfalle nach den Lehren der Statik ein Bild über den Einfluß dieser anschließenden Träger verschaffen:

Man prüft, wieviel sich das System $S_1 Q_1 S_2$ unter dem Einfluß der als statische Kraft gedachten Fliehkraft verbiegt, und prüft weiter, um wieviel geringer die Durchbiegung wird, wenn die anschließenden Träger mit berücksichtigt werden. Ist der Unterschied klein, so ist sein Einfluß auf die Eigenfrequenz erst recht klein, da die Durchbiegung in der Formel für letztere unter der Quadratwurzel vorkommt.

Nach diesen Vorausbemerkungen sind wir leicht in der Lage, die Eigenfrequenzen zu ermitteln. Wir bezeichnen das Gewicht der gleichmäßig über den Querriegel verteilten Last, wozu auch sein Eigengewicht gehört, mit P_g, dasjenige für die punktförmige Last mit P_p, die zugehörigen Durchbiegungen seien y_g und y_p.

Das Trägheitsmoment des Querriegels sei mit Θ_1, das der Säulen mit Θ_2 und das der Längsträger mit Θ_l bezeichnet, die Länge des Querträgers sei a, die Höhe der Säulen sei b.

Für den Fall A 1 wird

$$y_g = \frac{5}{384} \cdot \frac{P_g \cdot a^3}{E \Theta_1} \tag{41}$$

und

$$y_p = \frac{1}{48} \cdot \frac{P_p \cdot a^3}{E \Theta_1} \,. \tag{42}$$

Daraus ergibt sich dann die minutliche Eigenfrequenz zu

$$\nu_e = \frac{300}{\sqrt{y_g + y_p}} \,.$$

Im Falle A 4 „Exzentrisch angreifende Horizontalkraft“ können alle jene Massen, die punktförmig in der Mitte vereinigt gedacht werden können, außer acht bleiben. Für die auf die Länge des Trägers gleichmäßig verteilten Massen ergibt sich die Eigenfrequenz nach der genauen Formel:

$$\nu_e = 300 \cdot 9{,}82 \cdot 4 \cdot \sqrt{\frac{E \Theta_1}{P \cdot a^3}} \,. \tag{43}$$

Diese Formel entsteht aus der auf S. 57 angegebenen ohne weiteres, wenn man statt l den Wert a und für P das ganze Gewicht des Querriegels — nicht nur das vom Auflager bis zur Mitte — einsetzt.

Wegen ihrer hohen Lage kommt diese Eigenfrequenz bei Dampfturbinenfundamenten nur in seltenen Ausnahmefällen in Betracht.

Ungleich häufiger als die gelenkige Verbindung der Querriegel mit den Säulen wird die Verbindung mit steifen Ecken ausgeführt. Bei dem praktisch besonders wichtigen Fall B 1 entsteht für den punktförmigen Kraftangriff[1]) als Durchbiegung

$$y_P = \frac{1}{48} \cdot \frac{P_p \cdot a^3}{E\Theta_1} \cdot \left[1 - \frac{0{,}75a}{\frac{b}{2} \cdot \frac{\Theta_1}{\Theta_2} + a}\right] = \frac{1}{48} \frac{P_p \cdot a^3}{E\Theta_1} \cdot \left[1 - \frac{0{,}75}{1 + \frac{n}{2}}\right], \tag{44}$$

wobei

$$n = \frac{b}{a} \cdot \frac{\Theta_1}{\Theta_2} \text{ ist.}$$

Für die gleichmäßig verteilte Last[1]) erhält man als Durchbiegung

$$y_g = \frac{5}{384} \cdot \frac{P_g \cdot a^3}{E\Theta_1} \left[1 - \frac{0{,}8}{1 + \frac{n}{2}}\right]. \tag{45}$$

Aus $y_p + y_g$ errechnet sich dann wieder wie zuvor die Eigenfrequenz.

---

[1]) Für den Fall einer Einzellast in der Mitte ergibt sich die Ableitung der Formel wie folgt:

Nach Abb. 50 erhält man für den vertikalen Ast als Biegungsgleichung:

1. $$E\Theta_1 \cdot y'' = -M_0 + Q \cdot x.$$

2. $$E\Theta_1 y' = -M_0 x + Q \cdot \frac{x^2}{2} + C_1.$$

Für den Einspannpunkt ist $x = 0$; hierfür ergibt sich wegen der Bedingung der Einspannung $y' = 0$, d. h. $C_1 = 0$.

Durch nochmalige Integration entsteht

3. $$E\Theta_1 y = -M_0 \cdot \frac{x^2}{2} + \frac{Q}{2} \frac{x^3}{3} + C_2.$$

Für $x = 0$ ist $y = 0$, d. h. $C_2 = 0$.

Für $x = b$ wird

$$E\Theta_1 \cdot y' = -M_0 \cdot b + Q \cdot \frac{b^2}{2}$$

oder

$$y' = \frac{1}{E\Theta} b \left(-M_0 + Q \cdot \frac{b}{2}\right),$$

ferner wird aus 3.

$$M_0 = Q \cdot \frac{b}{3}.$$

Folglich wird die Schiefstellung bei A

$$y' = \frac{Q}{E\Theta_1} \cdot \frac{b^2}{6}.$$

Ähnlich erhält man für den horizontalen Ast:

1. $$E\Theta_2 \cdot y'' = -M_0 + Q \cdot b - \frac{P}{2} \cdot z = Q \cdot \frac{2b}{3} - \frac{P}{2} \cdot z.$$

Daraus entsteht durch Integration:

2. $$E\Theta_2 \cdot y' = \frac{2}{3} Q \cdot b \cdot z - \frac{P}{4} \cdot z^2 + K_1.$$

3. $$E\Theta_2 \cdot y = \frac{2}{3} Q \cdot b \cdot \frac{z^2}{2} - \frac{P}{12} \cdot z^3 + K_1 \cdot z + K_2.$$

Für $z = 0$ wird $y = 0$, d. h. $K_2 = 0$.

Fall B 4: Biegungsschwingungen des Systems $S_1 Q_1 S_2$ in horizontaler Richtung. Der Querriegel Q_1 kann hier für praktische Ausführungen genügend genau als unendlich steif angesehen werden. Die Horizontaldurchbiegung wird hier

$$f = \frac{P}{4} \cdot \frac{b^3}{E\Theta_2}, \tag{46}$$

wobei P das Eigengewicht des Querriegels samt den auf ihm angeordneten

---

Für $z = \frac{a}{2}$ wird aus Symmetriegründen $y' = 0$, d. h.:

$$0 = \frac{2}{3} Q \cdot b \cdot \frac{a}{2} - \frac{P}{4} \cdot \frac{a^2}{4} + K_1 .$$

Daraus ergibt sich

$$K_1 = \frac{P}{16} \cdot a^2 - \frac{Q \cdot ba}{3} .$$

Ferner wird für $z = 0$

$$y' = \frac{Q \cdot b^2}{E\Theta_1 \cdot 6},$$

d. h., da die Schiefstellung für den horizontalen Ast gleich jener für den vertikalen sein muss:

$$\frac{Q}{E\Theta} \cdot \frac{b^2}{6} = \frac{P \cdot a^2}{16 E\Theta_2} - \frac{Q \cdot ba}{3 E\Theta_2}$$

oder

$$Q = \frac{P \cdot a_2}{16\Theta_2 b \left(\frac{b}{6\Theta_1} + \frac{a}{3\Theta_2}\right)} .$$

Für y erhält man so bei punktförmiger Belastung:

$$y_P = \frac{P}{E\Theta_2} \left\{ \frac{2}{3} \cdot \frac{a^2 \cdot b \cdot \frac{a^2}{8}}{16\Theta_2 b \cdot \left(\frac{b}{6\Theta_1} + \frac{a}{3\Theta_2}\right)} - \frac{1}{12} \cdot \frac{a^3}{8} + \frac{1}{16} \cdot \frac{a^3}{2} \right.$$

$$\left. - \frac{a^2}{16\Theta_2} \cdot \frac{b \cdot a \cdot a}{b\left(\frac{b}{6\Theta_1} + \frac{a}{3\Theta_2}\right) 3 \cdot 2} \right\} .$$

$$y_P = \frac{P \cdot a^3}{48 E\Theta_2} \left[1 - \frac{a}{4\left(\frac{b}{6} \frac{\Theta_2}{\Theta_1} + \frac{a}{3}\right)} \right] .$$

Für den Fall, daß die Belastung P gleichmäßig verteilt ist, bleiben die Gleichungen für den vertikalen Ast die gleichen wie bei punktförmiger Belastung. Für den horizontalen Ast erhält man

1. $$E\Theta_2 \cdot y'' = + Q \cdot \frac{2}{3} b - \frac{P}{2} \cdot z + q \cdot \frac{z^2}{2} .$$

Hierbei ist $q = \frac{P}{a}$ die auf die Längeneinheit treffende Belastung. Durch Integration entsteht:

2. $$E\Theta_2 \cdot y' = Q \cdot \frac{2}{3} b \cdot z - \frac{P \cdot z^2}{4} + q \cdot \frac{z^3}{6} + K_1 .$$

Für $z = 0$ wird auf Grund der bereits abgeleiteten Bedingung für den vertikalen Ast

$$y' = \frac{Q \cdot b^2}{E\Theta 6} .$$

Massen nebst einem Zuschlag für die unmittelbar anschließenden Teile der Längsträger und Säulen ist.

Will man für diesen Fall die Biegungssteifigkeit der Längsträger (von der Länge l und dem äquatorialen Trägheitsmoment Θ_2, bezogen auf die vertikale Achse der Längsträger) mit berücksichtigen, so ergibt sich für die Durchbiegung

$$f = \frac{P \cdot l^3 \cdot b^3}{24 E (l^3 \cdot \Theta_2 + b^3 \cdot \Theta_2)} . \tag{47}$$

Hierbei ist angenommen, daß die Längsträger beim Übergang in die nächsten Säulen als fest eingespannt und diese Säulen als vollkommen steif betrachtet werden können.

Berücksichtigt man für den Fall B 4 endlich den Einfluß der Biegungselastizität des Querträgers, so findet man — ohne den Einfluß der Längsträger —:

$$f = \frac{P \cdot b^3}{6 E \Theta_2}\left[1 - \frac{9b}{2a \cdot \frac{\Theta_2}{\Theta_1} + 12b}\right]$$

oder mit

$$\frac{\Theta_1}{\Theta_2} \cdot \frac{b}{a} = n .$$

$$f = \frac{P \cdot b^3}{6 E \Theta_2}\left[1 - \frac{4{,}5}{6 + \frac{1}{n}}\right] . \tag{48}$$

Aus der Durchbiegung folgt dann die Eigenfrequenz.

Für $z = \frac{a}{2}$ wird $y' = 0$, d. h.

$$K_1 = -Q\frac{b \cdot a}{3} + \frac{P \cdot a^2}{16} - \frac{q \cdot a^3}{48} .$$

3. $$E\Theta_2 \cdot y = Q \cdot \frac{2}{3} \cdot \frac{b z^2}{2} - \frac{P \cdot z^3}{12} + \frac{q z^4}{24} - Q \cdot \frac{ba}{3} \cdot z + \frac{P \cdot a^2}{16} \cdot z - \frac{q \cdot a^3 z}{48} + K_2 .$$

Für $z = 0$ wird $y = 0$, d. h. $K_2 = 0$.

Aus 2. ergibt sich durch Einsetzen des Wertes für y' für $z = 0$:

$$E\Theta_2 \cdot \frac{Q \cdot b^2}{E\Theta_1 \cdot 6} = -\frac{Qba}{3} + \frac{P \cdot a^2}{16} - \frac{qa^3}{48}$$

oder

$$Q = \frac{P \cdot a^2}{8b\left(\frac{b}{2} \cdot \frac{\Theta_2}{\Theta_1} + a\right)}$$

Durch Einsetzen dieses Wertes in Gl. (3) entsteht endlich für die gleichmäßig verteilte Last:

$$y_g = \frac{P}{E\Theta_2} \cdot \frac{a^3}{384}\left(5 - \frac{a}{4\left(\frac{b}{2}\frac{\Theta_e}{\Theta_1} + a\right)}\right) .$$

Biegungseigenfrequenzen von unsymmetrischen Dampfturbinenfundamenten.

Wir wollen nun bei dem Dampfturbinenfundament den Fall eines unsymmetrischen Fundamentes nach näher untersuchen (Abb. 52). Derselbe ist durch die Anwendung von Zahnradübersetzungen zu praktischer Bedeutung gelangt, weil man sich den Vorteil der kleinen raschlaufenden Turbine nicht entgehen lassen will und weil die Technik gelernt hat, derartige Getriebe auch für hohe Leistungen und Umfangsgeschwindigkeiten betriebssicher zu bauen. Bei solchen Zahnradübersetzungen können unmöglich beide Wellenachsen gleichzeitig in die lotrechte Symmetrieebene des Fundamentes fallen. Infolgedessen sind die für symmetrische Belastung entwickelten Formeln für die Durchbiegung nicht mehr anwendbar.

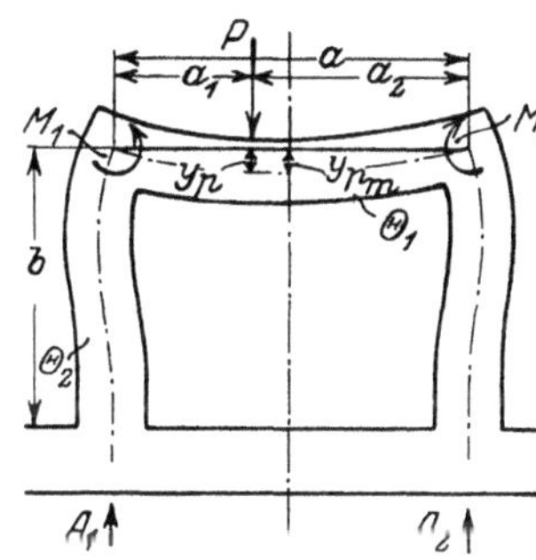

Abb. 52. Unsymmetrisches Dampfturbinenfundament.

In Abb. 52 bezeichne a die Länge und Θ_1 das äquatoriale Trägheitsmoment des Querträgers, b die Höhe und Θ_2 das Trägheitsmoment des Pfeilers, a_1 und a_2 die Abstände der Last P von den Pfeilern, A_1 und A_2 die Auflagerdrücke auf der als starr gedachten Unterlage und M_1 und M_2 die Biegungsmomente in den beiden oberen Ecken. Alle vier Ecken seien in dem Sinne steif, daß die dort zusammentreffenden Mittellinien keine Winkeländerungen gegeneinander ausführen können, wohl aber sollen der Querträger oder die Pfeiler bis unmittelbar zu diesen Ecken elastisch sein. Diese Vereinfachung, die in Wirklichkeit nicht zutrifft, da z. B. der Querträger durch die anschließenden Pfeiler bis zur halben Dicke der Pfeiler versteift wird, ist notwendig, damit die Formeln nicht zu verwickelt und unübersichtlich werden.

Aus Mangel an Raum führe ich hier nicht die Entwicklung, sondern nur die Endergebnisse an, die übrigens für einige Grenzfälle an den in der „Hütte“ enthaltenen Formeln nachgeprüft werden können. Der besseren Übersichtlichkeit der Formeln wegen ist ferner das Produkt der beiden ungleich langen Abschnitte des Querträgers, dividiert durch die ganze Länge des Querträgers, $\frac{a_1 a_2}{a} = m$, und das Verhältnis der Pfeilerhöhe zur Querträgerlänge, multipliziert mit dem reziproken Verhältnis der zugehörigen Trägheitsmomente, also

$$\frac{b}{a} \cdot \frac{\Theta_1}{\Theta_2} = n$$

gesetzt.

Die Durchbiegung an der Stelle des Kraftangriffpunktes ist dann

$$y_P = \frac{P m^2}{3 E \Theta_1} \cdot \frac{m + a\left[n\left(1{,}875 + 0{,}5\,\frac{m}{n}\right) + 3\,n^2\right]}{1 + 6{,}5\,n + 3\,n^3}. \qquad (49)\ (1)$$

(Die Ableitung ist aus Raumgründen weggelassen.)

Für die Berechnung der Eigenschwingungszahl eines solchen Balkensystems könnte man sich mit dieser Formel bereits begnügen. Die Auflagerdrücke in den Ecken verteilen sich nicht wie bei einem gewöhnlichen Balken, sondern betragen

$$A_1 = P\,\frac{a_2}{a}\left[1 - a_1\,\frac{(a_1 - a_2)\left(1 + \frac{n}{2}\right)}{a_2(1 + 6{,}5\,n + 3\,n^2)}\right], \qquad (2)$$

$$A_2 = P\,\frac{a_1}{a}\left[1 + a_2\,\frac{(a_1 - a_2)\left(1 + \frac{n}{2}\right)}{(1 + 6{,}5\,n + 3\,n^2)}\right], \qquad (3)$$

Die Momente in den oberen Ecken sind

$$M_1 = P\,\frac{m}{a} \cdot \frac{a_2 + \frac{n}{4}(11\,a + 2\,a_2)}{1 + 6{,}5\,n + 3\,n^2}, \qquad (4)$$

$$M_2 = P\,\frac{m}{a} \cdot \frac{a_1 + \frac{n}{4}(11\,a + 2\,a_1)}{1 + 6{,}5\,n + 3\,n^2)}, \qquad (5)$$

Endlich ist die Durchbiegung in Trägermitte

$$y_{p_m} = P\,\frac{a_1}{48\,E\Theta_1}\left[3a^2 - 4a_1{}^2 - 3\,a\,a_2\,\frac{1 + 6\,n}{1 + 6{,}5\,n + 3\,n^2}\right]. \qquad (6)$$

Für die unter gleichzeitiger Berücksichtigung der punktförmig angreifenden und der gleichmäßig verteilten Last auftretende Eigenschwingungszahl kommen nun, genau genommen, weder die Durchbiegung y_{p_m} in der Trägermitte noch die Durchbiegung y_p am Kraftangriffspunkt unmittelbar in Frage. In allen praktisch vorkommenden Fällen ist aber a_2 nie größer als 3 a_1, meist ist a_2 nur 1,5 bis 2 a_1. Es genügt also, einfach y_p zu der von der gleichmäßigen Belastung herrührenden Durchbiegung y_g zu addieren, obschon beide an verschiedenen Stellen auftreten. Diese resultierende Durchbiegung

$$f = y_p + y_g\ (\text{cm}) \qquad (7)$$

liefert dann unmittelbar die Eigenschwingungszahl

$$\nu_e = \frac{300}{\sqrt{f}}. \qquad (8)$$

Der Fehler, der dadurch entsteht, daß man, wie vorgeschlagen, die beiden Durchbiegungen addiert, beträgt auch in dem ungünstigen praktisch kaum vorkommenden Fall, daß $a_2 = 3\,a_1$ ist, d. h. daß die punktförmige Belastung bereits sehr stark exzentrisch angreift, nicht mehr als 1 %. In der Regel beträgt er kaum $^1/_{10}$ %.

Zugunsten der Einfachheit der Formeln kann man also diesen Fehler ohne weiteres in den Kauf nehmen, zumal u. a. die Elastizitätszahl der Baustoffe für solche Fundamente nicht genau im voraus bekannt ist und verschiedene andere vereinfachende Annahmen getroffen werden müssen, wie starres Verhalten der Fundamentsohle, elastisches Verhalten der Pfeiler und des Querträgers bis zu den Ecken, punktförmige Belastung statt der auf eine Fläche konzentrierten.

Wenn wir bei dieser Untersuchung eines Dampfturbinenfundamentes auf Biegungsschwingungen etwas lange verweilten, so geschah dies, um wenigstens an einem praktischen Falle zu zeigen, wie man vorzugehen hat. Es soll aber damit nicht die Meinung erweckt werden, als ob Biegungsschwingungen nur bei derartigen Fundamenten eine Rolle spielen.

Ferner wird der Leser, auch ohne daß es ausführlich erörtert wurde, erkannt haben, daß sogar das einfache sechsfüßige Turbinenfundament eine sehr große Reihe von Eigenfrequenzen und damit von Resonanzmöglichkeiten besitzt. Praktisch genommen kommt es nun darauf an, zu erkennen, welche Resonanzen allenfalls gefährlich werden können, d. h. ob ein Zusammenfallen der niedrigsten Eigenfrequenz mit der Betriebsdrehzahl in Frage kommt. Bei den meisten andern Eigenschwingungszahlen wird man schon auf Grund der vorausgegangenen rechnerischen Untersuchungen oder der Erfahrung in der Lage sein, vorauszusagen, daß sie soweit über der Betriebsdrehzahl liegen, daß sich ihre genaue Berechnung nicht lohnt.

Bei der bisherigen Behandlung der Biegungsschwingungen haben wir uns nur über die Bestimmung der Eigenfrequenzen verbreitet. Dies erscheint aus dem Grunde zulässig, weil die Ermittlung der bei Biegungsschwingungen durch erregende Kräfte hervorgerufenen Ausschläge noch zu keiner größeren praktischen Bedeutung gelangt ist. Im Gegensatz zu Verdrehungsschwingungen sind hier die erregenden Kräfte sehr vielmals kleiner und rufen daher nur im Resonanzfalle größere Ausschläge hervor. So hat man z. B. im Kraftmaschinenbau bei Verdrehungsschwingungen von Dieselmotoren mit den sehr großen wechselnden Drehkräften derselben zu rechnen, während Biegungsschwingungen im allgemeinen nur durch Fliehkräfte entstehen. Da man aber in der Lage ist, die Wellen und sonstigen rotierenden Teile sehr weitgehend auszubalancieren, so können diese Fliehkräfte nur bei Resonanz gefährlich werden. Starke biegende Kräfte treten durch Gasdrücke zwar auch z. B. bei Kolbenkraftmaschinen auf, dort sind jedoch die betreffenden Wellen so kurz gelagert bzw. sind alle Teile wie Treibstange oder Rahmen so steif, daß die dadurch hervorgerufenen Ausschläge sehr klein sind. Man entfernt sich jedenfalls hier — von besonderen Ausnahmen wie hochtourigen Motoren mit wenigen Lagern abgesehen —

nicht zu weit von der Wirklichkeit, wenn man die durch die wechselnden Kolbendrücke hervorgerufenen Ausschläge nur statisch, also ohne Schwingungs- und Massenwirkungen, rechnet.

Allgemeiner Fall der Bestimmung der Biegungseigenfrequenzen.

Es erübrigt sich noch, ein Verfahren anzugeben, wie man zur Ermittlung der Biegungseigenschwingungen im ganz allgemeinen Falle vorzugehen hat, d. h. wenn sowohl die Trägheitsmomente als auch die Massen ganz beliebig auf die biegungselastische Länge verteilt sind. Ein solcher Fall wäre z. B. ein Schiff.

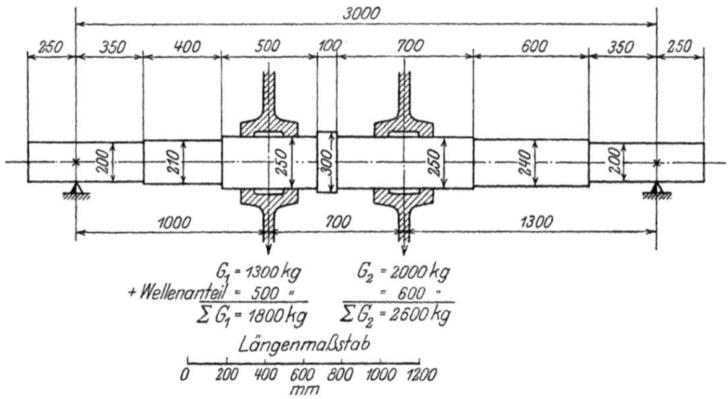

Abb. 53. Welle mit beliebiger Massen- und Querschnittsverteilung.

Kommt das betreffende Bauwerk genügend häufig vor, so kann man auf Grund von Messungen an ähnlichen zuvor ausgeführten die niedrigsten und gleichzeitig wichtigsten Eigenfrequenzen mit Hilfe von einfachen Annäherungsformeln festlegen. Für Schiffe folgen dieselben in einem besonderen Abschnitt. Ist dies jedoch nicht möglich, so kann man auf graphische Weise zum Ziele gelangen. Ein Beispiel ist in den Tafeln I u. II gezeigt.

Die Durchbiegungslinie ist meistens eine Kurve, die vom Charakter einer Parabel nicht viel abweicht. Man zeichne also eine mutmaßliche Durchbiegungslinie ein, wobei es nur auf deren Form, nicht aber auf die Absolutwerte der Durchbiegungen ankommt. Es ist dies die oberste ausgezogene Linie. Es wird angenommen, daß das System bei den entstehenden Biegungsschwingungen eine der vorläufig gezeichneten Durchbiegungslinie entsprechende elastische Linie annimmt. Jede Masse des zu untersuchenden Trägers ist also mit der zugehörigen Durchbiegung und außerdem noch mit dem Quadrat irgendeiner Winkelgeschwindigkeit, z. B. entsprechend $(\omega_I)^2 = 2740/\text{sek}^2$ zu multiplizieren. Die so entstehenden Trägheitskräfte denken wir uns als Belastung an dem auf Biegungseigenschwingungen zu untersuchenden Organ angebracht. Wir konstruieren nun nach den bekannten von Mohr stammenden Verfahren der graphischen Statik mit Hilfe des rechts angeordneten Seileckes die Seilkurve, dann die im Verhältnis der Trägheitsmomente $\frac{\Theta_m}{\Theta}$ umgerechnete Seilkurve und daraus mit Hilfe der rechts unten angeordneten Seileckes die elastische Linie und vergleichen die so für die einzelnen Massen ermittelten Ausschläge, die im folgenden allgemein mit f bezeichnet seien, mit den von uns zunächst angenommenen (y). Zuerst werden wir hierbei feststellen, daß die Ausschläge f sämtlich größer oder auch sämtlich kleiner als die Ausschläge y sind. Um sie den letzteren möglichst anzugleichen, multiplizieren wir daher alle Werte f mit einem konstanten Faktor k_{II}, d. h. wir rechnen statt mit einer Winkelgeschwindigkeit ω_I mit einer solchen von $\omega_I \cdot \sqrt{k_{II}}$. Im Beispielsfalle wird $k_{II} = \frac{1,6}{0,24}$. Im allgemeinen werden wir finden, daß hierbei die neue Durchbiegungslinie bereits sehr angenähert eine solche Verteilung der Trägheitskräfte ergibt, daß die hierbei entstehende Durchbiegungslinie sich mit der zugrunde gelegten genügend genau deckt (Tafel I). In diesem Falle ergibt sich die Biegungseigenfrequenz sofort aus der nunmehrigen Winkelgeschwindigkeit ω nach

$$\nu_e = \frac{30}{\pi} \cdot \omega .$$

Ist dies nicht genügend der Fall, so wird man für die Ermittlung der Massenkräfte von der neuen Durchbiegungslinie mit den Ausschlägen f ausgehen und eine verbesserte elastische Linie mit den Ausschlägen f_1' konstruieren und nötigenfalls wieder die Reduktion mit einem Faktor k_{III} vornehmen (Tafel II).

Aus dem Verfahren folgt, daß man es auch grundsätzlich anwenden kann, wenn der betreffende Träger nicht beiderseits frei aufgelagert ist, sondern z. B. auf einer Seite oder auf beiden fest eingespannt ist oder wenn er über das eine oder das andere Ende vorkragt. Es wird nur stets darauf ankommen, die entstehende elastische Linie gleich im vornherein möglichst zutreffend abzuschätzen. Wer häufiger mit solchen Aufgaben zu tun hat, wird dies ziemlich sicher können, für andere dienen als Anhaltspunkte die Gleichungen der elastischen Linie für Einzellast bzw. gleichmäßig verteilte Last, die sich in den einschlägigen Taschenbüchern, wie z. B. der Hütte vorfinden.

Biegungsschwingungen von Scheiben usf.

Bisher war nur von Biegungseigenschwingungen stabförmiger Körper die Rede. Neben diesen können aber auch Körper von beliebiger Form Biegungsschwingungen ausführen. Man denke insbesondere an die Akustik: der Boden einer Violine, eine Glocke, eine Trommel.

In der Technik ist die Untersuchung derartiger Körper auf Biegungseigenschwingungen bei weiten nicht von der Bedeutung wie in der Akustik.

Der wichtigste Fall von Biegungsschwingungen von Scheiben kommt bei Dampfturbinenlaufrädern vor. Bei diesen ist man auf derartige Schwingungserscheinungen dadurch aufmerksam geworden, daß manchmal Laufräder unter offenkundigen Zeichen von Ermüdungserscheinungen brachen, trotzdem der Baustoff einwandfrei war und die durch die Fliehkraft hervorgerufenen Beanspruchungen recht niedrig waren.

Abb. 54. Abb. 55. Abb. 56.

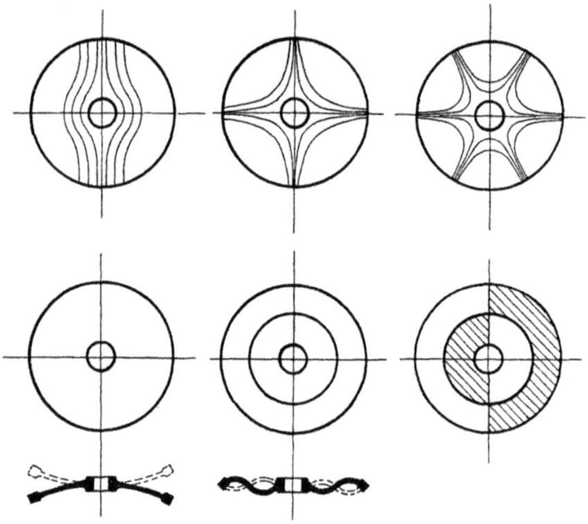

Abb. 57. Abb. 58. Abb. 59.

Abb. 54 bis 59. Schwingungsformen bei Scheibenschwingungen.

Bei derartigen Laufrädern oder, wie wir allgemein sagen können, kreisrunden in der Mitte eingespannten Platten von veränderlicher Dicke können verschiedene Schwingungsbilder entstehen:

1. Solche, bei denen die Knotenlinien Durchmesser sind (Abb. 54—59).

2. Solche, bei denen die Knotenlinien zum Mittelpunkte konzentrische Kreise sind (Abb. 57 u. 58).

Bei Abb. 57 fällt der konzentrische Kreis mit dem Mittelpunkt zusammen.

3. Solche, bei denen sowohl Knotendurchmesser als auch Knotenkreise vorkommen (Abb. 59).

Soweit dem Verfasser bekannt, haben die unter 3. genannten Schwingungsformen bisher noch nirgends zu Störungen Anlaß gegeben. Bei den unter 2. genannten sind nur die mit dem Mittelpunkt als Knotenpunkt vorgekommen. Die hierbei entstehenden Schwingungen bezeichnet man ihrer Form wegen als Schirmschwingungen.

Die wichtigsten Laufradschwingungen sind die unter 1. genannten, bei denen die Knotenlinien aus Durchmessern bestehen. Diese Schwingungen werden durch den Dampfdruck erregt. Derselbe wirkt zwar konstant; wenn wir aber eine bestimmte Schaufel eines solchen Laufrades ins Auge fassen, so finden wir unter der Voraussetzung sog. teilweiser Beaufschlagung dieses Rades, daß der Dampfdruck nur einen

Bruchteil einer Umdrehung darauf wirkt, während er während des übrigen Teiles Null ist. Das Druckdiagramm besitzt also eine periodisch einmal oder bei mehrfacher Beaufschlagung mehrmals pro Umdrehung wechselnde Form, die sich mit Hilfe der harmonischen Analyse, über die weiter unten die Rede ist, in ihre einzelnen harmonischen Druckkräfte zerlegen läßt. Dieselbe Betrachtung gilt für die andern Schaufeln des Laufrades in gleichem Maße. Im Falle der Resonanz, d. h. wenn die Schwingungszahl einer der eben genannten harmonischen Druckkräfte gleich einer Eigenfrequenz ist, werden wir besonders große Ausschläge erhalten. Es handelt sich also hier im wesentlichen um die Bestimmung der Eigenfrequenzen. Eine genaue Bestimmung derselben bereitet gewisse Schwierigkeiten einerseits, weil die Scheibenquerschnittsform eine ziemlich verwickelte ist, andererseits, weil die Fliehkraft zu berücksichtigen ist. Für den Fall, daß die Scheibendicke nach einer hyperbolischen Kurve abnimmt, sind Berechnungen von Stodola vorhanden, für den Fall, daß die Dicke linear abnimmt, hat Öhler in der Z. V. d. I. 1925 ein Verfahren zur Berechnung der Eigenschwingungen abgeleitet, das allerdings bereits reichlich verwickelt ist, weshalb wir den Leser, der sich dafür interessiert, auf die Quelle verweisen.

Es sei daher an dieser Stelle nur noch bemerkt, daß sich bei Laufrädern zwischen den für die Drehzahl Null und für volle Drehzahl — etwa $n = 3000$ — berechneten Eigenfrequenzen nur ein verhältnismäßig geringer Unterschied ergibt. Für die Eigenfrequenz mit einem Knotendurchmesser erhält man bei $n = 3000$/min durch den Einfluß der Fliehkraft eine etwa um 16 % höhere Eigenfrequenz als bei ruhendem Laufrad; für die Eigenfrequenz mit 3 Knotendurchmessern beträgt diese Steigerung nur etwa 5 %. Hat man also für die ruhende Scheibe die Eigenfrequenzen bestimmt, so kann man ohne weiteren Zeitaufwand für die volle Drehzahl dieselben ermitteln. Um dem Leser, der sich die Mühe der Berechnung der Eigenfrequenzen eines solchen Laufrades nicht machen will oder die experimentelle Bestimmung, über die noch später die Rede ist, aus irgendwelchen Gründen nicht durchführen kann, einen ganz rohen Anhaltspunkt zu geben, sei bemerkt, daß, bezogen auf Laufräder von etwas über 1 m Durchmesser und auf die Drehzahl Null, die erste Schirmeigenschwingung etwa in der Gegend von 4—5000/min, die Eigenfrequenz mit einem Knotendurchmesser bei ~ 5—6000/min, jene mit 2 Durchmessern bei ~ 8—9000/min und ejne mit 3 Durchmessern bei 12—13000/min zu suchen ist.

Biegungsschwingungen von rotierenden Wellen.

Es ist sehr bemerkenswert, daß rotierende Wellen außer den bereits erläuterten Schwingungsmöglichkeiten noch weitere besitzen, die der ruhenden Welle fehlen. Besonders sind diese Erscheinungen bei Dampfturbinenwellen bekannt geworden. Früher gab es Anlagen, wo dieselben sich sehr unangenehm äußerten. Heutzutage, wo sämtliche Wellen samt den darauf sitzenden Massen statisch und dynamisch genau ausgewuchtet werden, gehören derartige Fälle zu Seltenheiten. Bei hochtourigen Dampfturbinen beobachtet man wohl eine davon herrührende sog. kritische Drehzahl; dieselbe hat jedoch im allgemeinen im Vergleich zu denen, die z. B. bei Verdrehungsschwingungen von Kolbenkraftmaschinen auftreten, manches von ihrer früheren Gefährlichkeit verloren.

Aus diesem Grunde wollen wir auch auf die umfangreiche mathematische Literatur[1]), die über diesen Gegenstand vorhanden ist, nicht näher eingehen. Wir begnügen uns vielmehr mit einer Annäherungstheorie, die zwar die strenge Theorie keineswegs ersetzt, aber doch dem Leser, der sich über die Erscheinung grundsätzlich möglichst rasch klar werden will, nützlich sein dürfte.

Um die rechnerische Behandlung möglichst durchsichtig und leicht faßlich zu gestalten, denken wir uns den einfachsten Fall einer in 2 Punkten A und B gelagerten, selbst masselosen aber mit einer punktförmigen Masse m behafteten Welle (Abb. 60). Die Masse habe eine anfängliche Exzentrizitä e. Die Welle rotiere mit der Drehzahl n bzw. der Winkelgeschwindigkeit $\omega = n\,\frac{\pi}{30}$. Infolge der dadurch entstehenden Fliehkraft C entstehe eine Durchbiegung f. Der Gesamtabstand der Masse m von der Rotationsachse sei $a = e + f$. Zu der Durchbiegung f gehöre eine Federkraft F (kg) der elastischen Welle entsprechend $f \cdot c$, wobei c die zu der Durchbiegung 1 cm gehörende Kraft in kg sei. Es besteht nun die Beziehung:

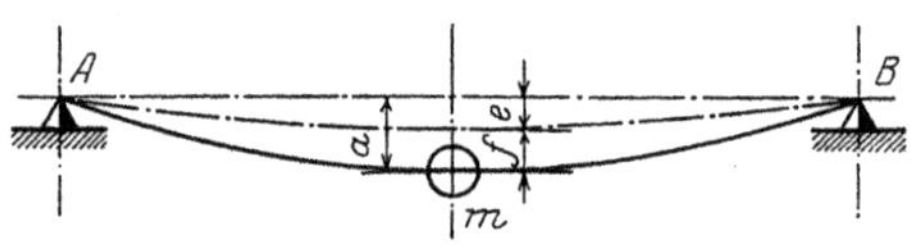

Abb. 60. Biegungselastische rotierende Welle mit Einzelmasse.

$$\underbrace{m \cdot \omega^2 \cdot a}_{\text{Fliehkraft}} = \underbrace{f \cdot c}_{\substack{\text{Federkraft}\\ \text{der Welle}}}$$

oder, da $a - f = e$ ist,

$$m \cdot \omega^2 \cdot a = (a - e)\,c$$

oder

$$a = [m \cdot \omega^2 - c] = ec$$

oder

$$a = \frac{ec}{m \cdot \omega^2 - c}.$$

[1]) Siehe Föppl: Dynamik; Hort: Technische Schwingungslehre; Stodola: Die Dampfturbinen.

Für den Fall $m \cdot \omega^2 - c = 0$ oder

$$\omega = \sqrt{\frac{c}{m}}$$

wird $a = \infty$.

Es ist dies der Fall der sog. kritischen Biegungsdrehzahl der Welle. Die letztere ergibt sich damit zu

$$n_k = \frac{30}{\pi} \cdot \sqrt{\frac{c}{m}}\,.$$

Verstehen wir wie früher unter f die zu dem Eigengewicht der Masse m gehörende Durchbiegung, so können wir auch schreiben

$$n_k = \frac{300}{\sqrt{f}}\,. \tag{50}$$

Es ist nun noch von Interesse, zu verfolgen, wie bei vorgegebenen Verhältnissen der Ausschlag a von der Drehzahl abhängig ist. Nach der Gleichung

$$a = \frac{e c}{m \cdot \omega^2 - c}$$

entstand die Kurve (Abb. 61). Aus derselben erkennt man, daß von niedriger Drehzahl an a immer weiter anwächst, bis bei der kritischen das Maximum erreicht ist. Sodann nimmt a rasch ab und nähert sich asymptotisch dem Wert 0. Weit über der kritischen Drehzahl schadet also eine etwaige Exzentrizität der Masse nichts, die letztere stellt sich vielmehr hierbei sozusagen von selbst in die Rotationsachse ein. Selbstverständlich ist trotzdem für eine gute Ausbalancierung der Masse samt Welle unbedingt Sorge zu tragen, da jedesmal beim Anlassen und Abstellen der betreffenden Welle die kritische Drehzahl durchschritten werden muß.

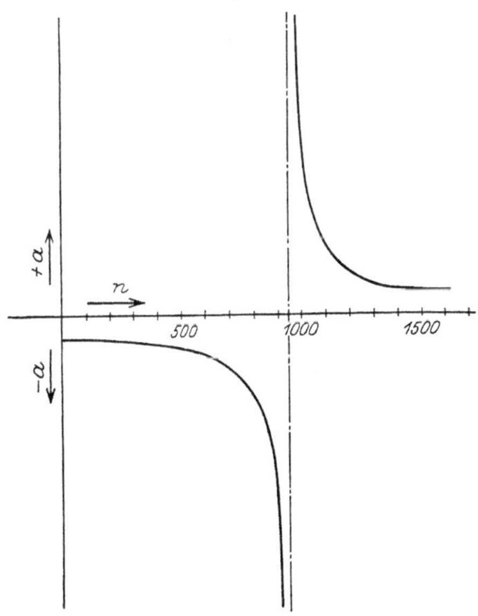

Abb. 61. Abhängigkeit des Ausschlags von der Drehzahl für den Fall der Abb. 71.

Aus der Ableitung folgt, daß das Verhalten einer in räumlich ausgedehnten Lagern bzw. mit mehreren Massen behafteten Welle das das gleiche ist. Es ist stets die zum Eigengewicht sämtlicher Massen gehörende Durchbiegungslinie zu ermitteln und im übrigen genau so vorzugehen, wie wenn man es mit den normalen in einer Ebene sich vollziehenden Biegungsschwingungen zu tun hätte. Gegenüber den letzteren besteht aber der Unterschied, daß hier die einzelnen Wellenpunkte Kreisbewegungen ausführen und keine auf einer Linie sich vollziehende Schwingungen.

Streng genommen, führen die einzelnen Wellenpunkte nur im Zustand der kritischen Geschwindigkeit Kreisbewegungen aus; außerhalb derselben dagegen eine epizykloidische, die sich allerdings der Kreisbewegung um so mehr annähert, je näher die Drehzahl bei der kritischen Drehzahl liegt.

Die genaue Theorie zeigt weiter, daß auch bei der Hälfte der Biegungseigenschwingungszahl eine kritische Drehzahl liegen kann. Stodola hat auf diese Erscheinung zuerst aufmerksam gemacht und sie auch durch eine Versuchseinrichtung nachgewiesen. Irgendwelche Fälle, in welchen sie an ausgeführten Dampfturbinen aufgetreten wäre, sind mir bisher noch nicht zu Ohren gekommen, ebensowenig konnte ich solche bei meinen vielen Schwingungsuntersuchungen an Dampfturbinen feststellen. Der Leser, der sich trotzdem näher dafür interessiert, sei auf die Untersuchungen von Stodola (Schweizer Bauzeitung 1916 u. 1917), Gümbel (Dinglers polyt. Journal 1917), O. Föppl (Turbinenwesen 1918) u. a. verwiesen.

Eigenfrequenzen eines an mehreren Stellen federnd unterstützten starren Körpers insbesondere eines Fahrzeuges.

(Abb. 62.)

Als erster Fall sei ein an drei Stellen unterstützter starrer Stab gewählt:

c_1, c_2, c_3 seien die Federkonstanten der Federn F_1, F_2, F_3.

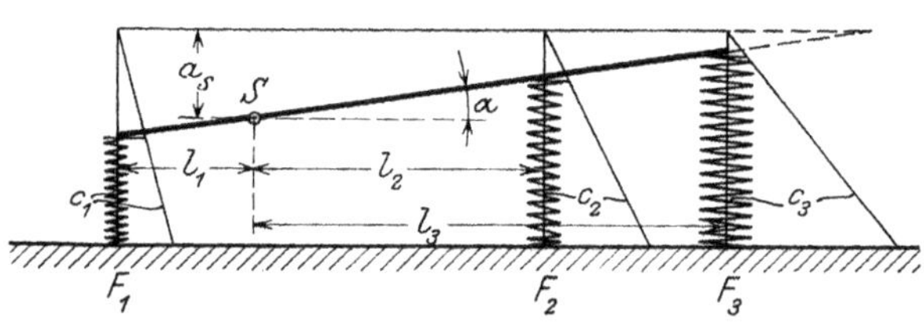

Abb. 62. An 3 Stellen federnd unterstützter starrer Stab.

S sei der Stabschwerpunkt (unter Berücksichtigung von je einem Drittel der Federmassen).

m sei die Masse des gesamten Stabes in $\frac{\text{kg} \cdot \text{sk}^2}{\text{cm}}$.

J sei das Massenträgheitsmoment desselben in kg·cm·sk².

l_1, l_2, und l_3 seien die Abstände der Federn vom Schwerpunkt.

a_s sei der Ausschlag des Schwerpunktes, α sei der Winkel, um den sich dabei die Stabmittelachse zu ihrer ursprünglichen Lage gedreht habe.

Nun müssen folgende zwei Bedingungen bestehen:

1. Summe aller an dem Stab angreifenden Kräfte gleich Null.
2. Summe aller an dem Stabe angreifenden Momente gleich Null.

Ferner ist wegen der Starrheit des Stabes die Durchbiegung a_2 der Feder F_2 gegeben, sowie die Durchbiegungen a_1 und a_3 von F_1 und F_3 bekannt sind. Wir wissen von vornherein, daß ein derartiger Stab sich selbst überlassen nur Sinusschwingungen ausführen kann, da sämtliche Federn dem Geradliniengesetze gehorchen. Für einen gegebenen Ausschlag a ergibt sich also die zugehörige Beschleunigung zu $\omega_e^2 \cdot a$, wobei ω_e die Winkelgeschwindigkeit der Schwingung, d. h. in unserem Falle die zu suchende Größe ist. Man erhält so:

$$m \cdot \omega_e^2 \cdot a_s = (c_1 + c_2 + c_3)\, a_s + \alpha\,(c_1 l_1 - c_2 l_2 - c_3 l_3)\,. \tag{1}$$

Das Minuszeichen bei $c_2 l_2$ und $c_3 l_3$ rührt davon her, daß diese Kräfte nach unten wirken, weil rechts vom Schwerpunkt die Drehung nach oben geht. Ferner ergibt sich:

$$J \cdot \omega_e^2 \cdot \alpha = \alpha\,(c_1 l_1^2 + c_2 \cdot l_2^2 + c_3 l_3^2) + a_s (c_1 l_1 - c_2 l_2 - c_3 l_3)\,. \tag{2}$$

Hier sind nämlich außer den Momenten $\alpha \cdot c_1 l_1^2$ usf. auch die Kräfte $c_1 \cdot a_s$ usf. multipliziert mit den zugehörigen Hebelarmen zu berücksichtigen.

Aus (2) folgt

$$\alpha = a_s \cdot \frac{c_1 l_1 - c_2 l_2 - c_3 l_3}{J \cdot \omega_e^2 - (c_1 l_1^2 + c_2 l_2^2 + c_3 l_3^2)}\,. \tag{2'}$$

Durch Einsetzen in Gleichung (1) erhält man

$$m \cdot \omega_e^2 = c_1 + c_2 + c_3 + \frac{(c_1 l_1 - c_2 l_2 - c_3 l_3)^2}{J \cdot \omega_e^2 - (c_1 l_1^2 + c_2 l_2^2 + c_3 l_3^2)} \tag{1'}$$

oder

$$J \cdot m \cdot \omega_e^4 - m\,(c_1 l_1^2 + c_2 l_2^2 + c_3 l_3^2) \cdot \omega_e^2 - (c_1 + c_2 + c_3) \cdot J \cdot \omega_e^2$$
$$= -(c_1 + c_2 + c_3)\,(c_1 l_1^2 + c_2 l_2^2 + c_3 l_3^2) + (c_1 l_1 - c_2 l_2 - c_3 l_3)^2$$

oder

$$\omega_e^4 - \frac{m\,(c_1 l_1^2 + c_2 l_2^2 + c_3 l_3^2) + J\,(c_1 + c_2 + c_3)}{J \cdot m} \cdot \omega_e^2 = \frac{(c_1 l_1 - c_2 l_2 - c_3 l_3)^2}{J \cdot m}$$
$$- \frac{(c_1 + c_2 + c_3)\,(c_1 l_1^2 + c_2 l_2^2 + c_3 l_3^2)}{J \cdot m}$$

oder

$$\omega_e^2 = \frac{1}{2}\left[\frac{c_1 l_1^2 + c_2 l_2^2 + c_3 l_3^2}{J} + \frac{c_1 + c_2 + c_3}{m}\right]$$
$$\pm \sqrt{\frac{1}{4}\left[\frac{c_1 l_1^2 + c_2 l_2^2 + c_3 l_3^2}{J} + \frac{c_1 + c_2 + c_3}{m}\right]^2 - \frac{c_1 c_2 (l_1 + l_2)^2 + c_1 c_3 (l_1 + l_3)^2 + c_2 c_3 (l_2 - l_3)^2}{J \cdot m}}\,.$$

Für den nur zweifach unterstützten Körper fallen die Glieder $c_3 l_3^2$, c_3, $c_1 c_3\ (l_1 + l_3)$ und $c_2 c_3\ (l_2 - l_3)^2$ weg.

Wir erhalten demnach für den zweifach unterstützten Stab als allgemeine Lösung:

$$\omega_e^2 = \frac{1}{2}\left[\frac{c_1 l_1^2 + c_2 l_2^2}{J} + \frac{c_1 + c_2}{m}\right] \pm \sqrt{\frac{1}{4}\left[\frac{c_1 l_1^2 + c_2 l_2^2}{J} + \frac{c_1 + c_2}{m}\right]^2 - \frac{c_1 c_2 \cdot l^2}{J \cdot m}}\,.$$

Für den mehr als dreifach unterstützten Stab läßt sich auf Grund der vorhergehenden Formel ohne weiteres die Beziehung für ω^2 durch Hinzusetzen der Glieder $c_4 l_4^2$, c_4 usf. angeben.

Fahrzeuge sind Körper, die im allgemeinen an vier oder mehr Punkten federnd unterstützt sind, wobei diese Punkte aber fast nie beliebig sondern stets zu einer in der Fahrtrichtung gelegenen Mittelachse symmetrisch angeordnet sind. In diesem Falle bereitet es auch dann, wenn beispielsweise die Vorderräder enger als die Hinterräder beisammen stehen, keinerlei Schwierigkeiten, die Dreh-Eigenfrequenz um die zur Fahrrichtung parallele durch den Schwerpunkt des Fahrzeugs gehende Symmetrieachse zu ermitteln. Man sieht, in der Fahrtrichtung blickend, das Fahrzeug als Stab an und verwendet die bereit angegebenen Formeln über zwei- bis vierfache Unterstützung.

Auf Grund dieser Entwicklungen sind wir in der Lage, die Eigenfrequenzen eines beliebigen Fahrzeuges, dessen Räder oder Drehgestelle nicht selbst wieder gefedert sind, anzugeben.

Es fragt sich nun noch, ob es nicht von Wert ist, diese Eigenfrequenzen so gegeneinander abzustimmen, daß die auftretenden Beschleunigungen, die auf die Fahrzeuginsassen kommen, möglichst wenig unangenehm empfunden werden. Wir sehen hier ausdrücklich von der später zu behandelnden Frage ab, an welcher Stelle eines bereits gegebenen Fahrzeuges die Beschleunigungen am kleinsten werden. Es sei etwa an einen zweiachsigen Eisenbahnwagen gedacht, bei dem die Reisenden gleichmäßig sich über den ganzen Wagen verteilen.

Erfahrungsgemäß werden nun einfache Schwingungen weniger unangenehm durch unsere Gefühlsnerven empfunden als solche, welche sich aus mehreren Schwingungen zusammensetzen. Es ist ganz ähnlich wie in der Akustik, wo der einfache harmonische Ton besonders angenehm und Geräusche, d. h. Übereinanderlagerungen von Tönen von verschiedenen in keinem einfachen Verhältnis zueinander stehenden Schwingungszahlen, am unangenehmsten klingen.

Wir untersuchen daher, wie die einzelnen Größen zueinander abgestimmt werden müssen, damit die beiden Lösungen unserer quadratischen Gleichung gleich groß werden, d. h. daß die Eigenfrequenz für parallele Bewegung in der lotrechten und für Drehung um die wagerechte Hauptachse zusammenfallen.

Es ist dies dann der Fall, wenn die beiden Werte unter der Quadratwurzel gleich Null werden. Das heißt:

$$\frac{1}{4}\left(\frac{c_1 l_1^2 + c_2 l_2^2 + c_3 l_3^2}{J} + \frac{c_1 + c_2 + c_3}{m}\right)^2 = \frac{c_1 c_2 (l_1 + l_2)^2 + c_1 c_3 (l_1 + l_3)^2 + c_2 c_3 (l_2 - l_3)^2}{J \cdot m}.$$

Lassen wir für unsere weiteren Betrachtungen zunächst das Glied mit c_3 bzw. l_3 fort, behandeln wir also nur den zweifach unterstützten Stab, so erhalten wir

$$\frac{1}{4}\left(\frac{c_1 l_1^2 + c_2 l_2^2}{J} + \frac{c_1 + c_2}{m}\right)^2 = \frac{c_1 c_2 (l_1 + l_2)^2}{J \cdot m}.$$

Nehmen wir weiter an, es sei $c_1 = c_2$ und $l_1 = l_2 = \frac{1}{2} l$, d. h. also gleiche Federn und gleiche Entfernung vom Schwerpunkt, so ergibt sich

$$\frac{1}{4}\left(\frac{2 c_1 l^2}{4 J} + \frac{2 c_1}{m}\right)^2 = \frac{c_1^2 \cdot l^2}{J \cdot m}$$

oder

$$\frac{1}{4}\left(\frac{l^2}{2 J} + \frac{2}{m}\right)^2 = \frac{l^2}{J m}$$

oder

$$\frac{1}{16 J^2 m^2}(m^2 l^4 + 8 m l^2 J + 16 J^2) = \frac{l^2}{J \cdot m}.$$

Setzen wir $J = i^2 \cdot m$, wobei i der Trägheitsradius ist, so erhalten wir

$$\frac{1}{16 \cdot i^4 \cdot m^4}(m^2 \cdot l^4 + 8 m^2 \cdot i^2 l^2 + 16 i^4 \cdot m^2) = \frac{l^2}{i^2 \cdot m^2}$$

oder

$$\frac{1}{16 i^2}(l^4 + 8 i^2 l^2 + 16 i^4) = l^2$$

oder

$$l^4 + 8 i^2 l^2 + 16 i^4 - 16 i^2 l^2 = 0$$

oder

$$16 i^4 - 8 i^2 l^2 = -l^4$$

oder

$$i^4 - \frac{1}{2} i^2 l^2 = -\left(\frac{l}{2}\right)^4$$

oder, wenn wir $\frac{l}{2}$ mit l_1 bezeichnen:

$$i^4 - 2 \cdot i^2 l_1^2 + l_1^4 = 0$$

oder

$$i^2 - l_1^2 = 0$$

oder

$$i = l_1 = \frac{l}{2}.$$

Der Trägheitsradius muß also, um gleiche Eigenfrequenzen zu erhalten, gleich dem Abstand der Federn vom Drehpunkt sein.

Vergleich: Bei einem geraden Balken ist das Trägheitsmoment

$$J = \frac{b \cdot h^3}{12}$$
$$= b \cdot h_1^3 \cdot \frac{2}{3},$$
$$= b \cdot 2 h_1 \cdot \frac{h_1^2}{3},$$

wenn wir mit h_1 die halbe Höhe bezeichnen oder

$$F \cdot \left(\frac{h_1}{1{,}732}\right)^2 \qquad \text{oder} \qquad i = 0{,}573\, h_1$$

bzw. auf unsere Bezeichnungen angewendet $l_1 = 0{,}573 \cdot h_1$.

Es ist ohne weiteres klar, daß die ganze Entwicklung auch zutrifft auf Schwingungen um die senkrecht zu der Fahrtrichtung liegende Achse.

Für letzteren Fall erhalten wir daher als Bedingung der Übereinstimmung der zugehörigen Dreh-Eigenfrequenz mit jener in der lotrechten Richtung:

$$i = 0{,}573 \cdot \frac{p}{2},$$

wenn p der Gesamtabstand der beiden Federn ist. Wir untersuchen nunmehr die Bedingungen für ein Fahrzeug mit 3 Laufachsen, das also an 6 Stellen unterstützt ist und nehmen dabei an, daß $p_1 = p_3$ und $c_1 = c_3$ und schließlich $l_2 = 0$ sei, d. h. daß F_2 im Schwerpunkt angreift und die Federn F_1 und F_3 unter sich gleich und vom Schwerpunkt gleich weit entfernt seien. Wir erhalten:

$$\frac{1}{4}\left(\frac{2\,c_1 p_1^2}{J} + \frac{2\,c_1 + c_2}{m}\right)^2 = \frac{c_1 c_2 \cdot p_1^2 + 4\,c_1^2 p_1^2 + c_1 c_2 p_1^2}{J m}$$

oder, falls $c_2 = k \cdot c_1$ ist

$$\frac{1}{4}\, c_1^2 \left(\frac{2 \cdot m p_1^2 + J\,(2 + k)}{J \cdot m}\right)^2 = \frac{2\,c_1^2 \cdot k \cdot p_1^2 + 4\,c_1^2 \cdot p_1^2}{J \cdot m}$$

oder

$$\frac{1}{4 J \cdot m}\left(4 \cdot m^2 \cdot p_1^4 + 4\,J m p_1^2\,(2 + k) + J^2 (2 + k)^2\right) = p_1^2 (2k + 4).$$

Setzen wir $J = m \cdot i^2$, so wird

$$\frac{p_1^4}{i^2} + p_1^2\,(2 + k) + \frac{m \cdot i^2}{4 \cdot m}(2 + k)^2 = p_1^2\,(2\,k + 4)$$

oder

$$\frac{i^4}{4}(2 + k)^2 + i^2 p_1^2\,(-2 - k) = -\,p_1^4$$

oder

$$i^4\,(2 + k)^2 - 4\,i^2 p_1^2\,(2 + k) = -\,4\,p_1^4$$

oder

$$i^4 - \frac{4\,i^2 p_1^2}{2 + k} = -\,\frac{4\,p_1^4}{(2 + k)^2}$$

oder

$$\left(i^2 - \frac{2\,p_1^2}{2 + k}\right)^2 = -\,\frac{4\,p_1^4}{(2 + k)^2} + \frac{4\,p_1^4}{(2 + k)^2}$$

oder

$$i^2 = \frac{2\,p_1^2}{2 + k} \qquad \text{oder} \qquad i = p_1 \sqrt{\frac{2}{2 + k}}\,.$$

Setzen wir $k = 1$, d. h. machen wir alle drei Federn gleich, so wird

$$i = p_1 \sqrt{\frac{2}{3}} = 0{,}815\, p_1\,.$$

Je schwächer also die mittlere Feder ist, um so größer kann der Trägheitsradius sein.

Für einen geraden Balken von konstantem Querschnitt und der Länge s_1 (gerechnet von der Mitte an) ergibt sich zum Vergleich:

$$i = 0{,}573\, s_1,$$

d. h. bei

$$k = 1$$

$$0{,}573\, s_1 = 0{,}815\, p_1$$

oder

$$s_1 = 1{,}422\, p_1 \quad \text{bzw.} \quad p_1 = 0{,}703\, s_1 .$$

Für $k = 2$ also doppelt so steife Feder in der Mitte wird $i = 0{,}707\, p_1$ wird:

$$\frac{0{,}573}{0{,}707}\, s_1 = p_1 = 0{,}812\, s_1 .$$

Sonderfälle von Schwingungen.

Nachdem nunmehr die für die Praxis wichtigsten Schwingungserscheinungen besprochen wurden, sei jetzt noch von einigen Sonderfällen die Rede. Um möglichst anschaulich zu bleiben, beziehen wir uns wieder, so weit dies nicht ausdrücklich anders bemerkt ist, auf Verdrehungsschwingungen.

Teilschwingungen.

Auf diese letzteren habe ich in „Verdrehungsschwingungen von Wellen“ zuerst hingewiesen. Sie sind inzwischen von manchen Autoren eingehender gewürdigt worden, haben aber in der Praxis meines Wissens bisher noch keine große Bedeutung erlangt.

Gegeben sei eine mit mehreren Massen m_a bis m_z behaftete Welle (Abb. 63). Wir denken uns nun Kräfteplan und Schwingungsform aus-

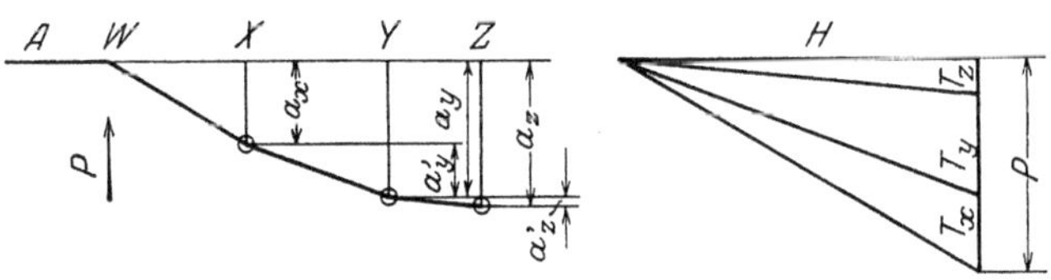

Abb. 63. Teilschwingungsform und Kräfteplan hierzu.

gehend von Z für eine vorgegebene Schwingungszahl und irgendeinen Ausschlag a_z durchgezeichnet. Diese Schwingungsform schneidet die Nullinie in einem Punkte W. Greift nun hier eine harmonische Drehkraft P von einer solchen Größe an, daß sie den Trägheitskräften der vorausgegangenen Massen m_z, m_y, m_x das Gleichgewicht hält, so wird die Schwingungsform von W an mit der Nullinie sich decken, die sämtlichen auf W nach links folgenden Massen werden keine Ausschläge machen; es schwingt nur der Teil rechts von W, weshalb wir diesen Zustand als Teilschwingung bezeichnen. Um ihn herbeizuführen ist also notwendig, daß die erregende Kraft gerade im Schnittpunkt des für die Massenkräfte allein sich ergebenden Astes der Schwingungsform mit der Nullinie angreift. Wir können diese Forderung auch anders ausdrücken: Es muß die Schwingungszahl der erregenden Kraft P mit der Eigenfrequenz des im Kraftangriffspunkt eingespannten Systemastes zusammenfallen.

Gegabelte Systeme.

Derartige Fälle kommen in der Praxis bei allen Transmissionen vor. Abb. 64 zeigt eine solche Anordnung für einen Schraubenantrieb durch 2 Motoren und ein Zahnradgetriebe. Streng genommen wäre hierbei der Einfluß des Spieles in Betracht zu ziehen.

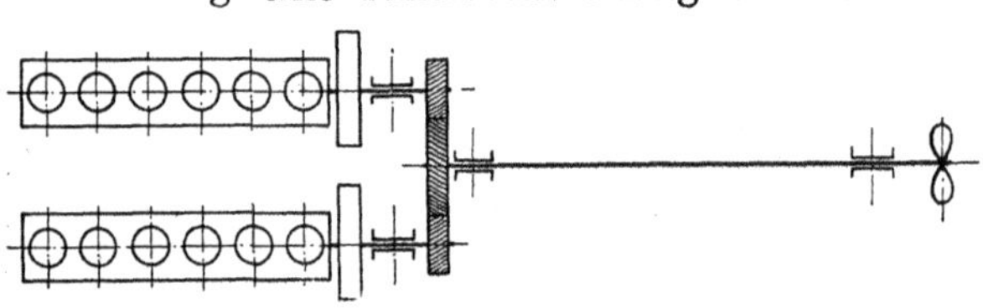

Abb. 64. Schraubenantrieb durch zwei Motoren und Zahnradgetriebe.

Der Einfachheit halber wollen wir aber von demselben absehen, da derselbe bei den hier in Betracht kommenden sehr genau hergestellten Zahnrädern im allgemeinen verschwindend klein ist. Wir denken uns an irgendeiner Stelle z. B. Kurbel 3 des Motors I eine harmonische Kraft P angreifend und wollen nun die Ausschläge ermitteln. Zu diesem Zwecke konstruieren wir mit beliebig angenommenen Ausschlägen von allen 3 Enden des gesamten Systems aus die Schwingungsform durch. Natürlich müssen die beiden Äste: Motorkurbelwelle II und Propellerwelle PW an ihrer Vereinigungsstelle dem Zahnradtrieb, gleiche Ausschläge a_{II} bzw. a_{PW} besitzen. Wenn dies nicht zufällig bereits der Fall ist, sind also z. B. die Ausschläge des Propellerwellenastes mit $\frac{a_{II}}{a_{PW}}$ zu multiplizieren. Desgleichen die zugehörigen Trägheitskräfte. Bei der Weiterverzeichnung der Schwingungsform ist darauf zu achten, daß die vom Propellerast bzw. vom Kurbelwellenast II herrührenden Trägheitskräfte zu addieren sind. Am Kraftangriffspunkt müssen endlich die Ausschläge des Teilastes: Kurbelwelle I mit $\frac{a_{\Sigma}}{a_{I}}$ multipliziert werden, damit sie an dieser Stelle mit

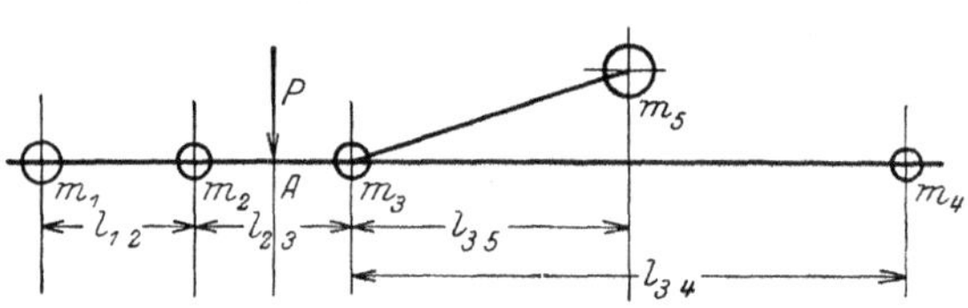

Abb. 65. Gegabeltes System.

denen des anderen Systemteiles (bestehend aus Propellerwellenast Kurbelwelle II und Kurbelwelle I vom Zahnradgetriebe bis zum Kraft angriffspunkt) übereinstimmen. a_{Σ} ist hierbei der Ausschlag dieses

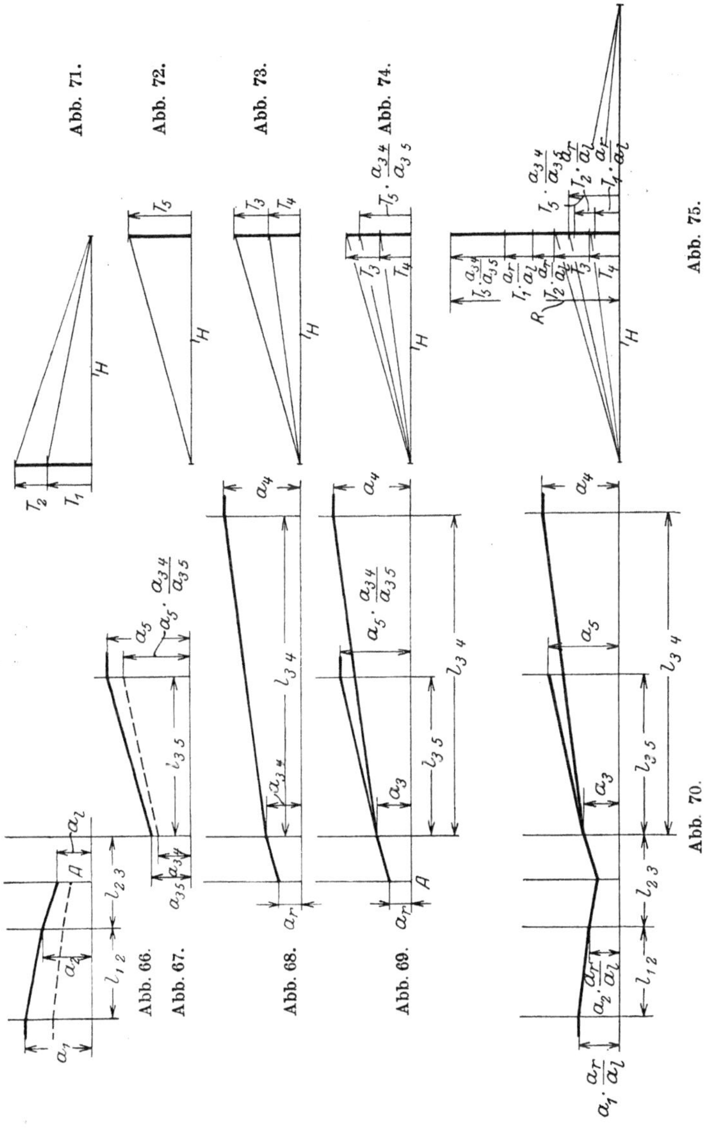

Abb. 66 bis 75. Ermittlung der Schwingungsform hierzu.

Systemteiles am Kraftangriffspunkt, während a_I derjenige des Astteiles I an dieser Stelle ist. Dann sind wieder wie früher sämtliche Ausschläge so zu reduzieren, daß die Kraft P der Summe aller nunmehrigen Trägheitskräfte das Gleichgewicht halten kann. Das folgende Beispiel und die Abb. 65—75 erläutern das Verfahren zahlenmäßig.

Gegegeben 5 Massen $m_1 - m_5$. Das System sei bei m_3 gegabelt. In A greife die harmonische Kraft P an. Für eine gegebene Schwingungszahl ν_1 sind unter Annahme der Ausschläge a_1, a_4 und a_5 die Schwingungsformen in den Abb. 66—68 verzeichnet und die Kräfte pläne dargestellt. Die gestrichelte Linie in Abb. 67 stellt bereits die auf gemeinsamen Ausschlag mit dem Ast 34 umgerechnete Schwingungsform des Astes 35 dar. Die resultierende Schwingungsform ist endlich von da aus weiter bis A konstruiert (Abb. 68 bzw. 69). Die gestrichelte Linie in Abb. 66 stellt die auf gemeinsamen Ausschlag an der Kraftangriffstelle umgerechneten Ausschläge des Astes 12 dar. In Abb. 70

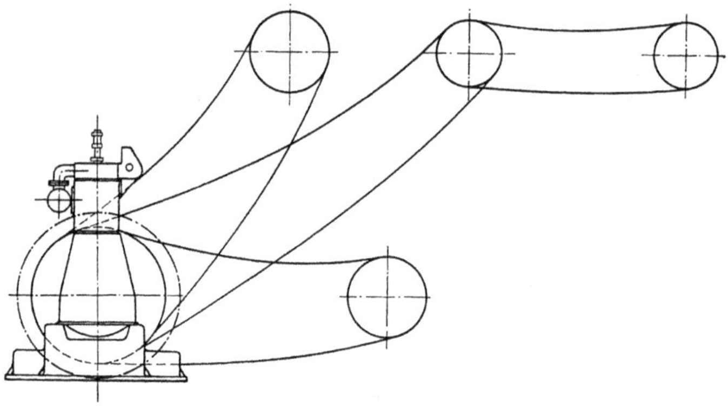

Abb. 76. Gegabeltes System bei Transmissionen.

und 75 sind endlich die unter Einwirkung einer Restkraft R zu Stande kommende aus allen 3 Ästen resultierende Schwingungsform sowie die zugehörigen Kräftepläne dargestellt. Die noch notwendige einfache Umrechnung auf die Kraft P ist nicht mehr wiedergegeben. Im praktischen Fall wird man auf die dreimalige zeichnerische Darstellung verzichten und lediglich die Umrechnung vornehmen.

Grundsätzlich in der gleichen Weise wie hier geschildert ist vorzugehen, wenn sich das System in mehrere Äste spaltet wie z. B. bei Transmissionen (Abb. 76). Auf die Frage, wie hierbei die verschiedenen Massen zu berücksichtigen sind, nachdem die zugehörigen Wellen im allgemeinen verschiedene Drehzahlen besitzen, werden wir noch später im Abschnitt über die Reduktion der Massen zurückkommen. Ebenso wird im Abschnitt: „Elastizitäten — Längenreduktionen“ von dem elastischen Verhalten der mit verschiedenen Drehzahlen laufenden Wellenstränge die Rede sein.

Der Einfluß gleich großer an verschiedenen Stellen angreifender Kräfte auf die Größe der Schwingungsausschläge.

Schon aus dem vorhergehenden Abschnitt über die Teilschwingungen haben wir gesehen, daß es auf den Einfluß der Lage des Angriffspunktes der erregenden Kraft ankommt. Wir wollen diese Untersuchung nunmehr weiter ausdehnen und gehen hierbei wieder von Verdrehungsschwingungen aus, weil sie hierfür von praktischer Bedeutung ist.

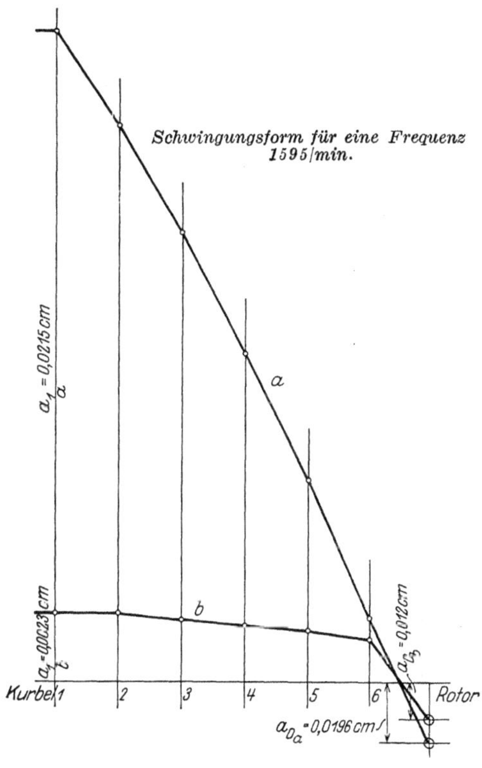

Abb. 77. Der Einfluß der Lage der Kraftangriffspunkte auf die Schwingungsform.

Gegeben sei eine Sechszylinder-Viertaktmaschine. Hier ist es sehr naheliegend, die harmonischen Kräfte einfach aus dem resultierenden Sechszylinder-Tangentialdruckdiagramm zu ermitteln und dieselben sich dann etwa in der Mitte des Motors angebracht zu denken. Dieses Verfahren kann aber durchaus nicht in allen Fällen als hinreichende Annäherung aufgefaßt werden. Ein richtiges Bild bekommt man vielmehr erst dann, wenn man die harmonischen Kräfte, so wie sie tatsächlich wirken, an den einzelnen Zylindern für sich angreifen läßt. Es ist wohl zu beachten, daß ein und dieselbe harmonische Kraft, je nachdem sie auf die erste oder die letzte oder eine mittlere Kurbel einwirkt, ganz verschiedene Ausschläge sowohl der einzelnen Kurbeln, wie auch der daran anschließenden Schwungmassen (Rotor, Seilscheibe usw.) zur Folge hat. Außer von der Lage des Kraftangriffpunktes ist diese Verschiedenheit ganz wesentlich durch die Höhe der Schwingungszahl bestimmt. Schon bei verhältnismäßig recht niedrigen Schwingungszahlen macht sich ein unerwartet großer Einfluß der Lage des Kraftangriffpunktes geltend. Bei höheren Schwingungszahlen kann es vorkommen, daß gleich große und gleichgerichtete an den beiden äußersten Kurbeln angreifende Kräfte entgegengesetzte Ausschläge hervorrufen, mit anderen Worten: die von beiden gleichgerichteten Kräften herrührenden resultierenden Ausschläge sind nahezu Null, während bei entgegengesetzter Richtung der beiden Kräfte die Ausschläge, statt sich aufzuheben, sich sogar verdoppeln. In den Abb. 77—80 ist diese Untersuchung für einen Sechszylindermotor mit in möglichst kurzer Entfernung angebauter Dynamo durchgeführt. Gerade diese Anordnung bietet ein Schulbeispiel dafür, daß auch bei tunlichst kleinen Schwungmassen und möglichst kurzen Wellenlängen das elastische Verhalten des Systems eine bedeutende Rolle spielt. Schon bei der ziemlich niedrigen Frequenzzahl von 1595 ist der hauptsächlich interessierende

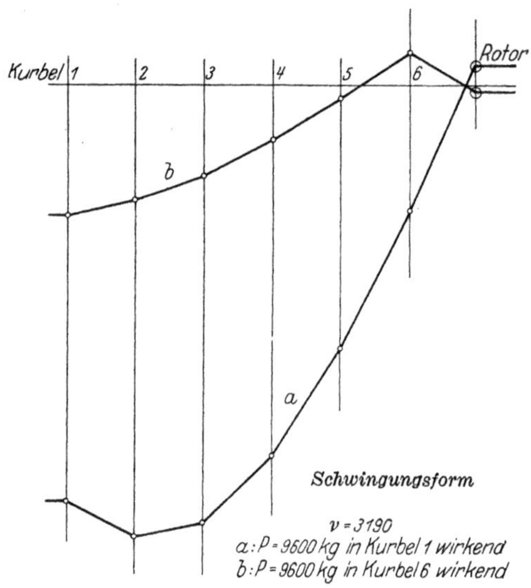

Abb. 78. Der Einfluß der Lage der Kraftangriffspunkte auf die Schwingungsform.

Schwingungsausschlag 3 an der Dynamo für die beiden Angriffspunkte der Kräfte wesentlich verschieden. Bei der Frequenzzahl von 3190 besitzen die beiden Dynamoausschläge sogar entgegengesetzte Richtung. Diese Frequenzzahl ist aber auf alle Fälle entschieden noch in Betracht zu ziehen, denn die harmonische Kraft 6. Ordnung des Sechszylindermotors, die von ganz beträchtlicher Größe ist, liefert für $n = 400$ eine Frequenzzahl von $\nu = 2400$, während sich für die Harmonische 12. Ordnung, die

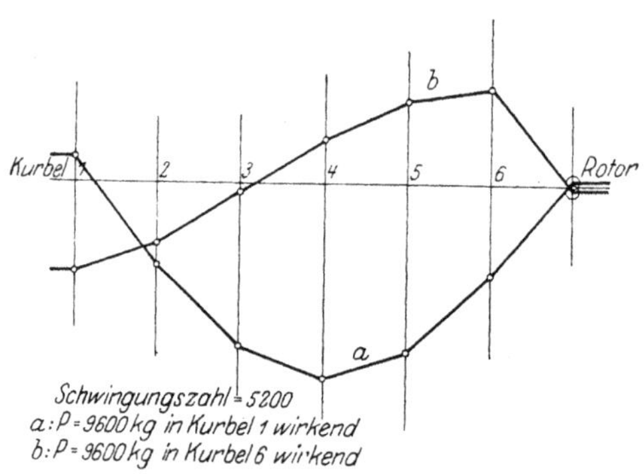

Abb. 79. Der Einfluß der Lage der Kraftangriffspunkte auf die Schwingungsform.

ebenfalls noch Beachtung verdient, $\nu = 4800$ ergibt. Bei einer Schwingungszahl von $\nu = 5200$ endlich sind die Schwingungs-Ausschläge nicht bloß des Rotors, sondern auch fast aller Zylinder für die bei den an den äußersten Kurbeln angreifenden gleichgerichteten Kräfte entgegengesetzt gerichtet.

Aus der dadurch gewonnenen Erkenntnis, daß entgegengesetzt gerichtete Kräfte in ihren Wirkungen sich nicht aufheben, sondern unter Umständen sich sogar addieren, folgt weiter, daß es nicht genügt, die harmonischen Kräfte aus dem resultierenden Drehkraftdiagramm zu ermitteln.

Im vorhergehenden wurde der Einfluß der Lage des Angriffpunktes der erregenden harmonischen Kraft nur für solche Fälle untersucht, die genügend weit von der Resonanz entfernt waren. Es läßt sich jedoch auch für den Fall der Resonanz, sofern nur die stets vorhandene Dämpfung berücksichtigt wird, nachweisen, daß auch dort ganz ähnliche Verhältnisse vorliegen, bzw. daß es für eine gegebene Schwingungszahl auf den Abstand der harmonischen Kraft vom Knotenpunkt ankommt.

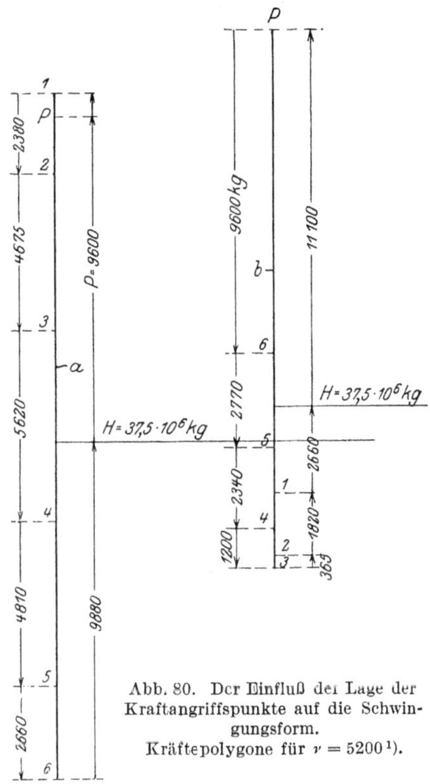

Abb. 80. Der Einfluß der Lage der Kraftangriffspunkte auf die Schwingungsform. Kräftepolygone für $\nu = 5200$[1]).

Übereinanderlagerung mehrerer Schwingungen.

Wenn zwei oder mehr harmonische Kräfte gleicher Frequenz und Phase auf ein schwingungsfähiges Gebilde mit geradliniger Abhängigkeit des Ausschlags von der rückführenden Kraft einwirken, so ergeben sich die für eine bestimmte Masse resultierenden Ausschläge einfach durch arithmetische Addition der für jede einzelne harmonische Kraft für die betreffende Masse erhaltenen Ausschläge. Diese Beziehung folgt ganz allgemein auf Grund des Superpositionsgesetzes, nach dem sich zwei Wirkungen, die sich gegenseitig nicht stören, einfach übereinander lagern. Es sei aber ausdrücklich auf die Beschränkungen, denen dieses Gesetz unterworfen ist, aufmerksam gemacht.

Die erste Einschränkung ist, daß die Elastizitäten des Systems

[1]) Der Horizontalzug ist im Falle b aus Raumgründen abgebrochen.

geradlinige Abhängigkeit zwischen Kraft und Ausschlag besitzen. Die zweite Einschränkung folgt aus der ersten. Auch bei Systemen mit dieser Proportionalität darf die resultierende Beanspruchung nie über die Elastizitätsgrenze hinausgehen. Da praktisch solche Fälle unbedingt vermieden werden müssen — man wird schon der Betriebssicherheit wegen stets beträchtlich unterhalb der Elastizitätsgrenze bleiben, so haben die beiden Einschränkungen für unsere wichtigeren Baustoffe, die Metalle, keine besonders große Bedeutung.

Wirken an einem gegebenen System die frequenzgleichen erregenden Kräfte in verschiedenen Phasen auf das System ein, d. h. erreicht die eine Kraft gerade ihren positiven Größtwert, während die andere gerade im Ansteigen oder eine dritte eben im Abnehmen begriffen ist usf., so sind die für eine bestimmte Masse für jede einzelne erregende Kraft erhaltenen Ausschläge nicht arithmetisch, sondern geometrisch zueinander zu addieren, genau so wie man Kräfte, die unter verschiedenen Winkeln zueinander stehen, addiert. Als Winkel kommt der Zeitwinkel oder, wie wir hier sagen können, der Phasenverschiebungswinkel in Betracht.

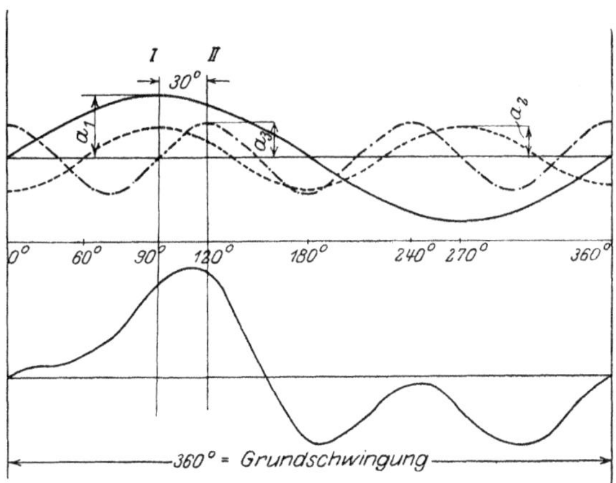

Abb. 81. Zeichnerische Zusammensetzung von Schwingungsausschlägen verschiedener Phase und Frequenz.

Wirken auf das System außer den erregenden Kräften gleichzeitig noch Dämpfungen ein, so ist hier unter dem Phasenwinkel derjenige Winkel zu verstehen, unter welchem die für die verschiedenen erregenden Kräfte erhaltenen Ausschläge der betreffenden Masse zueinander stehen. (Also nicht der Phasenwinkel zwischen Ausschlag oder Dämpfung und Kraft!)

Wirken auf das System harmonische Kräfte verschiedener Frequenz ein, so können die Ausschläge nicht mehr ohne weiteres addiert werden. Es ist dann ein Diagramm zu verzeichnen, in welchem abhängig von der Zeit oder, wie wir hier sagen können, vom Zeitwinkel die resultierenden Ausschläge für eine genügend große Anzahl von Punkten aufgetragen werden. Eine derartige Zusammensetzung ist in Abb. 81 gezeigt. Die Ausschläge seien a_1, a_2, a_3. a_1 wechsle mit der Frequenz ν, a_2 mit $2\,\nu$ und a_3 mit $3\,\nu$. a_1 und a_2 erreichen im selben Moment ihren Höchstwert a_3 um $^1/_{12}$ der Dauer der Grundperiode ν, d. h. um 30^0

später. In Abb. 82 ist die vektorielle Zusammensetzung für die Stelle *I* und für die Stelle *II* gezeigt.

Wirken auf ein schwingungsfähiges System zwei Kräfte, die verschiedenartige Schwingungen hervorrufen, z. B. die eine Kraft Biegungsschwingungen in horizontaler Richtung und die andere Kraft Biegungsschwingungen in vertikaler Richtung, so lagern sich diese beiden Schwingungsarten ebenfalls übereinander.

Wird z. B. ein rechteckiger Stab in der Diagonalen ausgelenkt und dann losgelassen, so wird er so schwingen, als ob er gleichzeitig um den Betrag a in der Richtung x und um den Betrag b in der Richtung y ausgelenkt worden wäre, wobei $\sqrt{a^2 + b^2}$ die Gesamtauslenkung in Richtung der Diagonalen ist. Stehen die Eigenschwingungszahlen für die x- und die y-Richtung in einem ganz einfachen Verhältnis zueinander, so wird ein Punkt eines solchen Stabes eine verhältnismäßig einfache Kurve beschreiben. Im allgemeinen Falle wird sie aber ziemlich verwickelt werden. Ihre Ermittlung als geometrische Zusammensetzung aus den beiden verschieden großen Sinusschwingungen verschiedener Frequenz bereitet allerdings keine Schwierigkeit.

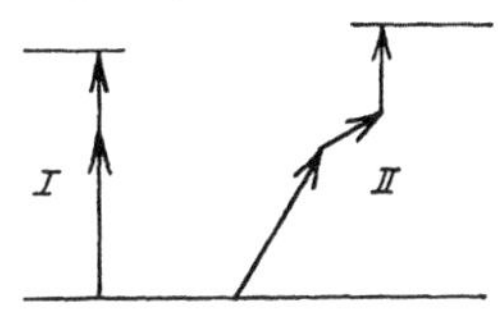

Abb. 82. Vektorielle Zusammensetzung von Schwingungsausschlägen.

Stöße.

Soweit Stöße auf elastische Systeme einwirken, können sie direkt nach den Lehren der Schwingungstheorie, insbesondere nach den im Abschnitt „Erzwungene Schwingungen", niedergelegten Ausführungen behandelt werden. Allgemein kommt es bei Stößen ganz auf den zeitlichen Verlauf des Stoßdruckes an. Man unterscheidet harte und weiche Stöße. Harte dauern nur ganz kurz, weiche dagegen verhältnismäßig länger. Jeder Stoß dauert aber eine, wenn auch im allgemeinen sehr kurze, so doch meßbare Zeit.

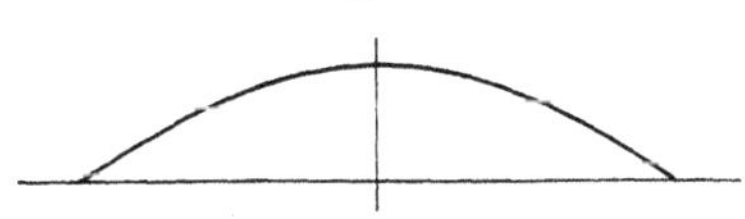
Abb. 83. Halbe Sinuslinie als Stoßzeitkurve.

Wir fassen zunächst ein einfaches System ins Auge: eine Masse m, welche durch eine an einem festen Punkte befestigte Feder mit der Federkonstanten c im Gleichgewicht gehalten wird. Auf die Masse wirke der Stoß ein. Als Stoßzeitkurve denken wir uns eine halbe Sinuslinie (Abb. 83). In Annäherung wird der Stoßverlauf in den meisten Fällen von dieser Form sein. In diesem Falle sind wir aber imstande, den ganzen Verlauf der Schwingungsbewegung festzustellen. Besitzt die Stoßzeitkurve einen verwickelteren Verlauf, so sind wir mit Hilfe der harmonischen Analyse, von der später noch die Rede ist, in der Lage, die Kurve in ihre einzelnen

Harmonischen aufzulösen und für jede Harmonische den Verlauf der zugehörigen Schwingungsbewegung zu untersuchen, um dann zum Schluß die entstehenden Schwingungen geometrisch zusammenzuaddieren. Wir nehmen ferner an, irgendwelche Dämpfung oder Reibung sei im System nicht vorhanden. Diese Annahme trifft freilich insbesondere in den technisch wichtigen Fällen keineswegs zu. Andererseits läßt sich aber als erste Annäherung annehmen, daß während der sehr kurzen Stoßzeit die Dämpfung die Ergebnisse nicht verändern wird, da sie gegenüber den gewaltigen Stoßdrücken doch klein ist. Sowie der Stoß vorbei ist, vollführt die Masse m lediglich gedämpfte Eigenschwingungen die wir an Hand der Abschnitte: „Schwingungen mit Dämpfung" und „Schwingungen mit mechanischer Reibung" vollständig zu übersehen in der Lage sind.

Für den Fall ohne Dämpfung beziehen wir uns auf den Abschnitt: „Erzwungene Schwingungen". Für den Fall, daß die Masse m am Beginn der Zeit t in Ruhe war und dann eine harmonische Kraft P von der Frequenz $\nu = \frac{30}{\pi} \cdot \omega$ auf dieselbe einwirkt, hatten wir erhalten:

$$x = \frac{P}{m(\omega_e^2 - \omega^2)} \left[\sin \omega t - \frac{\omega}{\omega_e} \cdot \sin \omega_e t\right]$$

Für die Schwingungsgeschwindigkeit ergibt sich

$$v = \frac{dx}{dt} = \frac{P \cdot \omega}{m(\omega_e^2 - \omega^2)} [\cos \omega t - \cos \omega_e t]. \tag{51}$$

Für die Beschleunigung erhalten wir endlich

$$b = \frac{dx^2}{dt^2} = \frac{P \cdot \omega^2}{m(\omega_e^2 - \omega^2)} \left[\frac{\omega_e}{\omega} \sin \omega_e t - \sin \omega t\right]. \tag{52}$$

Die Größe ω_e, die in diesen Gleichungen erscheint, ist eine Abkürzung für den Wert $\sqrt{\frac{c}{m}}$, welcher wieder multipliziert mit $\frac{\pi}{30}$ die minutliche Eigenfrequenz darstellt.

Die Gleichungen passen für eine ganz beliebig lange Einwirkung der Kraft P. Lediglich für den Fall der Resonanz, d. h. für $\omega_e = \omega$ sind sie nicht anwendbar. Das hat aber im vorliegenden Falle, wo wir uns nur mit kurz dauernder Einwirkung der Kraft P beschäftigen, nichts zu sagen, da hierbei die Ausschläge auf keinen Fall unendlich werden.

Für den Fall, daß eine erregende harmonische Kraft P an der Masse m nicht angreift, sondern daß der Aufhängepunkt von einem bestimmten Zeitpunkt ab sinusförmig mit dem Ausschlag a_P und der Frequenz $\nu = \frac{30}{\pi} \cdot \omega$ hin- und herbewegt wird, ergibt sich als dynamische Grundgleichung:

$$m \cdot \frac{d^2x}{dt^2} + c(-a_P \sin \omega t + x) + k \cdot \frac{dx}{dt} = 0$$

oder

$$m \cdot \frac{d^2x}{dt^2} + cx + k \cdot \frac{dx}{dt} = c \cdot a_P \cdot \sin \omega t. \tag{53}$$

Die rückführende Kraft ist hierbei im Gegensatz zur früheren Gl. (1) nicht dem Ausschlag x, sondern dem Relativausschlag $(-a \cdot \sin \omega t + x)$ zwischen Aufhängepunkt und Masse m proportional. Diese Gleichung ist genau so aufgebaut wie die Ausgangsgl. (15) für erzwungene Schwingungen. Wir haben in derselben lediglich an Stelle der bekannten erregenden Kraft P das Produkt aus dem gegebenen Ausschlag a_P des Aufhängepunktes multipliziert mit der Federkonstanten c zu setzen, um völlige Übereinstimmung zu erzielen. Daraus folgt auch, daß alle unsere Ergebnisse sich ohne weiteres auf die Schwingungserregung durch erzwungene Ausschläge des Aufhängepunktes übertragen lassen.

Wenn wir die Stoßprobleme der Technik ins Auge fassen, so interessiert uns zunächst die größte, während des Stoßverlaufes auftretende Beschleunigung. Sie ist es, die z. B. die Insassen eines Wagens direkt zu fühlen bekommen und die daher möglichst klein gehalten werden sollte.

Falls nun ω sehr groß gegen ω_e ist, d. h. falls die Stoßdauer bedeutend kleiner als die halbe Eigenschwingungsdauer ist, vereinfacht sich die Gleichung 52 für die Beschleunigung zu

$$\frac{d^2 x}{d t^2} = \frac{P}{m} \cdot \sin \omega t\,,$$

d. h. bei gegebener Kraft ist die Beschleunigung um so geringer, je größer die Masse ist. Bei einem schweren Wagen werden also unter sonst gleichen Verhältnissen die Stöße weniger unangenehm empfunden werden wie bei einem leichten.

Ist umgekehrt ω klein gegen ω_e, d. h. ist die Stoßdauer bedeutend größer als die halbe Eigenschwingungsdauer, so erhält man für die Beschleunigung angenähert

$$\frac{d^2 x}{d t^2} = \frac{P}{m} \cdot \frac{\omega}{\omega_e} \cdot \sin \omega_e t\,.$$

Es werden also auch hier die Beschleunigungen wieder verhältnismäßig klein und zwar um so kleiner, je kleiner ω im Vergleich zu ω_e ist. Dies gilt aber nur, solange der Winkel ωt noch so klein ist, daß sein Sinus gegenüber $\frac{\omega}{\omega_e} \sin \omega_e t$ vernachlässigt werden kann. Sowie dies nicht mehr der Fall ist, sind wir auf die genauere Gleichung angewiesen.

In Abb. 84 ist die Abhängigkeit der größten auftretenden Beschleunigung bzw. des ersten Maximums derselben vom Verhältnis der Schwingungszahl der Erregung zur Eigenfrequenz der Masse m dargestellt für den Fall, daß die Erregung nur eine halbe Schwingung dauert. Die Abb. 84a ist lediglich eine Vergrößerung des Bereichs bis zur Eigenfrequenz. Man erkennt daraus, daß etwa vom doppelten Wert der Eigenfrequenz an die größte auftretende Beschleunigung praktisch genügend genau dem Wert $\frac{P}{m}$ entspricht, bzw. bei Erregung durch Bewegung des Aufhängepunktes den Wert $\frac{c \cdot a_P}{m}$ ergibt. Der letztere Fall bietet für Landfahrzeuge besonderes Interesse: Ist bei einer Unebenheit, welche in ihrer Form einer halben Sinuslinie entspricht, c die Federkonstante des als Punkt gedachten Fahrzeuges und m seine Masse, so ist die Beschleunigung der Wagenmasse um so kleiner, je größer

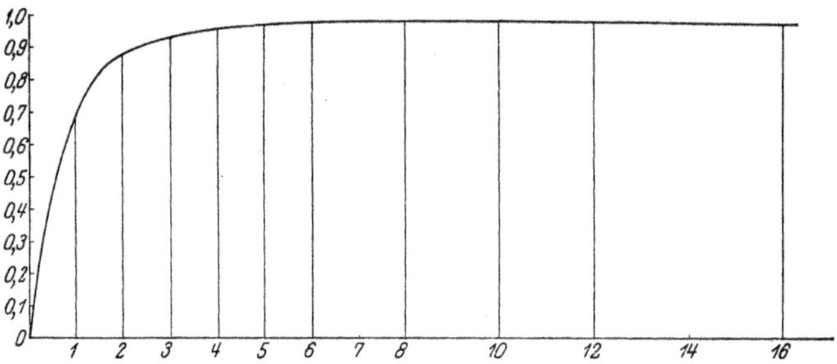

Abb. 84. Abhängigkeit der größten Beschleunigung von der Schwingungszahl.

diese Masse und je weicher die Federung ist. Unterhalb der Eigenfrequenz kann man mit einiger Annäherung sagen, daß die Beschleunigung proportional dem Wert $\frac{0{,}8 \cdot c \cdot a_P}{m} \cdot \frac{\omega}{\omega_e}$ ansteigt. Sehr genau ergibt für das

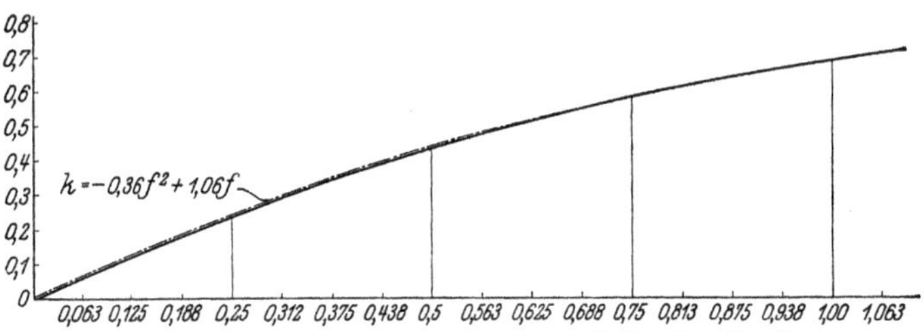

Abb. 84a. Vergrößerte Darstellung eines Teiles der Abb. 84.

Gebiet bis zum 1,1fachen der Eigenfrequenz die einfache Formel

$$b = \frac{c \cdot a_P}{m} \left[-0{,}36 \left(\frac{\omega}{\omega_e} \right)^2 + 1{,}06 \cdot \frac{\omega}{\omega_e} \right]. \tag{54}$$

Übereinstimmung mit der wirklichen Kurve. In Abb. 84a ist der Einfachheit halber der Wert $\frac{\omega}{\omega_e}$ durch f ersetzt.

Wichtiger noch als die Kenntnis der Beschleunigung erscheint die Frage, wieviel Schwingungsenergie das System bis zum Ende des Einwirkens der Stoßkraft P in sich aufgenommen hat, da von dieser Energie es abhängt, wie lange und wie stark das System nach Aufhören des Stoßeinflusses noch nachschwingt. Diese Energie A setzt sich aus zwei Beträgen zusammen:

einem Betrag A_1 herrührend von der Auslenkung x der Masse, multipliziert mit der zugehörigen Federkraft $c \cdot x$ und wegen des geradlinigen Ansteigens der Kraft von Null an mit dem Faktor $^1/_2$,

ferner einem Betrag $A_2 = m \cdot \frac{v^2}{2}$, die kinetische Energie der Masse m darstellend.

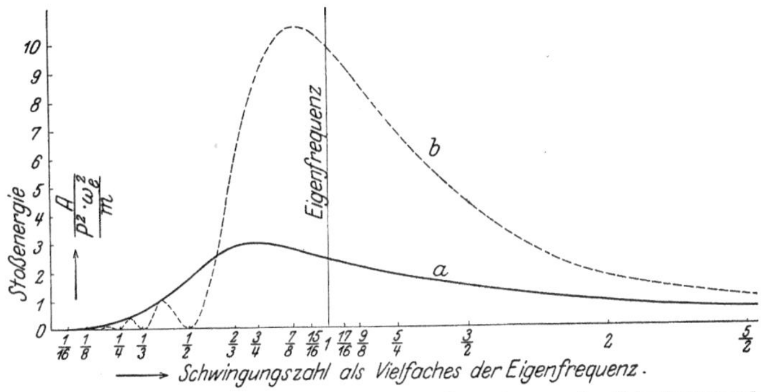

Abb. 85. Abhängigkeit der aufgenommenen Stoßenergie von der Schwingungszahl.

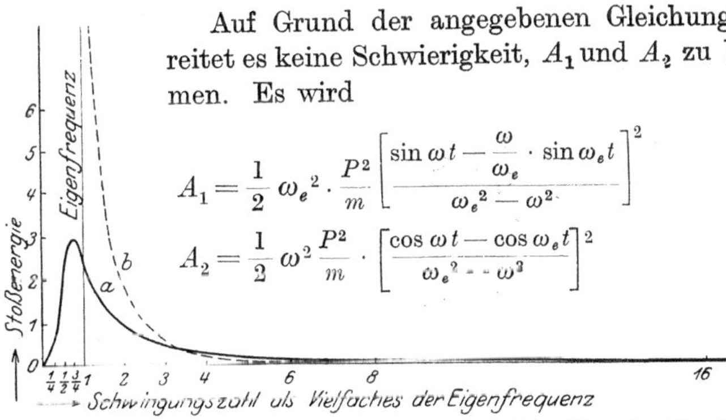

Auf Grund der angegebenen Gleichungen bereitet es keine Schwierigkeit, A_1 und A_2 zu bestimmen. Es wird

$$A_1 = \frac{1}{2}\,\omega_e^2 \cdot \frac{P^2}{m}\left[\frac{\sin\omega t - \frac{\omega}{\omega_e}\cdot\sin\omega_e t}{\omega_e^2 - \omega^2}\right]^2 \tag{55}$$

$$A_2 = \frac{1}{2}\,\omega^2\,\frac{P^2}{m}\cdot\left[\frac{\cos\omega t - \cos\omega_e t}{\omega_e^2 - \omega^2}\right]^2 \tag{56}$$

Abb. 86. Abhängigkeit der aufgenommenen Stoßenergie im Gebiet über der Eigenfrequenz.

Zur Vereinfachung schreiben wir:

$$\sin\omega t - \frac{\omega}{\omega_e}\cdot\sin\omega_e t = B\,,$$

$$\cos\omega t - \cos\omega_e t = C\,,$$

$$\omega_e^2 - \omega^2 = \omega_e^2(1 - f^2)\,,$$

wobei $\quad f = \frac{\omega}{\omega_e} = \frac{\nu}{\nu_e}\,; \quad \frac{1}{1-f^2} = k\,; \quad \frac{f}{1-f^2}\cdot C = D\,.$

Wir erhalten so:

$$A_1 = \frac{1}{2}\cdot\frac{P^2}{m\cdot\omega_e^2}\cdot\frac{B^2}{(1-f^2)^2} = \frac{1}{2\cdot\omega_e^2}\cdot\frac{P^2}{m}\cdot(B\cdot k)^2$$

$$A_2 = \frac{1}{2}\,\frac{P^2}{m\cdot\omega_e^2}\cdot\frac{f^2}{(1-f^2)^2}\cdot C^2 = \frac{1}{2}\cdot\frac{P^2}{m\cdot\omega_e^2}\cdot\left(\frac{f}{1-f^2}\cdot C\right)^2 = \frac{1}{2}\cdot\frac{P^2}{m\cdot\omega_e^2}\cdot D^2\,.$$

Untersuchung der Abhängigkeit der Stoßenergie für den Fall, daß die Stoßkraft sinusförmig von Null anschwillt und während der Dauer einer halben Schwingung auf das System einwirkt. Hiebei ist $\sin \omega t = 0$; $\cos \omega t = -1$.

$\frac{\nu}{\nu_e} = f$	f^2	$1-f^2$	k	$\omega_e t$	$\sin \omega_e t$	$\frac{\omega}{\omega_e} \sin \omega_e t$	$B \cdot k$	$B^2 k^2$	$\cos \omega_e t$	C	$f \cdot k = \frac{f}{1-f^2}$	$D = (f \cdot k)\, C$	D^2	$\frac{p}{(Bk)^2 + D^2}$
1/16	1/256	0,994	1,007	8 · 360	0	0		—	+ 1	— 2	0,063	— 0,1265	0,016	0,016
1/8	1/64	0,985	1,015	4 · 360	0	0		—	+ 1	— 2	0,1265	— 0,253	0,064	0,064
1/4	1/16	0,937	1,066	2 · 360	0	0		—	+ 1	— 2	0,266	— 0,534	0,285	0,285
0,28	0,6784	0,9216	1,084		0	0					0,3036			
1/3	1/9	0,889	1,125	1,5 · 360	0	0		—	+ 1	— 2	0,375	— 0,751	0,564	0,564
0,4	0,16	0,840	— 1,19	450	0	0					0,476			
1/2	1/4	0,75	1,333	360	0	0		0	+ 1	— 2	0,666	— 1,33	1,77	1,77
0,6	0,36	0,64	1,565								0,936			
2/3	4/9	0,555	1,80	270	—1	—0,666	— 1,21	1,45	0	— 1	1,20	— 1,20	1,40	2,85
3/4	9/16	0,4375	2,286	240	—0,866	—0,6493	— 1,484	2,20	—0,5	— 0,5	1,715	— 0,858	0,738	2,938
7/8	49/64	0,2342	4,270	205,5	—0,430	—0,376	— 1,605	2,573	—0,9026	— 0,1074	3,74	— 0,401	0,1605	2,7335
15/16	225/256	0,121	+ 8,260	192	—0,208	—0,195	— 1,61	2,595	—0,978	— 0,022	7,73	— 0,170	0,0289	2,6239
17/16	289/256	—0,1289	— 7,757	169,4	+0,1838	+0,1953	— 1,515	2,292	—0,983	— 0,017	8,24	— 0,1405	0,0197	2,3117
9/8	81/64	—0,2656	— 3,765	160	+0,3420	+0,3848	— 1,448	2,10	—0,939	— 0,060	4,25	— 0,2555	0,0655	2,165
5/4	25/16	—0,562	— 1,78	144	+0,590	+0,719	— 1,28	1,64	—0,809	— 0,191	2,22	— 0,426	0,182	1,822
3/2	9/4	—1,25	— 0,80	120	+0,866	+1,30	— 1,04	1,08	— 0,500	— 0,50	1,20	— 0,60	0,36	1,44
2	4	—3	— 0,333	90	+1,00	+2,0	— 0,666	0,444	0	— 1	0,660	— 0,666	0,444	0,888
4	16	—15	— 0,0666	45	+0,707	+2,85	— 0,190	0,036	+ 0,707	— 1,707	0,266	— 0,455	0,206	0,242
8	64	—63	— 0,01584	22 1/2	+0,385	+3,09	— 0,0489	0,00239	+ 0,924	— 1,924	0,127	— 0,245	0,06	0,0624
16	256	—255	— 0,00392	11 1/4	+0,195	+3,11	— 0,01222	0,00015	+ 0,981	— 1,981	0,0628	— 0,125	0,0156	0,0157

Bestimmt man nun für beliebig gegebene Verhältnisse für den Fall, die Kraft P wirke nur während einer halben Schwingung gemäß Abb. 83 auf das System ein, für verschiedene Frequenzen von P oder, was das gleiche bedeutet, für verschiedene Verhältnisse $\frac{\omega_e}{\omega}$ die aufgenommene Gesamtenergie, so gelangt man zu der nebenstehenden Tabelle und damit zu der niedrigeren Kurve a der Abb. 85 bzw. 86.

Aus derselben ist ersichtlich, daß das System nur etwa zwischen einer Frequenzzahl der Kraft P gleich der halben Höhe der Eigenfrequenz und einer solchen gleich der doppelten Höhe wesentliche Energiemengen aufnehmen kann. Bemerkenswerterweise deckt sich das Maximum der Energieaufnahme nicht mit der Eigenfrequenz, sondern liegt etwas darunter.

Für den Fall, daß die Stoßkraft statt einer halben Schwingung eine ganze Schwingung andauert, erhalten wir die im gleichen Maßstabe gestrichelt aufgetragene höhere Kurve *b* bzw. die nebenstehend wiedergegebene Tabelle.

Hier ist die Energieaufnahme entsprechend der längeren Einwirkung von P erheblich größer. Gleichzeitig ist das Maximum viel schärfer ausgeprägt. Schon bei einer Frequenz etwa gleich 0,75 der Eigenfrequenz bzw. bei 1,5 derselben ist die Energieaufnahme im Vergleich zur Eigenfrequenz gering. Das Maximum der Energieaufnahme liegt hier ebenfalls, aber nur ziemlich wenig, niedriger als die Eigenfrequenz.

Untersuchung der Abhängigkeit der Stoßenergie für den Fall, daß die Stoßkraft sinusförmig von Null anschwillt und während der Dauer einer ganzen Schwingung auf das System einwirkt. Hiebei ist $\sin \omega t = 0$ und $\cos \omega t = +1$.

$\frac{\nu}{\nu_e} = f$	$\sin \omega_e t$	$\omega_e t$	$\frac{\omega}{\omega_e} \sin \omega t$	$B k$	$(B k)^2$	$\cos \omega_e t$	C	$f k$	$D = f k \cdot C$	D^2	$(B k)^2$	$\frac{p}{(B k)^2 + D^2}$
$^1/_{16}$	0	16·360	0			+1	0	0,063	0	0		0
$^1/_8$	0					+1	0	0,1265				0
$^1/_4$	0					+1	0	0,266				0
0,28	−0,4226	+2,05	−0,1185	0,1284	0,01645	−0,90631	1,9063	0,3036	0,578	0,335	0,01645	0,35145
$^1/_3$	0					+1	0	0,375				0
0,4	0	360 + 180	0	0		−1	+2	0,476	0,952	0,906		0,906
$^1/_2$	0					+1	0	0,666	0	0	0	0
0,6	−0,866	360 + 240	0,433	0,679	0,461	−0,5	+1,5	0,936	1,40	1,96	0,461	2,421
$^2/_3$	0	360 + 180	0	0	0	−1	+2	1,20	2,4	5,76	0	5,76
$^3/_4$	0,866	360 + 120	0,649	1,486	2,205	−0,5	+1,5	1,715	2,57	6,61	2,205	8,815
$^7/_8$	0,7826	+51,5	0,685	2,925	8,55	+0,6225	+0,3775	3,74	1,411	1,99	8,55	10,54
$^{15}/_{16}$	+0,408	+24	0,382	3,14	9,86	+0,914	+0,086	7,73	0,67	0,45	9,86	10,31
$^{17}/_{16}$	−0,359	−21	−0,3805	2,95	8,71	+0,934	+0,066	8,24	0,549	0,301	8,71	9,011
$^9/_8$	−0,644	−40	−0,726	2,74	7,50	+0,766	+0,234	4,25	0,994	0,99	7,50	8,49
$^5/_4$	−0,953	−72	−1,192	2,12	4,49	+0,309	+0,691	2,22	1,535	2,35	4,49	6,84
$^3/_2$	−0,866	+240°	−1,30	−1,04	1,08	−0,50	+1,50	1,20	1,80	3,24	1,08	4,32
2	0	180	0	0	0	−1,0	+2,0	0,666	1,333	1,78	0	1,78
4	+1	90	+4	−0,266	0,0708	0	+1,0	0,266	0,266	0,0709	0,0708	0,1417
8	+0,707	45	+5,65	−0,0895	0,00802	+0,707	+0,293	0,127	0,0373	0,00139	0,00802	0,00941
16	+0,385	$22^1/_2$	+6,17	−0,0241	0,00058	+0,924	+0,076	0,0628	0,00476	0,0000227	0,00058	0,00060

Für sich allein kommt ein Stoßdruckverlauf, der eine ganze Schwingung dauert, bei dem also während des Stoßes die Kraft ihre Richtung wechselt, freilich praktisch seltener in Frage. Wohl aber kann der Stoßdruckverlauf sich aus einer halben Schwingung von einer gegebenen Frequenz und einer doppelt so raschen ganzen Schwingung zusammensetzen. Derartige resultierende Stoßdruckkurven sind in den Abb. 87 bis 90 dargestellt. Die Einzelsinuskräfte sind hierbei gestrichelt wiedergegeben. Man sieht daraus, daß man sich durch zwei solche Harmonische schon recht nahe jedem beliebigen Stoßverlauf anschmiegen kann. Eine noch größere Annäherung kommt praktisch kaum in Frage, sie bereitet aber keinerlei grundsätzliche Schwierigkeiten, man hat lediglich die Stoßdruckkurve dann in mehr als zwei Harmonische zu zerlegen. Hinsichtlich dieser Zerlegung sei auf den Abschnitt „Harmonische Analyse" verwiesen.

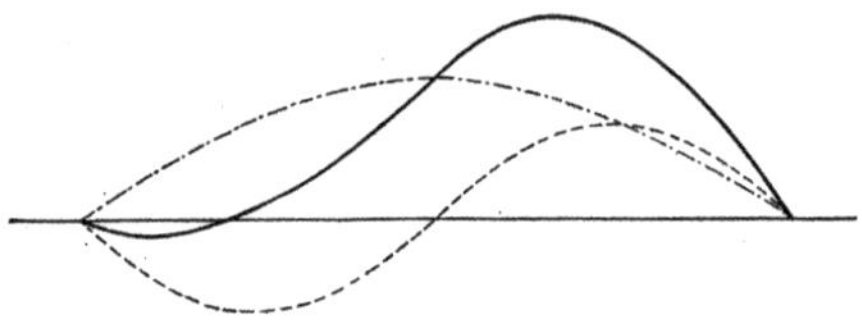

Abb. 87.

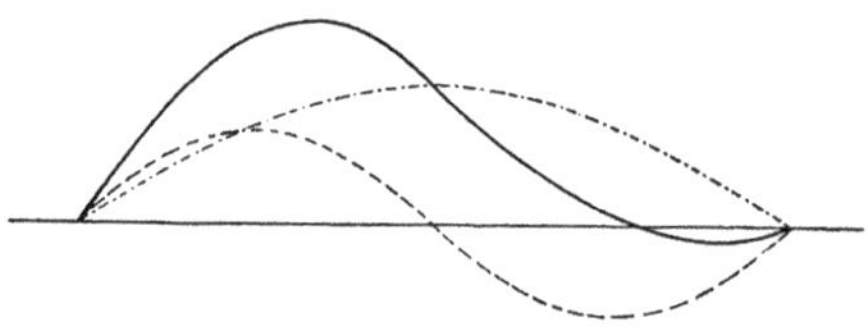

Abb. 88.

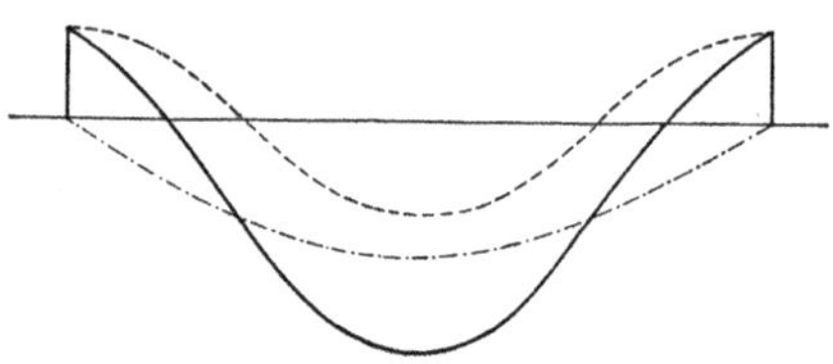

Abb. 89.

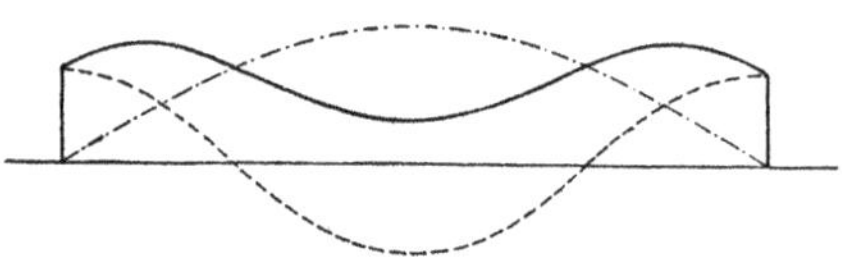

Abb. 90.

Abb. 87 bis 90. Stoßdruckzeitkurven, die sich aus zwei Sinusschwingungen zusammensetzen.

Bei den bisherigen Stoßuntersuchungen ist der Einfluß der Dämpfungen und Reibungen, mit denen in der Natur vorkommende Systeme immer behaftet sind, noch völlig außer acht gelassen. Es erscheint daher geboten, noch folgenden Fall zahlenmäßig zu untersuchen:

Gegeben sei eine Masse m, welche elastisch an einem Punkt P befestigt ist. Die elastische Verbindung besitze die Federkonstante c. An der Masse G greife eine von der absoluten Geschwindigkeit von m abhängige Dämpfung mit dem Dämpfungsfaktor k an. Auf m wirke eine harmonische Kraft P von der Frequenz $\nu = \frac{30}{\pi} \cdot \omega$ während der Dauer einer halben Schwingung ein, nachdem m vorher in Ruhe war. Es wird die Schwingungsenergie gesucht, welche m nach dieser halben Schwingung, also im Moment des Aufhörens der Kraft P, besitzt. Hierfür ist die Gleichung (19) maßgebend:

1. für den Ausschlag:

$$x = e^{-\frac{k}{2m}\cdot t}\{a_1 \sin\gamma' t + b_1\cdot\cos\gamma' t\} + c_1\cdot\sin(\omega t + \varphi)$$

wobei

$$a_1 = -c_1\cdot\left(\frac{\omega}{\gamma'}\cos\varphi + \frac{k}{2m\gamma'}\cdot\sin\varphi\right)$$

und

$$b_1 = -c_1\cdot\sin\varphi \quad \text{ist.}$$

2. für die Geschwindigkeit ergibt sich daraus:

$$\frac{dx}{dt} = -e^{-\frac{k}{2m}t}\left\{\sin\gamma' t\left(\frac{k}{2m}a_1 + \gamma' b_1\right) + \left(\frac{k}{2m}b_1 - \gamma' a_1\right)\cos\gamma' t\right\}$$
$$+ c_1\cdot\omega\cdot\cos(\omega t + \varphi).$$

Hierbei ist

$$\gamma' = \sqrt{\frac{c}{m} - \frac{k^2}{4m^2}}.$$

Allgemein läßt sich schreiben: $k = k_1\sqrt{cm}$; d. h.

$$\gamma' = \underbrace{\sqrt{\frac{c}{m}}}_{\omega_e}\cdot\sqrt{1 - \frac{k_1^2}{4}} = p\cdot\omega_e,$$

wobei ω_e die Eigenfrequenz der Masse m ohne Dämpfung ist.

Ähnlich können wir zur Vereinfachung setzen:

$$\frac{k}{2m} = \frac{k_1}{2}\cdot\omega_e = q\cdot\omega_e.$$

Ferner ist

$$p^2 + q^2 = 1 - \frac{k_1^2}{4} + \frac{k_1^2}{4} = 1.$$

Daraus folgt:

$$x = -e^{-q\omega_e t}\cdot c_1\left\{\left(\frac{\omega}{\omega_e\cdot p}\cos\varphi + \frac{q}{p}\cdot\frac{\omega_e}{\omega_e}\cdot\sin\varphi\right)\cdot\sin(p\omega_e t)\right.$$
$$\left. + \sin\varphi\cdot\cos(p\cdot\omega_e t)\right\} + c_1\cdot\sin(\omega t + \varphi).$$

Wir setzen ferner $\frac{\omega}{\omega_e} = f$ und erhalten:

$$x = c_1\left[-e^{-q\omega_e t}\left\{\frac{f\cdot\cos\varphi + q\sin\varphi}{p}\cdot\sin(p\omega_e t) + \sin\varphi\cdot\cos(p\omega_e t)\right\}\right.$$
$$\left. + \sin(\omega t + \varphi)\right]. \qquad \text{(1a)}$$

Ebenso läßt sich schreiben:

$$\frac{dx}{dt} = c_1\cdot\omega_e\left[e^{-q\omega_e t}\left\{\frac{q\cdot f\cdot\cos\varphi + \sin\varphi}{p}\cdot\sin(p\cdot\omega_e t) - f\cos\varphi\cdot\cos(p\omega_e t)\right\}\right.$$
$$\left. + f\cdot\cos(\omega t + \varphi)\right]. \qquad \text{(2a)}$$

Hierbei sind a_1 und b_1, wie folgt, ersetzt:

$$\frac{k}{2m}a_1 + \gamma' b_1 = -c_1 \cdot \left(\frac{q}{p}\cdot\omega\cdot\cos\varphi + \frac{q^2}{p}\cdot\omega_e\cdot\sin\varphi + p\cdot\omega_e\cdot\sin\varphi\right)$$

$$= -c_1\cdot\omega_e\cdot\left(\frac{q\cdot f}{p}\cdot\cos\varphi + \frac{\overbrace{q^2+p^2}^{=1}}{p}\cdot\sin\varphi\right)$$

$$\frac{k}{2m}b_1 - \gamma'\cdot a_1 = -c_1\left(q\cdot\omega_e\cdot\sin\varphi - \frac{p\cdot\omega_e\cdot\omega}{p\cdot\omega_e}\cos\varphi - \frac{p\cdot\omega_e\cdot q\cdot\omega_e}{p\cdot\omega_e}\cdot\sin\varphi\right)$$

$$= -c_1\cdot\omega_e(q\cdot\sin\varphi - f\cdot\cos\varphi - q\cdot\sin\varphi)$$

$$= +c_1\cdot\omega_e\cdot f\cos\varphi\,.$$

t ermittelt sich folgendermaßen:

Für die Dauer einer ganzen Schwingung der Kraft P ist die Zeit $T = \frac{2\pi}{\omega}$ also, da $T = 2t$ ist. Hierbei ist

$$t = \frac{\pi}{\omega} = \text{halbe Schwingungsdauer.}$$

Ermittlung von φ:

$$\operatorname{tg}\varphi = \frac{k\cdot\omega}{m\omega^2 - c} = \frac{k_1\cdot\sqrt{c\cdot m}\cdot\omega}{m\cdot\omega^2\left(1 - \frac{c}{m\cdot\omega^2}\right)}$$

$$= \frac{k_1\cdot\omega_e}{\omega\left(1-\left(\frac{\omega_e}{\omega}\right)^2\right)} = \frac{k_1}{f\left(1-\left(\frac{1}{f}\right)^2\right)} = \frac{k_1\cdot f}{f^2-1}\,.$$

Aus $\operatorname{tg}\varphi$ ergibt sich dann $\cos\varphi$ und $\sin\varphi$ sowie $\sin(\omega t + \varphi)$ und $\cos(\omega t + \varphi)$.

Hierbei ist nach unserer Voraussetzung $\omega t = 180^0$. Für halbaperiodische Dämpfung wird $k_1 = 1$ also $\operatorname{tg}\varphi = \frac{f}{f^k - 1}$.

Da $\omega t = 180^0$ ist, lassen sich die Gleichungen (1a) und (2a) noch weiter vereinfachen: Es entsteht:

$$x = c_1\left[-e^{-q\omega_e t}\left\{\frac{f\cdot\cos\varphi + q\sin\varphi}{p}\cdot\sin p\omega_e t + \sin\varphi\cdot\cos(p\omega_e t)\right\} - \sin\varphi\right] \tag{1b}$$

$$\frac{dx}{dt} = c_1\cdot\omega_e\left[e^{-q\omega_e t}\left\{\frac{qf\cdot\cos\varphi + \sin\varphi}{p}\sin(p\omega_e t) - f\cos\varphi\cos(p\omega_e t)\right\} - f\cdot\cos\varphi\right] \tag{2b}$$

Für aperiodische Dämpfung wird $p = 0$, da $k_1 = 2$ ist. In diesem Falle erhalten wir für

$$\cos p\omega_e t = 1$$

und der Wert $\frac{\sin p\omega_e t}{p} = \frac{0}{0}$ bestimmt sich wie folgt:

$$\frac{dp\cdot\sin p\omega_e t}{p\,dp} = \frac{\omega_e t\cdot\cos p\omega_e t}{1}$$

und, da $\cos p\,\omega_e t = 1$ ist, wird

$$\frac{\omega_e t \cdot \cos p\omega_e t}{1} = \omega_e\, t = \left(\frac{\sin p\omega_e t}{p}\right)_{\text{für } p=0}$$

Wir erhalten somit, da für aperiodische Dämpfung auch $q = 1$ wird:

$$x = c_1\left[-e^{-\omega_e t}\{\omega_e t(f\cdot\cos\varphi + \sin\varphi) + \sin\varphi\} - \sin\varphi\right]$$

$$\frac{dx}{dt} = c_1\cdot\omega_e\left[e^{-\omega_e t}\{(f\cos\varphi + \sin\varphi)\cdot\omega_e t - f\cos\varphi\} - f\cos\varphi\right]$$

oder

$$x = -c_1\left[(1 + e^{-\omega_e t} + \omega_e t\cdot e^{-\omega_e t})\sin\varphi + f\cdot\omega_e\cdot t\cdot e^{-\omega_e t}\cdot\cos\varphi\right]$$

$$\frac{dx}{dt} = c_1\cdot\omega_e\left[\omega_e\cdot t\cdot e^{-\omega_e t}\cdot\sin\varphi - (f + f\cdot e^{-\omega_e t} - f\cdot\omega_e t\cdot e^{-\omega_e t})\cdot\cos\varphi\right].$$

Nun ist

$$c_1 = \frac{P\cdot\cos\varphi}{m(\omega_e^2 - \omega^2)} = \frac{P\cdot\cos\varphi}{m\cdot\omega_e^2(1 - f^2)}$$

und ferner

$$\frac{1}{\operatorname{tg}\varphi} = \frac{\cos\varphi}{\sin\varphi} \text{ bzw. } \cos\varphi = \frac{\sin\varphi}{\operatorname{tg}\varphi} = \frac{(f^2-1)\cdot\sin\varphi}{2f}$$

d. h.

$$c_1 = \frac{P\cdot\sin\varphi\,(f^2-1)}{k_1\cdot f\,(1-f^2)\cdot m\cdot\omega_e^2} = -\frac{P\cdot\sin\varphi}{m\omega_e^2\cdot 2f},$$

wobei $k_1 = 2$ ist. Ferner wird

$$f\cdot\omega_e t\cdot e^{-\omega_e t}\cdot\cos\varphi = f\cdot\omega_e t\cdot e^{-\omega_e t}\cdot\sin\varphi\cdot\frac{f^2-1}{2f} = \frac{f^2-1}{2}\,\omega_e t\cdot e^{-\omega_e t}\cdot\sin\varphi.$$

Wir erhalten so

$$x = \frac{P}{m\cdot\omega_e^2\cdot 2f}\left\{1 + e^{-\omega_e t} + \omega_e t\cdot e^{-\omega_e t} + \frac{f^2-1}{2}\cdot\omega_e t\cdot e^{-\omega_e t}\right\}\sin^2\varphi.$$

$$\frac{dx}{dt} = -\frac{P}{m\cdot\omega_e\cdot 2f}\left\{\omega_e t\cdot e^{-\omega_e t} - \frac{f^2-1}{2}(1 + e^{-\omega_e t} - \omega_e t\cdot e^{-\omega_e t})\right\}\sin^2\varphi.$$

Statt $\omega_e t$ läßt sich schreiben $\frac{\omega t}{f}$.

Nun ist $\omega t = 3{,}1415 = \pi$. Folglich wird

$$x = \frac{P}{m\cdot\omega_e^2\cdot 2f}\underbrace{\left\{1 + e^{-\frac{\pi}{f}} + \frac{\pi}{f}\cdot e^{-\frac{\pi}{f}} + \frac{f^2-1}{2}\frac{\pi}{f}\cdot e^{-\frac{\pi}{f}}\right\}}_{\text{I}}\cdot\sin^2\varphi,$$

$$\frac{dx}{dt} = -\frac{P}{m\cdot\omega_e\cdot 2f}\underbrace{\left\{\frac{\pi}{f}\cdot e^{-\frac{\pi}{f}} - \frac{f^2-1}{2}\left(1 + e^{-\frac{\pi}{f}} - \frac{\pi}{f}\cdot e^{-\frac{\pi}{f}}\right)\right\}}_{\text{II}}\sin^2\varphi.$$

Dabei ist $\operatorname{tg}\varphi = \frac{2f}{f^2-1}$.

Die durch Zusammendrücken der Feder aufgespeicherte Energie ist

$$A_1 = \frac{1}{2}\cdot\omega_e^2\cdot m\cdot x^2.$$

$$A_1 = \frac{1}{2}\,\frac{\omega_e^2\cdot P^2\cdot m}{m^2\cdot\omega_e^3\,4f^2}\{\text{I}\}^2\cdot\sin^4\varphi = \frac{P^2}{2\cdot m\cdot\omega_e^2\cdot 4f^2}\{\text{I}\}^2\cdot\sin^4\varphi.$$

f	$^1/_4$	$^1/_2$	1	2	4
$\frac{\pi}{f}$	12,55	6,28	3,14	1,57	0,785
$^1/_2\left(\frac{\pi}{f}\right)^2$	78,9	19,7	4,92	1,235	0,308
$^1/_6\left(\frac{\pi}{f}\right)^3$	329	41,2	5,13	0,644	0,0808
$^1/_{24}\left(\frac{\pi}{f}\right)^4$	1028	64,9	4,05	0,251	0,0158
$e^{\frac{\pi}{f}}$	1449,45	133,08	18,24	4,700	2,2896
$e^{-\frac{\pi}{f}}$	$0{,}337\cdot 10^{-5}$	$0{,}187\cdot 10^{-2}$	0,1359	0,3266	0,358
$\frac{\pi}{f}\cdot e^{-\frac{\pi}{f}}$	$4{,}23\cdot 10^{-5}$	$1{,}17\cdot 10^{-2}$	0,136	0,327	0,358
$\frac{f^2-1}{2}$	— 0,47	— 0,375	0	+ 1,5	+ 7,5
$\frac{f^2-1}{2}\,\frac{\pi}{f}\cdot e^{-\frac{\pi}{f}}$	$-1{,}98\cdot 10^{-5}$	$-0{,}44\cdot 10^{-2}$	0	+ 0,49	+ 2,68
I	1,0053	1,0369	1,2268	2,050	4,361
$\{\mathrm{I}\}^2 =$	1,01	1,07	1,50	4,20	19,05
$\underbrace{1+e^{-\frac{\pi}{f}}-\frac{\pi}{f}\cdot e^{-\frac{\pi}{f}}}_{L}$	+ 0,999	0,990	0,907	0,884	1,098
$\frac{f^2-1}{2}\cdot L$	— 0,462	— 0,371	0	+ 1,32	8,24
II	— 0,470	— 0,407	0,172	— 0,975	— 7,866
$\{\mathrm{II}\}^2$	0,221	0,166	0,0295	0,95	61,9
$\frac{2f}{f^2-1}=\operatorname{tg}\varphi$	— 0,532	— 1,335	∞	+ 1,33	+ 0,533
$\sin\varphi$	0,469	0,80	1,0	0,80	0,469
$\sin^4\varphi$	0,0484	0,41	1,0	0,41	0,0484
$\frac{\sin^4\varphi\cdot\{\mathrm{I}\}^2}{4f^2}$	0,1955	0,439	0,375	0,107	0,0144
$\frac{\sin^4\varphi\cdot\{\mathrm{II}\}^2}{4f^2}$	0,043	0,068	0,00738	0,0244	0,047
$\frac{\sin^4\varphi}{4f^2}(\mathrm{I}^2+\mathrm{II}^2)$	= 0,2385	0,507	0,3824	0,131	0,062
%	83,5	28,6	∼ 15,3	14,8	25,7

Die letzte Zeile versteht sich in Prozenten der bei dämpfungslosem Stoß erhaltenen Energiemenge.

Die lebendige Energie der Masse m wird

$$A_2=\frac{1}{2}\,m\cdot\left(\frac{dx}{dt}\right)^2=\frac{1}{2}\cdot\frac{P}{m\cdot\omega_e{}^2\cdot 4f^2}\{\mathrm{II}\}^2\cdot\sin^4\varphi\,.$$

Der in beiden Klammerausdrücken vorkommende Wert $e^{-\frac{\pi}{f}} = \frac{1}{e^{\frac{\pi}{f}}}$ läßt sich in Form einer Reihe, wie folgt, entwickeln:

$$e^{\frac{\pi}{f}} = 1 + \frac{\pi}{f} + \frac{1}{2}\left(\frac{\pi}{f}\right)^2 + \frac{1}{6}\left(\frac{\pi}{f}\right)^3 + \frac{1}{24}\left(\frac{\pi}{f}\right)^4 \dots$$

Die höheren Glieder vernachlässigen wir.

Für verschiedene Verhältnisse f der Schwingungszahl der erregenden Kraft zu der Eigenfrequenz erhalten wir so die Tabelle auf S. 100.

Für den Fall, daß die Dämpfung nur halb so stark wie die aperiodische, also halbaperiodisch, ist, müssen wir von den Gleichungen (1b) und (2b) Seite 98 ausgehen. Wir haben für diesen Fall die Verhältnisse ebenfalls untersucht. Die Untersuchung ist, um den Leser nicht zu sehr damit aufzuhalten, nicht im einzelnen wiedergegeben. Wir begnügen uns vielmehr, in folgender Tabelle die Werte für A_1, A_2 und A_{tot} abhängig vom Verhältnis f der Schwingungszahlen wiederzugeben:

Tabelle.

f	$^1/_2$	$^3/_4$	$^{17}/_{16}$	2
$A_{tot} \cdot \frac{2 \cdot m \omega_e^2}{P^2}$	0,665	1,079	1,017	0,219
A %	37,6	36,7	43,9	24,6

Die untere Zeile versteht sich wieder in Prozenten der bei dämpfungslosem Stoß am Schluß desselben erhaltenen Energiemenge.

In Abb. 91 sind die für aperiodische, halbaperiodische sowie für dämpfungslose Bewegung erhaltenen Energiemengen in Kurvenform dargestellt. Man sieht daraus, daß der Einfluß der Dämpfung ein sehr erheblicher ist. Sogar bei der halbaperiodischen Dämpfung vermag das System trotz der kurzen Zeit des Stoßes und damit des Einwirkens der Dämpfung sehr viel weniger Energie in sich aufzunehmen als bei dämpfungsloser Bewegung. Lediglich bei Stößen, die beträchtlich langsamer erfolgen, als der Eigenfrequenz des Systems entspricht, und bei denen an und für sich eine nennenswerte Aufnahme an Schwingungsenergie nicht mehr in Betracht kommt, scheidet auch der Einfluß der Dämpfung aus.

Es wird vielleicht auffallen, daß bei den vorhergehenden Untersuchungen die Ermittlung der Beschleunigungen nur für die dämpfungslose Bewegung durchgeführt wurde und daß wir uns in den andern Fällen mit der Bestimmung der am Schlusse des Stoßes vorhandenen Energiemengen begnügten. Man wird weiter noch einwenden, daß bei einem Fahrzeug, für das ja die Lehre vom Stoß ganz besondere Bedeutung besitzt, auch von Interesse sei, wie groß im

Verlauf des Stoßvorganges der größte Ausschlag des Fahrzeuges nach oben und unten sei, ferner der größte Druck, der vom Fahrzeug bzw. Rad auf die Fahrbahn ausgeübt wird, und ob bzw. unter welchen Umständen ein Abheben des Fahrzeuges von der Fahrbahn stattfindet.

Darauf ist zu sagen, daß erfahrungsgemäß — namentlich bei schnellem Fahren — die Bewegung des Fahrzeuges sich in der Weise vollzieht, daß der größte Ausschlag und damit auch der größte bzw. geringste Stoßdruck bzw. die größte positive und negative Beschleunigung erst eintritt, nachdem das Fahrzeug das Hindernis bereits hinter sich gelassen

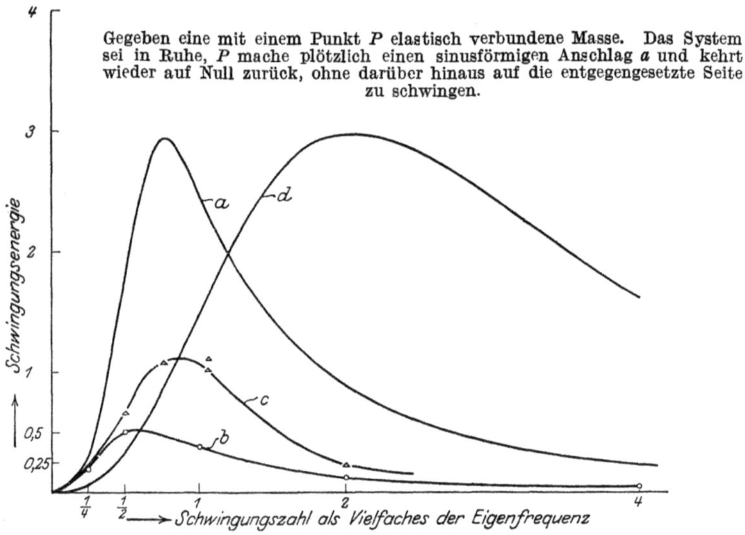

Abb. 91. Abhängigkeit der Schwingungsenergie von der Schwingungszahl.
a) ohne Dämpfung; *b*) mit aperiodischer, vom Absolutausschlag der Masse *m* abhängiger Dämpfung; *c*) mit halbaperiodischer Absolutdämpfung; *d*) mit aperiodischer Relativdämpfung.

hat. Wenn wir also die am Schlusse des Stoßes vorhandene Energiemenge ermitteln, so haben wir an Hand derselben auch gleichzeitig ein Mittel an der Hand, um die anderen eben genannten interessierenden Größen zu ermitteln. Da es sich nach Schluß des Stoßes lediglich um eine einfache gedämpfte harmonische Schwingung handelt, so ist deren Ermittlung recht einfach.

Die bisherige Untersuchung über den Einfluß der Dämpfung bei Stößen wäre unvollständig, wenn wir nicht auch den Einfluß einer vom Relativausschlag abhängigen Dämpfung berücksichtigen wollten. Nehmen wir z. B. ein auf Rädern abgefedert ruhendes Fahrzeug her, etwa einen Eisenbahnwagen oder einen Lastwagen mit annähernd starrer Bereifung. In diesem Falle ist die innere Reibung des Federmaterials nicht vom Absolutausschlag des Chassis, sondern vom Relativausschlag zwischen Rad und Chassis abhängig. Ganz dasselbe gilt für eigens angebrachte Dämpfer, soweit bei ihnen die Dämpfung von der Schwingunggeschwindigkeit genügend genau linear abhängig ist.

Als weiteres Beispiel seien Meßinstrumente zur Untersuchung von Erschütterungen der Umgebung — Seismograph, Pallograph, Vibrograph usf. — angeführt. Bei diesen ist sowohl die natürliche ohnehin am Meßinstrument vorhandene Dämpfung, als auch eine zusätzliche künstliche etwa in Form einer Öl- oder Glyzerindämpfung immer vom Relativausschlag abhängig, da der sogenannte feste Punkt, an welchen die träge Masse des Instrumentes angelenkt ist, die zu registrierenden Schwingungen der Umgebung mitmacht. Ein ruhender Punkt ist hier nirgends vorhanden.

Ähnliches wie für Erschütterungsmesser gilt für Beschleunigungsmesser.

Ein Unterschied besteht gegenüber den vorhergehenden Untersuchungen noch insofern, als nicht eine harmonische Kraft auf die Masse m einwirkt, sondern der Unterstützungs- oder Aufhängepunkt derselben, mit welchem sie elastisch verbunden ist, eine Bewegung auszuführen beginnt. Es bewegt sich also beispielsweise das masselos gedachte Rad unseres Fahrzeuges unter dem Einfluß einer Unebenheit der Fahrbahn in einer durch diese und die Fahrzeuggeschwindigkeit gegebenen Weise nach aufwärts. Unsere Aufgabestellung lautet demnach folgendermaßen:

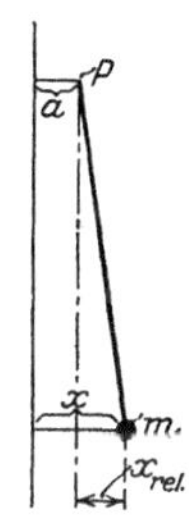

Abb. 92. Schema einer elastisch aufgehenden Masse, deren Aufhängepunkt harmonische Bewegungen ausführt.

Gegeben eine Masse m, welche elastisch mit einem Punkt P verbunden ist. Das System sei zunächst in Ruhe; alsdann führe der Punkt P eine harmonische Bewegung von gegebener Frequenz ν aus, die von Null bis zu einem größten Ausschlag a anwächst und wieder auf Null zurückkehrt, worauf P in Ruhe verbleibt. An der Masse m greife ein von der Relativgeschwindigkeit zwischen m und P linear abhängige Dämpfung an. Die Bewegung der Masse m ist zu untersuchen.

Nach Abb. 92 ergibt sich hierfür folgende Beziehung:

$$m \cdot \frac{d^2 x}{d t^2} + c x_{\mathrm{rel}} + k \cdot \frac{d x_{\mathrm{rel}}}{d t} = 0 .$$

Hierbei ist x der Absolut- und x_{rel} der Relativausschlag der Masse m. Es ist

$$x_{\mathrm{rel}} = x - a \cdot \sin \omega t,$$

wobei $\omega = \nu \cdot \frac{\pi}{30}$ ist.

$\frac{d x_{\mathrm{rel}}}{dt}$ ergibt sich so zu $\frac{d x}{d t} - a \cdot \omega \cdot \cos \omega t$. Wir können infolgedessen an Stelle unserer Grundgleichung schreiben:

$$m \cdot \frac{d^2 x}{d t^2} + c x + k \cdot \frac{d x}{d t} = k \cdot a \cdot \omega \cos \omega t + a c \cdot \sin \omega t .$$

Für $a = 0$ erhält man das erste bereits im Abschnitt „Schwingungen mit Dämpfung" abgeleitete Glied, nämlich

$$x_1 = e^{-\frac{k}{2m}\cdot t}\{a_1 \cdot \sin\gamma' t + b_1 \cdot \cos\gamma' t\}.$$

Die Bezeichnungen sind wieder dieselben wie früher.

Um das zweite, den Einfluß der Bewegung des Punktes P auf m darstellende Glied x_2 zu finden, setzen wir versuchsweise $x_2 = c_1 \cdot \sin(\omega t + \varphi)$, also

$$\frac{dx_2}{dt} = c_1 \cdot \omega \cdot \cos(\omega t + \varphi)$$

und

$$\frac{d^2 x_2}{dt^2} = -c_1 \cdot \omega^2 \cdot \sin(\omega t + \varphi).$$

Hierbei sind c_1 und φ vorerst unbekannte Werte. Durch Einsetzen dieser Werte in die Grundgleichung erhalten wir, ähnlich wie im Abschnitt „Erzwungene Schwingungen" geordnet nach $\sin\omega t$ und $\cos\omega t$:

$$\sin\omega t\{\overbrace{-m \cdot c_1 \cdot \omega^2 \cdot \cos\varphi + c \cdot c_1 \cdot \cos\varphi - kc_1\omega \cdot \sin\varphi - ac}^{\text{I}}\}$$

$$+\cos\omega t\{\overbrace{-mc_1 \cdot \omega^2 \cdot \sin\varphi + cc_1 \cdot \sin\varphi + kc_1 \cdot \omega \cdot \cos\varphi - k \cdot a\omega}^{\text{II}}\} = 0.$$

Damit die Gleichung für jeden Moment, d. h. für jedes beliebige t erfüllt ist, muß jeder der beiden Klammerausdrücke für sich Null sein. Das heißt:

$$\sin\varphi\,(-k \cdot c_1 \cdot \omega) + \cos\varphi\,(cc_1 - m \cdot c_1\,\omega^2) = ca, \tag{I}$$

$$\sin\varphi\,(cc_1 - mc_1\omega^2) + \cos\varphi \cdot k \cdot c_1 \cdot \omega = k \cdot a \cdot \omega. \tag{II}$$

Setzen wir zu Vereinfachung

$$\begin{aligned} c - m\omega^2 = m\,(\omega_e{}^2 - \omega^2) &= A, \\ k \cdot \omega &= B, \\ k \cdot a \cdot \omega &= D \text{ und} \\ ca &= E, \text{ so erhalten wir:} \end{aligned}$$

$$-\sin\varphi \cdot c_1 \cdot B + \cos\varphi c_1 \cdot A = E, \tag{I}$$

$$\sin\varphi c_1 \cdot A + \cos\varphi c_1 \cdot B = D. \tag{II}$$

Hieraus ergibt sich durch Multiplikation von (I) mit A und von (II) mit B bzw. umgekehrt

$$\operatorname{tg}\varphi = \frac{DA - EB}{DB + EA}$$

$$= \frac{k \cdot \omega\,[m\,(\omega_e{}^2 - \omega^2) - c]}{k^2 \cdot \omega^2 + cm\,(\omega_e{}^2 - \omega^2)}$$

und auf Grund von Gleichung (I)

$$c_1 = \frac{ca}{m\,(\omega_e{}^2 - \omega^2) \cdot \cos\varphi - k\omega \cdot \sin\varphi}.$$

Ersetzen wir den Wert k durch $k_1 \cdot \sqrt{cm}$, so ergibt sich nach einigen Umformungen

$$\operatorname{tg} \varphi = \frac{k \cdot \omega^3}{c\,[(k_1^2 - 1)\,\omega^2 + \omega_e^2]} = \frac{k_1 \cdot \omega^2}{\omega_e\,[\omega^2\,(k_1^2 - 1) + \omega_e^2]}\,.$$

Bezeichnen wir $\frac{\omega}{\omega_e}$ mit f, so entsteht

$$\operatorname{tg} \varphi = \frac{k_1 \cdot f^3}{f^2\,(k_1^2 - 1) + 1}\,.$$

Für aperiodische Dämpfung, d. h. $k_1 = 2$ wird

$$\operatorname{tg} \varphi = \frac{2 \cdot f^3}{3 f^2 + 1}\,.$$

Für halbaperiodische Dämpfung, d. h. $k_1 = 1$, wird

$$\operatorname{tg} \varphi = f^3\,.$$

Ähnlich wird allgemein

$$c_1 = \frac{c \cdot a}{m \cdot \omega_e^2 \cdot \cos\varphi \left[1 - f^2 - \frac{k_1^2 \cdot f^4}{f^2\,(k_1^2 - 1) + 1}\right]}$$

für aperiodische Dämpfung ergibt sich:

$$c_1 = \frac{ca\,(3 f^2 + 1)}{m \cdot \omega_e^2 \cdot \cos\varphi\,(f^4 + 2 f^2 + 1)}$$

für halbaperiodische dagegen

$$c_1 = \frac{ca}{m \cdot \omega_e^2 \cdot \cos\varphi\,(1 - f^2 - f^4)}\,.$$

Auf Grund vorstehender Entwicklungen ergibt sich als vollständige Lösung der Differentialgleichung

$$x = e^{-\frac{k}{2m} \cdot t}\,\{a_1 \cdot \sin\gamma' t + b_1 \cdot \cos\gamma' t\} + c_1 \cdot \sin(\omega t + \varphi)\,. \qquad (57)$$

Hierbei ist aus ähnlichen Gründen, wie sie im Abschnitt „Erzwungene Schwingungen" bereits erläutert wurden,

$$a_1 = -\,c_1 \left(\frac{\omega}{\gamma'} \cdot \cos\varphi + \frac{k}{2 m \gamma'}\,\sin\varphi\right)$$

und

$$b_1 = -\,c_1 \cdot \sin\varphi\,.$$

Für aperiodische Relativdämpfung entsteht schließlich ähnlich wie zuvor bei aperiodischer, vom Absolutausschlag der Masse m abhängiger Dämpfung

$$x = -\,c_1 \left[(1 + e^{-\omega_e t} + \omega_e \cdot t \cdot e^{-\omega_e t}) \sin\varphi + f \omega_e \cdot t \cdot e^{-\omega_e t} \cdot \cos\varphi\right]$$

und

$$\frac{dx}{dt} = +\,c_1 \cdot \omega_e \left[\omega_e t \cdot e^{-\omega_e t} \cdot \sin\varphi - (f + f \cdot e^{-\omega_e t} - f \omega_e t \cdot e^{-\omega_e t}) \cdot \cos\varphi\right].$$

Endlich können wir auch hier wieder statt $\omega_e t$ den Wert $\frac{\pi}{f}$ setzen und erhalten für den Moment des Aufhörens der Bewegung des Punktes P:

$$x = -c_1\left[\left(1+e^{-\frac{\pi}{f}}+\frac{\pi}{f}\cdot e^{-\frac{\pi}{f}}\right)\cdot\sin\varphi+\pi\cdot e^{-\frac{\pi}{f}}\cdot\cos\varphi\right].$$

$$\frac{dx}{dt} = c_1\cdot\omega_e\left\{e^{-\frac{\pi}{f}}\left[(f\cdot\cos\varphi+\sin\varphi)\,\omega_e t - f\cdot\cos\varphi\right]-f\cdot\cos\varphi\right\}$$

$$= c_1\cdot\omega_e\left[\frac{\pi}{f}\cdot e^{-\frac{\pi}{f}}\cdot\sin\varphi-\left(f+f\cdot e^{-\frac{\pi}{f}}-\pi\cdot e^{-\frac{\pi}{f}}\right)\cdot\cos\varphi\right].$$

Auf diese Weise ergeben sich dann die Ausdrücke für die im Moment des Aufhörens der Bewegung des Punktes P noch vorhandene kinetische bzw. potentielle Energie. Wir führen dieselben, sowie die Durchrechnung der Einzelwerte für den vorliegenden Fall nicht an, sondern begnügen uns, die Endwerte anzugeben:

Tabelle.

f	$^1/_4$	$^1/_2$	1	2	4
$x: \frac{c\,a}{m\cdot\omega_e^2}$	0,028	0,169	0,725	1,31	1,046
$\frac{dx}{dt}: \frac{c\,a}{m\cdot\omega_e^2}$	0,263	0,562	0,975	1,12	0,734
$A_1: \frac{1}{2}\cdot\frac{c^2\cdot a^2}{m\cdot\omega_e^2}$	0,00076	0,0286	0,526	1,72	1,095
$A_2: \frac{1}{2}\cdot\frac{c^2\cdot a^2}{m\cdot\omega_e^2}$	0,0692	0,316	0,95	1,25	0,538
$A_{tot}: \frac{1}{2}\cdot\frac{c^2\cdot a^2}{m\cdot\omega_e^2}$	0,067	0,344	1,48	2,97	1,63

In Abb. 91 ist die auf Grund der Werte A_{tot} sich ergebende Energiekurve mit d bezeichnet. Man sieht daraus, daß bei im Verhältnis zur Eigenfrequenz langsam verlaufenden Stößen (langen Fahrtunebenheiten) eine Relativdämpfung entschieden günstig wirkt, daß sich diese günstige Wirkung jedoch in das Gegenteil umkehrt, sowie die Stoßdauer merklich kleiner ist als die halbe Eigenschwingungsdauer des Fahrzeuges, d. h. bei kurzen Hindernissen, welche viel häufiger als lange Hindernisse vorkommen. Sofern also an einem Fahrzeug an und für sich von der Relativschwingungsgeschwindigkeit abhängige Dämpfungen vorkommen, sollten dieselben möglichst klein gehalten werden, da sonst bei den zahllosen kurzen, also kleinen Fahrtunebenheiten die Wirkung der Federn zum Teil aufgehoben wird.

Was eine künstliche Dämpfung in Form von sogenannten Dämpfern anbelangt, so sollten dieselben so gebaut sein, daß diese Dämpfung bei den vielen kurzen und damit kleinen Fahrtunebenheiten nicht wirkt, dagegen stark einsetzt bei den selteneren langen und damit großen Fahrtunebenheiten. Tatsächlich sind solche Dämpfer bereits gebaut worden und haben die Richtigkeit unserer Ableitungen voll bestätigt.

Hier sei noch darauf aufmerksam gemacht, daß die vorstehenden Ableitungen zunächst nur für solche Dämpfer gelten, bei welchen die dämpfende Wirkung linear von der Schwingungsgeschwindigkeit abhängig ist, also nicht für solche, bei welchen rein mechanische Reibung in Frage kommt. Es läßt sich jedoch für solche Fälle auf Grund naheliegender Erwägungen erwarten, daß hiebei die Ergebnisse annähernd ähnlich sein werden. Insbesondere kann man bei einem Fahrzeug ohne weiteres einsehen, daß die Wirkung der Federn um so mehr aufgehoben wird, je größer die Reibung zwischen den einzelnen Federblättern bzw. in den verschiedenen Gelenken ist. Es gilt also auch bezüglich mechanischer Reibung der Grundsatz, dieselbe bei der Abfederung eines Fahrzeuges so klein wie möglich zu halten.

Weiter sei noch bemerkt, daß wir vorhin von kurzen also kleinen bzw. von langen also großen Fahrtunebenheiten sprachen. Dazu wäre zu bemerken, daß lange Fahrtunebenheiten von geringer Größe wohl auch vorkommen können, aber an und für sich auch am unabgefederten Rad nur geringe Beschleunigungen auslösen und deshalb nicht weiter interessieren. Kurze Fahrtunebenheiten von hohem Betrage — etwa ein hochkant gestelltes Brett, eine Eisenbahnschwelle u. dgl. — sind dagegen eine ganz seltene Ausnahme, für die man einen Dämpfer kaum bauen wird. Für diese würden auch die vorstehenden Erwägungen nicht ohne weiteres gelten.

Schließlich sei noch einmal hervorgehoben, daß wir bei den vorstehenden Ableitungen immer die Annahme machten, das Hindernis habe die Form einer halben Sinuslinie. Diese Form kommt in roher Annäherung zweifellos am häufigsten vor. Soweit dies nicht der Fall ist, bewegt sich aber doch wenigstens annähernd der Radmittelpunkt über das Hindernis zeitlich annähernd nach dem Sinusgesetz. Für die Ausnahmefälle müßte man natürlich auf die harmonische Analyse des Hindernisses bedacht sein, wie bereits auf Seite 89 und 96 erwähnt.

Bei Meßinstrumenten sieht man an Hand der Kurve d der Abb. 91, daß für Stöße, welche rascher erfolgen, als der halben Eigenschwingungsdauer entspricht, die Anwendung einer starken Relativdämpfung nicht angebracht ist. Nur für langsame Stöße kann sie empfohlen werden. Nun läßt sich allerdings bei manchen Meßgeräten — insbesondere solchen zur Registrierung von Erschütterungen — keineswegs im vorn herein sagen, ob die Stöße langsam oder rasch sind. In solchen Fällen dürfte aber ebenfalls die Vermeidung von künstlichen Dämpfungen anzuraten sein. Der Nachteil, der hierbei dadurch entsteht, daß das Meßgerät kurze Zeit nach dem Stoß noch Eigenschwingungen ausführt, erscheint gering, da diese als solche ohne weiteres erkennbar sind und aus dem Diagramm leicht eliminiert werden können. Lediglich in solchen selteneren Fällen, wo Stöße so häufig aufeinander folgen, daß vor dem Aufhören der durch den vorhergehenden Stoß verursachten Eigenschwingungen bereits der neue Stoß einsetzt, erscheint eine zusätzliche stärkere Dämpfung angebracht.

Stöße bei Mehrmassensystemen.

Für gleichmäßige Massenverteilung wie für Saitenschwingungen sind die hierbei sich ergebenden Verhältnisse von dem Physiker Helmholtz untersucht worden. Im Gegensatz zur Akustik kommen in der Technik Systeme mit gleichmäßiger Massenverteilung kaum vor. Wir verzichten daher auf eine Wiedergabe der Theorie dieser Stöße bei Saitenschwingungen, glauben aber doch, auf die wichtigsten Ergebnisse hinweisen zu müssen, da dann der Techniker in der Lage ist, bei seinen Problemen entsprechende Analogieschlüsse zu ziehen.

Eine Saite besitzt streng genommen unendlich viele Eigenfrequenzen. Ein Stoß wird je nach seinem zeitlichen Verlauf verschiedene derselben anregen. Außer dem Verlauf wird aber, wie wir aus den früheren Abschnitten ohne weiteres schließen können, auch die Lage der Angriffsstelle von Einfluß sein. Ist die Angriffsstelle gerade ein Knotenpunkt einer bestimmten Eigenschwingung, so wird letztere, auch wenn die Stoßkurve dieselbe Frequenz wie diese besitzt, doch nicht angeregt werden. Ganz allgemein läßt sich zunächst sagen:

Harte Stöße regen mehr die oberen Eigenschwingungen des angestoßenen Körpers an, weiche dagegen hauptsächlich die niedrigste. Um ein Bild von diesem Einfluß zu geben, wurde in folgender von Helmholtz stammender Tabelle für eine Klaviersaite, deren Erregungsstelle in $^1/_7$ der Saitenlänge ist, die Stärke der höheren Eigenschwingungen oder, wie wir bei diesem Beispiel aus der Akustik kürzer sagen können, der Obertöne in Vom-Hundertteilen der Stärke der niedrigsten Eigenschwingung oder des Grundtones angegeben.

Ordnungs-zahl des Tones	Anschlag durch Reißen	Anschlag durch einen elastischen Hammer, dessen Berührung dauert in Bruchteilen der Schwingungsdauer des Grundtones			Anschlag mit einem ganz harten Hammer
		$^3/_7$	$^3/_{10}$	$^3/_{14}$	
1	100	100	100	100	100
2	81,2	99,7	189,4	249	324,7
3	56,1	8,9	100,9	242,9	504,9
4	31,6	2,3	17,3	118,9	504,9
5	13,0	1,2	0,0	26,1	324,7
6	2,8	0,01	0,5	1,3	100,0
7	0,0	0,0	0,0	0,0	0,0

Die 3 mittleren Kolonnen gelten für das Klavier, die erste derselben etwa in der sog. zweigestrichenen Oktave. Beim Reißen wird die Saite lediglich ausgelenkt und dann plötzlich losgelassen.

Aus der Tabelle ersehen wir, daß in jedem einzelnen Falle neben dem Grundton Obertöne von ganz erheblicher Stärke vorhanden sind, die aber je nach der Härte des Anschlages sehr verschieden stark sein können und zum Teil den Grundton weit übertreffen. Saiten sind allerdings verhältnismäßig schwanke Gebilde, bei denen eine große Reihe von Obertönen zum Ansprechen kommen. Bei Gebilden der Technik, insbesondere des Maschinenbaues, liegen — abgesehen von der ersten

$\frac{1}{3}$ $\left(\frac{1}{2}\right)$  Abb. 93.

$\frac{1}{5}$ $\left(\frac{1}{2}\right)$  Abb. 94.

$\frac{1}{11}$ $\left(\frac{1}{2}\right)$  Abb. 95.

$\frac{1}{20}$ $\left(\frac{1}{2}\right)$  Abb. 96.

Abb. 93 bis 96. Wellenformen einer gestrichenen Saite.

bis vierten Eigenfrequenz — die höheren Eigenschwingungen meistens viel zu hoch, um besonders in die Erscheinung zu treten. Eine einfache Gesetzmäßigkeit bezüglich des Verhältnisses der einzelnen Eigenschwingungszahlen, wie dies bei Saiten der Fall ist, existiert bei den verwickelt gestalteten Körpern des Maschinenbaues natürlich im allgemeinen nicht.

Neben dem zeitlichen Verlauf oder der Stoßhärte spielt auch noch die Lage des Angriffspunktes des Stoßes oder allgemeiner der Erregungsstelle eine erhebliche Rolle. Diesen Einfluß zeigen wir zunächst an einer gestrichenen Saite. In den Abb. 93—96 sind verschiedene von einer solchen Saite erhaltene Wellenformen dargestellt. Dieselben werden erhalten, wenn die Saite in der durch den ersten neben jeder Kurve stehenden Bruch angegebenen Entfernung von dem einen Ende der Saite gestrichen wird und wenn der zeichnende Stift an der durch den zweiten (eingeklammerten) Bruch angegebenen Stelle angebracht ist. Man erkennt den außerordentlichen Einfluß der Lage der Erregungsstelle. Ganz allgemein kann man sich diesen Einfluß ganz kurz durch den

Schluß klar machen, daß eine Erregung dann keine Schwingung hervorrufen kann, wenn sie gerade in einem Knotenpunkt der letzteren zur Wirkung kommt. Das ist der Grund, weshalb die oberste Kurve fast genau einer Sinuslinie, wie wir sie für eine einfache Schwingung erhalten müßten, entspricht; da die Saite in der Mitte erregt wurde, können sich in derselben keine Eigenschwingungen ausbilden, welche ein geradzahliges Vielfaches der niedrigsten Eigenfrequenz sind, da für solche Schwingungen bei einer Saite stets in der Mitte also hier der Erregungsstelle ein Knotenpunkt ist. Da ferner der aufzeichnende Stift gerade in $^1/_3$ der Saitenlänge angebracht ist, kann er alle jene Eigenschwingungen, welche in $^1/_3$ Abstand einen Knotenpunkt haben, also die Eigenfrequenzen 3., 6., 9. Grades usf. nicht aufzeichnen. Außer der Eigenschwingung 1. Grades können also nur jene 5., 7., 11. Grades usf. verzeichnet werden. Diese höheren Eigenfrequenzen sind aber, wie wir schon auf Grund der vorhergehenden Tabelle schließen können und wie ein Blick auf die oberste Kurve zeigt, sehr schwach.

Was hier für eine gespannte Saite gezeigt wurde, gilt sinngemäß auch für andere Körper. Allgemein werden wir, um irgendeine höhere Eigenfrequenz zu erregen, den Stoß hart und Stoßstelle so wählen müssen, daß sie mit einem Schwingungsbauch der betreffenden Eigenschwingung zusammenfällt. Ebenso werden wir, wenn wir irgendeine Eigenfrequenz bei Stößen besonders deutlich aufzeichnen wollen, die Registrierstelle so wählen, daß sie mit einem Schwingungsbauch dieser Eigenfrequenz zusammenfällt.

Reibschwingungen.

Im vorhergehenden war unter anderem von Saitenschwingungen die Rede. Dieselben entstehen dadurch, daß ein Streichorgan an der betreffenden Saite unter leichtem Druck entlang geführt wird. Durch den Druck wird eine gewisse Reibung erzeugt, welche die Saite mitzunehmen bestrebt ist. Sowie jedoch die Auslenkung so groß geworden ist, daß die rückführende Kraft der Saite die Reibungskraft überwiegt, schnellt die Saite zurück. Da beim Zurückschnellen an die Stelle des Reibungsbeiwertes der Ruhe der wesentlich kleinere der Bewegung tritt, so kommt die Saite nicht etwa sofort zur Ruhe, sondern führt eine Reihe von Pendelungen aus, bis durch Luftdämpfung, Reibung am Fiedelbogen und innere Reibung ihre Ausschläge so klein geworden sind, daß nunmehr die Reibung der Bewegung genügt, um die Saite aufzuhalten. In diesem Falle wird die Saite vom Fiedelbogen mitgenommen, es tritt an die Stelle des Reibungswertes der Bewegung jener der Ruhe und das Spiel wiederholt sich von neuem. Die Zeitdauer für jedes einzelne Spiel ist selbstredend außerordentlich kurz, so daß unser Ohr einen gleichmäßigen Klang wahrnimmt.

Derartige Reibschwingungen kommen übrigens keineswegs nur in der Akustik vor, sie spielen gelegentlich auch in der Technik eine sehr erhebliche Rolle; insbesondere kann auf sie wenigstens zum Teil die sog. Riffelbildung an Schienen zurückgeführt werden, die seit langem zu den störendsten Erscheinungen, namentlich im Straßenbahnbetrieb, aber auch bei Eisenbahnen in Kurven und Gefällstrecken gehört.

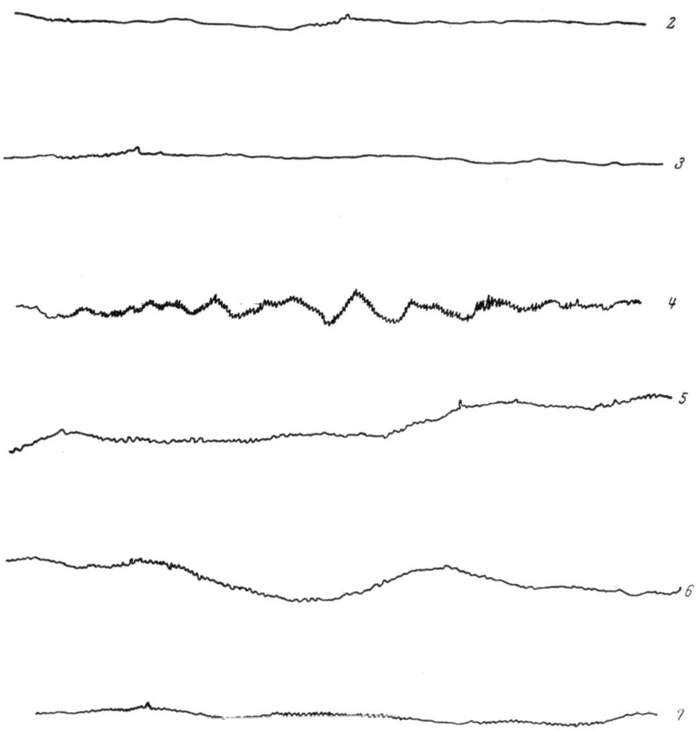

Abb. 97. Torsiogramme der Reibungsschwingungen eines Radsatzes.

Man hat die Riffelbildung auch auf Einflüsse, die mit dem Walzen der Schienen zusammenhängen, zurückzuführen gesucht. Es soll keineswegs bestritten werden, daß durch den Walzprozeß Ungleichmäßigkeiten in der Struktur des Materials unter gewissen Umständen entstehen können. Es soll hier nur darauf hingewiesen werden, daß die Riffelbildung sich theoretisch zwanglos auf Reibschwingungen als Ursache zurückführen läßt. Der Gedankengang ist hierbei ganz ähnlich wie derjenige bei der gestrichenen Saite:

Bewegt sich eine Achse mit zwei auf ihr festsitzenden Rädern in einer Gleiskrümmung, so müssen beide Räder entsprechend dem Krümmungshalbmesser ungleiche Geschwindigkeiten annehmen. Da sie fest auf der gleichen Achse sitzen, muß sich diese verdrehen. Die auf den Raddurchmesser bezogene Drehkraft wächst also so lange an, bis sie größer ist als die Reibungskraft. In diesem Augenblick schnellt nun dasjenige der beiden Räder, bei dem dies zuerst eintritt, plötzlich zurück. Während aber vorher der Reibungsbeiwert der Ruhe zwischen Rad und Schiene in Betracht kam, ist jetzt während des Zurückschnellens mit dem beträchtlich kleineren Reibungsbeiwert der Bewegung zu rechnen, das Rad wird daher über die Lage, die der spannungslos gedachten Achse entspricht, hinausschnellen, wieder zurückschwingen usf. Da das Befahren einer Krümmung einige Zeit dauert und der Radsatz infolge der verschiedenen Größe des äußeren und inneren Halbmessers der Gleiskrümmung ständig aufs neue zu derartigen Schwingungen angeregt wird, so erstreckt sich die Erscheinung über die ganze Krümmung und ein Stück darüber hinaus. Zum Nachweis der Richtigkeit vorstehender Darlegungen habe ich vor einigen Jahren bei der Straßenbahn Augsburg Versuche mit Hilfe des Torsiographen durchgeführt. Die so erhaltenen Torsiogramme sind in der Abb. 97 wiedergegeben. Nr. 2 und 3 beziehen sich auf gerade Strecken. Der eine Buckel in jedem der beiden Diagramme ist der Einfluß eines Schienenstoßes. Nr. 4 stellt das Diagramm in einer scharfen Gleiskrümmung dar; die Nr. 5 bis 7 sind Torsiogramme, die beim Befahren von schwachen Gleiskrümmungen erhalten wurden. Näheres hierüber findet der Leser in der Z. V. d. I. 68, Nr. 12, S. 282: „Untersuchung der Riffelbildung an Schienen mit Hilfe des Torsiographen" ferner über die theoretische Seite in der Verkehrstechnik, 25. März und 15. April 1921. Dort ist von A. Wichert die Theorie dieser Schwingungen ausführlich behandelt. Hier sei noch angeführt, daß derartige Reibschwingungen auch zwischen Rad und Reibblock vorkommen können.

Reglerpendelungen.

Zu störenden Schwingungserscheinungen gehören manchmal auch die Reglerpendelungen. Der Regler einer Kraftmaschine hat die Aufgabe, die Drehzahl derselben in engen Grenzen konstant zu halten. Er bewirkt dies dadurch, daß er bei einer Erhöhung der Drehzahl weniger Füllung (Brennstoff, Gas) gibt und bei niedrigerer Drehzahl mehr. Außerdem verlangt man von einem guten Fliehkraftregler, daß er bei Belastungsänderungen rasch auf seine neue Gleichgewichtslage einspielt und insbesondere keine länger dauernden störenden Pendelungen ausführt. Der Anlaß zu solchen Pendelungen kann einerseits die ungleichmäßige Drehbewegung der Kraftmaschine oder ein periodisch wechselnder Widerstand, der von der Steuerung ausgeht, sein. Ferner kann der Anlaß in einer falschen Konstruktion des Reglers liegen, insofern als derselbe innerhalb eines gewissen Drehbereiches labilen Charakter zeigt. Um derartige Pendelungen wollen wir uns im folgenden nicht kümmern, da ihre Beseitigung jedem, auch mit Schwingungsvorgängen nicht vertrauten Ingenieur geläufig ist.

Nun ist aber der Regler ein schwingungsfähiges aus Massen (Fliehgewichte, Stellzeug) und elastischen Teilen (gewöhnlich zylindrischen Schraubenfedern) bestehendes Gebilde. Die Federn können hierbei mitrotieren oder feststehen. Bei älteren Reglerkonstruktionen kann an Stelle der Federn auch die Schwerkraft treten. Die Reglerwelle dreht sich nicht gleichmäßig, sondern entsprechend dem Ungleichförmigkeitsgrad der Kraftmaschine, es wirken also periodische Drehschwankungen auf den Regler ein. Je nach der Antriebsart und der Massenanordnung auf der Kurbelwelle können diese Drehschwankungen auch erheblich stärker sein, als dem unter Annahme starrer Wellenleitung errechneten Ungleichförmigkeitsgrad entspricht. Im allgemeinen werden sie dann stark sein, wenn der Regler sehr weit von der größten Schwungmasse entfernt ist, oder, was auf das gleiche herauskommt, durch eine dünne nachgiebige Wellenleitung mit ihr verbunden ist. Außerdem wirken aber auch vom Stellzeug her periodische Kraftschwankungen auf den Regler ein.

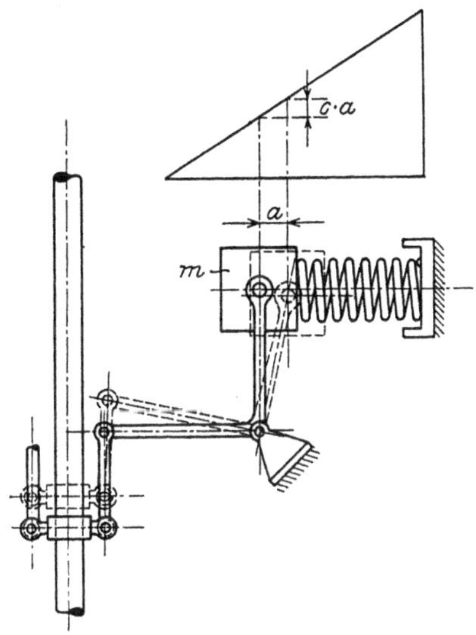

Abb. 98. Schematische Regleranordnung und Federdiagramm hiezu.

Auf Grund der vorausgegangenen Abschnitte sind wir bereits in der Lage, das Verhalten eines solchen als schwingungsfähiges Gebilde erkannten Reglers zu skizzieren:

Die periodischen Drehschwankungen und Stellzeugkräfte werden um so größere Schwankungen der Reglermuffe und damit ein um so schlechteres Arbeiten des Reglers herbeiführen, je näher ihre Schwingungszahl bei der Eigenfrequenz des Reglers liegt. Sowie die Eigenfrequenz bedeutend überschritten ist, werden sie dagegen ohne nennenswerten Einfluß sein.

Es kommt also darauf an, die Eigenfrequenz zu bestimmen. (Abb. 98).

Im folgenden bezeichne:

m = die Masse beider Fliehgewichte in $\frac{\text{kg sek}^2}{\text{cm}}$,

M = die Masse sämtlicher vom Reguliermechanismus bewegten Teile, einschließlich der Fliehgewichte, bezogen auf den Weg der Fliehgewichte $\left(\frac{\text{kg sek}^2}{\text{cm}}\right)$

c = die Federkonstante beider rotierender Federn und etwaiger, z. B. zur Drehzahlverstellung dienender nicht mitrotierender, beides bezogen auf den Weg der Fliehgewichte (kg/cm),

w = die Winkelgeschwindigkeit der Reglerspindel.

In der der normalen gleichmäßigen Rotation entsprechenden Gleichgewichtslage seien die Fliehgewichte in einer Stellung entsprechend dem Abstand r von der Drehachse. Führen sie harmonische Schwingungen aus, so wirken außer den während denselben gleichbleibenden Kräften noch folgende auf das System ein.

1. Die Änderung der Federkraft, welche sich für einen gegebenen Ausschlag a der Fliehgewichte — gerechnet von der Gleichgewichtslage aus — zu $c \cdot a$ ergibt.

2. Die Änderung der Fliehkraft, welche sich hierfür zu $-m \cdot w^2 \cdot a$ ergibt. Das Minuszeichen deutet an, daß diese Kraft der Federkraft entgegengesetzt ist.

3. Die Beschleunigung, bzw. Verzögerung der Gesamtmasse M, welche $-M \cdot \omega^2 \cdot a$ beträgt. Das Minuszeichen erscheint aus dem gleichen Grund wie bei 2.

4. Die erregende harmonische Kraft P, welche bereits auf den Weg Fliehgewichte reduziert sei.

Es besteht also allgemein die Beziehung:

$$c \cdot a - m\,w^2 \cdot a - M \cdot \omega^2 \cdot a = P\,.$$

Für ein gegebenes P ergibt sich daraus leicht der Ausschlag a. Für die Eigenfrequenz ν_e wird P gleich Null und wir erhalten

$$\omega^2 = \frac{c - m\,w^2}{M}$$

oder

$$\nu_e = \frac{30}{\pi}\sqrt{\frac{c - m \cdot w^2}{M}}\,. \tag{58}$$

Wir sehen also, daß hier das von der Rotationsgeschwindigkeit der Reglerwelle abhängige Glied $m\,w^2$ noch hinzutritt und eine Erniedrigung der Eigenfrequenz bewirkt.

Natürlich könnte man das Ganze auch mit Hilfe der Differentialgleichung der Bewegung ableiten, wir sehen aber hiervon ab, da sich damit irgendwelche bedeutende neue Gesichtspunkte nicht gewinnen lassen.

Es besteht nun mit Recht die Befürchtung, daß bei einer Ausführung des Reglers, bei welcher seine Eigenfrequenz gerade mit einem von der

Maschine ausgehenden Takt übereinstimmt, starke Schwingungen am Regler entstehen. Zu diesem Zwecke hatte ich in einem besonderen Falle die Eigenfrequenz gerade so eingestellt, daß Resonanz entstand; die Pendelungen waren in diesem Falle bedeutend stärker als außerhalb des Resonanzgebietes, jedoch noch nicht so stark, daß ein Betrieb unmöglich gewesen wäre: d. h. der Regler besaß eine verhältnismäßig starke Eigendämpfung.

Natürlich darf dieser Fall nicht verallgemeinert werden und es ist, wenn starke Reglerschwingungen auftreten, durchaus am Platze, die Lage der Eigenfrequenz festzustellen, um so mehr als dies eine sehr einfache Aufgabe ist, die vollständige Klarheit betreffs etwaiger kritischer Reglerdrehzahlen schafft. Bezüglich der Reduktion der Massen des ganzen Reguliermechanismus sei auf den Abschnitt „Massenreduktion" verwiesen.

Es gibt aber nun noch weitere Reglerpendelungen, welche nicht so ohne weiteres klar sind. Sie treten namentlich auf, wenn zwei oder mehrere elektrische Generatoren parallel arbeiten. Hier kann der Fall eintreten, daß auch bei ganz vorsichtigem ordnungsgemäßen Parallelschalten die elektrischen Instrumente zu pendeln anfangen, daß die Pendelungen rasch immer stärker werden, bis schließlich die Maschinen außer Tritt fallen. Beobachtet man in einem solchen Falle den Regler, so zeigt er das gleiche Verhalten. Manchmal gelingt zwar das Parallelschalten, aber nach einiger Zeit stellen sich immer mehr anwachsende Pendelungen ein und der Schalter fliegt heraus. In günstigeren Fällen kommt es zwar nicht zu einem Außertrittfallen, aber die störenden Pendelungen dauern lange an und beginnen nach kurzen Ruhepausen wieder aufs neue. Selbstverständlich können in solchen Fällen die elektrischen Verhältnisse oder die Eigentümlichkeiten der vom Netz angetriebenen Arbeitsmaschinen oder auch die antreibenden Kraftmaschinen die Schuld tragen. Um solche Fälle, deren Behandlung zu weit führen würde, wollen wir uns hier aber nicht kümmern. Es sei nur hierüber so viel angedeutet, daß an keiner Stelle eine erregende Kraft vorhanden sein darf, welche im Takte der elektrischen Eigenfrequenz der parallel arbeitenden Maschinen wechselt. Wir setzen also voraus, daß durch eine vorhergegangene Untersuchung bereits festgestellt sei, daß andere Ursachen als der Regler nicht mehr vorhanden sind. Ob der Regler eine mögliche Ursache bildet, läßt sich übrigens durch einen einfachen Versuch leicht nachweisen. Man hält den Regler auf irgendeine Weise fest, so daß er nur konstante Füllung geben kann. Sind nunmehr die störenden Pendelungen behoben bzw. wachsen durch irgendwelche Ursachen angeregte Pendelungen nicht mehr an, sondern beruhigen sich im Gegensatz zum Verhalten mit freiem Regler ziemlich rasch, so empfiehlt es sich, dem Verhalten der

Regulierung seine Aufmerksamkeit zu schenken. Wir wollen zu diesem Zwecke den ganzen Reguliervorgang etwas zergliedern: Um einen konkreten Fall vor Augen zu haben, wählen wir ein Diesel-Drehstromgeneratoraggregat.

Die Belastung sei aus irgendeinem Grunde plötzlich gestiegen. Was geschieht nun:

1. Die Dieseldynamo und der mit ihr durch eine Welle u. dgl. verbundene Regler wollen langsamer laufen. 2. Infolgedessen nähern sich die Fliehkraftpendel unter dem Einfluß der Federkräfte und verändern die Lage des Stellzeuges. 3. Das Stellzeug wirkt auf die Brennstoffpumpe des Dieselmotors im Sinne einer größeren Füllung ein. 4. Der in die Leitung gedrückte Brennstoff gelangt in das Brennstoffventil, wo er bis zur nächsten Öffnung desselben liegen bleibt. 5. Der Brennstoff wird in den Zylinder durch hochgespannte Druckluft eingeblasen und zerstäubt. 6. Er verbrennt unter Druckentwicklung. 7. Infolge der Abwärtsbewegung des Kolbens und der dadurch bewirkten Auslenkung der Treibstange beginnt sich der erhöhte Kolbendruck als Drehkraft an der Kurbel zu äußern und die durch das Steigen der Belastung verlangsamte Maschine wieder zu beschleunigen.

Nun ist aber zu beachten, daß alle diese Änderungen eine zwar kurze aber doch durchaus gut ermittelbare Zeit benötigen. Alle diese Zeiten zusammen machen einen recht merkbaren Betrag aus. Solange sich die Belastung etwa ruckweise ändert und dann wieder dauernd gleichmäßig bleibt, spielt dies kaum eine Rolle. Bei parallel arbeitenden Drehstromgeneratoren verursacht aber irgendeine Belastungsänderung infolge der sehr weichen elektrischen Kupplung beider Generatoren immer ein Pendeln derselben, das keineswegs aperiodisch abklingt, sondern wegen der häufig nur geringen natürlichen Dämpfung mehr oder weniger kurze Zeit andauert. Die Pendelungen erfolgen wegen der Stoßerregung naturgemäß im Takt der Eigenfrequenz der Dynamos; es wird also die Drehgeschwindigkeit zunächst zu niedrig, dann nach einer halben Schwingungsdauer zu hoch, nach einer ganzen Schwingungsdauer wieder zu niedrig usf. sein, bis der ganze Vorgang durch die natürliche Dämpfung abgeklungen ist.

Ist nun die Zeit, welche von der Änderung — Verminderung — der Geschwindigkeit bis zu dem Moment vergeht, wo sich die verminderte Geschwindigkeit auf dem Wege über den Regler, die Brennstoffpumpe, das Brennstoffventil, die Zerstäubung und Verbrennung in Form einer größeren Drehkraft ausgewirkt hat, gerade gleich der halben Dauer der elektrischen Eigenfrequenz, so kommt die größere Drehkraft gerade in dem Moment zur Wirkung, wo die Drehgeschwindigkeit der Maschine am höchsten ist, d. h. gerade im verkehrten Moment und beschleunigt so die Maschine noch mehr. Die Folge ist, daß die größte Geschwindigkeit um einen größeren Betrag — gegenüber der mittleren Geschwindigkeit — höher ist als zuvor unter dem Einfluß der veränderten Belastung die kleinste Geschwindigkeit kleiner war. Die Pendelungen verstärken sich also.

Entspricht die aus den oben angeführten Teilbeträgen sich zusammensetzende Zeit, die wir kurz als Verzögerungszeit bezeichnen, zwar nicht einer halben Schwingungsdauer, liegt sie aber zwischen $^1/_4$ und $^3/_4$ (oder zwischen $1^1/_4$ und $1^3/_4$) der Dauer einer vollen Schwingung, so ergibt sich, so lange man von dämpfenden Einflüssen absehen kann, ebenfalls noch eine Zunahme der Pendelungen, während dann, wenn die Verzögerungszeit kleiner als $^1/_4$ oder größer als $^3/_4$ einer vollen Schwingungsdauer ist, der Regler im richtigen, d. h. die Schwingungen verkleinerndem Sinne wirkt. Bei Berücksichtigung der Dämpfung ergibt sich eine gewisse Verschiebung in dem Sinne, daß auch noch bei einer Verzögerungszeit gleich $^1/_4$ einer vollen Schwingungsdauer eine — wenn auch sehr geringe — Zunahme der Pendelungen resultiert. Abb. 99 zeigt ein Tachogramm, das während des Parallelschaltens an einer Maschine aufgenommen wurde, bei der die Verzögerunszeit $\sim \frac{150}{360}$ einer Eigenschwingungsdauer betrug. Abb. 100 zeigt ein ähnliches Tachogramm

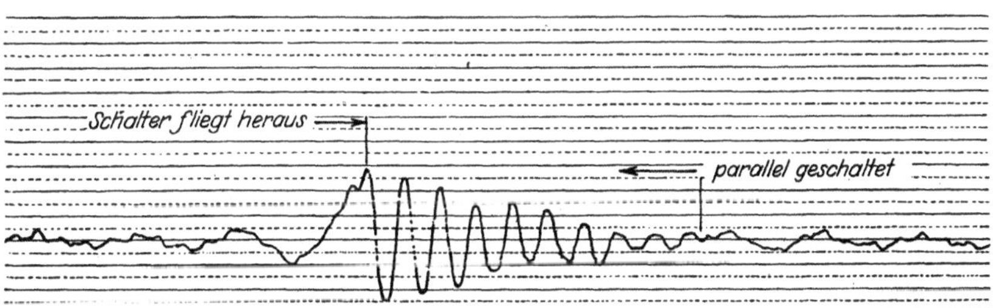

Abb. 99.

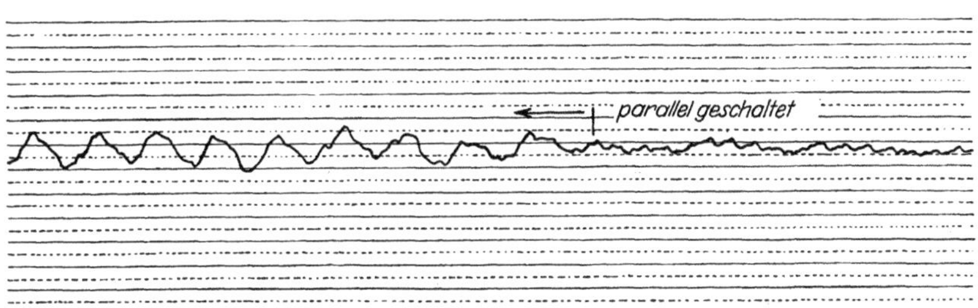

Abb. 100.

Abb. 99 und 100. Tachogramme von parallel arbeitenden Maschinen mit verschiedenen Verzögerungszeiten.

aber mit einer Verzögerungszeit gleich $\frac{120}{360}$. Aus Abb. 99 erkennt man das rasche Anwachsen der Pendelungen.

Wir sehen daraus, daß es auf alle Fälle bei parallel arbeitenden Maschinen notwendig ist, hinsichtlich der Regulierung auf die Lage der elektrischen Eigenfrequenz Rücksicht zu nehmen. Es nützt gar nichts, den Regler ohne jegliche Rücksichtnahme auf den elektrischen Teil auszuführen. Derselbe kann bei Alleinbetrieb — etwa auf eine Gleichstromdynamo — tadellos arbeiten und beim Parallelbetrieb doch versagen.

Die Bestimmung der Verzögerungszeit ist eine Aufgabe, die sich ohne schwingungstheoretische Kenntnisse durchführen läßt. Infolgedessen kann sie hier übergangen werden. Diese Verzögerungszeit ist naturgemäß je nach der Art der Kraftmaschine stark verschieden.

Im Zusammenhang hiermit sei noch eine andere Erscheinung besprochen, welche auch dann vorkommen kann, wenn der Regler hinsichtlich der Verzögerungszeit durchaus einwandfrei ist. Arbeiten eine große und eine im Vergleich zu ihr sehr kleine Maschine parallel auf das gleiche Netz und besitzt die kleine Maschine einen Regler, der rascher auf Belastungsschwankungen anspricht als jener der großer Maschine, so werden sämtliche Belastungsschwankungen zunächst auf die kleine Maschine kommen. Gewisse Belastungsänderungen kommen aber in vielen Netzen fast dauernd vor. Sie mögen, bezogen auf die Gesamtleistung beider Kraftmaschinen, gering sein, sind aber bezogen auf die Leistung der kleinen Kraftmaschine sehr groß. Infolgedessen wird der Regler der letzteren und diese selbst auch dauernd hin- und herschwanken. Allerdings kann hier von einer Zunahme der Pendelungen und im allgemeinen von einem Außertrittfallen, wie es bei unrichtiger Verzögerungszeit eintritt, keine Rede sein. Man kann beide Erscheinungen daher genügend deutlich auseinanderhalten, sofern sie für sich allein auftreten. Natürlich kann es auch vorkommen, daß sie zusammenwirken. In diesem Falle ist die Ermittlung der elektrischen Eigenfrequenz bzw. der Verzögerungszeit das sicherste Hilfsmittel.

Schiffsschwingungen.

Bei Schiffen können wir zunächst unterscheiden:

a) Schwingungen des Schiffes als Ganzes.

b) Schwingungen der einzelnen Teile des Schiffes relativ zueinander. Schwingungen des Schiffes als Ganzes rühren, soweit sie praktisch in Betracht kommen, nur vom Seegang her.

Um die hierbei entstehenden Schwingungen zu verstehen, müssen wir bei solchen Schwingungen sowohl die Lage des Schwerpunkts S des Schiffes als auch den je nach der Schräglage verschieden liegenden

Schwerpunkt A des Auftriebes, d. h. der verdrängten Wassermasse berücksichtigen. Der Punkt, in dem sich die Senkrechte durch den Auftriebsschwerpunkt A und die durch den Schwerpunkt S des Schiffes gehende Symmetrielinie schneiden, wird als Metazentrum (M) bezeichnet. Soweit nur kleine Schwingungen um die Gleichgewichtslage in Frage kommen, kann man annehmen, daß die Lage des Metazentrums unverändert bleibt, was die Berechnung wesentlich vereinfacht.

Je nach der Lage der Drehachse sind im ganzen drei verschiedene Schwingungen möglich:

1. das Rollen, wobei das Schiff Drehbewegungen um seine Hauptlängsachse ausführt,

2. das Stampfen, wobei das Schiff Drehbewegungen um seine wagrechte Hauptquerachse ausführt und

3. das Schlingern, bei welchem Schwingungen um die senkrechte Achse — die Schwimmachse — auftreten.

Sämtliche drei Bewegungen sind voneinander unabhängige Bewegungen, von denen im ruhigen Wasser nur das Rollen und Stampfen vorkommen können, nicht dagegen das Schlingern, weil hierzu die erregenden Kräfte fehlen. Bei bewegter See kann es dagegen wohl eintreten.

Um das Rollen und Schlingern zu vermeiden, ordnet man sog. Schlingerkiele an. Hierdurch wird eine starke, dem Quadrat der Schwingungsgeschwindigkeit des Schiffes proportionale Dämpfung erzeugt.

Schlingertank.

Ein anderes ebenfalls sehr zweckmäßiges Abhilfemittel ist der von Hermann Frahm stammende Schlingertank.

Zum Verständnis des letzteren wollen wir kurz vorausschicken: Ein erhebliches Rollen oder Schlingern wird nur dann eintreten, wenn Resonanz zwischen den Impulsen der Meereswogen und der Eigenschwingungszahl des Schiffes besteht. Frahm verwendet nun ein zweites schwingungsfähiges System, dessen Eigenfrequenz so eingestellt werden kann, daß sie mit der Schwingungszahl der Meereswogen gerade übereinstimmt. Unter Eigenfrequenz dieses zweiten Systems soll hierbei jene Eigenschwingungszahl verstanden werden, die sich ergibt, wenn man das Schiff als unendlich groß ansieht. Es ist dies die sog. Teilschwingung des zweiten Systems, von der wir auf Grund dessen, was im Abschnitt „Teilschwingungen“ auseinander gesetzt wurde, ohne weiteres sagen können, daß ohne Rücksicht auf die Größe der erregenden Kräfte, also der Stärke der Meereswogen, der Ausschlag im Einspannpunkt, d. h. also am Schiff selbst unendlich klein wird. Wenn also nur die durch die Meereswogen dargestellten Impulse genügend genau sinusförmig verlaufen und in der Frequenz genau mit der obengenannten Teilschwingung übereinstimmen, können wir erreichen, daß das Schiff völlig in Ruhe bleibt. Genau wird das natürlich nicht möglich sein, aber es läßt sich doch durch diese Maßnahme eine erhebliche Verkleinerung der störenden Schiffsschwingungen erzielen.

Der Tank besitzt, wie Abb. 101 schematisch andeutet, die Gestalt einer kommunizierenden Röhre und besteht aus zwei zu beiden Seiten des Schiffes angeordneten Kammern K, die unten durch ein quer durch das Schiff gehendes Rohr R verbunden sind, während oben die Verbindung durch einen Luftschacht L hergestellt wird. Das in den Tank eingefüllte Wasser füllt außer dem Rohr R die beiden Seitenkammern je etwa halb. In dem Luftschacht ist ein Drosselorgan D vorgesehen, durch das die Eigenfrequenz des Schlingertanks dem jeweiligen Seegange angepaßt werden kann.

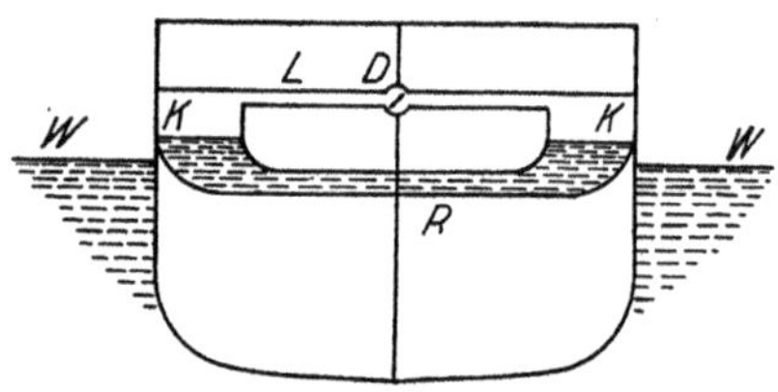

Abb. 101. Frahmscher Schlingertank.

Ein weiteres Mittel zur Behebung von Schiffsschwingungen ist der Schiffskreisel, der in Deutschland von Schlick und in Amerika von Sperry angewendet wurde. Eine größere Verbreitung hat derselbe nicht gefunden.

Bei der zweiten großen Gruppe von Schiffsschwingungen pendeln die einzelnen Teile des Schiffes gegeneinander. Es soll hier nur von solchen elastischen Schiffsschwingungen die Rede sein, bei welchen überall im Schiff Schwingungen wahrzunehmen sind, bei welchen sie also nicht örtlich auf verhältnismäßig kleine Teile desselben beschränkt sind.

Vertikale und horizontale Schiff-Biegungsschwingungen.

Von den elastischen Schiffsschwingungen sind von Bedeutung:

a) die Vertikalschwingungen,

b) die Horizontalschwingungen,

c) die Torsionsschwingungen.

Die Vertikalschwingungen sowohl wie die Horizontalschwingungen sind Biegungsschwingungen, wobei in etwa $^1/_4$ Entfernung vom Bug und vom Heck je ein Knotenpunkt auftritt. Die Ausschläge sind am stärksten an den beiden eben genannten Stellen, während sie in Schiffsmitte bereits beträchtlich kleiner, wenn auch oft noch deutlich fühlbar sind. Wenn auch Fälle vorkommen, wo sich durch solche Schwingungen Nieten gelockert haben oder gebrochen sind oder Öltanks leckten, so besteht doch das Haupttübel in der störenden Einwirkung auf den Menschen. Namentlich bei Fahrgastschiffen hat man derartige Vibrationen, bei denen das Schiff, um den Ausdruck eines Mitreisenden zu gebrauchen, daherkommt wie eine Seeschlange, unbedingt zu vermeiden. Bei dem heutigen Stand der Technik kommen derartige Schwingungen nur dann vor, wenn Resonanz zwischen der Frequenzzahl irgendeiner von der Kraftanlage ausgehenden harmonischen Kraft und einer Eigenfrequenz des Schiffes vorhanden ist.

Die Frage nach der Vermeidung derartiger Schiffsvibrationen läßt sich also zurückführen auf die Forderung

1. nach der Kenntnis der Biegungseigenfrequenzen des Schiffes bzw. die Vermeidung der Resonanzen und
2. nach der Beseitigung der erregenden Kräfte.

Soweit Vertikalbiegungseigenschwingungen des Schiffes mit nur 2 Knotenpunkten in Frage kommen, hat Schlick auf Grund seiner umfangreichen und sorgfältigen pallographischen Messungen folgende Formel aufgestellt:

$$\nu_e = C \sqrt{\frac{J}{G \cdot L^3}}\,. \tag{59}$$

Hierbei ist J das äquatoriale Trägheitsmoment des Hauptspantquerschnittes, G das Gewicht in Tonnen, L die Länge über alles in Metern und C ein Beiwert, der für völlige Frachtschiffe etwa 2800000 beträgt.

Nach Dr. Horn[1]) kann man die gleiche Formel auch in guter Annäherung verwenden, um die Horizontalbiegungseigenfrequenz 1. Grades zu ermitteln. Sämtliche in der Formel vorkommenden Größen mit Ausnahme des Trägheitsmomentes J bleiben hierbei unverändert. An Stelle des vorher auf die horizontale Hauptachse bezogenen Trägheitsmomentes tritt hier natürlich das auf die vertikale Symmetrieachse bezogene.

Eine genaue theoretische Berechnung der Eigenfrequenzen ist unter anderen von Gümbel versucht worden. Siehe Jahrb. Schiffsbaut. Ges. 1901: „Ebene Transversalschwingungen freier stabförmiger Körper mit variablem Querschnitt und beliebiger symmetrischer Massenverteilung unter der Einwirkung periodischer Kräfte mit besonderer Berücksichtigung des Schwingungsproblems des Schiffbaues.“

Soviel dem Verfasser bekannt, werden aber derartige Berechnungen nirgends durchgeführt, da der Aufwand an Zeit in keinem rechten Verhältnis zum Resultat steht und die Genauigkeit durch verschiedene Annahmen, die etwas unsicher sind, beeinträchtigt wird. Es fehlt eben hier noch an genügend zahlreichem Versuchsmaterial, das uns in den Stand setzen würde, die gemachten Annahmen zu kontrollieren bzw.

---

[1]) Siehe Werft Reederei Hafen, Jg. 1925, S. 541ff. Horizontal- und Torsions-Schiffsschwingungen auf Frachtschiffen.

das uns die bei Verwendung der oben angegebenen einfachen Formel unumgänglich notwendigen Beiwerte auch für andere Typen als völlige Frachtschiffe verschaffen würde.

Soweit die Eigenfrequenz zweiten Grades in Frage kommt, läßt sich auf Grund der pallographischen Untersuchungen von Schlick nur sagen, daß dieselbe im allgemeinen etwas niedriger liegt als der doppelten Höhe der ersten Eigenfrequenz entspricht.

Wir kommen nun zu den erregenden Kräften. Wenn wir die erste Biegungseigenfrequenz eines Schiffes in Betracht ziehen, so finden wir, daß dieselbe je nach dem Schiff in der Gegend zwischen etwa 60/min und 180/min liegt. Vergleichen wir damit die Drehzahl der Antriebsmaschinen, so zeigt sich, daß dieselben bei voller Fahrt ungefähr zwischen 70 und 130 liegen. Wenn also Schiffbiegungsschwingungen infolge von Resonanzen mit irgendeiner von den Antriebsmaschinen ausgehenden erregenden Kraft vermieden werden sollen, so werden wir hauptsächlich auf solche Kräfte zu achten haben, welche pro Umdrehung 1- oder 2mal wechseln. Ähnlich werden wir bei Schwingungen zweiten Grades insbesondere auf Kräfte achten müssen, welche 2-, 3- oder 4mal pro Umdrehung wechseln.

Der Vollständigkeit halber sei noch erwähnt, daß das gleiche auch für Momente gilt. Erregende Kräfte werden nämlich um so stärkere Schwingungen hervorrufen, je mehr sie in der Nähe des Schwingungsbauches oder, allgemeiner ausgedrückt, an Stellen mit großen Ausschlägen angreifen. Wenn sie aber im Knotenpunkte der betreffenden Eigenschwingung auf das Schiff einwirken, so bringen sie gar keine Ausschläge zustande.

Umgekehrt ist es mit Momenten. Diese haben, wenn sie im Schwingungsbauch angreifen, keinen Einfluß. Kommen sie dagegen in einem Schwingungsknotenpunkt zur Wirkung, so ist ihr Einfluß am größten.

Vom Standpunkt der Vermeidung von Biegungsschwingungen allein aus betrachtet, würde man also Kraftmaschinen mit freien Massenkräften aber ohne freie Massendruckmomente möglichst in der Nähe eines Knotenpunktes aufstellen, während Maschinen ohne Massenkräfte aber mit freien Momenten möglichst im Schwingungsbauch, d. h. in Mitte Schiff anzuordnen wären. Natürlich spielen andere Gesichtspunkte bei der Aufstellung der Maschinen im Schiff ebensosehr mit, so daß der Maschinenbauer nicht damit rechnen kann, daß seine Maschine gerade an einer für ihn bezüglich Biegungsschwingungen besonders günstigen Stelle aufgestellt wird. Er wird vielmehr bestrebt sein müssen, von vornherein nur Maschinen zu liefern, die möglichst weit ausbalanciert sind. Es ist das erhebliche Verdienst Schlicks, zuerst und mit größtem Nachdruck auf die Notwendigkeit einer guten Ausbalanzierung bei Schiffsmaschinen hingewiesen zu haben. Der Schlicksche Massenausgleich ist Gemeingut aller Ingenieure geworden.

Da wir uns im Abschnitt „Die erregenden Kräfte" noch eingehend mit den bei verschiedenen Zylinderzahlen und Kurbelversetzungen sich ergebenden freien Kräften und Momenten befassen werden, so genügt hier der Hinweis darauf. Es sei daher nur noch bemerkt, daß es im Schiffsmotorenbau fast allgemein üblich geworden ist, nur Sechs- oder Mehrzylindermaschinen auszuführen, so daß der Massenausgleich entweder ein vollkommener ist oder daß nur noch verhältnismäßig kleine Momente übrigbleiben. Lediglich die Einblase- und Spülluftpumpen sowie die Hilfsmaschinen werden nicht weitgehend ausbalanciert.

Neben den Kraftmaschinen kann aber auch sehr wohl der Propeller eine Ursache bilden. Experimentell ist dies dadurch nachgewiesen, daß auch bei Schiffen mit Turbinenantrieb störende Schwingungen eintreten können, und daß bei Schiffen mit Kolbenmaschinenantrieb in gewissen Fällen die Vibrationen verschwanden, wenn man den Propeller abkuppelte und die Maschine leer laufen ließ. Beim Propeller ist zunächst zu beachten, daß, wenn an ihm erregende Kräfte auftreten, sie an einer vom Schwingungsknoten am weitesten entfernten und daher für die Ausbildung von Schwingungen besonders günstigen Stelle angreifen. Erregende Kräfte am Propeller können aber auf folgende Ursachen zurückgeführt werden:

Der Propeller ist häufig nur roh gegossen, die Schraubenflächen werden nicht bearbeitet; er wird nicht ausbalanciert; es kann also eine freie pro Umdrehung einmal wechselnde Massenkraft auftreten und ebenso oft wechselnde Schwingungen hervorrufen. Schwingungen höherer Ordnung als einmal pro Umdrehung sind dadurch nicht möglich.

Die Propellerflügel können ferner verschiedene Steigung haben. Dabei braucht man nicht an große Unterschiede in der Steigung zu denken. Es genügen ein paar Grad geringere Steigung vielmehr vollständig, um einen solchen Flügel in dem durch die andern Flügel in Rotation versetzten Wasserstrom nahezu leer, d. h. ohne Druck mitlaufen zu lassen. Denken wir uns einen 4flügeligen Propeller, bei dem bei dem Flügel 1 die Steigung etwas geringer als bei 2, 3 und 4 ist. Die Folge wird sein, daß der Flügel 3 Reaktionskräfte auf das Schiff ausübt, die, wenn er sich nach abwärts bewegt, nach oben wirken, und bei seiner Aufwärtsbewegung nach abwärts. Desgleichen ruft er auch horizontale Kräfte am Heck des Schiffes hervor.

Auch durch diesen Einfluß entstehen der Hauptsache nach Schwingungen 1. Ordnung.

Weiterhin ist zu beachten, daß die einzelnen Wasserfäden der Heckwelle nicht in zur Schraubenachse parallelen Linien auf den Propeller zuströmen, sondern daß infolge der Verjüngung des Schiffes nach hinten diese Stromlinien sowohl in horizontaler als auch vertikaler Richtung schräg zur Schraubenachse stehen (Abb. 102). Infolgedessen wird jeder Flügel auch bei genau gleichmäßiger Drehbewegung keinen gleichmäßigen Widerstand im Wasser finden; er wird vielmehr innerhalb einer Umdrehung in eine Stellung kommen, wo der Widerstand am größten ist, und in eine solche, wo er am geringsten ist. Es ergäbe sich also hier zunächst eine einmal pro Umdrehung wechselnde Kraft. Sind aber nun n Propellerflügel vorhanden, so werden die Größtwerte des Widerstandes um den n-ten Teil einer Umdrehung zeitlich versetzt auftreten, d. h. wir erhalten z. B. bei einem 3flügeligen Propeller eine 3mal pro Umdrehung wechselnde Kraft. Es sind also dadurch Biegungsschwingungen 3. Ordnung möglich und bei einem 4flügeligen Propeller solche 4. Ordnung.

Bei Schiffen mit geringem Tiefgang werden die Propellerflügel auch dadurch einen ungleichmäßigen Widerstand finden, daß die Wasser-

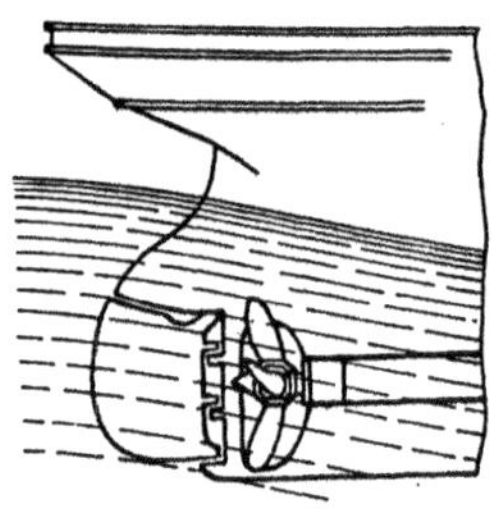

Abb. 102. Heckwelle.

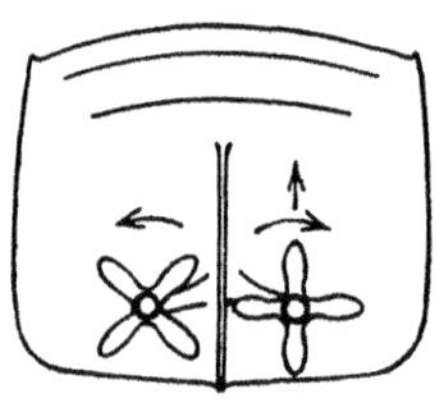

Abb. 103. Gegenseitige Beeinflussung zweier Propeller.

geschwindigkeit in der Heckwelle je nach der Entfernung von der Oberfläche verschieden ist. Bei etwas austauchendem Propeller liegt natürlich eine Ungleichmäßigkeit im Widerstand auf der Hand. Desgleichen ist sie ohne weiteres für das Fahren in seichtem Wasser verständlich.

Weitere vom Propeller ausgehende ungleichmäßige Kräfte, die auf den Schiffskörper einwirken, sind dadurch möglich, daß der Propeller nicht, wie bisher angenommen genau gleichmäßig, sondern infolge des ungleichmäßigen Drehkraftdiagrammverlaufes der antreibenden Kolbenmaschine mit ungleichförmiger Geschwindigkeit rotiert und dadurch ungleichmäßige Drehkräfte auf das Wasser ausübt. So wie nun die Steigung der einzelnen Flügel verschieden ist oder aber, wie das immer zutrifft, der einzelne Flügel je nach seiner Stellung infolge des schiefen Wasserzustromes usf. einen verschiedenen Widerstand findet, sind auch Reaktionskräfte und damit Biegungsschwingungen höherer Ordnung möglich.

Bei Zwei- und Mehrschraubenschiffen sind endlich weitere Biegungsschwingungen möglich dadurch, daß sich die Propeller gegenseitig beeinflussen. Siehe Abb. 103. So können bei 4flügeligen Propellern Schwingungen 4. und 8. Ordnung entstehen.

Lediglich vom reinen Erfahrungsstandpunkte aus betrachtet, läßt sich sagen, daß es in erster Linie darauf ankommt, Resonanz mit der ersten Vertikalbiegungseigenfrequenz bzw. einmal pro Umdrehung wechselnde Kräfte zu vermeiden. Daneben sind die Massenkräfte 2. Ordnung möglichst gering zu halten und auch die Möglichkeit einer Resonanz mit 3- bzw. 4mal pro Umdrehung wechselnden Kräften im Auge zu behalten. Resonanzen mit höheren Biegungseigenfrequenzen bzw. mit Kräften höherer als der 4. Ordnung sind dagegen im allgemeinen entschieden unwahrscheinlich und, wenn sie je auftreten sollten, harmlos.

Schiffstorsionsschwingungen.

Auch bei ihnen handelt es sich zunächst darum, die Eigenfrequenzen des Schiffskörpers zu bestimmen. Das Verfahren hierzu deckt sich grundsätzlich mit den graphischen Methoden, die bei der Berechnung der Verdrehungsschwingungen von Wellenleitungen bereits geschildert wurden. Ein Beispiel hierfür findet der Leser in dem bereits angezogenen Aufsatz von Dr. Horn: „Horizontal- und Torsions-Schiffsschwingungen auf Frachtschiffen," veröffentlicht in Werft Reederei Hafen 1925.

An Stelle der polaren Trägheitsmomente ist hierbei zu setzen

$$J_f = \frac{4 \cdot F^2_0}{\sum \frac{\Delta s}{\delta}}.$$

Hierbei bedeutet Δs ein Umfangsteilchen der äußeren Querschnittswand, δ dessen Dicke und F_0 die von der Mittellinie der Wandung eingeschlossene Fläche.

Nach Dr. Horn darf man freilich bei dieser Berechnung nicht eine besondere Genauigkeit erwarten, weil die Wanddicken und damit die Trägheitsmomente sich sprunghaft ändern und weil es sich hier nicht um einen homogenen, sondern durch vielfaches Nieten zusammengesetzten Stab handelt.

Es empfiehlt sich daher im allgemeinen, sich mit der folgenden einfachen von Horn stammenden rohen Annäherungsformel zu begnügen:

$$\nu_e = 60\, k \sqrt{\frac{g \cdot G \cdot J_t}{D \cdot (B^2 + H^2)\, L}}. \tag{60}$$

Hierin bedeutet

g = die Erdbeschleunigung in m/sek,
G = den Schubmodul für Flußeisen in t/m^2,
J_t = das Flächenträgheitsmoment des Hauptspantquerschnittes in m^3,
D = das Deplacement in t,
L = die Schiffslänge in m,
B = die Schiffsbreite in m,
H = die Schiffshöhe bis zum obersten durchlaufenden Deck.

Für die Eigenfrequenz 1. Grades wird $k = 1{,}58$, für jene 2. und 3. Grades dagegen 3,0 bzw. 4,07.

Die angegebene Formel bezieht sich auf den beladenen Zustand.

Die Ursache von Torsionsschiffsschwingungen kann sowohl in der Antriebsmaschine als auch im Propeller liegen. Bei den Antriebsmaschinen kann es zunächst die Reaktion des ungleichmäßigen Drehmomentes sein. Ist die Maschine nicht in Schiffsmitte, sondern z. B. bei Doppelschraubenschiffen seitlich davon aufgestellt, so können auch freie Massenkräfte infolge ihres Hebelarms die Ursache bilden. Für den Propeller liegen die Verhältnisse etwas ähnlich wie bei den Biegungsschwingungen. Nur kommen bei Einschraubenschiffen nur die horizontalen Kräfte in Frage, da nur sie wegen der tiefen Lage des Propellers in genügend großem Abstand von der Achse der polaren Trägheitsmomente des Schiffskörpers angreifen. Bei Zwei- und Mehrschraubenschiffen können dagegen auch die vertikalen Kräfte schwingungserregend wirken.

Im allgemeinen ist das Auftreten von Torsionsschwingungen von Schiffen trotz der gewöhnlich niedrigen Lage der ersten Eigenfrequenz selten, mindestens führt es selten zu Beanstandungen.

Praktisch spielt bei Beobachtung von Vibrationen oft die Frage eine Rolle, ob es sich hierbei um Horizontal- oder Drehschwingungen handelt. Hierzu sei bemerkt, daß diese Feststellung mit Instrumenten, welche Horizontalschwingungen registrieren, nur dann möglich ist, wenn man gleichzeitig in einer zur Torsionsschwingungsachse senkrecht stehenden Ebene in verschiedener Höhe über der Achse mit mehreren Apparaten mißt. Auf Grund der Messung an einer Stelle kann man dagegen bei Horizontalschwingungsmeßapparaten noch nicht ohne weiteres sagen, ob es sich um reine Horizontal- oder um Torsionsschwingungen handelt, da derartige Apparate auf beide Schwingungsarten ansprechen. Ähnliches gilt — wenn auch bei weitem nicht in diesem Maße — bei der Unterscheidung von Vertikal- und Torsionsschwingungen, wenn man die Schwingungsmeßapparate nicht annähernd in der senkrechten Längsmittelebene des Schiffes aufstellen kann.

Um Torsions- und andere Schiffsschwingungen unbedingt sicher zu zu unterscheiden, verwendet man zweckmäßig den Torsiographen, der nur auf die Torsionsschwingungen allein anspricht. Im Gegensatz zu Untersuchungen an Wellen ist hier aber eine starke Vergrößerung einzustellen. Desgleichen muß selbstverständlich die Riemenscheibe des Instrumentes festgestellt sein.

Die Dämpfung.

Dämpfungsleistung und dämpfende Kräfte.

Wir wissen, daß bei Schwingungen infolge von Dämpfung Energie durch Umwandlung in Wärme verlorengeht. Es interessiert für viele technische Zwecke, die Größe dieser Verluste zahlenmäßig ermitteln zu können.

Die Leistung ist ganz allgemein:

Kraft mal Geschwindigkeit i. d. Sek.

Die Kraft ist die Dämpfung $K = k \cdot \omega \cdot a \sin \alpha$, die Geschwindigkeit ist $v = \omega \cdot a \cdot \sin \alpha$.

Bilden wir nun für jeden einzelnen Moment das Produkt $K \cdot v$, so erhalten wir, wie Abb. 104 zeigt und wie man leicht an Hand der trigonometrischen Formeln nachprüfen kann, eine Schraubenlinie, deren mittlere Höhe den Wert

$$N_{\text{mittel}} = k \cdot \frac{\omega^2 \cdot a^2}{2} \text{ kgcm/sek} \tag{61}$$

besitzt. Den Dämpfungsfaktor kann man — genügend einfache Verhältnisse vorausgesetzt — entweder aus den bei Resonanz sich ergebenden Verhältnissen ermitteln oder man versetze das System — etwa durch Auslenken und plötzliches Loslassen in die niedrigste Eigenfrequenz und registriere die gedämpften allmählich erlöschenden Schwingungen.

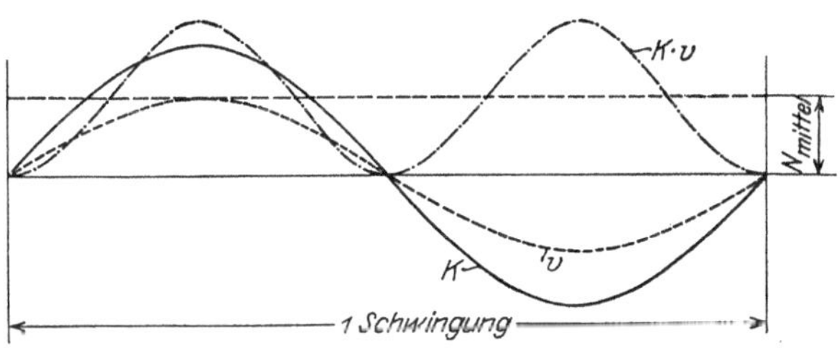

Abb. 104. Dämpfungsleistung abhängig von der Zeit.

Soweit Kraftmaschinenanlagen in Betracht kommen, kann die bei kritischen Drehzahlen durch Dämpfung im allgemeinen Sinne verlorengehende Leistung ziemlich beträchtlich sein. Bei schwachen Kritischen liegt sie, wie experimentell festgestellt wurde, in der Gegend von 1 bis 3 %. Bei starken Kritischen steigt sie dagegen auf 10 und mehr Prozent.

Abb. 105 stellt den Einfluß von Torsionsschwingungen auf die von einem großen Dieselmotor abgegebene und in elektrische Energie umgewandelte Leistung abhängig von der Drehzahl für eine große 1200 PSe-Dieselmaschine augenfällig dar.

Falls bei Leistungsversuchen bei irgendeiner Drehzahl ein Brennstoffverbrauch festgestellt wird, der merklich höher ist, als auf Grund der Ergebnisse bei höheren und niedrigeren Drehzahlen zu erwarten ist, sollte man nachprüfen, ob nicht bei dieser Drehzahl Schwingungserscheinungen auftreten. Dies gilt ausdrücklich auch für den Fall, daß sich sonst nichts Besonderes, z. B. Vibrationen bemerkbar gemacht haben sollte.

Man hat öfters bei der Vorausberechnung von Verdrehungsschwingungen den Wunsch ausgedrückt, die einzelnen Dämpfungsfaktoren genau zu ermitteln, um dann an Hand derselben nach der im Abschnitt: „Ermittlung der Schwingungsausschläge unter Berücksichtigung der Dämpfungen" gezeigten Methode die Schwingungsausschläge irgendeines Punktes einer Wellenleitung genau zu ermitteln. Hierzu ist zu bemerken: Wir wissen sowohl aus der Theorie[1]) als auch auf Grund der Erfahrung — wenn man nämlich ohne Berücksichtigung der Dämpfungen die Schwingungsausschläge ermittelt und sie mit den experimentell etwa mit Hilfe des Torsiographen gefundenen vergleicht —, daß außerhalb von sog. Kritischen der Einfluß etwaiger Dämpfungen — auch solcher, die nicht der Schwingungsgeschwindigkeit proportional sind, — verschwindend gering ist. Soweit ganz schwache Kritische in Betracht kommen, ist der Einfluß auf das Verhalten der Hauptschwungmassen ebenfalls ganz untergeordnet, da in ihrer Nähe ohnehin immer ein Schwingungsknotenpunkt sich befindet und daher die Ausschläge klein sein müssen. Mit Rücksicht auf die Gleichförmigkeit des Ganges bzw. auf ruhiges von dem betreffenden Generator geliefertes Licht usf. kann man daher davon absehen, in schwachen Kritischen die Dämpfung bei der Ermittlung der Ausschläge zu berücksichtigen.

Abb. 105. Einfluß von kritischen Drehgebieten auf die Leistung. Leistung in Abhängigkeit von der Drehzahl aufgetragen.

Für starke Kritische gilt dagegen als oberste Richtlinie: Ein dauerndes Fahren ist in ihnen unter allen Umständen zu vermeiden, gleichgültig, ob die zusätzliche durch Ver-

[1]) Vgl. hierzu die Abb. 6.

drehungsschwingungen hervorgerufene Wellenbeanspruchung 2000 kg/cm² oder nur 100 kg/cm² beträgt.

Da Kurbelwellen ohnehin bereits durch die Arbeitsdrücke sehr hoch beansprucht sind, so sollten zusätzliche, fortwährend rasch ihre Richtung wechselnde Beanspruchungen in der Größenordnung von $\pm$ 100 kg/cm² unbedingt von ihr fern gehalten werden. Wenn man also die Ausschläge unter Berücksichtigung der einzelnen Dämpfungen genau kennen will, so interessieren sie vom Standpunkte der Praxis aus nur insoweit, als man wissen möchte, wie stark die beim raschen Durchfahren von heftigen Kritischen auftretenden Beanspruchungen sind. Die genaue Ermittlung ist hierbei aber aus folgenden Gründen sehr schwierig:

1. Die Stärke der sich ausbildenden Beanspruchungen hängt erfahrungsgemäß etwas davon ab, ob man sehr rasch oder nur mäßig rasch durch ein solches kritisches Gebiet hindurchfährt. Die Geschwindigkeit des Durchfahrens ist aber nicht allein vom Maschinisten abhängig; es spielt auch die Größe des Gesamtschwungmomentes sämtlicher mit der Kraftmaschine gekuppelten Teile eine gewisse Rolle und schließlich kommt es auch darauf an, ob die betreffende Kritische weit unterhalb oder ganz in der Nähe der Betriebsdrehzahl liegt. Im ersteren Fall kann der Maschinist durch Vergrößern der Füllung rasch über die Kritische hinweg kommen, im letzteren Falle hat er vielfach, besonders bei Schiffsmaschinen, bereits eine große Füllung eingestellt, kann sie also nicht mehr viel vergrößern.

Wenn wir auf die Berechnung übergehen, so ist hierbei zu bemerken, daß wir alle unsere bisherigen einschlägigen Berechnungen unter der außerordentlich den Rechnungsgang vereinfachenden Annahme des Beharrungszustandes durchführten; die Rechnung würde beim Fallenlassen dieser Voraussetzung für praktische Zwecke geradezu hoffnungslos verwickelt. Außerdem ist zu beachten, daß es sich keineswegs im wesentlichen um reine, von der Schwingungsgeschwindigkeit abhängige Dämpfungen handelt. Starke dämpfende Einflüsse rühren namentlich von Stößen, ins besondere vom Anschlagen der Zapfen an die umgebende Lagerwandung in den Wellen- und Kurbelzapfenlagern usf. her. Wir haben hierbei im Auge zu behalten, daß bei einer Kurbelwelle, welche verdreht wird, sich die Zapfen schief stellen und ihre Achsen je nach der Versetzung der aufeinanderfolgenden Kröpfungen aus der dem unverdrehten Zustand entsprechenden Mittellinie heraustreten.

Solange die Welle innerhalb der Ölschicht sich befindet, wird die Dämpfung geringer sein, als wenn dieselbe überwunden ist und der Zapfen metallisch an die Lageroberfläche stößt. Diese Dämpfung ist also keineswegs vom Schwingungsausschlag linear abhängig, wie wir das in den theoretischen Abschnitten über die Berücksichtigung der dämpfenden Kräfte voraussetzten.

Aus allen diesen Gründen heraus würde bei dem heutigen Stande unserer Kenntnis der Dämpfungen nur das irrtümliche Gefühl einer besonders hohen Genauigkeit erweckt, wenn man etwa auf Grund von ausgeführten Anlagen sog. Mittelwerte für die Dämpfungsfaktoren angeben wollte, auf Grund deren die Ausschläge zu berechnen wären.

Für die Zwecke der Praxis glauben wir auch aus folgendem Grunde verzichten zu können:

Nimmt man Sechszylinder-Viertaktdieselmaschinen her, so zeigt sich bemerkenswerterweise, daß die am freien, d. h. den Hauptschwungmassen entgegengesetzten Ende der Kurbelwelle für starke Kritische beim Durchfahren ermittelten Ausschläge ohne Rücksicht auf die Belastung der Maschine, die Größe und Art der mit der Maschine gekuppelten Schwungmassen, die Bauart der Maschine und die Drehzahl oder die Abmessungen der Wellenleitung, ein verhältnismäßig einfaches Gesetz befolgen:

Die kritischen Ausschläge in Winkelgraden ausgedrückt am freien Wellenende — herrührend von der gleichen erregenden Kraft — nehmen ungefähr proportional mit dem Quadrat der Schwingungszahl zu.

Um in Zahlen zu reden, wird man bei einer Frequenz von 1000/min einen Ausschlag von $\sim \pm 0{,}37^0$, bei einer Frequenz von 2000/min einen solchen von $\sim \pm 1{,}42^0$ finden, soweit die sog. Kritische 6. Ordnung in Betracht kommt. Bei Schwingungszahlen unter $\nu = 800$/min sind dagegen die Ausschläge größer als nach diesem Gesetz zu erwarten.

Bei hoher Eigenfrequenz sind also diese Ausschläge und damit auch die Beanspruchungen bedeutend größer als bei niedrigeren.

Derselbe Gesetzcharakter, aber mit andern absoluten Zahlen, hat sich auch bei Maschinen mit andern Zylinderzahlen bestätigt gefunden. Selbstverständlich handelt es sich nicht um ein wissenschaftliches Gesetz, sondern ist lediglich als rohe Faustregel zu betrachten, die den Vorteil bietet, daß man sofort ohne weitere Rechnung den ungefähren Ausschlag am freien Wellenende angeben kann. Offenkundige Ausnahmen haben sich bisher in folgenden 2 Fällen gezeigt:

1. Nach der Maschine ist eine Kupplung angeordnet, die so ausgeführt ist, daß sie beim beträchtlichen Überschreiten des mittleren Drehmomentes zu rutschen beginnt. In starken Kritischen gleitet sie also und zerreißt sozusagen das schwingungsfähige System in 2 Teile.

2. Es fallen zufällig 2 starke Kritische — etwa eine von der ersten und eine von der zweiten Eigenfrequenz — zusammen.

Außerdem sei noch bemerkt:

a) Anordnung mit einer Hauptschwungmasse liefern etwas höhere Werte als solche mit mehreren, insbesondere mehreren kleineren Massen.

b) Bei großer Belastung werden die Ausschläge eher kleiner als bei geringer Belastung.

c) Ein sehr rasches Durchgehen durch die Kritische verringert die angegebenen Zahlenwerte.

d) Bei nicht eingelaufenen Maschinen sind die Ausschläge geringer als bei eingelaufenen.

e) Bei Anordnungen mit Reibungskupplungen erreicht man Übereinstimmung mit dem angeführten Gesetz, wenn man die Kupplungshälften so stark anpreßt, daß auch in starken Kritischen das Rutschen verhindert wird.

f) Die von 2 verschiedenen Eigenfrequenzen herrührenden resultierenden Ausschläge zufällig auf die gleiche Drehzahl fallender Kritischer sind kleiner als die Summe derselben, wenn jeder für sich auftreten würde.

g) Es besteht im allgemeinen keine scharfe Proportionalität zwischen erregender Kraft und dem Ausschlage. Schwache erregende Kräfte rufen verhältnismäßig größere Ausschläge hervor als starke harmonische Kräfte bzw. mit andern Worten: Schwache Kritische werden entschieden weniger gedämpft als starke Kritische. Dieses Abweichen von der Proportionalität gilt, soweit sich dies bisher feststellen ließ, nur bei einem Vergleich von starken mit schwachen Kritischen, nicht dagegen bei einem Vergleich von schwachen Kritischen untereinander.

Wir wollen im folgenden noch kurz andeuten, wie man sich die Abhängigkeit des am freien Ende der Kurbelwelle ermittelten Ausschlags vom Quadrat der Schwingungszahl zu erklären versucht:

Bei niedriger Schwingungszahl liegt der Knotenpunkt der freien Schwingung ziemlich weit außerhalb der Kurbelwelle. Durch die Verdrehung der Kurbelwelle stellen sich deren Zapfen schief zur Achse und ebenso versucht sich als weitere Folge die an die Kurbelwelle sich anschließende längere Wellenleitung schief zu der dem unverdrehten Zustande entsprechenden Achslage zu stellen. Die Folge sind starke von den einzelnen Lagern ausgeübte Reaktionskräfte, von welchen wieder stark dämpfende Reibungen herrühren. Die Ausschläge an den Lagern — insbesondere den äußersten Lagern der Gesamtwellenleitung — und damit die Reaktionskräfte werden um so größer sein, je länger die Wellenleitung ist.

Je höher die Eigenfrequenz wird, um so mehr rückt der Schwingungsknotenpunkt — wir haben hierbei die 1. Eigenfrequenz im Auge — in die Kurbelwelle herein, um so kürzer wird aber ganz zwangläufig infolge der höheren Lage der Eigenfrequenz die gesamte Wellenleitung, d. h. um so geringer werden bei gleichem Drehmoment am Knotenpunkt also gleicher Schiefstellung die Ausschläge an den äußersten Lagern und damit die dort entstehenden Reaktionskräfte und endlich die dort durch Stöße und Reibung verlorengehende Schwingungsenergie sein.

Man gelangt also tatsächlich in Übereinstimmung mit der Erfahrung an Hand von einer sehr großen Anzahl ausgeführter Maschinen zu dem Schlusse, daß bei gleichen Maschinentypen und gleichen erregenden Kräften die Ausschläge am freien Ende um so größer sind, je höher die Schwingungszahl ist. Wir weisen auf diesen Punkt deshalb besonders hin, weil man auf Grund einer rein von der Schwingungsgeschwindigkeit abhängigen Dämpfung eigentlich das entgegengesetzte Resultat zu erwarten geneigt wäre.

Um diese Frage noch weiter zu klären, dürfte es sich empfehlen, an gleichartigen Maschinen mit möglichst verschiedener Lage der Eigenfrequenzen die Ausschläge durch zuverlässige torsiographische Messungen zu ermitteln. Die äußersten Grenzen wären etwa langsamlaufende Schiffsmaschinen und hochtourige Flugmotoren. Es steht zu erwarten, daß man auf diese Weise für die verschiedensten Bauarten in die Lage kommen wird, den ungefähren Ausschlag am freien Wellenende unmittelbar aus einem Kurvenblatt abzugreifen und so ohneweiteres die größte bei raschem Durchfahren der betreffenden Kritischen auftretende Beanspruchung angeben zu können. Es sei aber nochmals hervorgehoben, daß man auf diese Weise natürlich nur rohe Annäherungswerte erhalten kann, um die herum sich die experimentell erhaltenen Werte in Form eines Kurvenstreifens gruppieren.

Eine wichtige Dämpfung ist jene an den Propellerschaufeln von Schiffsanlagen. Frahm fand, daß diese Dämpfung genügend genau das Gesetz befolgt

$$K = k \cdot \omega \cdot a\,,$$

so daß für diese Dämpfung unsere früheren theoretischen Entwicklungen anwendbar sind. Der Dämpfungsfaktor ergab sich hierbei zu

$$k = \sim 3{,}8 \cdot \frac{W_m}{v_m}$$

entsprechend einem Widerstandsgesetz des Propellers $W_m = p \cdot v_m^{3,8}$. Hier ist W_m der zu der mittleren Geschwindigkeit v_m gehörende mittlere Widerstand.

Diese Propellerdämpfung spielt praktisch wohl ausschließlich bei der ersten Eigenfrequenz von Schiffsanlagen eine Rolle, hier aber eine so große, daß ihr Einfluß denjenigen anderer Dämpfungen entschieden überragt. Es rührt dies davon her, daß hier bei der 1. Eigenfrequenz der Ausschlag am Propellerwellenende außerordentlich viel größer ist als derjenige an irgendeiner anderen Stelle einschließlich des freien Kurbelwellenendes. Bei den höheren Eigenfrequenzen ist dagegen umgekehrt der Schwingungsausschlag am Propeller regelmäßig sehr klein gegenüber den an andern Stellen ermittelten Ausschlägen.

Bei weiteren Dämpfungen wäre insbesondere an die magnetelektrische bei Dynamomaschinen zu erinnern. Trotzdem sich hierbei ein recht großer Dämpfungsfaktor ergibt, spielt diese Dämpfung, wie die Erfahrung an Hand von umfanrgeichen torsiographischen Aufnahmen[1]) gezeigt hat, doch nur eine im allgemeinen untergeordnete Rolle. Es hängt dies damit zusammen, daß in praktisch allen Fällen die Dynamo eine im Vergleich zu den Motormassen sehr große Masse besitzt oder doch wenigstens dicht neben einer großen Masse — Schwungrad — sitzt und infolgedessen nur verhältnismäßig sehr kleine Ausschläge im Zustand der Eigenschwingung aufweist. Der kleine Ausschlag hat aber wieder kleine Dämpfungskraft zur Folge.

Eingehende Untersuchungen, wie groß die von andern Einflüssen herrührenden dämpfenden Kräfte sind, sind meines Wissens nicht vorhanden; es sei lediglich erwähnt, daß man bei Zentrifugalpumpenantrieb nicht zu weit fehlgeht, wenn man den von Propellern her bekannten Dämpfungsfaktor auf sie anwendet.

Bei langen Wellenleitungen spielt jedenfalls die innere Reibung des Baustoffes selbst eine sehr wichtige Rolle.

Für andere Schwingungsarten hat sich im Gegensatz zu den Verdrehungsschwingungen noch nicht das Bedürfnis herausgestellt, die dämpfenden Kräfte genauer zu kennen. Von Dämpfungen an Meßinstrumenten sehen wir hierbei ab, da wir uns darüber im Abschnitt „Theorie der Meßinstrumente“ noch verbreiten werden.

Schwingungsfestigkeit und Dämpfungsfähigkeit.

Es ist eine bereits aus dem täglichen Leben hinreichend bekannte Tatsache, daß eine oftmals wiederholte Belastung viel ungünstiger wirkt als eine einmalige, wenn auch dauernd wirkende Belastung. Besonders ungünstig wirkt eine fortwährend die Richtung wechselnde Beanspruchung, wie sie bei Schwingungen auftritt.

In wissenschaftlicher Form sind über diese Erscheinungen zwar bereits vor etwa 70 Jahren von Wöhler Untersuchungen angestellt worden. Auch sei bei dieser Gelegenheit auf die bekannte von C. Bach herrührende Tabelle über die zulässigen Spannungen, die sich unter anderen in der „Hütte“ befindet, hingewiesen: Für beliebig oft von einem größten positiven bis zu einem größten negativen Wert wechselnde Beanspruchungen läßt Bach nur den 3. Teil des Wertes zu, der ihm für ruhende Belastung tragbar erscheint.

In neuerer Zeit hat sich die Notwendigkeit herausgestellt, unsere Baustoffe auf ihre Schwingungsfestigkeit eingehend und systematisch zu untersuchen.

---

[1]) Hierbei wurden an einer gegebenen Maschine Torsiogramme bei verschiedenen Belastungen bis zu Leerlauf und auch bei unerregter Dynamo abgenommen und diese Versuchsreihe auch auf Maschinen mit anderen Zylinderzahlen ausgedehnt.

Im Maschinenbau kommt beinahe bei sämtlichen Konstruktionsteilen deren Schwingungsfestigkeit in Frage. Alle Maschinen sind Mechanismen, welche Bewegungen oder Arbeitsvorgänge in einem ganz bestimmten Zwang'auf ausführen, derart, daß die Arbeitsperiode nach Ablauf einer gewissen Zeit abgewickelt ist und sich stetig wiederholt, sind rhythmisch wechselnden Kräften ausgesetzt. Ebenso durchläuft die Beanspruchung der einzelnen Konstruktionsteile mit einer von der Drehzahl abhängigen Frequenz einen Kreisprozeß. Typische Beispiele sind: Die Pleuelstangen, Kurbelwellen und Gestelle von raschlaufenden Kolbenmaschinen. Auch Konstruktionsteile, welche zunächst rein statisch beansprucht erscheinen, unterliegen häufig einer schwingenden Belastung, z. B. die Verbände einer Brücke, über welche ein Zug fährt. Auf alle Fälle stellt die Beanspruchung durch schwingende Belastung die am meisten vorkommende Beanspruchungsart der Konstruktionsteile des Maschinenbaues und der verwandten Gebiete dar.

Die gewöhnliche statische Zugprüfung gewährt keinen hinreichenden Überblick über die Schwingungsfestigkeit. Man kann allgemein behaupten, daß im Maschinenbau nie ein Fall vorkommt, wo das Bruchaussehen eines Teiles, seine Längsdehnung und Querkontraktion auch nur einigermaßen den Verhältnissen entsprechen, die man bei der üblichen Zugprobe erhält. Auch die Kerbschlagprobe liefert uns lediglich ein Urteil über die allerdings wichtige Kerbfestigkeit, verschafft uns jedoch keinen Aufschluß über das Verhalten eines Materials bei Dauerschwingungsbeanspruchungen und die hierbei auftretenden Ermüdungserscheinungen. Hier hilft nichts als sich bei der Festigkeitsprüfmaschine möglichst den wirklich im Betrieb vorliegenden Verhältnissen anzupassen, d. h. die Dauerschwingungsfestigkeit festzustellen. Aus dieser Erkenntnis heraus begann man bereits vor mehreren Jahrzehnten Dauerprüfmaschinen zu bauen und mit denselben langwierige Versuche durchzuführen.

Hierbei hat sich zunächst gezeigt, daß das oben angegebene Verhältnis zwischen Schwingungs- und Bruchfestigkeit von 1 : 3 — letztere bei einmaliger statischer Belastung verstanden — nicht allgemein stichhaltig ist. Besonders ist aber von Wichtigkeit, daß die Schwingungsfestigkeit unterhalb der Elastizitätsgrenze und der Streckgrenze, die freilich für die meisten Materialien nicht genau ermittelt werden können, liegen kann.

Da eine einfache Beziehung zwischen Schwingungs- und statischer Bruchfestigkeit nicht vorhanden ist, genügen auch aus diesem Grunde zur Ermittlung der Schwingungsfestigkeit der einfache Zugversuch oder die Kerbschlagprobe nicht, man ist gezwungen, den Dauerversuch durchzuführen. Man hat in neuester Zeit den Zeitaufwand für einen solchen Dauerversuch dadurch abgekürzt, daß man die Schwingungszahl sehr weit steigerte. Versuche, die von Jannin in der Rev. Met. Bd. 21,

Jahrg. 1924, Nr. 12, S. 742—749 veröffentlicht worden sind, zeigen aber, daß die Schwingungsfestigkeit abhängt von der Frequenz der Beanspruchung. Bei einer Frequenz von 4100/min wurden bei gleicher Beanspruchung des Probestabes Bruchzeiten gemessen, die nur die Hälfte bis $^1/_5$ der Bruchzeit betrugen, die man bei einer Wechselzahl von 3000/min erhielt.

Will man die Schwingungsfestigkeit eines Baustoffes für einen gegebenen Fall wirklich einwandfrei feststellen, so ist also auch die Schwingungszahl, mit der der betreffende Baustoff im praktischen Betrieb beansprucht wird, zu berücksichtigen.

Für den Konstrukteur wird es, soweit er sich nicht auf Zahlen aus derartigen Dauerversuchen stützen kann, sondern lediglich auf statische Zerreißversuche oder auf Dauerversuche mit andern Frequenzen angewiesen ist, gut sein, als Schwingungsfestigkeit höchstens den 3. Teil der statischen Bruchfestigkeit zu wählen. Bei normalem Siemens-Martinstahl sollte man bei Biegungsbeanspruchung am besten unter 1200 kg/cm² und bei Drehbeanspruchung möglichst unter 900 kg/cm² bleiben. Die Schwingungsfestigkeit ist zwar höher und beträgt bei den im Maschinenbau vorkommenden Frequenzen bei Siemens-Martinstahl etwa 2000—2400 kg/cm² bei Biegung und etwa 1500 kg/cm² bei Drehung. Mit Rücksicht darauf, daß aber bei jedem Betrieb gelegentliche nicht vorauszusehende Überbeanspruchungen eintreten, die nicht gleich zu einer Zerstörung des betreffenden Teiles führen dürfen, wegen etwaiger nicht wahrgenommener Materialfehler und endlich deshalb, weil wir in vielen Fällen gar nicht in der Lage sind, die Beanspruchungen wirklich genau zu erfassen z. B. in Abrundungen, empfiehlt es sich aber, die eben angebenen niedrigeren Werte zu wählen.

Von anderen Baustoffen sei nur angeführt, daß bei Bronze sich eine Biegungsschwingungsfestigkeit von 1300 kg/cm², bei Edelstahlsorten eine solche von 3600—4450 kg/cm² ergab. Selbstredend schwanken diese Werte beträchtlich je nach Zusammensetzung.

Neben der Schwingungsfestigkeit spielt bei Schwingungen noch die Dämpfungsfähigkeit des Baustoffes eine erhebliche Rolle. Derselben ist bisher noch verhältnismäßig wenig Beachtung geschenkt worden, wiewohl sie für viele Fälle von erheblicher Wichtigkeit ist. Allerdings läßt sich im Gegensatz zur Schwingungsfestigkeit keineswegs sagen, daß derjenige Baustoff allgemein der bessere ist, der die größere Dämpfungsfähigkeit besitzt. Es kommt ganz auf den Verwendungszweck an. Für Ventilfedern wird man einen solchen mit geringer Dämpfung bevorzugen, während in allen Fällen, wo es sich um die Abfederung von Fahrzeugen handelt, ein solcher am Platze ist, der neben hoher Schwingungsfestigkeit eine große Dämpfungsfähigkeit besitzt, d. h. ein solcher, der die auftretende Schwingungsenergie durch Dämpfung in Wärme verwandelt und daher das Fahrzeug rasch zur Ruhe kommen läßt.

Leider liegen hinsichtlich der Dämpfungsfähigkeit noch keine genügend zahlreichen Versuchswerte vor.

Drehschwingungsmaschine von Föppl.

Für solche Fälle, wo es sich um Dämpfungsfähigkeit gegenüber Drehbeanspruchungen handelt, steht zu hoffen, daß mit Hilfe der von Dr. Föppl (Braunschweig) angegebenen Drehschwingungsmaschine in absehbarer Zeit genügende Ergebnisse gewonnen werden. Bei dieser Drehschwingungsmaschine wird ein Probestab *a* am Ende *b* festgehalten, am andern Ende trägt er eine Schwungscheibe *c*. Diese aus Stab und Schwungmasse bestehende Anordnung, die in Abb. 106 schematisch dargestellt ist, kann Verdrehungseigenschwingungen ausführen, deren minutliche Frequenz sich leicht berechnen läßt. Durch eine harmonische Drehkraft, welche am Umfang der Schwungmasse angreift und deren Wechselzahl in Resonanz mit der Eigenfrequenz des Stabes ist, wird die Anordnung dauernd in Schwingungen gehalten. Eine Wasserbremse, deren Wirkung abstufbar ist, sorgt dafür, daß der Winkelausschlag $\Delta\varphi$ der Schwungscheibe einen ganz bestimmten nicht zu großen Wert annimmt. Aus $\Delta\varphi$ und den Abmessungen des Probestabes kann die Größtbeanspruchung τ_{max} berechnet werden.

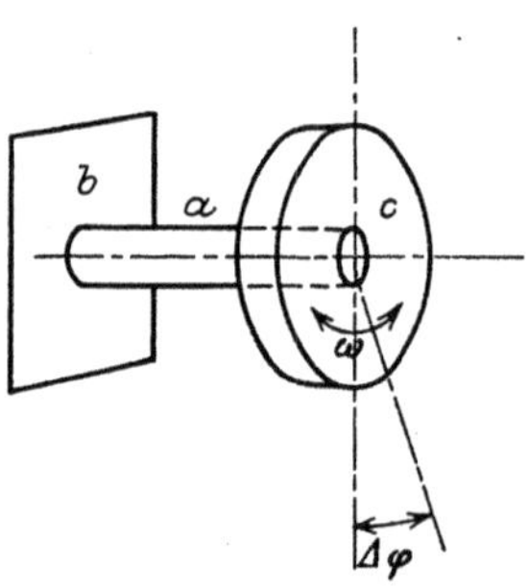

Abb. 106. Schema der Drehschwingungsmaschine von Föppl.

Die harmonische Drehkraft muß zur dauernden Aufrechterhaltung der Schwingung mit dem gegebenen Ausschlag $\Delta\varphi$ ständig soviel Energie abgeben, wie in der schwingenden Anordnung vernichtet wird. Der Energieverbrauch bei der Schwingung ist auf die beiden folgenden Ursachen zurückzuführen:

1. Auf äußere Einwirkungen (Wasserbremse, Lagerreibung, Luftreibung).
2. Auf die Reibungskräfte, die im Innern des Probestabes auftreten und eine Erwärmung desselben hervorrufen.

Ein Diagramm, das die Dämpfung γ in Abhängigkeit von der Beanspruchung τ darstellt, ist für verschiedene Baustoffe in Abb. 107 wiedergegeben. Hierbei stellt τ die größte, also am Umfang des runden Stabes auftretende Beanspruchung dar.

Die Dämpfung ist nun stark abhängig von der zugehörigen Schwingungsbeanspruchung. Die Gesamterwärmung des Stabes ist aber eine Folge der Dämpfung der verschiedenen Baustoffteilchen, die zusammengesetzt den Stab ergeben. Wegen des raschen Wärmeaustausches innerhalb des Probestabes kann aber nur die mittlere Erwärmung und infolgedessen auch nur die mittlere Dämpfung festgestellt werden.

Die in der Abb. 107 angegebenen Kurven beziehen sich daher auf die mittlere auf den ganzen Stab sich erstreckende Dämpfung und nicht auf die größte am Stabumfang auftretende.

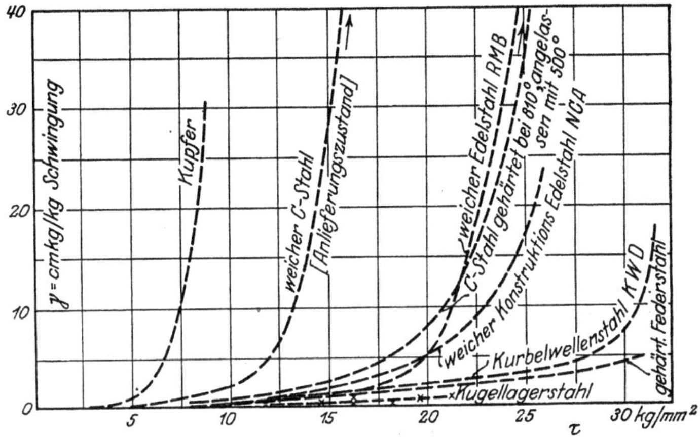

Abb. 107. Abhängigkeit der Dämpfung von der Beanspruchung.

Bei Betrachtung dieser Abbildung fällt sofort das stark verschiedene Verhalten der einzelnen Stahlsorten in bezug auf ihre Dämpfungsfähigkeit auf.

Dauerprüfmaschinen von Schenk.

Während die von Föppl gebaute Maschine der Untersuchung von Drehbeanspruchungen gilt, die mit den im Maschinenbau am häufigsten vorkommenden Frequenzen wechseln, ist von der Fa. Schenk, Darmstadt mit Unterstützung von Direktor Hahnemann, Berlin, in jüngster Zeit eine Prüfmaschine gebaut worden, bei der der Probestab wechselnden Zug- und Druckbeanspruchungen unterworfen wird. Im Gegensatz zur Föpplschen Vorrichtung ist hier die Wechselzahl außerordentlich hoch — 500/sek —, was den Vorteil bietet, daß Dauerergebnisse in kurzer Zeit erzielt werden. Man kann hier im allgemeinen auf Grund der Erfahrung sagen, daß ein Stab, der 2 Millionen Wechsel bei einer gegebenen Beanspruchung aushält, auch bei noch mehr Wechseln nicht brechen wird. Eine Wechselzahl von 2 Millionen ist aber bei der vorgesehenen Maschine bereits nach nahezu einer Stunde erreicht. Man erspart also Zeit und kann beispielsweise schon nach einem Tage ein umfassendes Urteil über die Dauerschwingungszugfestigkeit eines bestimmten Materials geben.

Die Schencksche Materialprüfmaschine besteht im wesentlichen aus dem von den Massen m_1 und m_2 und der Federung c gebildeten Schwingungssystem, dessen Eigenschwingungszahl auf 500 Perioden abgestimmt ist. An der Masse m_2 dieses Schwingungssystems wird der Prüfstab P festgespannt. Sein freies Ende ist an eine dritte Masse m_3

angeschlossen. Die Verhältnisse sind so gewählt, daß die Massen m_1 und m_3 etwa 20mal so groß sind wie die Masse m_2, so daß ihre Schwingungen gegenüber den Schwingungen der Masse m_2 zu vernachlässigen sind. Die Federung c ist etwa 20mal stärker gewählt als die Federung des Prüfstabes, so daß die Eigenschwingungszahl des gesamten Systems nach Einschaltung des Prüfstabes nur um wenige Prozent höher liegt als bei abgeschaltetem Prüfstab. Diese Maßnahme ist nötig, um den Einfluß der Elastizität des Prüfstabs auf das Schwingungssystem nach Möglichkeit auszuschalten und so die Maschine zur Prüfung aller möglichen Baustoffe geeignet zu machen.

Die Masse m_1 ist als massives Grundgestell ausgebildet, das auf ein Betonfundament unter Einschaltung einer isolierenden Zwischenlage (Filz) lose aufgestellt ist.

Die Masse m_2 trägt den Anker des Feldmagneten und ist mit dem freien Ende der Hauptelastizität c fest verschraubt. In dieser Masse ist eine Quecksilberdämpfung vorgesehen.

Die Hauptelastizität c besteht aus zwei konzentrischen knicksicheren Stahlrohren gleichen Querschnitts, deren Längsfederung benützt wird. Die Stahlrohre sind so bemessen, daß sie auch im ungünstigsten Falle, d. h. beim größten Schwingungsausschlag nicht höher als mit 1000 kg/cm² beansprucht werden.

Die Gegenmasse m_3 besteht aus einem Bügel und dient als Stützpunkt des freien Prüfstabendes. Sie muß so angeordnet sein, daß in der Betriebsstellung ihr Gewicht vollständig aufgehoben ist, so daß sie frei schwebt und keinerlei Zusatzbelastungen auf den Prüfstab überträgt.

Der Prüfstab besitzt aus wirtschaftlichen Gründen nur einen Durchmesser von 4 mm. Seine Einspannung geschieht mit Hilfe von Konen.

Mit Rücksicht auf die Erwärmung des Prüfstabes ist Ölkühlung vorgesehen.

Die Messung der Beanspruchungen des Prüfstabs erfolgt mittels eines elektrischen Schwingungsmessers. Hierbei soll eine Meßgenauigkeit von $^1/_2$ bis $^1/_4$ % erzielbar sein.

Die Vorrichtung eignet sich auch für niedrigere Frequenzen. Es entsteht hierbei wieder die Frage, ob die Dauerfestigkeit eines Baustoffes bei hoher Wechselzahl eine andere ist als bei niederer bzw. wie die Abhängigkeit ist. Soweit die bisherigen Versuche erkennen lassen, scheint eine solche Abhängigkeit, die je nach dem Baustoff verschieden ist, zu bestehen. Die Versuche sind allerdings noch zu spärlich, um nach dieser Richtung hin ein sicheres Urteil zu ermöglichen.

Während bei dieser Maschine der Prüfstab auf Zug und Druck beansprucht wird, findet bei einer anderen ebenfalls von Schenck, Darmstadt, hergestellten Maschine eine Dauerbiegprobe statt. Den konstruktiven Aufbau derselben zeigt Abb. 108.

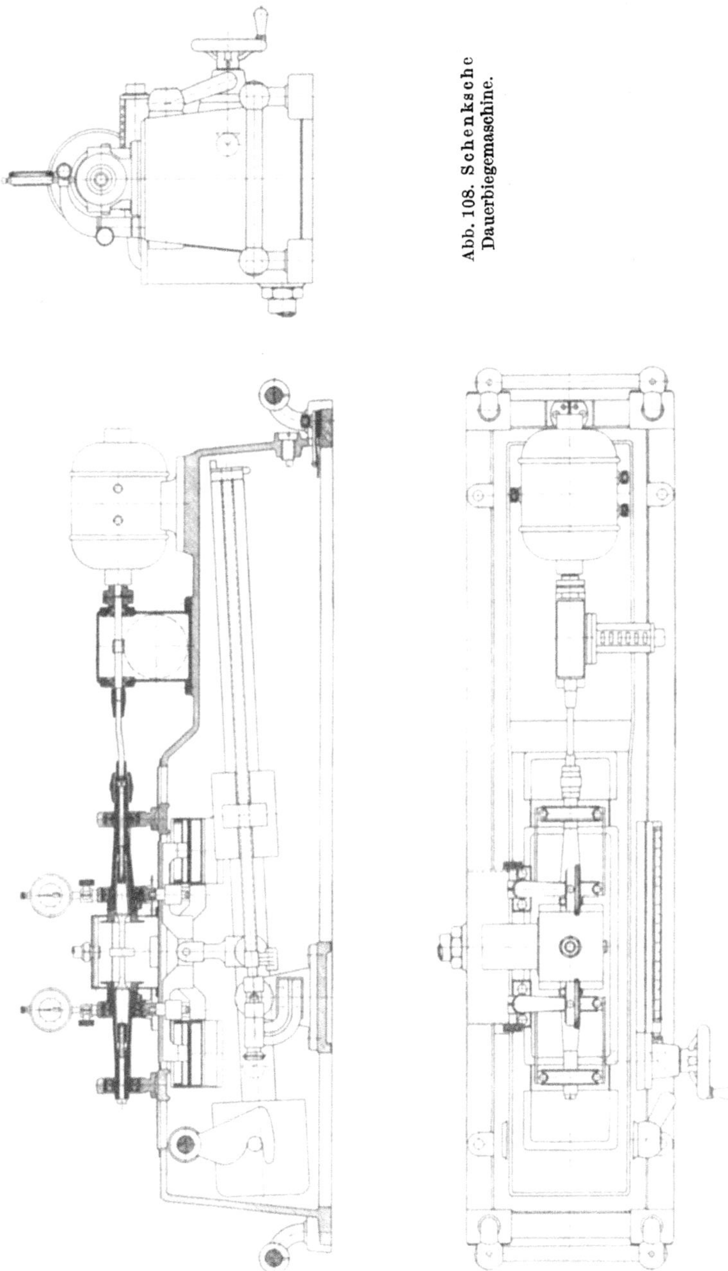

Abb. 108. Schenksche Dauerbiegemaschine.

Der Prüfstab mit den konischen Enden ist in derselben in der Mitte oben ersichtlich. Seine beiden Verlängerungsstücke sind kardanisch in

Kugeln gelagert. Der Prüfstab wird von oben her in die 4 Lagerköpfe eingelegt. Die beiden äußeren Lagerköpfe sind fest auf dem Maschinengehäuse aufgebaut, die beiden inneren Lagerköpfe hängen dagegen mit einer Belastungsvorrichtung im Innern des Maschinengehäuses zusammen. Der Belastungsmechanismus besteht aus einem Wagebalken mit Laufgewicht. Die Verschiebung des Laufgewichts kann an einer Skala unmittelbar als Beanspruchung in kg/mm² abgelesen werden.

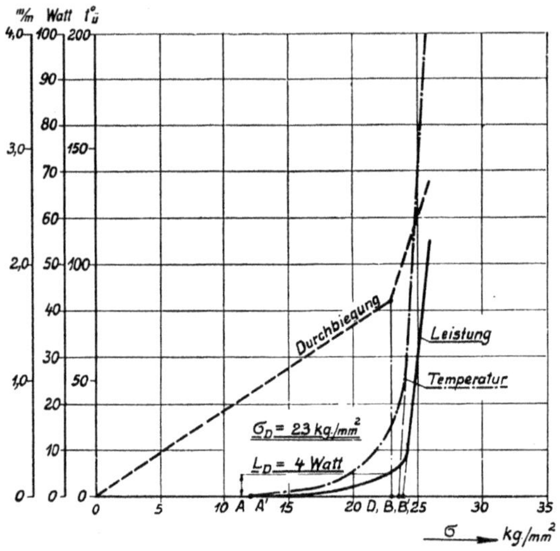

Abb. 109. Energieaufnahme eines Siemens-Martinstahles.

Der Antrieb erfolgt durch einen Gleichstrommotor mit Zählwerk, das die Gesamtzahl der zurückgelegten Umdrehungen abzulesen gestattet.

Auf den beweglichen Lagerköpfen sind Meßuhren zur Ermittlung der Durchbiegung des Prüfstabes angebracht.

Die Erwärmung des Stabes kann durch ein in der Mitte der Einschnürung aufgesetztes Thermoelement gemessen werden. Der Prüfstab kann jedoch auch mit Öl gekühlt werden.

Im Moment des Bruches schlägt der Wagebalken der Belastungsvorrichtung im Innern des Maschinengehäuses gegen einen Kontakt und schaltet so automatisch den Strom des Antriebsmotors aus. Infolge der geringen Größe des Elektromotors bleibt die Maschine fast augenblicklich stehen. Auf diese Weise ist es bei Dauerversuchen möglich, die Maschine auch über Nacht ohne Aufsicht laufen zu lassen.

Die Hauptaufgabe der Maschine besteht in der Praxis darin, ein vorliegendes Material auf einen vorgeschriebenen Festigkeitswert hin nachzukontrollieren. Bei einem derartigen Kontrollversuch handelt es sich im wesentlichen darum, die Energieaufnahme des Prüfstabes bei verschiedenen Belastungen zu ermitteln. Eine so für einen Prüfstab aus Siemens-Martinstahl erhaltene Kurve stellt Abb. 109 dar. Diese Kurve hat allgemein die Gestalt eines geöffneten Winkels mit stumpfem Scheitel. Durch Anlegen der Tangente findet man die Ermüdungsfestigkeit, im vorliegenden Falle $\sim$ 24 kg/mm².

Feststellung der erregenden Kräfte.
Harmonische Analyse.

Bei sämtlichen bis jetzt behandelten Erscheinungen sind wir, soweit erregende Kräfte in Frage kamen, fast immer von einer sinusförmigen oder, wie man auch zu sagen pflegt, harmonischen Kraft ausgegangen. In Wirklichkeit sind natürlich die Kräfte, welche Schwingungen erzeugen, keineswegs von so einfachem Verlaufe. Die Biegungsschwingungen von Dampfturbinenfundamenten sind einer der seltenen Fälle, wo tatsächlich mit genügender Annäherung als erregende Kraft für Horizontalschwingungen die sinusförmige Horizontalkomponente der Fliehkraft der rotierenden Welle und für Vertikalschwingungen die ebenfalls harmonisch wechselnde Vertikalkomponente der Fliehkraft eingesetzt werden kann. In den meisten andern Fällen jedoch besitzen die erregenden Kräfte einen sehr verwickelten zeitlichen Verlauf. Im Vorausgehenden wurde bereits gezeigt, daß gefährliche Schwingungen im allgemeinen nur entstehen können, wenn die erregenden Kräfte dauernd auf das Massensystem einwirken, weil bei vorübergehender Einwirkung etwa entstandene Schwingungen durch die Dämpfung rasch zum Erlöschen kommen und keinerlei Anwachsen der Ausschläge wie etwa bei Resonanz eintreten kann. Statische Kraftwirkungen wollen wir aber, weil nicht in den Rahmen dieses Werkes fallend, ausdrücklich ausschließen. Bei Stößen treten zwar im allgemeinen auch Schwingungen ein, jedoch ist die Höchstbeanspruchung bereits erfolgt, wenn die Schwingungen einsetzen.

Wir betrachten also nun erregende Kräfte von periodischem Verlauf. Solche gibt es in außerordentlicher Mannigfaltigkeit.

Bei Verdrehungsschwingungen von Kraftmaschinenwellen sind es die ungleichmäßigen Drehkräfte, welche von den Kolben herrühren und an den Kurbelzapfen angreifen. Bei Biegungsschwingungen von Schiffen sind es, wie oben erwähnt, die freien Massenkräfte der rotierenden und insbesondere der hin- und hergehenden Teile der Maschine, ferner Massenwirkungen des Propellers sowie der Umstand, daß das Wasser auf die Schaufeln infolge der nach hinten sich verjüngenden Schiffsform nicht parallel zur Wellenachse, sondern schief strömt; weiter kommen dazu Wirkungen der freien Massendruckmomente, die Reaktion der ungleichmäßigen Drehkräfte, von Hilfsmaschinen ausgehende Ursachen und endlich der Wogengang.

In allen diesen Fällen geht man in der Weise vor, daß man zunächst sämtliche erregende Ursachen so genau als möglich zahlenmäßig in ihrem zeitlichen Verlaufe ermittelt. In einer Reihe von Fällen und gerade den wichtigeren ist dies glücklicherweise recht gut möglich.

Bei Verdrehungsschwingungen von Kraftmaschinenwellen läßt sich z. B. die erregende Ursache, d. h. das Drehkraftdiagramm für alle Drehzahlen bzw. Belastungen leicht nach bekannten Verfahren genau ermitteln.

Für solche Leser, die dasselbe noch nicht kennen sollten, sei dasselbe kurz wiedergegeben:

Konstruktion der Tangentialkraft *T* aus der Kolbenkraft *K*.

Gegeben seien, abhängig vom Kolbenhub, der Verlauf der auf den Kolben wirkenden Gasdrücke, sowie Kolbendurchmesser d, Hub $2r$ und Treibstangenlänge l.

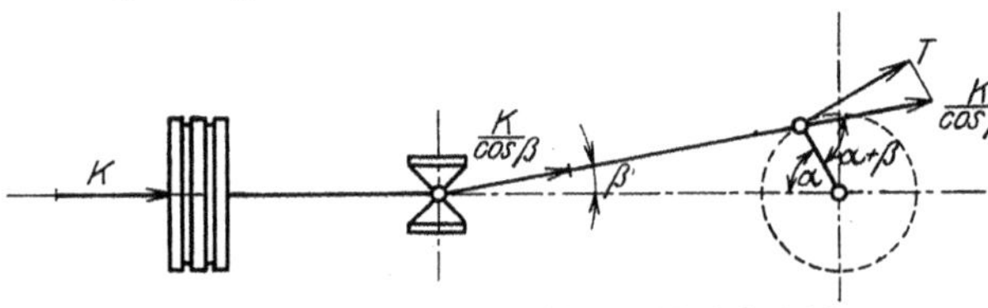

Abb. 110. Schema eines zentrischen Kurbelgetriebes.

In Abb. 110 bezeichnet β den Winkel zwischen der Zylinderachse uud der Treibstange, α denjenigen zwischen der Zylinderachse und der Kurbel. Sowohl für den Hin- als auch für den Rückgang ist dann

$$1. \quad T = \frac{K}{\cos\beta} \cdot \sin(\alpha \pm \beta)\,. \tag{62}$$

Ferner besteht nach Abb. 111 die Beziehung

$$2. \quad x : r = \sin(\alpha \pm \beta) : \sin(\beta + 90^0)$$
$$= \sin(\alpha \pm \beta) : \cos\beta$$

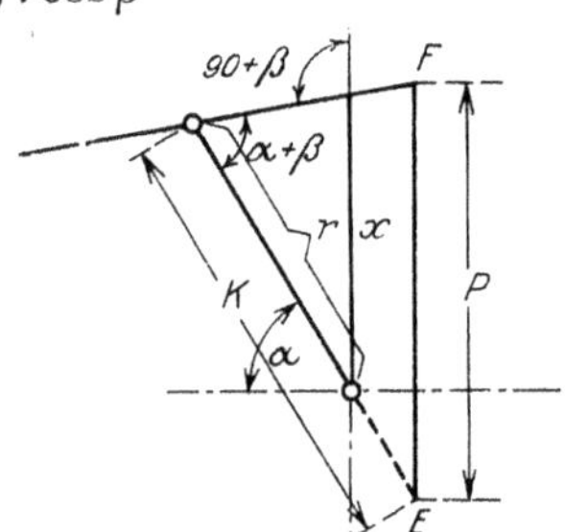

Abb. 111. Konstruktion der Tangentialkraft aus dem Kolbendruck.

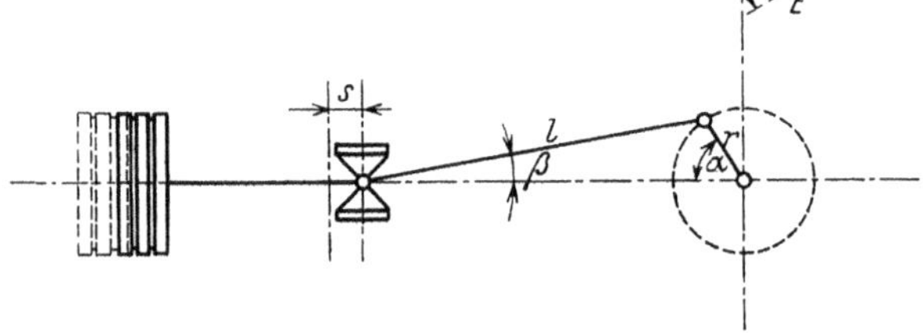

Abb. 112. Ermittlung der Wege, Geschwindigkeiten und Beschleunigungen.

Da aber nach 1.

$$\frac{\sin(\alpha \pm \beta)}{\cos \beta} = \frac{T}{K}$$

ist, so ergibt sich

$$\frac{x}{r} = \frac{P}{K}. \tag{63}$$

Tragen wir also die Kolbenkraft K direkt vom Kurbelzapfen Z aus gegen die Drehachse D hin ab, so erhalten wir, wenn wir im Endpunkt E das Lot errichten, durch die Strecke EF die gesuchte Drehkraft P.

Massendrücke.

Dieselben sind neben den Gasdrücken noch zu berücksichtigen.

Im Falle eines normalen zentrischen Kurbelgetriebes ergibt sich nach Abb. 112 als Beziehung zwischen Kolbenweg und Kurbelwinkel α

$$s = r(1 - \cos\alpha) \pm l(1 - \cos\beta).$$

Ferner ist $l \cdot \sin\beta = r \cdot \sin\alpha$.

Bezeichnen wir das sog. Treibstangenverhältnis $\frac{r}{l} = \frac{\text{Kurbelradius}}{\text{Treibstangenlänge}}$ mit λ, so wird daraus

$$\sin\beta = \lambda \sin\alpha$$

und

$$\cos\beta = \sqrt{1 - \lambda^2 \cdot \sin^2\alpha} = 1 - \frac{1}{2}\lambda^2 \cdot \sin^2\alpha - \frac{1}{8}\lambda^4 \cdot \sin^4\alpha \ldots,$$

d. h.

$$s = r(1 - \cos\alpha) \pm \frac{1}{2} \cdot r\lambda \cdot \sin^2\alpha \pm \frac{1}{8} \cdot r\lambda^3 \cdot \sin^4\alpha. \tag{64}$$

Die Geschwindigkeit v folgt daraus durch Differentiation nach der Zeit zu

$$v = r \cdot \omega \cdot \left(\sin\alpha \pm \frac{1}{2}\lambda \cdot \sin 2\alpha \pm \frac{1}{2}\lambda^3 \cdot \sin^3\alpha \cdot \cos\alpha\right). \tag{65}$$

Hierbei ist $\omega = \frac{n \cdot \pi}{30}$, wobei unter n die minutliche Drehzahl verstanden sei. Endlich ergibt sich daraus die Beschleunigung zu

$$b = r \cdot \omega^2 \left(\cos\alpha \pm \lambda \cos 2\alpha \pm \frac{1}{2} \cdot \lambda^3 \sin 2\alpha\,(2\cos^2\alpha + \cos 2\alpha)\right) \tag{66}$$

Statt $r \cdot \omega^2$ können wir natürlich auch $\frac{v^2}{r}$ schreiben. Für r und l in m ergibt sich b in m/sek². Wenn wir von dem 3. Glied, das nur sehr klein ist und im allgemeinen ruhig vernachlässigt werden kann, absehen, so erhalten wir für die Konstruktion der Massendrucklinie folgendes einfache Verfahren:

1. Im oberen oder äußeren Todpunkt wird

$$b = r \cdot \omega^2 (\cos\alpha + \lambda \cos 2\alpha)$$
$$= r \cdot \omega^2 (1 + \lambda)\,.$$

2. Im untern oder inneren Todpunkt dagegen

$$b = r \cdot \omega^2 (\cos\alpha - \lambda \cos 2\alpha)$$
$$= r \cdot \omega^2 (1 - \lambda)\,.$$

3. Für $\alpha = 90^0$ wird

$$b = r \cdot \omega^2 (-\lambda \cdot \cos 2\alpha)$$
$$= -\lambda \cdot r \cdot \omega^2\,.$$

Für ein Treibstangenverhältnis $\lambda = {}^1/_3$ bzw. ${}^1/_4$ bzw. 1 : 6 bzw. 1 : ∞ erhalten wir so für ein gegebenes $r \cdot \omega^2$ die in Abb. 113 wiedergegebenen Kurven.

Soweit es sich um Schwingungen handelt, die von den Massenkräften der hin- und hergehenden Triebwerksteile eines Zylinders, d. h. vom Kolben samt Treibstangenanteil bzw. bei Kreuzkopfmaschinen von Kolben, Kolbenstange, Kreuzkopf und Treibstangenanteil herrühren, könnten wir ohne weiteres von der eben angegebenen Beschleunigungsformel ausgehen.

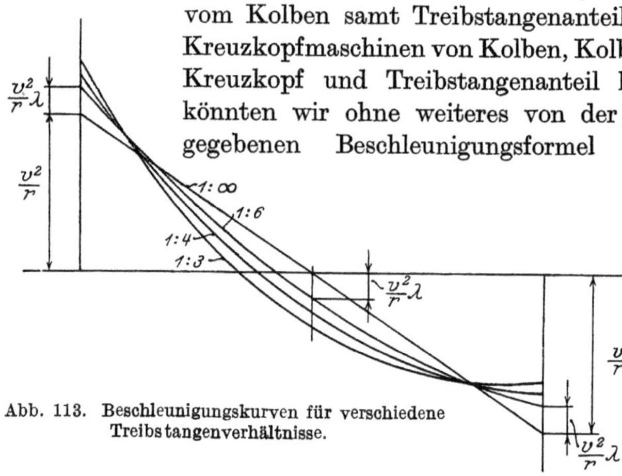

Abb. 113. Beschleunigungskurven für verschiedene Treibstangenverhältnisse.

Um die erregende Kraft — in diesem Falle die sog. freie Massenkraft — zu erhalten, wäre lediglich die Summe $\frac{G_0}{g}$ aller dieser Massen mit der Beschleunigung zu multiplizieren. Die Massen geben wir zweckmäßig hierbei in $\frac{\text{kg/sek}^2}{\text{cm}}$ an, dividieren also das Gewicht G_0 der hin- und hergehenden Triebwerksteile mit 981, in welchem Falle natürlich die Beschleunigung bzw. der Radius r ebenfalls in cm/sek² bzw. in cm einzusetzen sind.

Für den Anteil der Treibstange an den hin- und hergehenden Massen ist die Lage des Schwerpunktes maßgebend. Im allgemeinen darf man 40 % des gesamten Treibstangengewichtes als hin- und hergehend und 60 % als rotierend annehmen. Es steht natürlich nichts im Wege, den Schwerpunkt experimentell genau zu bestimmen und dadurch den Treibstangenanteil genauer zu berücksichtigen. So ergab sich z. B.

für normale Dieselmaschinen mit Plungerkolben 38 % als hin- und hergehender Anteil. Eine allzu weit getriebene Genauigkeit in der Bestimmung des Schwerpunktes hat übrigens keinen Zweck, da streng genommen an Stelle des Schwerpunktes ein Punkt in Betracht käme, dessen Lage gefunden wird, wenn man sich die Treibstange hinsichtlich ihrer Massenwirkung durch ein Dreipunktsystem ersetzt denkt, wobei der eine mit dem Kurbelzapfen, der andere mit dem Kreuzkopfzapfen zusammenfällt, während der 3. der gesuchte Punkt ist. Für alle praktisch vorkommenden Fälle kann man aber unbedingt von der Zerlegung nach dem umgekehrten Verhältnis der beiden Schwerpunktsabstände von den Zapfen ausgehen.

Beschleunigung beim exzentrischen Kurbelgetriebe.

Für manche Fälle wird an Stelle des üblichen zentrischen Kurbelgetriebes das exzentrische oder desaxiale angewendet, wobei die Kurbelwelle um die Exzentrizität e gegen die Zylindermitte versetzt ist.

Hier wird nach Abb. 114 der Kolbenweg

$$s = x_0 - r\cos\alpha - x_1 .$$

x_1 folgt aus der Beziehung:

$$x_1^2 = l^2 - (e + r\cdot\sin\alpha)^2$$

$$= l\left[1 - \frac{1}{2}\left(\frac{e + r\cdot\sin\alpha}{l}\right)\right]^2 .$$

x_0 ist gleich $\sqrt{(l+r)^2 - l^2}$.

Diese Gleichung ist nur angenähert, da wir das 3. und die folgenden Glieder der Reihe weggelassen haben. Um dem Leser einen Überblick zu geben, wie groß der durch Vernachlässigung des 3. Gliedes entstehende Fehler ist, sei erwähnt, daß derselbe für $\lambda = \frac{1}{3}$ und $\frac{e}{l} = \frac{1}{5}$, was eine außerordentlich große, praktisch kaum je vorkommende, Exzentrizität bedeutet, nur 3,48 ‰ ausmacht.

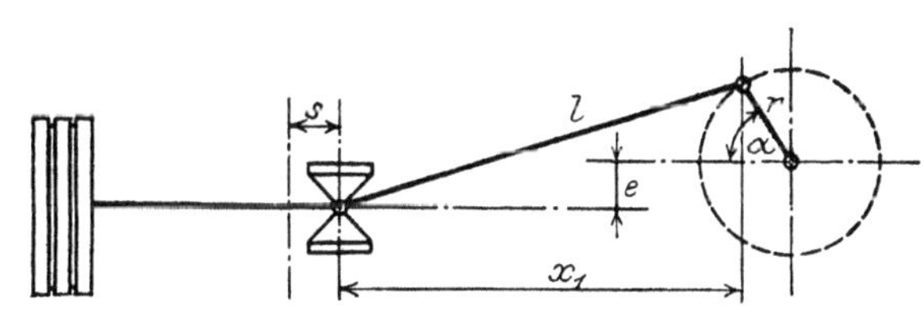

Abb. 114. Exzentrisches Kurbelgetriebe.

Wir erhalten nun durch Einsetzen von x_1 in die Gleichung für den Kolbenweg s

$$s = x_0 - r\cdot\cos\alpha - l\left[1 - \frac{1}{2}\left(\frac{a + r\cdot\sin\alpha}{l}\right)^2\right]. \qquad (67)$$

Daraus ergibt sich durch Differentiation die Geschwindigkeit

$$v = \omega\cdot r\left[\sin\alpha + \frac{e}{l}\cos\alpha + \frac{1}{2}\lambda\cdot\sin 2\alpha\right] \qquad (68)$$

und die Beschleunigung

$$b = \omega^2 \cdot r \left[\cos\alpha - \frac{e}{l} \cdot \sin\alpha + \lambda \cdot \cos 2\alpha\right]. \tag{69}$$

Es ist also gegenüber dem zentrischen Kurbelgetriebe noch ein 3. Glied mit dem Faktor $\frac{e}{l}$ dazu getreten.

Für andere Getriebe ist am besten nach graphischen Verfahren die Beschleunigung abhängig von der Kurbelstellung bzw. der Zeit zu ermitteln. Ich gehe auf dieselben nicht ein, da alle andern Getriebe gegenüber den Schubkurbelgetrieben an Bedeutung und Verbreitung fast ganz zurücktreten. Für den Leser, der aber doch einmal mit den freien Massenkräften solcher Getriebe zu tun haben sollte, sei aber erwähnt, daß dieselbe an Hand der einschlägigen Werke über Kinematik für die meisten Getriebe nicht schwierig, wohl aber etwas zeitraubend ist.

Zusammenwirken mehrerer Zylinder.

Wir haben beim zentrischen Schubkurbelgetriebe bereits gesehen, daß die Massenkraft eines Zylinders unter Vernachlässigung des sehr kleinen 3. Gliedes sich zeitlich aus zwei harmonisch verlaufenden Kräften zusammensetzt, von denen die eine so oft wie die Drehzahl der Maschine wechselt — (Glied $r \cdot \omega^2 \cdot \cos\alpha$) —, während die andere doppelt so rasch wechselt (Glied $r \cdot \omega^2 \cdot \lambda \cdot \cos 2\alpha$).

Besteht die Kraftmaschinenwelle aus mehreren Kurbeln etwa *I*, *II* und *III*, von denen *II* gegen *I* um den Winkel γ und *III* gegen *I* um den Winkel δ versetzt sei, so folgt ohne weiteres aus der obigen Gleichung, daß die einmal pro Umdrehung wechselnden Anteile an den Massenkräften dieser Zylinder gegenüber derjenigen des Zylinders *I* um γ^0 bzw. δ^0 versetzt sind. Ebenso sind die 2mal pro Umdrehung wechselnden Anteile um $2\gamma^0$ bzw. $2\delta^0$ gegenüber *I* versetzt. Wir bezeichnen der Kürze halber das einmal pro Umdrehung wechselnde Glied mit T_∞, weil es auch bei unendlicher Treibstangenlänge in Betracht kommt, dagegen das 2mal so rasch wechselnde Glied mit T_e, weil es den Einfluß der endlichen Länge der Treibstange berücksichtigt. Die Gesamtwirkung der von mehreren Kurbeln herrührenden Glieder T_∞ läßt sich nun leicht vektoriell durch Aneinandersetzen der einzelnen Kräfte nach Größe und Richtung darstellen. Das gleiche läßt sich auch für die sog. Massenkraft 2. Ordnung, d. h. das 2mal pro Umdrehung wechselnde Glied T_e durchführen.

Dabei gibt die resultierende Kraft — nach Größe und Richtung richtig aufgetragen — nicht nur an, in welchem Moment bzw. in welcher Stellung der Kurbeln zur Vertikalen die größte resultierende Kraft 1. oder 2. Ordnung auftritt, sondern man kann auch unmittelbar für jede andere Stellung der Kurbelwelle durch Multiplikation mit dem

Sinus des Drehwinkels, der von der Stellung des Größtwertes der Resultierenden an gerechnet zurückgelegt wurde, die jeweilige Kraft unmittelbar bestimmen.

Beispiel. Bei einer 2-Zylindermaschine mit gleich großen hin- und hergehenden Massen mit 90° Kurbelversetzung ergibt sich z. B. die resultierende Massenkraft 1. Ordnung nach Abb. 117 zu $\frac{G_0}{g} \cdot \omega^2 \cdot r \cdot \sqrt{2}$, weil die beiden Kräfte um 90° zeitlich zueinander versetzt sind. Dieselbe tritt ein, wenn die eine Kurbel 45° nach und die andere 45° vor dem oberen Todpunkt steht. Schreiten die Kurbeln in der Drehbewegung z. B. um 30° weiter fort, so ergibt sich hierfür für die resultierende Massenkraft 1. Ordnung $\frac{G_0}{g} \cdot \omega^2 \cdot r \cdot \sqrt{2} \cdot \cos 30^0$.

Die Massenkraft 2. Ordnung ist bei dieser Kurbelversetzung dauernd Null.

Für einige in der Praxis besonders wichtige Fälle ist dies für das zentrische Kurbelgetriebe in den Abb. 115—121 geschehen. Die Ergebnisse sind in der 3. und 4. Reihe der nachfolgenden Tabelle zusammengestellt.

Zylinder-Zahl	Kurbel-Winkel	Resultierende Massenkraft		Resultierende Massendruck-Momente	
		1. Ordnung R_∞	2. Ordnung R_e	1. Ordnung R_∞	2. Ordnung R_e
2	0°	$\frac{G_0}{g} \cdot \omega^2 \cdot r \cdot 2$	$\frac{G_0}{g} \cdot \omega^2 \cdot r \cdot \lambda \cdot 2$	0	0
2	180°	0	$\frac{G_0}{g} \cdot \omega^2 \cdot r \cdot \lambda \cdot 2$	$P_\infty \cdot l$	0
2	90°	$\frac{G_0}{g} \cdot \omega^2 \cdot r \cdot \sqrt{2}$	0	$\sqrt{2} \cdot P_\infty \cdot \frac{l}{2}$	$\sqrt{2}\, P_e \cdot \frac{l}{2}$
3	120°	0	0	$\sqrt{3} \cdot P_\infty \cdot l$	$\sqrt{3} \cdot P_e \cdot l$
4	180° und 0°	0	$\frac{G_0}{g} \cdot \omega^2 \cdot r \cdot \lambda \cdot 4$	0	0
4	180° und 90°	0	0	$\sqrt{2} \cdot P_\infty \cdot l$	$4 \cdot P_e \cdot l$
5	72°	0	0	$4{,}25 \cdot P_\infty \cdot l$	$2{,}63\, P_e \cdot l$
6	120° und 0°	0	0	0	0

Die für Mehrzylindermaschinen angegebenen Kurbelversetzungen sind die günstigsten, die man bei der betreffenden Zylinderzahl unter der Voraussetzung gleich großer Triebwerksteile und gleichmäßigen Drehkraftdiagrammes erhalten kann.

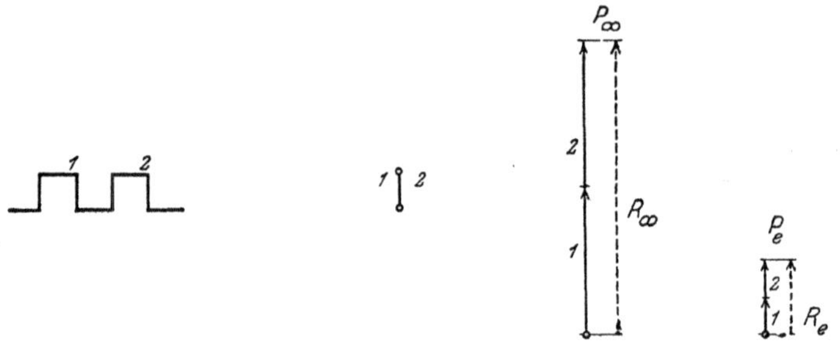

Abb. 115.

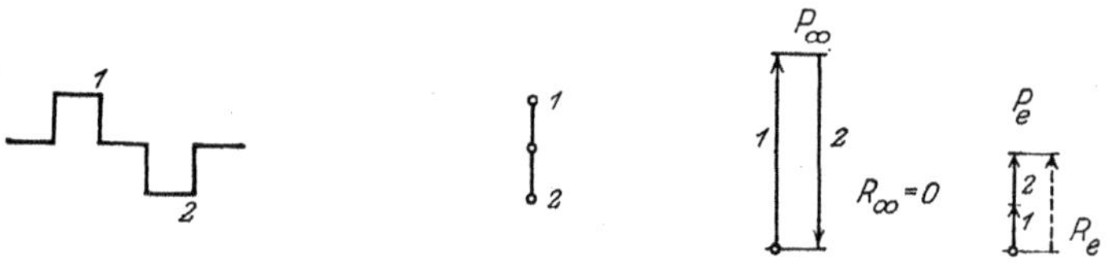

Abb. 116.

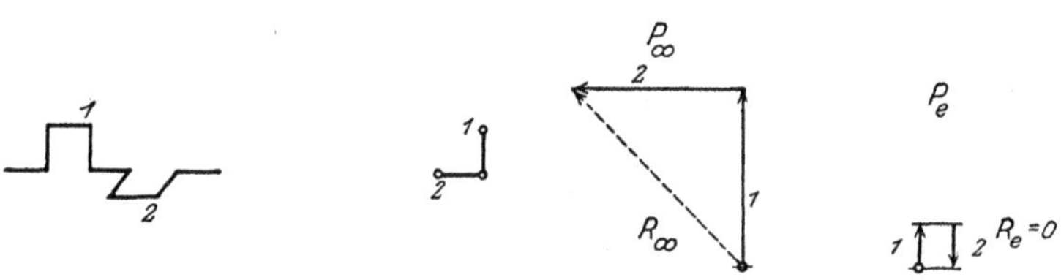

Abb. 117.

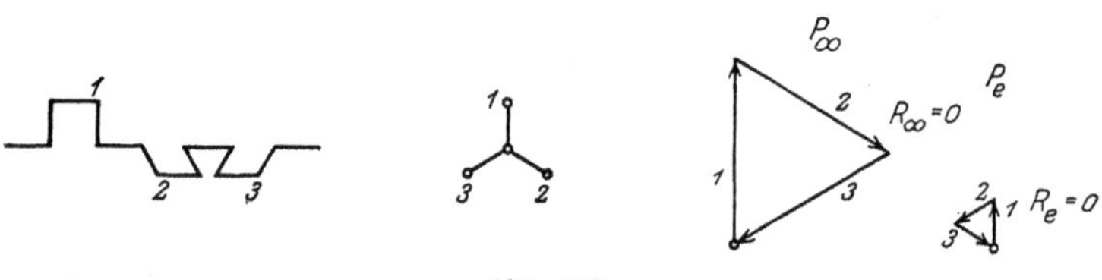

Abb. 118.

Abb. 115 bis 118. Massenkräfte 1. und 2. Ordnung für verschiedene Kurbelversetzungen.

Besonders hervorgehoben seien der Zweizylindermotor mit 0^0 Kurbelversetzung und der Vierzylindermotor mit 180^0 bzw. 0^0 Kurbelwinkel, die beide verhältnismäßig große freie Massenkräfte geben.

Neben den freien Massenkräften können auch die Massendruckmomente Ursache von Schwingungen, von Erschütterungen sein. Diese Massendruckmomente entstehen dadurch, daß bei Mehrzylindermaschinen die Massenkräfte an verschiedenen Stellen angreifen. Da Momente immer nur eine Drehung um den Schwerpunkt, aber keine Verschiebung desselben hervorrufen, geht man für deren Ermittlung zweckmäßig vom Schwerpunkt, d. h. der Maschinenmitte aus und bildet also das Produkt $T \cdot l$ für jede einzelne Massenkraft und jede Kurbelstellung. Hierbei ist l der Abstand der betreffenden Massenkraft von der Maschinenmitte, z. B. bei einer Dreizylindermaschine mit gleichen Kurbeln für die beiden äußeren Kurbeln der Zylinderabstand, für die mittlere Null. Abstände, die nach entgegengesetzten Richtungen

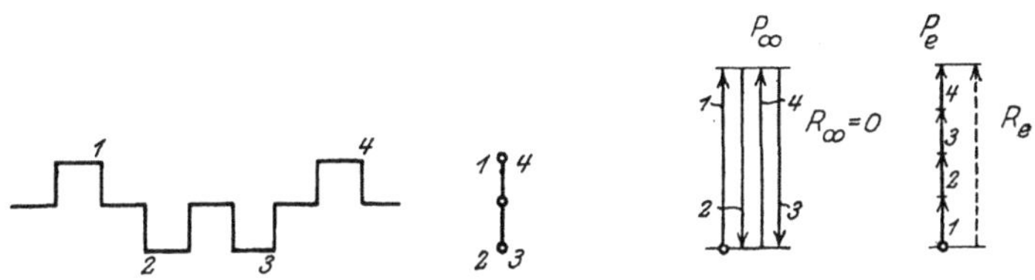

Abb. 119.

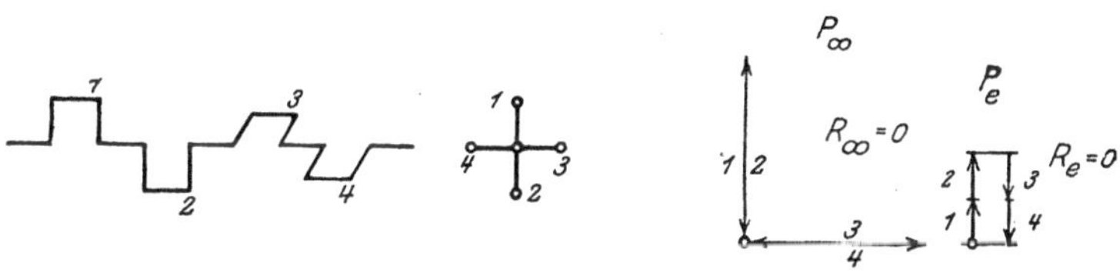

Abb. 120.

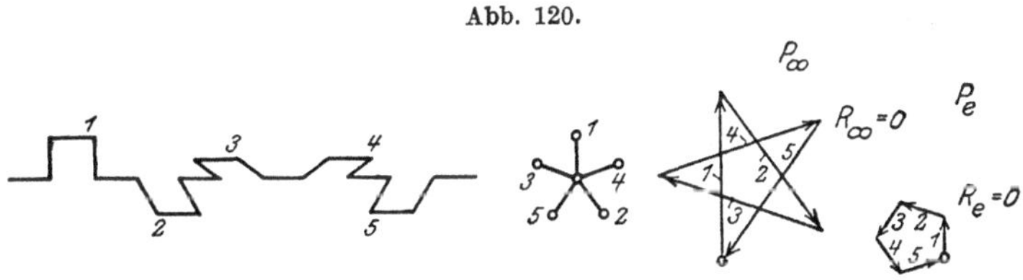

Abb. 121.

Abb. 119 bis 121. Massenkräfte 1. und 2. Ordnung für verschiedene Kurbelversetzungen.

gehen, sind natürlich mit verschiedenen Vorzeichen einzusetzen. Wählt man also für die links von der Maschinenmitte befindlichen Zylinderabstände das positive Vorzeichen, so erhalten die rechts davon befindlichen das negative.

Diese Momente können genau so wie die freien Kräfte zu einem Momentenplan zusammengesetzt werden. Auf Grund dessen ergeben sich für die zuvor angeführten wichtigeren Kurbelversetzungen Diagramme nach Abb. 122—126.

In der vorhergehenden Tabelle sind die zugehörigen Restmomente 1. und 2. Ordnung in Reihe 5 und 6 zusammengestellt.

Wir sind nunmehr in der Lage, bei sonst gegebenen Verhältnissen die von den freien Kräften bzw. den Massendruckmomenten herrührenden

Schwingungsausschläge zu berechnen. In der Praxis sind freilich sowohl die elastischen Kräfte als auch die Massen selten so genau gegeben, daß sich die Berechnung empfehlen würde. Man denke z. B.

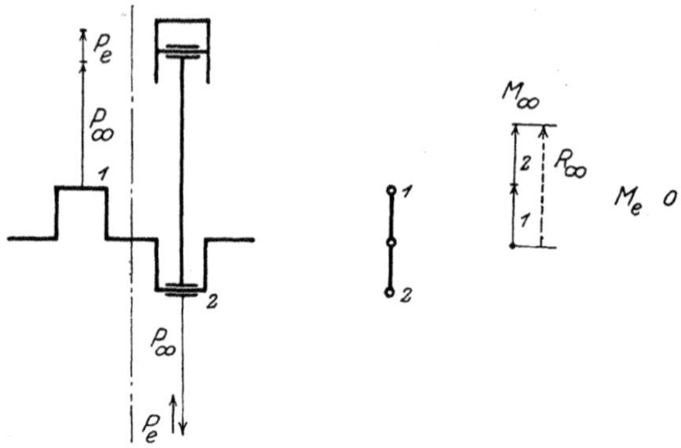

Abb. 122.

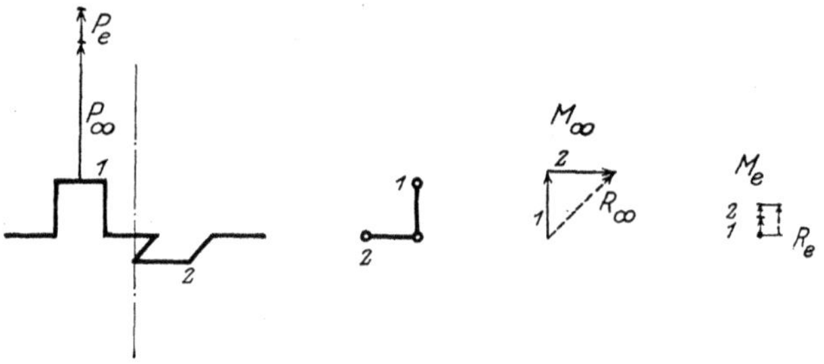

Abb. 123.

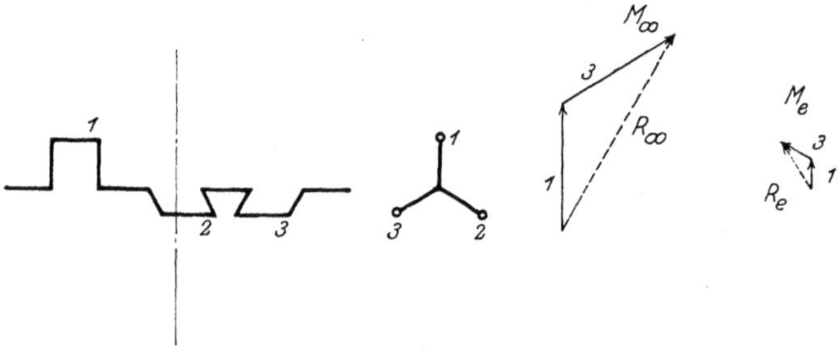

Abb. 124.

Abb. 122 bis 124. Massendruckmomente 1. und 2. Ordnung für verschiedene Kurbelversetzungen.

bei Maschinenfundamenten an die Elastizität des Erdreichs, die je nach dessen Zusammensetzung schwankt und auch von der örtlichen Verteilung rings um das Fundament bzw. von der Witterung und vom Grundwasserstande abhängig sein kann. Aus diesem Grunde begnügt man sich daher im allgemeinen damit, die freien Kräfte und Momente rechnerisch zu ermitteln und Ausführungen mit großen freien Kräften in solchen Fällen, wo auf Grund anderweitiger Erfahrungen Bedenken bestehen, möglichst zu vermeiden.

Bei desaxialer Anordnung der Zylinder gegenüber der Kurbelwelle kommt noch die von dem Glied $\frac{e}{l} \cdot \sin \alpha$ herrührende zusätzliche freie Massenkraft bzw. das zugehörige Massendruckmoment in Frage. Für Mehrzylindermaschinen können diese Glieder genau so wie vorhin die

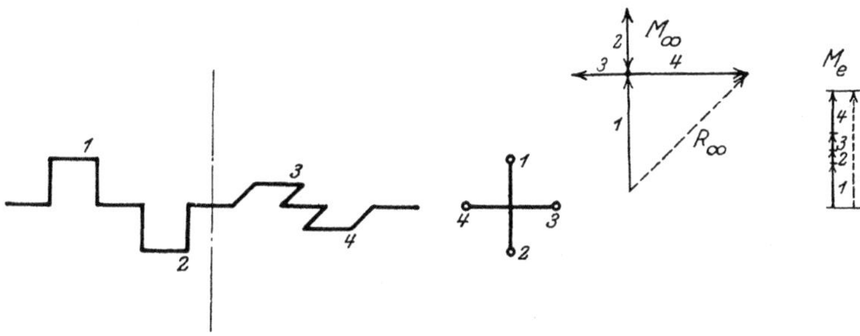

Abb. 125.

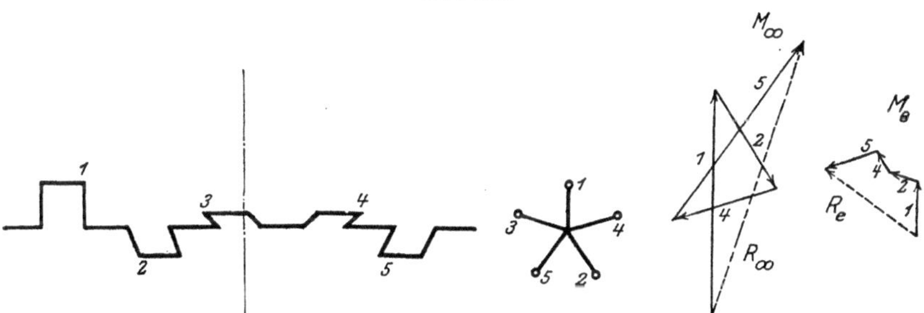

Abb. 126.

Abb. 125 u. 126. Massendruckmomente 1. und 2. Ordnung für verschiedene Kurbelversetzungen.

andern Glieder nach Größe und Richtung aneinandergereiht werden, um die resultierende freie Massenkraft zu erhalten.

Da jedoch unter den Maschinen mit beachtenswerteren freien Massenkräften diese exzentrische Anordnung nur bei Mehrzylinder-Fahrzeugmotoren angewendet wird, wo sich infolge geeigneter Kurbelversetzung diese Glieder $\frac{e}{l} \cdot \sin\alpha$ gegenseitig aufheben, so erübrigt sich ein ausführlicheres Eingehen auf dieselben.

Tangentiale Massendrücke.

Neben den in die Richtung der Zylinderachse fallenden Massenkräften spielen bei Kolbenkraftmaschinen noch die tangential an den

Kurbelkröpfungen angreifenden Kräfte im Hinblick auf Drehschwingungen eine wichtige Rolle.

Wie bereits früher (S. 142) gezeigt, verhält sich die Tangentialkraft T zu der zugehörigen Kolbenkraft K wie $\sin(\alpha+\beta)$ zu $\cos\beta$.

Statt dessen können wir auch schreiben $\frac{T}{K} = \sin\alpha \pm \cos\alpha \cdot \operatorname{tg}\beta$.

$\operatorname{tg}\beta$ kann aber mit völlig hinreichender Genauigkeit durch $\sin\beta$ ersetzt werden, da z. B. für $\frac{r}{l} = {}^1/_5$ der größtmögliche Fehler nur 1,25 % beträgt.

Es ist ferner

$$\sin\beta = \frac{r}{l} \cdot \sin\alpha.$$

Auf diese Weise erhalten wir

$$\frac{T}{K} = \sin\alpha\,(1 \pm \lambda \cdot \cos\alpha),$$

Setzen wir nun für K die Beschleunigung

$$b = \omega^2 \cdot r\,(\cos\alpha \pm \lambda \cdot \cos 2\alpha),$$

so erhalten wir für die Tangentialbeschleunigung

$$\begin{aligned} b_{\text{tg}} &= \omega^2 \cdot r \sin\alpha\,(1 \pm \lambda\cos\alpha)\,(\cos\alpha \pm \lambda\cos 2\alpha) \\ &= \omega^2 r\,[\sin\alpha\cos\alpha \pm \lambda\cdot\cos^2\alpha\cdot\sin\alpha \pm \lambda\cdot\sin\alpha\cdot\cos 2\alpha \\ &\quad + \lambda^2\cdot\sin\alpha\cos\alpha\cdot\cos 2\alpha]. \end{aligned}$$

Das letzte Glied kann wegen seiner geringen Größe unbedenklich vernachlässigt werden. Für die andern Glieder erhalten wir nach einigen einfachen trigonometrischen Umformungen:

$$b_{\text{tg}} = \tfrac{1}{2}\,\omega^2 \cdot r\,(\sin 2\alpha - \tfrac{1}{2}\lambda \cdot \sin\alpha \pm \tfrac{3}{2}\lambda\cdot\sin 3\alpha). \tag{70}$$

Bezeichnen wir wieder mit G_0 die gesamte hin- und hergehende Masse eines Zylinders, so ergeben sich für die tangentiale Massenkraft P_{tg} folgende Formeln[1]):

1. Beim Einzylindertriebwerk:

$$P_{\text{tg}} = \frac{G_0}{g}\cdot\omega^2\cdot r\cdot\tfrac{1}{2}\left(\sin 2\alpha - \tfrac{1}{2}\lambda\cdot\sin\alpha + \tfrac{3}{2}\lambda\cdot\sin 3\alpha\right). \tag{71}$$

2. Bei 2 Zylindern mit 0° Kurbelwinkel:

$$P_{\text{tg}} = \frac{G_0}{g}\,\omega\cdot r\left(\sin 2\alpha - \tfrac{1}{2}\lambda\cdot\sin\alpha + \tfrac{3}{2}\lambda\cdot\sin 3\alpha\right). \tag{72}$$

3. Bei 2 Zylindern mit 90° Kurbelversetzung:

$$P_{\text{tg}} = \frac{G_0}{g}\cdot\omega^2\cdot r\cdot\tfrac{1}{4}\cdot\sqrt{2}\,\lambda\left(-\sin(\alpha+45) + 3\sin 3\,(\alpha+45)\right). \tag{73}$$

[1]) Die Entstehung dieser Formeln kann man leicht nachprüfen, wenn man für die Glieder mit α, 2α und 3α getrennt die tangentialen Kräfte der verschiedenen Zylinder unter Berücksichtigung der Kurbelwinkel aneinander reiht.

4. Bei 2 Zylindern mit 180° Kurbelversetzung:

$$P_{tg} = \frac{G_0}{g}\,\omega^2 \cdot r \sin 2\alpha. \tag{74}$$

5. Bei 3 Zylindern mit 120° Kurbelwinkel:

$$P_{tg} = \frac{G_0}{g}\,\omega^2 \cdot r \cdot \tfrac{9}{4} \cdot \lambda \cdot \sin 3\alpha. \tag{75}$$

6. Bei 4 Zylindern mit 180° Kurbelversetzung zwischen 1 und 2 bzw. zwischen 3 und 4 und 0° zwischen 2 und 3:

$$P_{tg} = \frac{G_0}{g} \cdot \omega^2 \cdot r \cdot 2 \sin 2\alpha. \tag{76}$$

7. Bei 4 Zylindern mit 180° Kurbelversetzung zwischen 1 und 2 bzw. 3 und 4 aber mit 90° zwischen 2 und 3:

$$P_{tg} = 0. \tag{77}$$

8. Bei 6 Zylindern mit 120° Kurbelwinkel und 0° zwischen den beiden mittleren Kurbeln:

$$P_{tg} = \frac{G_0}{g} \cdot \omega^2 \cdot r \cdot \tfrac{9}{2} \cdot \lambda \cdot \sin 3\alpha. \tag{78}$$

9. Bei 6 Zylindern mit 60° Kurbelversetzung:

$$P_{tg} = 0, \tag{79}$$

10. Bei 8 Zylindern mit 90° oder 45° Kurbelwinkel:

$$P_{tg} = 0. \tag{80}$$

Voraussetzung für die Anwendbarkeit aller dieser Formeln ist, daß die hin- und hergehenden Massen der einzelnen Zylinder gleichgroß sind, was aber bei Verbrennungsmotoren — gleichgültig welcher Art — ausnahmslos der Fall ist. Man erkennt aus diesen Formeln sofort, welche harmonischen tangentialen Massendrücke bei einer gegebenen Maschine für die Erregung von Drehschwingungen in Betracht kommen können. Bemerkenswert ist auch die daraus gewonnene Erkenntnis, daß auch bei einer leerlaufenden Maschine, bei welcher sämtliche Gasdrücke fehlen, Drehschwingungen und sog. kritische Drehzahlen vorkommen können. An einer Dampfmaschine mit Schwungrad und Rotor habe ich durch torsiographische Aufnahmen diesen Fall deutlich nachgewisen. Trotz abgestellter Dampfzufuhr bildeten sich beim Abstellen der Maschine starke kritische Drehschwingungen bei verschiedenen Drehzahlen aus.

Harmonische Analyse von periodischen Kraft-Zeitkurven, insbesondere von Drehkraftdiagrammen.

Wir gehen zunächst, um einen konkreten Fall vor uns zu haben, wieder von Verdrehungsschwingungen aus. Die Kräfte, welche dieselben erregen können, zerfallen in die tangentialen Massenkräfte, den Einfluß der Schwerkraft und die Arbeitsdrücke.

Die tangentialen Massendrücke haben wir bereits behandelt, die tangentialen vom Einfluß der Schwerkraft herrührenden erregenden Kräfte sind im allgemeinen sehr klein und lassen sich leicht rechnerisch verfolgen, so daß wir von ihrer Erörterung absehen können. Bei Mehrzylindermaschinen heben sie sich ohnehin bei allen praktisch wichtigen Kurbelversetzungen gegenseitig auf. Im Gegensatz hierzu spielen die von den Arbeitsdrücken herrührenden Drehkräfte die Hauptrolle. Ihr zeitlicher Verlauf ist durch das Drehkraftdiagramm gegeben. Dieses ist zwar von periodischem Verlauf, besitzt aber je nach der betreffenden Maschinentype eine unregelmäßige Form.

In den früheren Kapiteln wurde gezeigt, wie man die Ausschläge ermittelt, die von sinusförmig verlaufenden erregenden Kräften ausgehen. Der Mathematiker Fourier hat bewiesen[1]), daß man jede beliebig vorgegebene periodische Kurve — abgesehen von einem konstanten Glied, das der mittleren Höhe der Kurve entspricht — in Sinuslinien zerlegen kann, die in bezug auf ihre Größe, Phase und Frequenz voneinander abweichen.

Man nennt dies die sog. harmonische Analyse.

Für jede einzelne auf diese Weise aus dem Drehkraftdiagramm ermittelte harmonische Kraft lassen sich nun leicht die Schwingungsausschläge ermitteln. Um für irgendeine Stelle z. B. das freie Ende der Kurbelwelle oder den Rotorsitz die resultierenden von den Verdrehungsschwingungen herrührenden Ausschläge für einen gegebenen Augenblick zu ermitteln, sind dann nur die Einzelausschläge dieser Stelle nach Größe, Richtung und Frequenz entsprechend aneinander zu setzen.

Wenn die harmonische Analyse auch für Drehkraftdiagramme am wichtigsten ist, so läßt sie sich doch grundsätzlich in allen andern Fällen und für ganz beliebige Schwingungsarten anwenden, sofern nur der periodische Verlauf der erregenden Kräfte bekannt ist.

Zur Durchführung der harmonischen Analyse gibt es eine ganze Reihe von Verfahren, deren Schilderung im einzelnen zu weit führen würde. Die Verfahren zerfallen in rein rechnerische, zeichnerische und mechanische.

Von den rechnerischen seien erwähnt, das Verfahren von Bessel und Runge (beschrieben in der „Hütte"), dasjenige von Fischer-Hinnen (siehe ETZ. 1901), die Methode von Zipperer (Dingler 1918, S. 201), jene von Walter Lohmann, Hamburg), (siehe „Harmonische Analyse zum Selbstunterricht" von W. Lohmann, Fischers Medizinische Buchhandlung, Berlin W) und jene von Pollack beschrieben in seinem Werk: „Rechentafeln zur Harmonischen Analyse" (Verlag

[1]) Mit der Beweisführung wollen wir uns hier nicht aufhalten; es sei auf die einschlägige zahlreiche mathematische Literatur verwiesen.

Ambrosius Barth, Leipzig). Die von Lohmann dürfte in ihrer Anwendung die einfachste rechnerische Methode sein.

Die zeichnerischen Methoden haben sich, soweit mir bekannt, weniger eingebürgert.

Für die Anwendung in der Praxis dürften für jeden, der öfters mit der harmonischen Analyse zu tun hat, in erster Linie die mechanischen Methoden in Betracht kommen. Sie bieten den Vorteil, daß man die Analyse auch untergeordneten, lediglich angelernten Kräfte überlassen kann. Neben einem für technische Zwecke kaum in Betracht kommenden Apparat von Michelson und Stratton, der bis 160 einzelne Sinusglieder zu ermitteln gestattet, sei der harmonische Analysator von Mader angeführt. Derselbe wird von Gebr. Stärzl, München, gebaut und ist in der ETZ. 1909 beschrieben. Bei seinem Gebrauch ist zu beachten, daß noch ein Planimeter erforderlich ist, dessen Pol in einen Körner eines Zahnrades des Analysators eingesetzt wird. Eine Reihe solcher Zahnräder sind vorhanden, für jedes Vielfache von der Grundfrequenz im allgemeinen je eines. Jedes Zahnrad besitzt 2 Körner, einen für die Sinus- und einen für die Cosinusfunktion der betreffenden harmonischen Linie.

Mit Hilfe der angeführten Verfahren und Apparate ist es möglich, jede beliebig vorgegebene Kurve in Sinuslinien zu zerlegen. Der Leser wird vielleicht fragen: Warum diese Zerlegung? Ist es nicht möglich, von der resultierenden Kraftkurve auszugehen?

Der Grund für die Notwendigkeit der Zerlegung ist sowohl ein physikalischer als auch ein mathematischer:

Der physikalische Grund liegt darin, daß alle unsere Baustoffe mehr oder weniger in bezug auf ihre elastischen Verhältnisse dem Geradliniengesetz gehorchen, und zwar gleichgültig, ob es sich um Längsdehnung, Biegung oder Drehung handelt. Nach Überschreiten der Elastizitätsgrenze ist allerdings der Dehnungs-Spannungsverlauf ein wesentlich anderer, aber dieser Umstand berührt uns weiter nicht, da wir nur Schwingungen betrachten, die sich innerhalb der Elastizitätsgrenze abspielen. Bei dauerndem Überschreiten der letzteren würden ohnehin die auf Schwingungen beanspruchten Organe rasch zu Bruch gehen, so daß wir schon aus diesem Grunde gezwungen sind, unterhalb der letzteren zu bleiben.

Gerade für unsere wichtigeren Baustoffe, insbesondere für Eisen und Stahl gilt aber unterhalb der Elastizitätsgrenze das Geradliniengesetz genügend genau und auch für andere Baustoffe mit ziemlich starken Abweichungen hiervon läßt es sich für kleine Ausschläge ohne störende Fehler anwenden.

Sowie aber für das elastische Verhalten eines Baustoffes das Geradliniengesetz maßgebend ist, führt der einmal in Schwingung versetzte oder allgemein aus dem Gleichgewichtszustand gebrachte Körper Sinusschwingungen aus. Den von Sinusschwingungen hervorgerufenen Massenkräften können aber nur erregende Kräfte, die ebenfalls nach der Form einer Sinuslinie wechseln, das Gleichgewicht halten.

Mathematisch läßt sich sagen, daß die Zerlegung der irgendein verwickeltes Gesetz befolgenden Kraftkurve in harmonische Kräfte gar nicht so viele Umständlichkeiten mit sich bringt, wie es den Anschein hat, sondern im Gegenteil das Verfahren sehr vereinfacht.

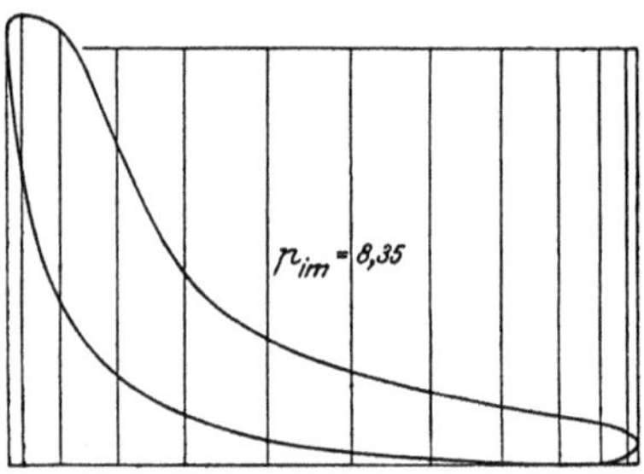

Abb. 127.

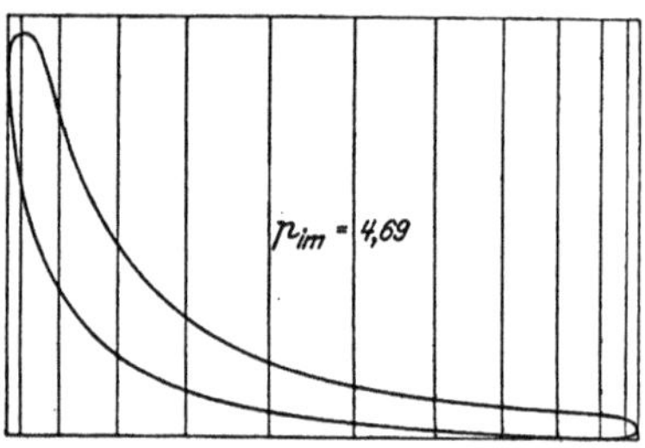

Abb. 128.

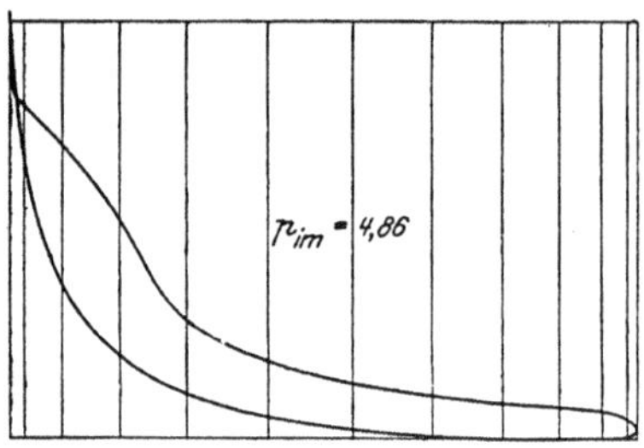

Abb. 129.

Abb. 127 bis 129. **Dieseldiagramme für Überlast, Vorzündung und Nachbrennen.**

Zunächst wechselt die resultierende Kraftkurve im allgemeinen in der Technik nur verhältnismäßig wenig. In vielen Fällen, z. B. bei Biegungsschwingungen von Dampfturbinenfundamenten ist die erregende Kraft schon von vornherein von sinusförmigen Verlauf. In andern Fällen, z. B. vielfach bei Biegungsschwingungen von Schiffen oder bei Häusererschütterungen durch entfernte Maschinen, kommen nur zwei sinusförmige erregende Kräfte — die Massenkraft 1. und jene 2. Ordnung — in Frage, die man außerdem von vornherein für sich kennt, so daß eine Zerlegung sich erübrigt.

In einigen andern Fällen, z. B. bei Drehschwingungen, die durch den unregelmäßigen Verlauf der Drehkraftkurve der antreibenden Kolbenkraftmaschine hervorgerufen werden, besteht das resultierende Diagramm der erregenden Kräfte allerdings aus einer großen Zahl von einzelnen harmonischen Kräften verschiedener Frequenz. Es ist aber, wenn wir von den bereits besprochenen einfach zu behandelnden tangentialen Massendrücken absehen, für ein gegebenes Verfahren, z. B. das Verpuffungsverfahren bei Gasmaschinen, die Größe der einzelnen harmonischen Drehkräfte bezogen auf die jeweilige Kolbenfläche immer dieselbe, also vom Hub und der Drehzahl unabhängig und von sonstigen Eigenschaften der Maschine nur wenig beeinflußt.

Um dem Leser einen Überblick zu geben, wie die Größe der harmonischen Drehkräfte mit zunehmender Ordnungszahl abzunehmen pflegt und welchen Einfluß Verschiedenheiten der Indikatordiagramme ausmachen, sind in den Abb. 127—129 3 Dieselmotordiagramme dargestellt:

127. für Überlast,

128. für kleinere Last und kräftige Vorzündung,

129. für kleinere Last und stark verspätete Zündung.

Die wichtigeren zugehörigen harmonischen Drehkräfte sind in der folgenden Tabelle, bezogen auf die Kolbenfläche, zusammengestellt.

Man sieht, daß die starken Harmonischen, trotz starker Unterschiede der Indikatordiagramme, gar nicht so auffallend verschieden sind. Die ganz schwachen Harmonischen bieten aber kein besonderes praktisches Interesse, weil sie wegen ihrer geringen Stärke nur kleine Schwingungen und niedrige Beanspruchungen im Gefolge haben. Die harmonischen Kräfte mit Ordnungszahlen unter 2,5 sind weggelassen, weil sie praktisch nie in Betracht kommen. Die Ordnungszahlen sind bei dieser Tabelle auf die Wellendrehzahl bezogen.

Harmonische Kräfte verschiedener Einzylinder-Viertakt-Dieselmotor-Drehkraftdiagramme.

Ordnung	I ($p_{i_m} = 4{,}69$) kg/cm²	II ($p_{i_m} = 4{,}86$) kg/cm²	III ($p_{i_m} = 8{,}35$) kg/cm²
1			
1,5			
2			
2,5	1,98	1,92	2,55
3	1,50	1,45	1,95
3,5	1,20	1,10	1,50
4	0,88	0,85	1,12
4,5	0,65	0,59	0,80
5	0,47	0,42	0,51
5,5	0,36	0,27	0,33
6	0,26	0,17	0,24
6,5	0,20	0,08	0,12
7	0,12	0,033	0,064
7,5	0,085	0,013	0,005
8	0,066	0,009	0,036
8,5	0,053	0,038	0,062
9	0,034	0,057	0,075
9,5	0,022	0,053	0,062
10	0,022	0,038	0,06

Sowie uns also das Arbeitsverfahren der betreffenden Maschine bekannt ist, brauchen wir nur die zu verschiedenen Belastungen gehörenden Drehkraftdiagramme — ohne Massendrücke — zu kennen. Da die Arbeitsverfahren nicht von Fall zu Fall wechseln, braucht also die harmonische Analyse des Drehkraftdiagrammes nur verhältnismäßig selten vorgenommen zu werden. Ferner gilt ganz allgemein ohne Rücksicht auf das der betreffenden Kolbenkraftmaschine zugrunde liegende Verfahren oder die Belastung derselben für jedes Drehkraftdiagramm, daß immer nur wenige Harmonische von Bedeutung sind. Sind aber einmal diese Harmonischen bekannt, so lassen sich leicht auf Grund der vorausgegangenen Abschnitte die zugehörigen Ausschläge ermitteln.

Auf einen Umstand sei an dieser Stelle noch besonders hingewiesen. Bereits früher — S. 85 u. ff. — wurde für Verdrehungsschwingungen gezeigt, daß es für Mehrzylindermaschinen mit größeren Abständen zwischen den einzelnen Kurbeln durchaus nicht gleichgültig ist, an welcher Kurbel eine erregende Kraft angreift. Es ist in diesem Falle nicht vom resultierenden Drehkraftdiagramm, sondern von jenem der Einzelzylinder auszugehen.

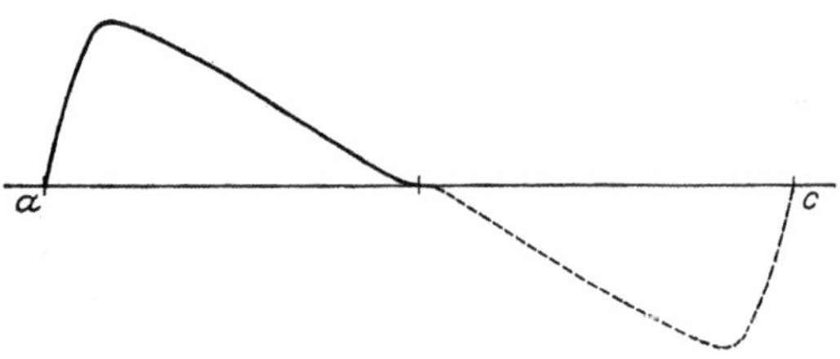

Abb. 130. Harmonische Analyse einer Stoßdruckkurve.

Sind nun die durch die einzelnen erregenden Kräfte erzeugten Ausschläge gefunden, so kann man die letzteren auch wieder zusammensetzen, um die Kurve der resultierenden Ausschläge zu erhalten. Bei Drehschwingungen erhalten wir so die Winkelabweichungskurve. Im allgemeinen wird diese Zusammensetzung nicht durchgeführt, da diese Winkelabweichungskurve in denjenigen Fällen, wo es besonders darauf ankommt, d. h. bei Drehstromgeneratoren mit Schwungradrotor im Rotorsitz, d. h. an der Stelle der größten Masse glücklicherweise so lange nicht allzu bedeutend von der unter Annahme starrer Wellenleitung ermittelten Winkelabweichung abweicht, als man genügend weit von kritischen Drehzahlen entfernt fährt. Zu letzterem ist man aber schon mit Rücksicht auf die Vermeidung zu großer zusätzlicher Drehbeanspruchungen veranlaßt.

Genau so wie die resultierende Ausschlagskurve einer bestimmten Stelle einer Wellenleitung — die Winkelabweichung — lassen sich auch die resultierende Kurve der Geschwindigkeitsschwankungen und damit der Ungleichförmigkeitsgrad bestimmen.

Wir wollen nun noch kurz angeben, wie man bei einer Stoßdruckkurve bei der harmonischen Analyse vorzugehen hat. In Abb. 130 sei eine solche ausgezogen dargestellt. Sie beginne, wie es im Wesen jedes Stoßes liegt, mit dem Wert 0 und ende mit ihm. Wir fügen nun an diese Kurve eine spiegelbildliche nach der entgegengesetzten Richtung hin an (gestrichelt dargestellt). Die gesamte Kurve von *a* bis *c* betrachten wir als die zu analysierende Kurve. Ihre Analyse ist ohne weiteres möglich. Die hierbei erhaltene Grundharmonische ist natürlich in der wirklichen Stoßkurve nur zur Hälfte enthalten, der negative Teil fehlt. Die zweite Harmonische ist dagegen mit einer ganzen, die 3. Harmonische mit $1^1/_2$ Schwingungen enthalten usf. Alle diese Harmonischen beginnen mit dem Wert Null im Moment des Einsetzens des Stoßes. Es bereitet demgemäß auch die harmonische Analyse einer Stoßdruckkurve keine Schwierigkeiten.

Kritische Drehzahlen.

Wir haben im Vorhergehenden die Zerlegung des Drehkraftdiagrammes besprochen und dabei gesehen, daß eine Reihe Harmonischer vorhanden sind, die mit verschiedener Frequenz wechseln. Jede einzelne dieser Harmonischen kann, wenn ihre Frequenzzahl gleich einer Eigenfrequenz des betreffenden schwingungsfähigen Systems ist, Resonanz erzeugen. Für den praktischen Betrieb interessiert in erster Linie, bei welchen Drehzahlen diese Resonanzen eintreten.

Um sofort angeben zu können, welche harmonische Drehkraft im Einzelfalle in Betracht kommt, pflegt man sie mit Ordnungszahlen zu bezeichnen. Der Physiker geht hierbei von der Grundperiode der resultierenden Kraftkurve aus und bezeichnet eine Kraft, die auf eine solche Periode n mal wechselt, als eine solche n ter Ordnung.

Im Maschinenbau, wo man es in den weitaus meisten Fällen mit rotierenden Wellen zu tun hat, geht man dagegen von der Wellendrehzahl aus. Man bezeichnet demgemäß eine harmonische Drehkraft, die z. B. pro Umdrehung 3mal wechselt, als eine solche 3. Ordnung. Stammt sie von einem Einzylinder-Viertaktmotor, so müßte man sie in der Ausdrucksweise des Physikers, weil auf einen Takt gleich 2 Umdrehungen 6mal wechselnd, als eine Harmonische 6. Ordnung bezeichnen. Mit Rücksicht auf den Viertakt können demgemäß im Maschinenbau auch Harmonische $^1/_2$ter, $1^1/_2$ter, $2^1/_2$ter Ordnung, wie überhaupt alle Vielfachen von $^1/_2$ vorkommen.

Die Schreibweise des Maschinenbaues bietet den Vorteil, daß man sofort auf Grund der Ordnungszahl für eine gegebene kritische Drehzahl die zugehörige Eigenfrequenz angeben kann. Handelt es sich z. B. um eine Harmonische $2^1/_2$ter Ordnung und liegt die zugehörige Kritische bei 500 Umdrehungen i. d. Min., so liegt die entsprechende Eigenfrequenz bei $500 \cdot 2^1/_2 = 1250$/min.

Wie früher bereits ausgeführt, teilt man die Eigenfrequenzen je nach der Zahl der Knotenpunkte in Grade ein. Eine solche II. Grades besitzt als 2 Schwingungsknoten.

Demgemäß versteht man unter einer kritischen Drehzahl $7^1/_2$ter Ordnung III. Grades — kurz bezeichnet mit $n_{\text{III}\,7,5}$ — eine solche, welche durch eine pro Umdrehung $7^1/_2$mal wechselnde harmonische Kraft erregt wird und bei der die Schwingungsform 3 Knotenpunkte besitzt.

Bestimmung der schwingenden Massen.

Bei Längs- und bei Biegungsschwingungen ist dieselbe einfach, vorausgesetzt, daß die Schwerpunkte der betreffenden Massen in einer Geraden liegen bzw. bei Biegungsschwingungen in die neutrale Faser der elastischen Verbindung fallen. Es ist lediglich das Gewicht (kg) durch die Erdbeschleunigung 981 cm/sek² zu dividieren, um die Masse in $\frac{\text{kg/sek}^2}{\text{cm}}$ zu erhalten.

Bei Drehschwingungen kommt es dagegen auf den Abstand der Massen von der Drehachse an.

Sitzt z. B. an einer Stelle einer Wellenleitung, die am Radius r_1 den Ausschlag a_1 ausführe, eine Masse m_1, so ist die dabei entstehende Massenkraft $m_1 \cdot \omega^2 \cdot a_1$ und das dadurch in der Welle hervorgerufene Drehmoment $m_1 \cdot \omega^2 \cdot a_1 \cdot r_1$. Ersetzen wir nun diese Masse durch eine solche m_2 im Abstande r_2, so muß, wenn m_2 auf die Schwingungen von gleicher Bedeutung sein soll,

$$m_1 \cdot \omega^2 \cdot a_1 \cdot r_1 = m_2 \cdot \omega^2 \cdot a_2 \cdot r_2$$

sein oder, da

$$a_2 = a_1 \cdot \frac{r_2}{r_1}$$

ist,

$$m_1 \cdot \omega^2 \cdot a_1 \cdot r_1 = m_2 \cdot \omega^2 \cdot a_1 \cdot \frac{r_2^2}{r_1}.$$

Daraus folgt

$$m_2 = m_1 \cdot \left(\frac{r_1}{r_2}\right)^2. \tag{81}$$

Die Massen sind also im Verhältnis der Quadrate ihrer Abstände von der Drehachse umzurechnen bzw. es ist für jede Einzelmasse der Wert $\frac{\sum m \cdot r^2}{(r_0)^2}$ zu bilden. Hierbei ist r_0 der Radius, auf welchen sämtliche Massen umgerechnet werden.

In technischen Fällen ist häufig das Schwungmoment des betreffenden Maschinenteiles gegeben.

Ist dasselbe $[Gd^2]$, so ist seine auf den Reduktionsradius r_0 bezogene Masse

$$\frac{[Gd^2]}{4 \cdot (r_0)^2 \cdot 981} \text{ in } \frac{\text{kg sek}^2}{\text{cm}}. \tag{82}$$

Bei Drehschwingungen kommen aber außer den rotierenden Massen noch die hin- und hergehenden in Frage. Die letzteren sind, wie Frahm zuerst gezeigt hat, zur Hälfte zu berücksichtigen.

Immerhin ist bei dieser Berücksichtigung zur Hälfte zu beachten, daß es sich hier um die Ermittlung eines Mittelwertes handelt. Tatsächlich ist für jede Kurbelstellung der Anteil der hin- und hergehenden Massen eine Zylinders an den Schwungmassen ein anderer, wodurch eine exakte Lösung des Problems außerordentlich schwierig gemacht wird.

Betrachten wir zunächst eine Einzylindermaschine mit Schwungrad, also mit drei Massen:

1. m_s = Masse des Schwungrades,
2. m_r = rotierende Massen der Kurbel und der Treibstange,
3. m_o = oszillierende Massen (Kolben, Kolbenstange, Kreuzkopf und Treibstangenanteil).

Wir nehmen an, die Welle würde nicht rotieren; dagegen möge an irgendeiner Stelle, z. B. am Kurbelzapfen eine harmonische tangentiale Kraft von bestimmter Frequenz auf das Wellensystem einwirken. Nun wollen wir die Schwingungsform des Systems unter dem Einfluß dieser Kraft ermitteln. Es ist ganz klar, daß wir verschiedene Schwingungsformen bzw. -Ausschläge erhalten je nach dem Winkel α, den die Treibstange mit der Kurbel bildet. (Um nicht den Winkel, den die Treibstange mit der Kolbenstange bildet, auch noch berücksichtigen zu müssen, wollen wir zunächst unendliche Treibstangenlänge voraussetzen.)

Ist dieser Winkel α gleich 0^0 oder 180^0, so beteiligen sich an den elastischen Schwingungen des Wellensystems die hin- und hergehenden Massen nicht, weil bei den kleineren, von den elastischen Schwingungen herrührenden Ausschlägen des Kurbelzapfens der Kolben nicht beeinflußt wird.

Ist dagegen dieser Winkel $\alpha = 90^0$ oder 270^0, so beteiligen sich die hin- und hergehenden Massen vollständig an den elastischen Schwingungen des Wellensystems; mit anderen Worten: zur Masse m_r kommt noch die Masse m_o dazu. Für jeden anderen Winkel α ergibt sich die gesamte in Betracht kommende Masse m_{tot} einer Kurbel aus der Gleichung:

$$\begin{aligned} m_{\text{tot}} &= m_r + m_o \cdot \sin^2\alpha \\ &= m_r + \frac{m_o}{2}(1 - \cos 2\alpha) \,. \end{aligned}$$

Für die endliche Treibstangenlänge kommen noch hinzu das Glied

$$+ m_o \cdot 2 \cdot \lambda \cdot \cos\alpha \cdot \sin^2\alpha$$

und unter Umständen noch Glieder höherer Ordnung.

Das vorliegende Wellensystem hat demnach verschiedene Eigenschwingungszahlen je nach dem Winkel zwischen Kurbel und Treibstange: eine niedrigste, wenn $\alpha = 90^0$ oder 270^0 ist und eine höchste, wenn $\alpha = 0^0$ oder 180^0 ist.

Bei Mehrzylindermaschinen erhält man folgendes Bild:

Für 2 unter 0^0 oder 180^0 versetzte Kurbeln erhält man für die augenblicklichen Stellungen denselben Anteil der hin- und hergehenden Massen an der Rotation, wie für eine Einkurbelmaschine, wenn man sich auf das mit $\cos 2\alpha$ wechselnde Glied beschränkt.

Bei einer Dreizylindermaschine mit 120^0 Kurbelversetzung gestalten sich dagegen die auftretenden Erscheinungen etwas anders.

Unendliche Treibstangenlänge vorausgesetzt ist für die Stellung nach Abb. 131a die Beteiligung der hin- und hergehenden Masse m_{o1} gleich Null. Die Massen m_{o2} und m_{o3} beteiligen sich entsprechend $\alpha = 30^0$ zu je $75\,^0/_0$. Die Gesamtbeteiligung aller Massen ist hier $50\,^0/_0$. Für die

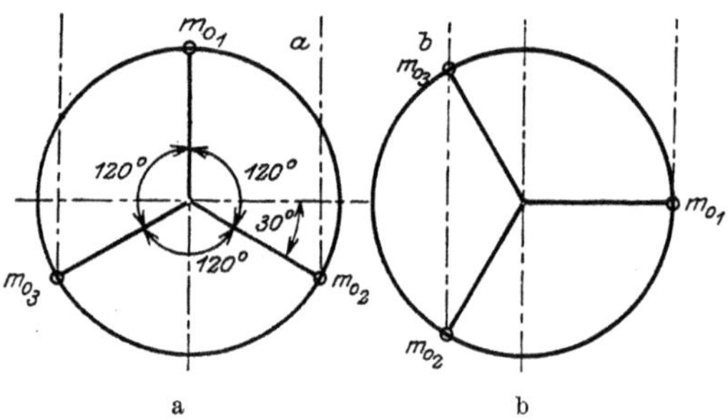

Abb. 131a und b. Ermittlung der Beteiligung der hin- und hergehenden Massen bei einer Dreizylindermaschine.

Stellung nach Abb. 131b ist die Beteiligung von $m_{o1} = 100\,^0/_0$, die von m_{o2} und m_{o3} je gleich $25\,^0/_0$. Die durchschnittliche Beteiligung der hin- und hergehenden Massen aller drei Kurbeln an der Rotation ist auch hier wieder $50\,^0/_0$, welcher Wert sich auch für beliebige andere Stellungen ergibt. Es könnte demnach scheinen, als ob bei einer Dreizylinder- bzw. einer Sechszylindermaschine der veränderliche Anteil der hin- und hergehenden Massen ohne Einfluß auf die Schwingungen wäre. Dieser Schluß ist aber insofern nicht richtig, weil es gar nicht auf die Gesamtbeteiligung ankommt. Die einzelnen Kurbeln haben, wie bereits früher gezeigt, gerade bei den obengenannten Sechszylindermaschinen sehr verschiedenartige Schwingungsausschläge, so daß auch die an den zugehörigen hin- und hergehenden Massen wirkenden Trägheitskräfte von sehr verschiedenem Einfluß sind. Jedenfalls ist die Summe aller dieser Trägheitskräfte nicht so groß, daß sie gerade einer konstanten Beteiligung der hin- und hergehenden Massen entsprechen würde.

Die genaue Untersuchung zeigt, daß durch die veränderliche Beteiligung der hin- und hergehenden Massen das kritische Drehzahlgebiet, innerhalb dessen große Schwingungsausschläge auftreten, unter Umständen merklich vergrößert werden kann. Man erhält für die Abhängigkeit der Schwingungsausschläge von der Drehzahl bzw. Schwingungszahl ungefähr das Bild der Abb. 132. Dabei gibt Kurve *a* die Größe der Schwingungsausschläge eines Systems mit nur rotierenden Massen wieder und Kurve *b* die Größe der maximalen Schwingungsausschläge eines Systems mit rotierenden und hin- und hergehenden Massen.

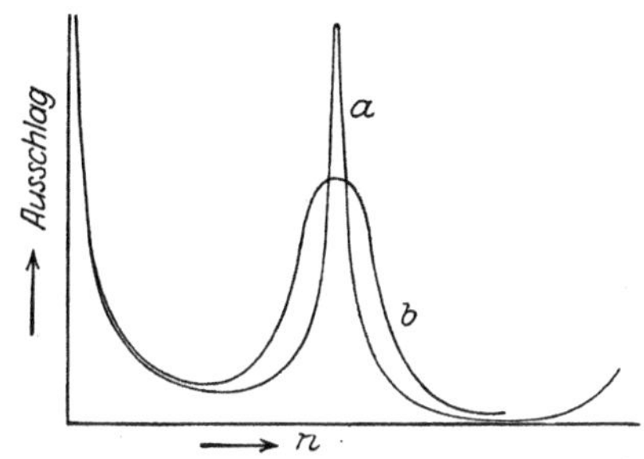

Abb. 132. Einfluß der hin- und hergehenden Massen auf die Schwingungsausschläge.

In der Praxis hat sich gezeigt, daß tatsächlich bei solchen Maschinen, bei denen die hin- und hergehenden Massen eine verhältnismäßig bedeutende Rolle spielen, eine Verbreiterung des kritischen Tourengebietes eintritt. Allerdings ist zu beachten, daß eine solche Verbreiterung auch durch andere Umstände verursacht werden kann, z. B. durch das Spiel in den verschiedenen Lagern und durch das Mitschwingen des Gestells bzw. des Fundaments.

Übersetzungen.

Verschiedentlich kommen Fälle vor, bei welchen die einzelnen Massen durch Zahnradübersetzungen miteinander verbunden sind. Siehe unter anderen Abb. 64. In diesem Falle ist, wie man leicht erkennt, die Behandlung genau die gleiche wie bei Massen, die in verschieden großem Abstand von der Drehachse angeordnet sind: Die Massen sind im Quadrat ihres Übersetzungsverhältnisses zu reduzieren:

In dem der Abbildung zugrunde liegenden Beispiel ergibt sich, wenn der Reduktionsradius 25 cm beträgt, für die am Radius $r_1 = 50$ cm sitzende Masse m_1 vom Gewicht 1000 kg

$$m_1 = \frac{1000}{981} \cdot \left(\frac{50}{25}\right)^2 = 4{,}08 \; \frac{\text{kg/sek}^2}{\text{cm}}$$

und für die am Radius 35 cm sitzende Masse m_2 vom Gewicht $G_2 = 500$ kg die auf einer 3mal so rasch wie die Welle W_1 laufenden Welle W_2 sitzt,

$$m_2 = \frac{500}{981} \cdot \left(\frac{35}{25}\right)^2 \cdot 3^2 = 9{,}0 \; \frac{\text{kg/sek}^2}{\text{cm}} \, .$$

Diese Berücksichtigung der Massen im Quadrat ihres Übersetzungsverhältnisses ist nicht nur bei Drehschwingungen, sondern bei manchen andern Schwingungsarten geboten. Bei letzteren kommt sie hauptsächlich bei Instrumenten vor.

Beispiel. Es handle sich darum, die Bewegung des nebenstehenden Systems (Abb. 133) zu untersuchen. Dasselbe besteht aus 2 Winkelhebeln $A_1B_1C_1$ und $A_2B_2C_2$, einem Zwischenlenker C_1A_2. Auf Punkt C_2 wirke eine harmonische Kraft P ein. Die Massen sollen sämtlich auf den Punkt A_1, an welchem die elastische Kraft angreift, bezogen werden. Greifen wir beim ersten Winkelhebel die im Abstand r_1 befindliche Masse m_1 heraus, so ergibt sich dieselbe umgerechnet auf Punkt A_1 zu

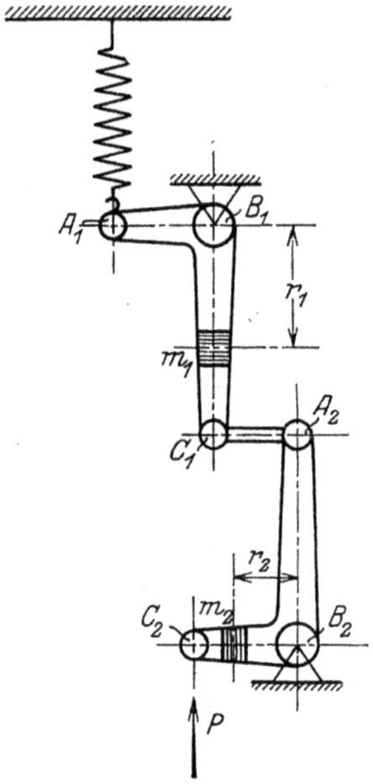

Abb. 133. Schema einer Übersetzung.

$$m_{1\,\mathrm{red}} = m_1 \cdot \left(\frac{r_1}{A_1B_1}\right)^2.$$

Greifen wir ähnlich am Hebel $A_2B_2C_2$ die Masse m_2 mit Abstand r_2 heraus, so erhalten wir für sie bezogen auf den Punkt A_1

$$m_{2\,\mathrm{red}} = m_2 \cdot \left(\frac{r_2}{A_2B_2}\right)^2 \cdot \left(\frac{B_1C_1}{A_1B_1}\right)^2.$$

Hier sei noch ausdrücklich betont, daß die erregende Kraft P, wenn wir sie auf Punkt A_1 umrechnen, entsprechend dem Hebelgesetz, lediglich im linearen Verhältnis zu reduzieren ist. Es wird also

$$P_{\mathrm{red}} = P \cdot \frac{C_2B_2}{A_2B_2} \cdot \frac{C_1B_1}{A_1B_1}.$$

Für die Kurbelkröpfungen, die in der Praxis eine besonders wichtige Rolle spielen, seien noch folgende Formeln angegeben. Bedeuten r_0 den Radius in cm, auf welchen sämtliche Massen bezogen werden, i_{Sch} bzw. i_{kz} und i_{wz} den Trägheitsradius des Schenkels bzw. des Kurbel- bzw. des Wellenzapfens, G_{Sch} bzw. G_{kz} und G_{wz} das Gewicht der beiden Schenkel bzw. des Kurbel- und des Wellenzapfens in kg, g die Erdbeschleunigung in cm/sek², so ist die reduzierte Masse der rotierenden Teile einer Kurbelkröpfung (ohne Treibstange und Kolben)

$$m_{\mathrm{red}} = \frac{G_{Sch}}{g} \cdot \left(\frac{i_{Sch}}{r_0}\right)^2 + \frac{G_{kz}}{g} \cdot \left(\frac{i_{kz}}{r_0}\right)^2 + \frac{G_{wz}}{g} \cdot \left(\frac{i_{wz}}{r_0}\right)^2.$$

Dabei ergeben sich die Trägheitsradien für die gebräuchlichen Flächen wie folgt:

a) Kreisring, bei hohl gebohrten Wellen- und Kurbelzapfen sowie kreisrunden Schenkeln vorkommend,

$$i = \sqrt{\frac{1}{8}\,(D^2 + d^2)}\,. \tag{83}$$

Hierbei ist D der äußere Durchmesser, d jener der Bohrung.

b) Rechteck, als normaler Schenkelquerschnitt vorkommend:

$$i = \sqrt{\frac{1}{12}(b^2 + h^2) + e^2}\,. \tag{84}$$

Hierbei ist b die Breite, h die Stärke des Schenkels und e der Abstand des Schwerpunktes von der Drehachse.

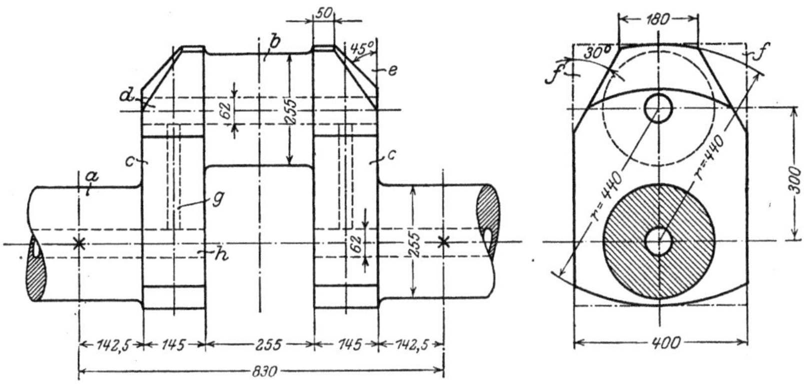

Abb. 134. Kurbelkröpfung.

Das folgende Beispiel stellt einen zahlenmäßigen Fall dar, der in allen Einzelheiten durchgerechnet ist. Hierbei ist auch der Einfluß der kegeligen Abdrehungen und der Abschrägungen berücksichtigt (Abb. 134).

Massenreduktion einer Kurbelkröpfung auf den Kurbelradius $r = 30$ cm.

a) Wellenzapfen:

$$G = 2{,}85 \cdot (4{,}91 - 0{,}3) \cdot 7{,}85 = 103\text{ kg},$$

$$i = \sqrt{{}^1/_8\,(25{,}5^2 + 6{,}2)^2} = 9{,}3\text{ cm},$$

$$G_{\text{red}} = 103\left(\frac{9{,}3}{30}\right)^2 = \mathbf{10{,}15}\text{ kg red.}$$

b) Kurbelzapfen:

$$G = 2{,}55\,(4{,}91 - 0{,}3) \cdot 7{,}85 = 92{,}5\text{ kg},$$

$$i = \sqrt{{}^1/_8 \cdot 693{,}4 + 30^3} = 31{,}4\text{ cm},$$

$$G_{\text{red}} = 92{,}5\left(\frac{31{,}4}{30}\right)^2 = \mathbf{96{,}8}\text{ kg red.}$$

c) Kurbelschenkel: 1 voller Schenkel: $\sim$ 56/40/14,5 cm als mittlere Abmessungen geschätzt:

$$G = 5{,}6 \cdot 4 \cdot 1{,}45 \cdot 7{,}85 = 255\text{ kg},$$

$$i = \sqrt{{}^1/_{12}\,(40^2 + 56^2) + 15^2} = 24{,}9\text{ cm},$$

$$G_{\text{red}} = 255\left(\frac{24{,}9}{30}\right)^2 = 176\text{ kg red.}$$

Abzuziehen:

d) 1 Loch in Kurbelzapfenmitte: $D = 6{,}2$ cm; $l = 14{,}5$ cm;

$$G = 0{,}302 \cdot 1{,}45 \cdot 7{,}85 = \mathbf{3{,}44\,kg},$$

$$i = \sqrt{{}^1/_8 \cdot 6{,}2^2 + 30^2} = 30{,}1 \text{ cm},$$

$$G_{\text{red}} = 3{,}44 \left(\frac{30{,}1}{30}\right)^2 = \mathbf{3{,}46} \text{ kg red.}$$

e) 1 Abdrehung:

$$G = \frac{1{,}0 \cdot 1{,}0}{2} \cdot 2{,}4 \cdot 7{,}85 = \mathbf{9{,}42\,kg},$$

$$i = \sim 41 \text{ cm},$$

$$G_{\text{red}} = 9{,}42 \cdot \left(\frac{41}{30}\right)^2 = \mathbf{17{,}6} \text{ kg red.}$$

f) 2 Abschrägungen:

$$G_{\text{red}} = 2 \cdot \frac{1{,}9 \cdot 1{,}1}{2} \cdot 1{,}45 \cdot 7{,}85 = 23{,}8 \text{ kg},$$

$$i = \sim 41 \text{ cm},$$

$$G_{\text{red}} = 23{,}8 \cdot \left(\frac{41}{30}\right)^2 = 23{,}8 \cdot 1{,}865 = \mathbf{44{,}4} \text{ kg red.}$$

g) 1 Loch 30 ∅, ~ 400 lang:

$$G = 0{,}0705 \cdot 4 \cdot 7{,}85 = 2{,}21 \text{ kg},$$

$$i = \sim 17{,}5 \text{ cm},$$

$$G_{\text{red}} = 2{,}21 \left(\frac{17}{30}\right)^2 = \mathbf{0{,}71} \text{ kg red.}$$

h) 1 Loch in Wellenzapfenmitte: $G = 3{,}44$ kg (wie für Kurbelzapfen oben):

$$i = 0{,}71 \cdot 3{,}1 = 2{,}2 \text{ cm},$$

$$G_{\text{red}} = 3{,}44 \cdot \left(\frac{2{,}2}{30}\right)^2 = \mathbf{0{,}019} \text{ kg red.}$$

Reduziertes Gewicht eines Kurbelschenkels:

$$G_{\text{red}} = 176 - (3{,}46 + 17{,}6 + 44{,}4 + 0{,}71 + 0{,}02) = \mathbf{109{,}81} \text{ kg red.}$$

Reduziertes Gewicht einer Kurbelkröpfung:

$$G_{\text{red}} = 10{,}15 + 96{,}8 + 2 \cdot 109 = \mathbf{326{,}57} \text{ kg red.}$$

Gewicht des Hauptkolbens $G_K = \mathbf{338}$ kg.

Gewicht der Haupttreibstange $G_{Tr} = \mathbf{400}$ kg.

$$G_{\text{osc}} = G_{\text{Kolben}} + 0{,}38 \cdot G_{Tr} = 490 \text{ kg}.$$

$$G_{\text{rot}} = G_{\text{Kurbel}} + 0{,}62 \cdot G_{Tr} = 574{,}57 \text{ kg}.$$

$$G_{\text{tot}} = \frac{G_{\text{osc}}}{2} + G_{\text{rot}} = \mathbf{819{,}57} \text{ kg red.}$$

$$m_{\text{red}} = \frac{819{,}57}{981} = \mathbf{0{,}835}\ \frac{\text{kg/sek}^2}{\text{cm}} \text{ red. auf } r = 30 \text{ cm}.$$

Bestimmung des Schwungmoments durch Pendelversuch.

Der auszupendelnde Anker, Propeller usf. ist exzentrisch gemäß Abb. 135 auf Schneiden entsprechend der Skizze so aufzuhängen, daß der Abstand l von der Drehachse bis zur Schneide auf beiden Seiten

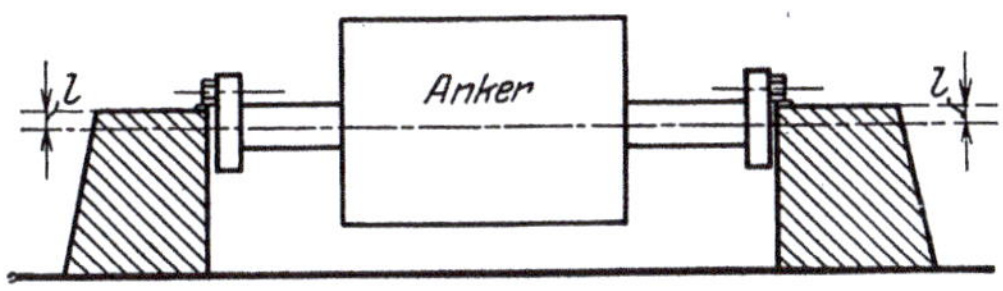

Abb. 135 Bestimmung des Schwungmomentes eines Ankers durch Pendelversuch.

genau gleich groß ist. Dieser Abstand, die Schwingungszahl und das Gewicht sind hierauf genau festzustellen. Das Schwungmoment wird dann wie folgt ermittelt:

$$GD^2 = \frac{G \cdot g}{l \cdot \omega^2} \cdot 4 \cdot l^2 - G \cdot 4 \cdot l^2\,, \tag{85}$$

dabei bedeutet:

$G\,D^2$ = Das Schwungmoment in kg/m².

G = das Gewicht des auszupendelnden Körpers in kg.

g = die Erdbeschleunigung in m/sek².

l = Abstand der Drehachse von den Schneiden in m.

$\omega = \frac{\nu \cdot \pi}{30}$ die Winkelgeschwindigkeit der durch Versuch ermittelten Schwingungszahl ν in sek^{-1}.

Beispiel:

Anker mit Welle	$G = 2993{,}5$ kg,
Achsabstand	$l = 15{,}9$ cm,
Schwingungszahl pro Minute	$\nu = 42{,}75$,

$$\omega^2 = \left(\frac{\nu \cdot \pi}{30}\right)^2 = \left(\frac{42{,}75 \cdot 3{,}14}{30}\right)^2 = 20;$$

$$G\,D^2 = \frac{2993{,}5 \cdot 9{,}81}{0{,}159 \cdot 20} \cdot 4 \cdot 0{,}159^2 - 2993{,}5 \cdot 4 \cdot 0{,}159^2 = 933 - 303$$
$$= \mathbf{630}\ \text{kgm}^2.$$

Diese Methode ist sehr genau. Man hat nur unbedingt dafür zu sorgen, daß die Schneiden gehärtet sind, und daß die zugehörigen Unterlagen aus einem Stück aus ganz hartem Werkzeugstahl bestehen. Ist dies der Fall, so zeigt sich, auch wenn man einen Körper von mehreren

Tonnen eine Stunde lang pendeln läßt, nur eine Eindrückung von Haaresbreite. Die Schwingungszahl wird also dann durch die Schneidenreibung nicht beeinflußt; auch schwingen in diesem Falle große Massen minuten- ja sogar stundenlang, so daß sich die Schwingungszahl leicht genau feststellen läßt. Besitzt die Welle an beiden Enden Flanschen, durch die Schraubenbolzen mit Muttern gesteckt werden können, so lassen sich an Stelle der Schneiden auch gehärtete Muttern verwenden, die mit einer Kante aufruhen. In diesem Falle ist der Abstand l der Drehachse von den Schneiden bereits gegeben. Ist der letztere beliebig, so wähle man ihn so, daß sich eine leicht zählbare Schwingungszahl, z. B. etwa rund 60/min ergibt. Über 180/min sollte man im allgemeinen nicht gehen, weil hierbei das Zählen schwieriger wird und auch die Luftdämpfung bereits ihren Einfluß zu äußern beginnt. Am Körper selbst bringe man eine Marke an, um genau zu sehen, wann er durch seine Ruhelage hindurchgeht. Den Ausschlag wähle man nur klein, da bei großen Ausschlägen die Eigenfrequenz sich gemäß der Pendeltheorie verringert.

Natürlich kann man Schneide und Gegenplatte auch vertauschen, z. B. wenn es sich um die Bestimmung des Schwungmomentes eines Körpers mit zylindrischer Bohrung — also ohne die zugehörige Welle — handelt. In diesem Falle sind die Schneiden an der Unterlage befestigt und kragen in die Bohrung hinein vor. Als Gegenplatte kann man hier ein an die Bohrung sich leicht anschmiegendes Stück harten Bandstahl wählen. Um die Schneiden in die Bohrung bequem vorkragen lassen zu können, stecke man in die letztere mit genügendem Spiel ein kräftiges Vierkant- oder sonstiges Profileisen, das auf den beidseitigen Unterlagen aufruht und seinerseits die Schneiden trägt.

Ist die Bohrung nicht zylindrisch, sondern konisch, wie es z. B. bei Propellern der Fall ist, so setze man 2 schmale Füllringe ein, in welch letztere die Schneiden zu sitzen kommen oder auf welche sie über das harte Zwischenblättchen wirken. Die Füllringe selbst besitzen infolge ihres geringen Gewichtes und insbesondere ihres geringen Abstandes von der Drehachse ein so geringes Schwungmoment, daß sie ruhig vernachlässigt werden können. Im übrigen bereitet ihre genaue rechnerische Berücksichtigung keinerlei Schwierigkeiten.

Ganz allgemein sei bemerkt, daß diese Bestimmung der reduzierten Masse durch Pendelversuch nicht nur für Rotationskörper anwendbar ist; man kann ebensogut auch das auf eine bestimmte Drehachse bezogene Schwungmoment oder Massenträgheitsmoment für einen Winkelhebel, einen doppel- oder einarmigen Hebel, eine Treibstange usf. ermitteln.

Diese Fälle spielen z. B. bei Übersetzungen, wie sie an Meßinstrumenten vorkommen, eine Rolle.

Elastizitäten.

Die Kenntnis der Elastizitäten eines schwingungsfähigen Systems ist für jede Untersuchung eine unerläßliche Vorbedingung.

Zunächst kommt hierfür der sog. Elastizitätsmodul in Frage und zwar für Längs- und Biegungsschwingungen der Zugmodul und für Drehschwingungen der Schubmodul.

Für die bei Schwingungsvorgängen wichtigsten Materialien, nämlich sämtliche Eisen- und Stahlsorten, sind glücklicherweise beide recht gut konstant. Man kann rechnen als Zugmodul $E = 2{,}2 \cdot 10^6$ kg/cm² und als Schubmodul $G = 8{,}29 \cdot 10^5$ kg/cm²: Das soll nicht heißen, daß nicht kleine Unterschiede gefunden werden; prüft man aber z. B. für eine größere Anzahl von Wellen den Schubmodul, so wird man doch immer als Mittelwert etwa $8{,}29 \cdot 10^5$ kg/cm² finden.

Es sei ausdrücklich davon abgesehen, für andere Materialien wie Rotguß, Messing usf. die Elastizitätswerte anzugeben. Hierfür sei auf die einschlägigen Werke, z. B. die Hütte verwiesen. Für Fälle, wo es sich darum handelt, den Schubelastizitätsmodul möglichst genau zu bekommen, sei folgendes experimentelle Verfahren empfohlen: Man fertigt aus dem Material einen dicken Draht oder eine dünne lange Spindel an, befestigt sie oben an einer Decke, aber so, daß die Befestigung wirklich eine durchaus feste ist. Am unteren Ende des Drahtes ist eine zu seiner Achse zentrische Schwungmasse befestigt, deren Größe genau bekannt ist. Man versetzt diese Schwungmasse durch Auslenken um einen bestimmten Winkel in Drehpendelungen. Schwungmasse und Drahtlänge sind so zu wählen, daß die Schwingungszahl bequem gezählt werden kann, die Schwungmasse soll außerdem mit Rücksicht auf den Luftwiderstand einen glatten Umfang besitzen. Ist hierbei m die auf den Radius r bezogene Schwungmasse, l die Länge und J_p das polare Trägheitsmoment des Drahtes, ist ferner ν_e die beobachtete minutliche Eigenfrequenz, so folgt aus

$$\nu_e = \frac{30}{\pi} \cdot \sqrt{\frac{J_p \cdot G}{r^2 \cdot l \cdot m}}$$

der Schubmodul zu

$$G = 0{,}109 \frac{l \cdot m}{J_p} \cdot r^2 \cdot \nu_e^2. \tag{86}$$

Für Beton sei endlich bemerkt, daß der Zugmodul rund $^1/_{10}$ von dem von Stahl, d. h. $\sim 2{,}2 \cdot 10^5$ kg/cm² beträgt.

Wir kommen nun zu dem Einfluß der Form der zwischen den einzelnen Massen eines schwingungsfähigen Systems befindlichen elastischen Verbindungen.

Bei Drehschwingungen sind diese elastischen Verbindungen gewöhnlich Wellenstücke. Genau so wie man hier alle Massen auf den gleichen Abstand von der Drehachse bezieht, so ersetzt man die wirklichen Wellenstücke mit den verschieden großen Durchmessern durch solche von verschiedenen Längen aber gleicher Drehelastizität pro Längeneinheit, also gleichem Durchmesser oder, was präziser ist, von gleichem Trägheitsmoment. Dieses Verfahren wird als die sog.

Längenreduktion

bezeichnet. Das polare Trägheitsmoment, auf welches wir alle Längen beziehen, sei mit J_{red} bezeichnet. Besitzt nun ein Wellenstück das Trägheitsmoment $J p_1$ und die Länge l_1, so ergibt sich die auf das reduzierte Trägheitsmoment bezogene Länge

$$l_{1\text{red}} = l_1 \cdot \frac{J_{\text{red}}}{J_{p1}}. \tag{87}$$

Bei Wellen mit vollem Kreisquerschnitt läßt sich auch schreiben

$$l_{1\text{red}} = l_1 \cdot \left(\frac{d_{\text{red}}}{d}\right)^4, \tag{88}$$

wobei d_{red} der Durchmesser des reduzierten und d derjenige des wirklichen Wellenstückes ist.

Für Wellen mit Kreisringquerschnitt gilt die Beziehung

$$l_{1\text{red}} = l_1 \cdot \frac{(d_{\text{red}})^4}{d^4 - d_0{}^4}. \tag{89}$$

Hierbei ist d_0 der Durchmesser der Bohrung.

Für Wellen, die durch Keilnuten verschwächt sind, hat sich auf Grund mehrerer genauer Spiegel-Fernrohrmessungen gezeigt, daß

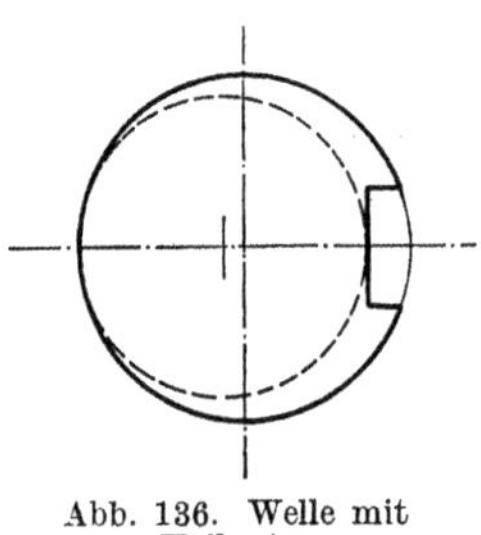

Abb. 136. Welle mit Keilnut.

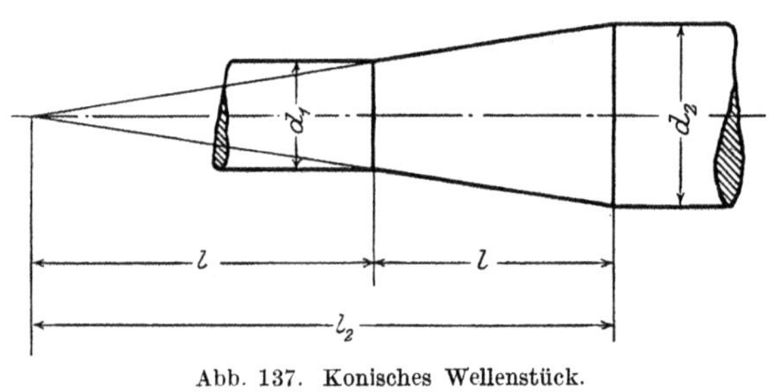

Abb. 137. Konisches Wellenstück.

man zur Berechnung der Drehelastizität folgendes einfache Verfahren einschlagen kann (Abb. 136).

Man beschreibe einen Kreis, der sowohl den Wellenumfang als auch den Grund der Keilnut innen berührt. Der Durchmesser dieses Kreises ist der Wellenreduktion zugrunde zu legen.

Für konische Wellenstücke rechnet man nach Holzer ein mittleres Trägheitsmoment J' aus (Abb. 137).

Die Größen l_1, l_2, d_1 und d_2 folgen ohne weiteres aus der Abbildung. J_2 sei das zu d_2 gehörende polare Trägheitsmoment. In diesem Falle wird

$$J' = \frac{3 \cdot J_2}{\frac{d_e}{d_1}\left[\left(\frac{d_2}{d_1}\right)^2 + \frac{d_2}{d_1} + 1\right]}. \tag{90}$$

In nachfolgender Tabelle ist für verschiedene Verhältnisse $\frac{d_2}{d_1}$ der Wert $\frac{J'}{J_2}$ niedergelegt:

$\frac{d_2}{d_1}$	1	1,1	1,2	1,3	1,4	1,5	1,7	2,0
$\frac{J'}{J_2}$	1,00	0,824	0,687	0,578	0,491	0,421	0,316	0,214

Bei großen Abrundungen, wie z. B. beim Übergang eines zylindrischen Wellenstückes in einen Flansch, kann man sich das betreffende Stück durch ein konisches ersetzt denken, dessen Reduktion nach dem vorausgegangenen einfach ist.

Für Flanschen bzw. die zugehörigen Bolzen, sind verschiedentlich Berechnungen angestellt worden, ohne daß sich daraus irgendein größerer Nutzen für die Praxis ergeben hätte. Flanschschrauben müssen stramm eingepaßt (eingerieben) sein, wenn man von einer Ausführung für Dauerbetrieb reden will. In diesem Falle spielt die Elastizität der Bolzen keine Rolle. Im übrigen kommt sie auch dann nicht in Frage, wenn die Flanschschrauben so stark angezogen sind, daß die Reibung zwischen beiden Flanschhälften zur Übertragung des maximalen Drehmomentes genügt. Erfahrungsgemäß ist dies im allgemeinen der Fall. Tritt ein Gleiten an der Flanschverbindung infolge zu wenig angezogener, schlecht passender Bolzen durch zu hohe Drehmomente ein, so ertönt oft ein ganz charakteristisches Pfeifen.

Bei gut ausgeführten Flanschverbindungen rechnet man daher die Elastizität beider Wellen in der Weise, als ob beide Wellen ein Stück wären, das nur auf die Länge der Verbindungsstelle den Flanschendurchmesser besitzt. Desgleichen rechnet man bei aufgezogenen oder aufgeschrumpften Flanschen so, als ob sie mit der Welle aus einem Stück beständen. Sind diese Flanschen aus Gußeisen, während die Welle aus Stahl ist, so wäre streng genommen noch der Unterschied im Elastizitätsmodul zu berücksichtigen. Da jedoch auch für Gußeisenflanschen die Elastizität im Vergleich zu jener der anderen Wellenstücke nur sehr gering ist, so geht man auf diesen Unterschied in der Praxis nicht ein.

Eine weitere wichtige Frage ist, wie sich Wellenstücke verhalten, die sich innerhalb der Naben aufgekeilter oder aufgepreßter Teile, wie Riemenscheiben, Dynamoanker usf. befinden. Diese Wellenstücke spielen insofern eine nicht zu unterschätzende Rolle, als sie manchmal von ziemlich bedeutender Ausdehnung sind. Eine allgemeine Regel für das Verhalten solcher Wellenteile läßt sich nicht geben. Man kann jedoch sagen, daß bei sorgfältiger Ausführung und strammem Aufpassen insbesondere aber bei Preßsitz Welle und Nabe als ein Ganzes angesehen werden können, und daß man bei kurzen dicken Naben auch dann keinen nachweisbaren Fehler macht, wenn die Welle innerhalb des Nabensitzes als starr angenommen wird. Bei langen Naben rechnet man so, als ob die Nabe mit der Welle aus einem Stück und aus Stahl wäre.

Etwas anderes ist es, wenn die Nabe ganz oder teilweise nur mit Schiebesitz auf der Welle sitzt. Hier ist auf die Länge des Schiebesitzes die Welle als elastisch und unbeeinflußt durch die darauf sitzende Nabe zu rechnen. In allen Fällen, wo man über das Aufpassen der Nabe auf die Welle nicht genügend klar ist, wird man am besten 2 Rechnungen durchführen: eine, bei welcher die Welle innerhalb der Nabe starr ist, und eine andere, bei welcher sie bis zur Nabenmitte oder bis zu jener Stelle, wo bestimmt mit Preßsitz gerechnet werden kann, elastisch ist.

Die wichtigste und schwierigste Aufgabe bei der Verwandlung einer Welle in eine drehelastisch gleichwertige ist die sog. **Reduktion einer Kurbelkröpfung.** Ich habe im Jahre 1912 versucht, eine solche Reduktion rein mit Hilfe von mathematischen Formeln durchzuführen. Dieselben sind jedoch einerseits sehr umständlich, andererseits von gewissen ziemlich unsicheren Annahmen abhängig, so daß ich deren Gebrauch für die Praxis nicht empfehlen kann. Man würde sich lediglich einer falschen Sicherheit hingeben, wenn man glaubte, damit besonders genau gerechnet zu haben.

Während des Krieges und hernach habe ich im Auftrag der M.A.N, Werk Augsburg, eine größere Reihe von Verdrehungsversuchen an großen Kurbelwellen durchgeführt und auf Grund deren folgende empirische, für die Anwendung in der Praxis aber wegen ihrer Einfachheit geeignete Formeln aufgestellt.

Diese Formeln sind dann später an Hunderten von Anlagen durch torsiographische Aufnahme der Eigenschwingungszahlen, also auf dynamischem Wege auf ihre Richtigkeit hin nachgeprüft und für richtig befunden worden, so daß ihre Anwendung gerechtfertigt erscheint. Sie sind aber, wie bereits bemerkt, als empirische Formeln aufzufassen, die der Hauptsache nach nur für die den Versuchen zugrunde gelegten Verhältnisse, d. h. Dieselmotorkurbelwellen zu treffen. Bei Gas- und Dampfmaschinen normaler Bauart, desgleichen bei Benzinmotoren wird man freilich, weil die Belastungsverhältnisse ähnliche sind, kaum größere Abweichungen finden. Dagegen ist dies bei Werkzeug- und bei landwirtschaftlichen Maschinen wohl möglich. Da bei diesen aber ohnehin Wellen mit vielen hintereinander angeordneten Kurbelkröpfungen nicht vorkommen, so spielt hier ein etwaiger Fehler in der Elastizität der Kurbelkröpfung keine schädliche Rolle.

Diese empirischen Formeln lauten

$$l_{\text{red}} = l_1 + l_2 + l_3, \tag{91}$$

wobei l_1 = Wellenzapfenlänge + $0{,}4\,h$.

$$l_2 = 0{,}773\,(l - z \cdot d)\,\frac{J_{pw}}{\Theta} \tag{92}$$

$$l_3 = (\text{Kurbelzapfenlänge} + 0{,}4\ \text{h})\,\frac{J_{pw}}{J_{pk}}\,. \tag{93}$$

Dabei bedeutet:

l = Schenkellänge zwischen den beiden Zapfenmitteln = Radius r in cm; ferner ist:

$$z = 0 \text{ für } \frac{b}{d} = 1{,}6 \text{ bis } 1{,}63 \text{ und } \frac{r}{d} = 1{,}2 \text{ bis } 0{,}92$$

$$= 0{,}4 \text{ für } \frac{b}{d} = 1{,}49 \text{ und } \frac{r}{d} = 0{,}84\,,$$

d = Durchmesser des Wellenzapfens in cm,

b = Breite des Kurbelschenkels in cm,

h = Dicke des Kurbelschenkels in cm,

$J_{pw} = \frac{\pi}{32}(d^4 - d_0^4)$ = polares Trägheitsmoment des Wellenzapfens in cm^4,

J_{pk} = Trägheitsmoment des Kurbelzapfens in cm^4,

$\Theta = \frac{b^3 h}{k}$ = Trägheitsmoment des Kurbelschenkels in cm^4 (nicht mit $h^3 b$ verwechseln).

Sollten für eine gegebene Welle die Verhältniszahlen $\frac{b}{d}$ und $\frac{r}{d}$ nicht innerhalb der oben angegebenen, sondern etwas außerhalb liegen, so kann man trotzdem unter entsprechender Wahl des Wertes z die Formeln verwenden, da der Einfluß einer etwa nicht genau richtigen Einschätzung von z auf den Endwert l_{red} nur recht wenig ausmacht.

Voraussetzung für die Anwendung dieser einfach aufgebauten Formeln ist, daß die Kurbelkröpfung zur Mitte des Kurbelzapfens symmetrisch ist. Ist letzteres nicht der Fall, so kann man die Kurbelkröpfung in eine rechte und eine linke Hälfte zerlegt denken und für jede Hälfte die reduzierte Länge rechnen. Hierbei ist natürlich jede der angegebenen Formeln mit dem Faktor $^1/_2$ zu multiplizieren, wenn man z. B. für l_1 und l_2 jeweils die ganze Zapfenlänge einsetzt.

Rechnet man auf Grund obiger Formeln die reduzierte Länge einer Kröpfung nach, so findet man, daß sie im allgemeinen nur wenig kürzer oder länger als die wirkliche Länge l ist, d. h.:

Für rohe Überschlagsrechnungen genügt es, vorausgesetzt, daß Kurbel- und Wellenzapfen gleichen Durchmesser besitzen, die auf das Trägheitsmoment des Wellenzapfens bezogene elastische Länge einer Kurbelkröpfung gleich deren wirklicher Länge zu setzen.

Ein Beispiel für die zahlenmäßige Durchrechnung der Verwandlung einer Kurbelkröpfung in ein elastisch gleichwertiges Längenstück ist im folgenden durchgeführt.

Beispiel (siehe Abb. 134).

Polares Trägheitsmoment des Wellenzapfens:

$$J_p = 0{,}0982 \cdot (25{,}5^4 - 6{,}2^4) = \mathbf{4{,}15 \cdot 10^4 \cdot cm^4}$$

$$l_1 = 28{,}5 + 0{,}4 \cdot 14{,}5 = 34{,}3 \text{ cm red.}$$

$$\Theta = \frac{40^3 \cdot 14{,}5}{12} = \frac{6{,}4 \cdot 10^4 \cdot 14{,}5}{12} = 7{,}73 \cdot 10^4 \text{ cm}^4$$

$$l_2 = 0{,}773 \cdot 30 \cdot \frac{4{,}15 \cdot 10^4}{7{,}73 \cdot 10^4} = 12{,}45 \text{ cm red.}$$

$$l_3 = 25{,}5 + 0{,}4 \cdot 14{,}5 = 31{,}3 \text{ cm red.}$$

$$\begin{aligned} l_1 + l_2 + l_3 = {} & 34{,}30 \\ & 12{,}45 \\ & \underline{31{,}30} \\ & 78{,}05 \text{ cm red auf } J_p = 4{,}15 \cdot 10^4 \text{ cm}^4. \end{aligned}$$

Bei gebauten Kurbelwellen hat sich, ganz kurz ausgedrückt, eine geringere elastische Länge für eine Kurbelkröpfung ergeben als bei den aus einem Stück bestehenden. Der Unterschied macht jedoch im Mittel nur etwa $4\,^0/_0$ aus. Diese größere Steifigkeit ist auf die kräftigeren Schenkel zurückzuführen.

Längenreduktion bei Übersetzungen.

(Abb. 138.)

Um in dieser Sache klar zu sehen, denken wir uns 2 elastische Wellen von der Länge L_1 bzw. L_2 durch 2 verschieden lange Hebel ab und $k\,(ab)$ und einen dazwischen angeordneten Lenker l verbunden. Beide Hebel sowie der Lenker sollen starr sein. k ist lediglich ein Faktor, der angibt, um wieviel mal der Hebel $k\,(ab)$ länger ist als der Hebel ab. Die Welle L_2 sei in Q fest eingespannt. Am Ende der Welle L_1 greife ein Drehmoment $P \cdot R$ an. Beide Wellen seien bereits auf das gleiche polare Trägheitsmoment J_p reduziert. Die Gesamtverdrehung soll ermittelt werden.

Die Verdrehung der Welle L_1 wird nach der bekannten Formel

$$\Delta_1 = \vartheta \cdot L_1 \cdot R = \frac{P \cdot R^2 \cdot L^1}{G \cdot J_p}.$$

Die Verdrehung der Welle L_2 wird, bezogen auf L_2,

$$(\varDelta_2) = \vartheta \cdot L_2 \cdot R = \frac{P \cdot R^2 \cdot L_2}{k \cdot G \cdot J_p}$$

und gemessen an der Welle L_1

$$\varDelta_2 = \frac{P \cdot R^2 \cdot L_2}{k^2 \cdot G \cdot J_p}.$$

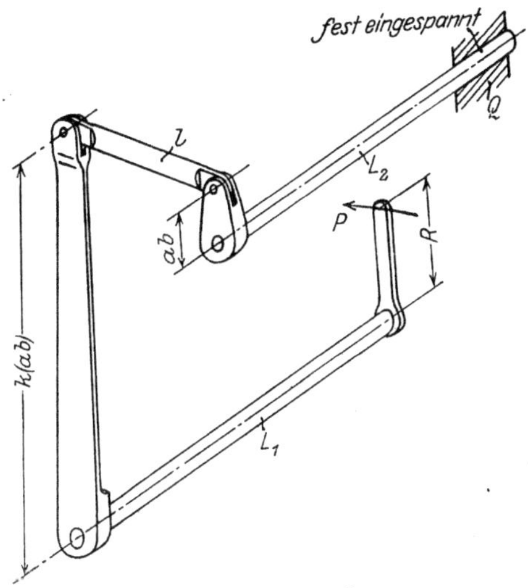

Abb. 138. Schema einer Übersetzung.

Die Gesamtverdrehung wird also bezogen auf Welle L_1

$$\varDelta_1 + \varDelta_2 = \frac{P \cdot R^2}{G \cdot J_p}\left(L_1 + \frac{L_2}{k^2}\right). \tag{94}$$

Würde an der Angiffsstelle der Kraft P eine Masse m sitzen, so würde unter Vernachlässigung der andern Massen deren Eigenfrequenz für die bei Q fest eingespannte Wellenleitung

$$\nu_e = \frac{30}{\pi} \cdot \sqrt{\frac{c}{m}}$$

$$= \frac{30}{\pi} \cdot \sqrt{\frac{J_k \cdot G}{R^2 \cdot \left(L_1 + \frac{L_2}{k^2}\right) \cdot m}}.$$

Experimentelle Bestimmung der elastischen Längen.

In solchen Fällen, wo die angegebenen rechnerischen Verfahren nicht genügen, sei es, weil eine besonders hohe Genauigkeit verlangt wird oder weil für den betreffenden Fall keine passenden Formeln zur Hand sind, muß man auf Verdrehungsversuche zurückgreifen. Dieselben führt man zweckmäßig mit Hilfe von Fernrohren, Maßstäben und Spiegeln durch. In die Welle wird hierbei ein Drehmoment von genau bekannter Größe eingeleitet. Hierbei ist es erfahrungsgemäß nicht notwendig, daß ein doppelarmiger Hebel angewendet wird. Es genügt ein einarmiger, doch muß derselbe wenigstens etwa 10 mal so lang als der Wellenzapfendurchmesser sein, um schädliche Reibungen in den Lagern zu vermeiden. Für abwärts gehende Kräfte kann man mit Gewichten arbeiten, für aufwärtsgehende verwende man einen Kran oder Flaschenzug unter Zwischenschaltung einer Krandezimalwage. Eine Federwage zur Messung der Kräfte ist weniger zu empfehlen und sollte auf alle Fälle vor und nach Versuch geeicht werden.

Um das elastische Verhalten genügend genau kennen zu lernen, leite man Kräfte in solcher Größe durch, wie sie im wirklichen Betrieb unter Berücksichtigung der maximalen Drehmomente und der Schwingungserscheinungen auftreten. Man begnüge sich ausdrücklich nicht mit kleineren Kräften, da für manche Fälle — insbesondere durch den Lagereinfluß — die Verhältnisse hierbei andere sind. Die Kräfte selbst stufe man natürlich in entsprechender Weise ab, um eine genügende Anzahl Diagrammpunkte zu erhalten. Jeder Versuch ist mehrmals zu wiederholen. Vor Beginn eines jeden Versuches leite man die Belastung mehrmals nach beiden Richtungen hin unter jedesmaliger darauffolgender Entlastung ein, um den sog. jungfräulichen Zustand zu entfernen. Macht man dies nicht, so liegen die Meßpunkte im allgemeinen nicht auf einer einfachen geraden Linie.

Sehr wichtig ist hierbei, daß die Spiegel vollkommen plan sind, man verwende daher nur Spiegel einer erstklassigen Firma. Die Spiegel können ziemlich klein sein, 1 cm^2 genügt bereits allen Anforderungen. Sie werden mit Hilfe von Wachs oder Glaserkitt an die interessierenden Stellen angekittet. Damit nicht der Kitt den Belag loslöst, fasse man zuvor die Spiegel in dünnes Messingblech. Die Meßstellen wähle man nach Möglichkeit bei Kurbelwellen so, daß eine oder mehrere ganze Kröpfungen dazwischen liegen. Den Versuch führe man stets nicht an einer verkleinerten Probewelle, sondern an der wirklichen Welle, die in die Maschine fertig eingebaut ist, durch, um auch den etwaigen Einfluß der Lager mit zu berücksichtigen. Für viele Fälle empfiehlt es sich, um möglichst auch in Einzelheiten klar zu sehen, mehrere Meßpunkte und damit Spiegel zu wählen. Der Abstand der Fernrohre und Maßstäbe richtet sich nach den jeweils vorliegenden Verhältnissen, insbesondere dem zur Verfügung stehenden Platz. Er soll im allgemeinen nicht unter $1^1/_2$ m sein; doch wird man eine größere Entfernung als 6 m nur in Ausnahmefällen benötigen. Als Maßstäbe wähle man zweckmäßig spiegelbildliche, auf denen also die Zahlen wie im Spiegel sichtbar aufgeschlagen sind. Als Fernrohre genügen in den meisten Fällen solche von Nivellierinstrumenten, Theodolithen usf., wenn sie nur ein Fadenkreuz besitzen. Zur Befestigung der Fernrohre und Maßstäbe empfiehlt sich das in Abb. 139 dargestellte Gerüst, das leicht und doch stabil ist und die Maßstäbe und Fernrohre nach allen Richtungen hin in beliebigen Höhen einzustellen gestattet. Neben den Maßstäben ist hierbei je eine elektrische fingerförmige Glühlampe zur Beleuchtung derselben verwendet. Die Glühlampen haben einen halbrunden Schirm, um den Beobachter nicht zu blenden, und werden auf die interessierende Stelle des Maßstabes eingestellt. Fernrohre und Maßstäbe sollten auch dann, wenn man das Aluminiumgerüst nicht verwendet, möglichst in gleicher Höhe und Entfernung sein. Die Glühlampen haben außerdem den Zweck, das Einstellen der Maßstäbe, so daß ihr vom Spiegel zurückgeworfenes Bild im Fernrohr sichtbar wird, zu erleichtern. Man stellt zunächst den Spiegel nach dem Gefühl ein, fährt dann in der Luft mit der in der Hand gehaltenen Glühlampe hin und her, bis der andere Beobachter die Lampe als Spiegelbild im Fernrohr erblickt. Bei einiger Übung kann man es auch dahin bringen, daß man in einem Fernrohr gleichzeitig nebeneinander 2 Maßstäbe sieht und so mit nur 2 Fernrohren die Verdrehung von 4 Meßstellen beobachten kann.

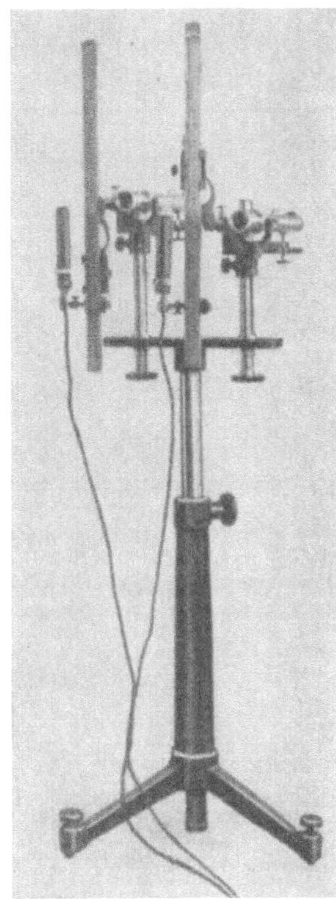

Abb. 139. Fernrohre und Maßstäbe samt Ständer für Spiegelablesungen.

Ein auf Grund einer solchen Messung erhaltenes Diagramm zeigt Abb. 140. Hierbei sei besonders darauf hingewiesen, daß die Linie für zunehmende Belastung etwas von derjenigen für abnehmende Belastung verschieden ist. Es ist dies neben den Lagerreibungen der Einfluß der Hysterese. Um denselben bei allen Versuchen gleich zu halten, also die Versuchsergebnisse unter sich vergleichbar zu machen, sollte man dahin trachten, daß die Versuche ganz roh geschätzt, mit annähernd gleicher Geschwindigkeit durchgeführt werden, d. h., daß insbesondere nicht mitten während eines Versuches eine Unterbrechung stattfindet.

Der direkten Messung der Verdrehung ohne Zuhilfenahme von Spiegeln und Fernrohren lediglich unter Verwendung von über Maßstäben sich bewegenden Zeigern bzw. von Meßuhren, möchte ich nur in solchen Fällen das Wort reden, wo die erwartenden Verdrehungen verhältnismäßig groß sind, z. B. 1 cm an der Skala —, so daß kleine Bruchteile davon auch ohne Zuhilfenahme optischer Hilfsmittel bequem abgelesen werden können. Solche Fälle kommen insbesondere bei sog. elastischen Kupplungen vor. Da bei diesen häufig Baustoffe verwendet werden, die das Geradliniengesetz nicht befolgen, wie Leder, Gummi oder aber bei denen durch Hebelwerke u. dgl. die elastische

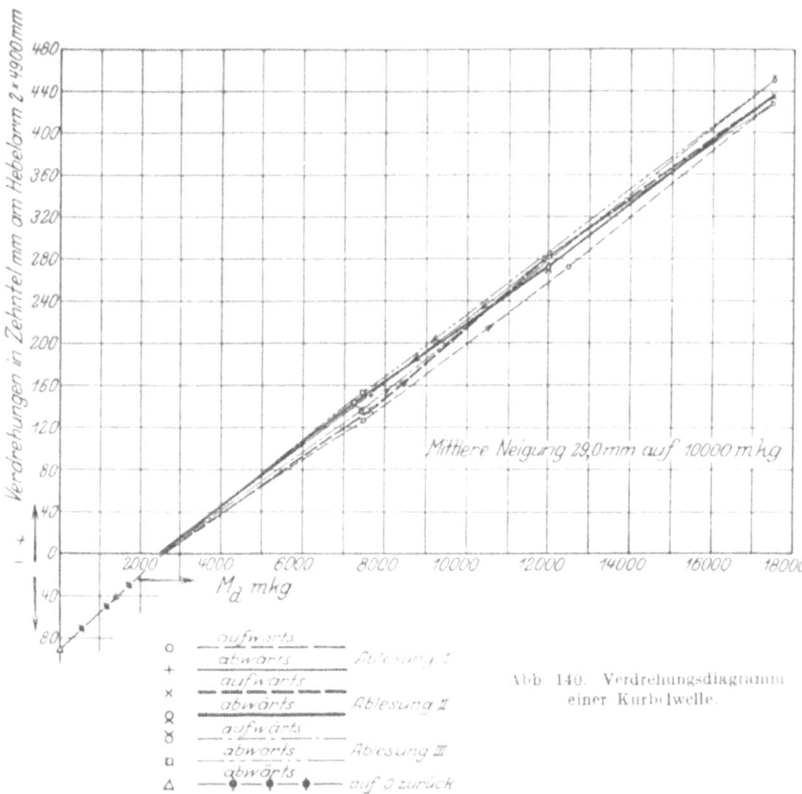

Abb. 140. Verdrehungsdiagramm einer Kurbelwelle.

Verdrehung beider Kupplungshälften gegeneinander auch dann mehr oder weniger vom Geradliniengesetz abweichen kann, wenn die verwendeten Baustoffe selbst dieses genügend genau befolgen, so sollte man gerade für solche Kupplungen stets eine größere Reihe von Zwischenpunkten bei einer Messung ebenfalls mit untersuchen.

Für Kupplungen wie überhaupt für zusammengesetzte Organe wird man natürlich im allgemeinen kein so einfaches Verhalten wie das in Abb. 140 dargestellte erwarten dürfen. Der auf- und der absteigende Ast des Dehnungs-Belastungsdiagrammes werden vielmehr mehr oder weniger von einander verschieden sein. Die Gründe sind unter anderen Lose in Gelenken, Klauen und sonstigen Übertragungsteilen, größere innere Reibung im Baustoff selbst und schließlich künstliche Reibung, wie z. B. bei Blattfederwerken.

Eine weitere Möglichkeit, die elastischen Längen experimentell an einer fertigen Anlage zu bestimmen, besteht endlich noch in der Registrierung der Eigenfrequenzen und kritischen Drehzahlen mit Hilfe des Torsiographen, d. h. auf dynamischem Wege. Davon wird später die Rede sein.

Experimentelle Bestimmung des elastischen Verhaltens bei Biegungsschwingungen.

Hier kommen kompliziertere Formen wie bei Drehschwingungen weniger vor und es handelt sich unter anderen namentlich darum, sich experimentell, z. B. darüber Klarheit zu verschaffen, wie stark die Welle durch aufgekeilte Naben versteift wird oder welchen Einfluß die anschließenden Lager haben. Hier wird man die Durchbiegungen zweckmäßig mit Meßuhren und die Schiefstellungen der Welle, z. B. neben den Lagern mit Spiegel und Fernrohr messen. Bei sehr kleinen Durchbiegungen wird man auch hier an Stelle der Meßuhr auf das Spiegel-Fernrohrverfahren zurückgreifen. Da aber hiermit nur Winkeländerungen gemessen werden können, so kann man für die Ermittlung der Durchbiegungen den Spiegel nicht unmittelbar aufkitten. Man versieht vielmehr den Spiegel bzw. dessen Fassung mit Körnern, um welche er sich leicht aber ohne Spiel drehen läßt, lagert ihn fest in einem Halter und bringt an der Welle einen Stift an, der auf den Spiegel verdrehend einwirkt, so daß einer gegebenen Wellendurchbiegung eine bestimmte Neigungsänderung des Spiegels entspricht. Außerdem ist noch durch ein Federchen dafür zu sorgen, daß der Spiegel dauernd sicheren Kontakt mit dem Stift hält. Im übrigen gilt bei einer solchen Durchbiegungsmessung mit Hilfe von Fernrohren alles das, was zuvor bei der Bestimmung von Verdrehungen durch die Spiegel-Fernrohr-Methode erörtert wurde.

Experimentelle Bestimmung von Längsdehnungen.

Dieselbe kommt unter anderen bei Schüttelschwingungen bei Lokomotiven in Betracht, wenn man den Einfluß der Elastizität der Kuppelstangen kennen lernen will. Das Verfahren ist hier, sofern man sich mit Meßuhren nicht begnügen will, genau das gleiche wie das eben bei der Biegungsuntersuchung geschilderte.

Theorie des Verhaltens von Meßinstrumenten in schwingungstechnischer Beziehung.

Bei fast allen Meßinstrumenten können wir von einer Masse m sprechen, die durch irgendein elastisches Zwischenglied mit der Federkonstanten c mit einen feststehenden Gehäuse verbunden ist. Unter den technischen Meßinstrumenten nenne ich unter anderen das Manometer, den Indikator, das Tachometer, den Torsiographen, den Seismographen, Vibrographen, Pallographen, Voltmeter, Amperemeter, Galvanometer, Oszillographen, Frequenzmesser, Dehnungs- und Spannungsmesser usf. Es kommt, wie gleich vorausgeschickt sei, vorläufig gar nicht darauf an, ob das elastische Zwischenglied Dreh- oder Längsbewegungen der Masse m zuläßt, ob es auf Drehung, Biegung oder Längung beansprucht wird. Ebenso ist es gleichgültig, wie die Masse aussieht; dieselbe ist z. B. beim Indikator der Kolben samt Federanteil und Gestänge, beim Torsiographen die Schwungscheibe, beim Seismographen die sog. träge Masse, beim Voltmeter das Weicheisenstück samt Zeiger, beim Dehnungsmesser der starken Vergrößerung wegen in der Hauptsache der Zeiger allein. Beim Tachographen sind es die rotierenden Schwunggewichte, bzw. wenn wir von der radialen Veränderung der Lage derselben absehen, die Schwunggewichte samt Gestell und Antriebsscheibe, während das elastische Zwischenglied das Antriebsband ist.

Bei Messungen von Größen, welche von der Zeit unabhängig sind, spielen die dynamischen, insbesondere die schwingungstechnischen Eigenschaften dieser Instrumente keine Rolle. Die Massen und die elastischen Zwischenglieder können hierbei ganz beliebig lediglich auf Grund der sonstigen Anforderungen, die das Meßgerät zu erfüllen hat, bestimmt werden. Soweit derartige Instrumente zur Messung zeitlich veränderlicher Größen benutzt werden, kommt es dagegen hinsichtlich der richtigen Wiedergabe der zu messenden Größen sehr auf ihre schwingungstechnischen Eigenheiten an. Insbesondere müssen wir untersuchen, wieweit grundsätzlich alle solchen Instrumente zur Wiedergabe periodischer Vorgänge geeignet sind, ob sie dieselben bei allen Schwingungszahlen richtig oder in verschiedener Verzerrung wiedergeben und ob und in wieweit Resultate, die mit verschiedenen dem gleichen Zweck dienenden Apparaten oder mit Apparaten gleichen Systems aber verschiedener Federung oder Vergrößerung und Masse erhalten wurden, unter sich vergleichbar sind.

Wir nehmen im folgenden an, wir hätten es mit einer Masse zu tun, welche elastisch mit einer unendlich großen Masse verbunden ist, welche gegebene harmonische Schwingungen ausführt, wie dies für den Seismographen, Vibrographen, Pallographen, Torsiographen usf. zutrifft. Um ein konkretes Beispiel vor Augen zu haben, beziehen wir uns im folgenden auf den Torsiographen.

Beim Torsiographen[1]) gilt Annahme ohne weiteres, wenn wir voraussetzen, daß die Bandscheibe dieses Instrumentes starr mit der auf Ungleichförmigkeitsgrad oder Drehschwingungen zu untersuchenden Maschinenwelle verbunden ist. Letztere stellt die unendlich große Masse dar, die periodische harmonische Ausschläge von gegebener Frequenz ν und der Größe a_p ausführt. Es fragt sich, wie groß werden die Ausschläge a_T der elastisch mit der Bandscheibe gekuppelten Schwungmasse m_T. Die letztere sei auf den Abstand r von der Drehachse bezogen. Schematisch ist die Anordnung in Abb. 147 dargestellt.

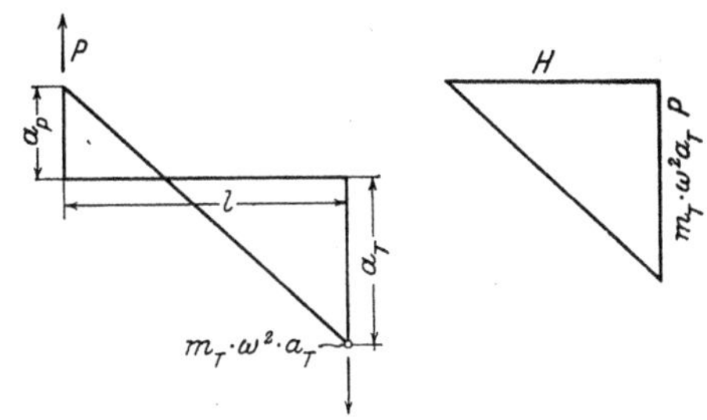

Abb. 141. Schwingungsform und Kräftedreieck für ein elastisches ungedämpftes System mit einer Masse m.

In der folgenden Abb. 141 sind in der uns von den Kapiteln über Drehschwingungen her bekannten Weise die zugehörige Schwingungsform und der Kräfteplan wiedergegeben. Die Federung sei in ein elastisch gleichwertiges Wellenstück von der Länge l, dem Schubmodul G und dem Trägheitsmoment J_p verwandelt. Ferner sei $\frac{J \cdot G}{r^2} = H$ der Horizontalzug. Aus der Abb. 141 ergeben sich folgende Beziehungen:

$$(a_p - a_T) : l = - m_T \cdot \omega^2 a_T : H$$

oder

$$\frac{1}{a_T} = \frac{-l \cdot m_T \cdot \omega^2 + H}{H : a_p} = \frac{1}{a_P}\left(1 - \frac{l \cdot m_T \cdot \omega^2}{H}\right) = \frac{1}{a_P}\left[1 - \left(\frac{\omega}{\omega_e}\right)^2\right]. \quad (95)$$

Der reziproke Wert $\frac{1}{a_T}$ des Ausschlags der Masse m_T ist also — ohne Berücksichtigung der Dämpfung — gegeben

a) durch ein konstantes Glied: $\frac{1}{a_P}$, in Abb. 142 durch die vertikale Gerade wiedergegeben;

b) durch ein vom Quadrat der Schwingungsgeschwindigkeit ω abhängiges Glied (Parabel c).

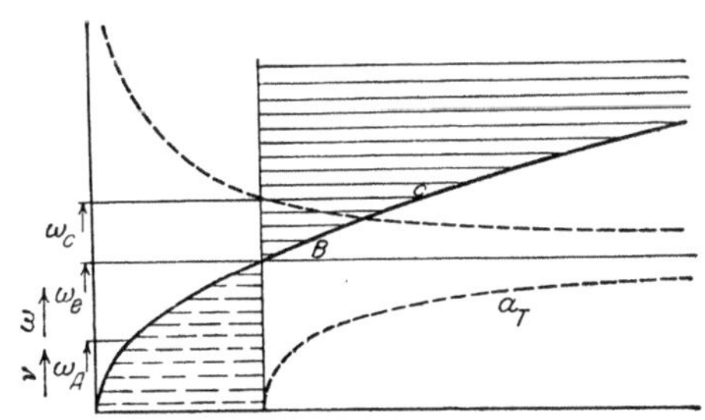

Abb. 142. Abhängigkeit des Ausschlages a_T von der Schwingungszahl.

Zeichnet man a_T als Funktion von ω auf, so ergibt sich die in

[1]) Der Torsiograph und die im folgenden genannten Meßgeräte sind beschrieben im Abschnitt: Kurze Beschreibung der wichtigeren Meßgeräte für mechanische Schwingungen.

Abb. 142 in Kurve a_T dargestellte Abhängigkeit von ω bzw. was auf das gleiche herauskommt, von der Schwingungszahl ν.

Wie daraus ersichtlich, ist bei niedriger Schwingungszahl a_T annähernd gleich dem durch die vertikale Gerade wiedergegebenen Wert a_P. Im Falle des Torsiographen werden also Relativbewegungen zwischen beiden Massen nicht eintreten. Für $\omega = \omega_e$ wird $\frac{1}{a_T} = 0$, d. h. $a_T = \infty$. Hierbei ist

$$l \cdot m_T \cdot \omega^2 = H$$

oder

$$\omega = \sqrt{\frac{H}{l \cdot m_T}}.$$

Es ist dies der Fall der Eigenfrequenz ν_e der Masse m_T. Setzen wir hierbei $\frac{H}{l} = c$, so erhalten wir die bekannte Formel:

$$\nu_e = \frac{30}{\pi} \cdot \sqrt{\frac{c}{m_T}} \quad \text{(pro Minute).}$$

Nach Überschreiten der Eigenfrequenz kommen wir ziemlich bald in ein Gebiet, wo a_T sehr klein wird gegen a_p, um sich dann asymptotisch dem Wert Null zu nähern. Dies ist das Gebiet, in dem der Torsiograph anzuwenden ist. Die Schwungscheibe macht die Ausschläge der im Vergleich zu ihr unendlich großen Masse — der Welle — nicht mehr mit, sondern rotiert genügend genau gleichmäßig. Es entstehen infolgedessen Relativverdrehungen zwischen Schwungscheibe und Welle, welche direkt die Ausschläge der letzteren darstellen.

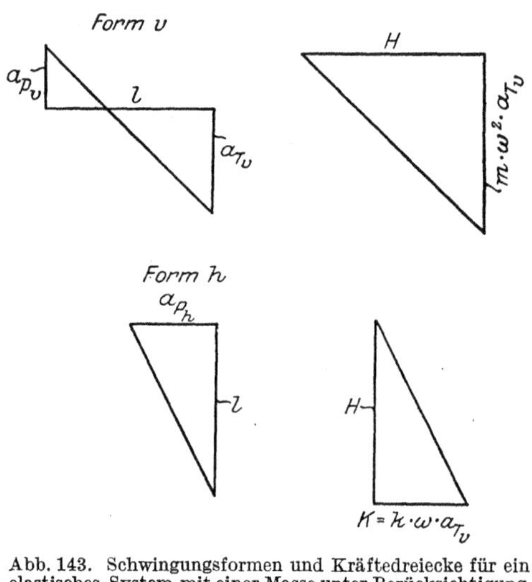

Abb. 143. Schwingungsformen und Kräftedreiecke für ein elastisches System mit einer Masse unter Berücksichtigung einer vom Absolutausschlag abhängigen Dämpfung.

Roh gerechnet läßt sich sagen, daß der Torsiograph vom doppelten Wert seiner Eigenfrequenz an verwendbar ist.

Genau die gleiche Ableitung läßt sich auf alle andern Instrumente, die die Wirkung einer trägen Masse zu Hilfe nehmen, anwenden. Es sind dies außer dem Torsiographen insbesondere der Seismograph, der Pallograph, der Leunersche Pendelapparat, der Vibrograph, das Vibrometer usf.

In den bisherigen Ausführungen ist die Dämpfung nicht berücksichtigt worden. Deren Berücksichtigung fällt nach dem, was im Abschnitt: „Ermittlung der Schwingungsanschläge unter Berücksichtigung von Dämpfungen" gesagt wurde, nicht schwer In Abb. 143 sind für eine gegebene Schwingungszahl ν und einen gegebenen Dämpfungsfaktor k die beiden gegeneinander zeitlich um 90^0 versetzten Schwingungsformen v und h sowie die zugehörigen Kräftepläne verzeichnet. In der Form h kommt nur die Dämpfungskraft K, in der Form v nur die Trägheitskraft der Masse m vor. Es wird hierbei unter der Annahme $a_{P_v} = a_p$ die Form v verzeichnet, dann unter Zugrundelegung des so ermittelten vorläufigen $a_{T_{\text{vorl}}}$ die Form h konstruiert und nun aus dem hieraus ermittelten a_{P_h} der Wert $\sqrt{(a_{P_v})^2 + (a_{P_h})^2} = a_P'$ gefunden. Sodann ergibt sich der wirkliche Ausschlag $a_{T_{\text{wirkl}}} = a_{T_{\text{vorl}}} \frac{a_P}{a_P'}$. Um das Zeichnen zu umgehen, können wir auch den Fall analytisch behandeln. Hierbei bestehen nach Abb. 143 die Beziehungen:

1. $$(a_{P_v} - a_{T_v}) : l = - m\,\omega^2 \cdot a_{T_v} : H$$

und

2. $$a_{P_h} : l = k \cdot \omega \cdot a_{T_v} : H.$$

Aus 1. folgt:

$$a_{P_v} = \frac{a_T \cdot (-m\omega^2 \cdot l + H)}{H} \tag{96}$$

$$a_{P_h} = a_T \cdot \frac{k \cdot \omega \cdot l}{H}. \tag{97}$$

Also ergibt sich für den Phasenverschiebungswinkel φ zwischen a_P und a_{P_h}

$$\operatorname{tg} \varphi = \frac{a_{P_v}}{a_{P_h}} = \frac{H - m \cdot l \cdot \omega^2}{k \cdot \omega \cdot l}. \tag{98}$$

Aus $\operatorname{tg}\varphi$ folgt mit Hilfe einer Sinustafel sofort $\cos\varphi$ und damit

$$a_{P_h} = a_p \cdot \cos \varphi.$$

Sodann erhält man

$$a_T = a_P \cdot \cos \varphi \cdot \frac{H}{k \cdot \omega \cdot l}. \tag{99}$$

In Abb. 144 sind für 4 verschiedene Dämpfungsfaktoren

a) für $k = 0$,

b) für $k = \frac{1}{2}\sqrt{c \cdot m}$,

c) für $k = \sqrt{c \cdot m}$,

d) für $k = 2\sqrt{c \cdot m}$, d. h. für aperiodische Dämpfung und

e) für $k = 4\sqrt{c \cdot m}$

die zugehörigen Ausschläge der Masse m eingezeichnet. Man sieht daraus, daß die Dämpfung — soweit es sich um eine der Schwingungsgeschwindigkeit und dem Ausschlag der Masse m proportionale Dämpfung handelt — nur in der Gegend der Eigenfrequenz eine erhebliche Rolle spielt, innerhalb des Meßbereiches des Instrumentes aber ohne weiteres außer acht gelassen werden kann.

Vorstehende Theorie gilt allgemein für sämtliche Instrumente, bei welchem die Masse nicht mit einem festen Punkt, sondern mit einem gegebenen, ihm durch die zu prüfende Maschine aufgezwungenen Ausschlage machenden Punkt elastisch verbunden ist.

Nun kann es auch vorkommen, daß die Dämpfung nicht proportional dem Absolutausschlag, sondern dem Relativausschlag der Masse m ist. Es ist dies z. B. beim Seismographen und Vibrographen,

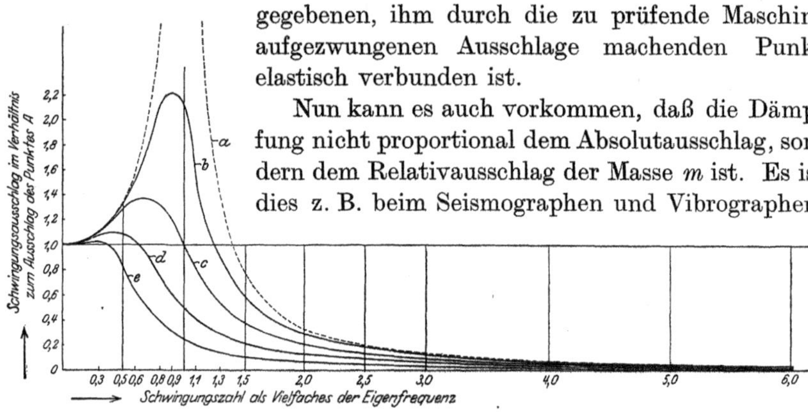

Abb. 144. Schwingungsausschlag einer mit einem Punkt A elastisch verbundenen Masse m für den Fall, daß A gegebene harmonische Schwingungen ausführt und eine Dämpfung vorhanden ist, welche proportional dem Absolutausschlag der Masse m ist.
a) bei Dämpfung = 0; *b*) bei $\frac{1}{4}$ der aperiodischen Dämpfung; *c*) bei $\frac{1}{2}$ der aperiodischen Dämpfung; *d*) bei der aperiodischen Dämpfung; *e*) bei 2 mal der aperiodischen Dämpfung.

bis zu einem gewissen Grade aber auch beim Torsiographen der Fall.

In diesem Falle denken wir uns wieder die resultierende Schwingungsform so zerlegt, daß der Ausschlag a_m der Masse m ganz in die Schwingungsform v fällt; es fällt also dann die dämpfende Kraft $k \cdot \omega \cdot (a_{p_v} - a_m)$ ganz in die Form h. Diese dämpfende Kraft greift an der Masse m und — im entgegengesetzten Sinne — an dem gegebene Ausschläge machenden Punkt P, mit welchem m elastisch gekuppelt ist, an. Da der Ausschlag a_{m_h} der Schwingungsform h gemäß der von uns vorgenommenen Zerlegung Null sein muß, so folgt mit Rücksicht auf die in der Form h vorkommende Kraft $k \cdot \omega\, (a_{P_v} - a_m)$, daß der Punkt P noch den Ausschlag a_{P_h} ausführt.

Um die dem Relativausschlag zwischen P und m proportionale Dämpfung richtig zu berücksichtigen, ist zu beachten, daß der Ausschlag a_{P_h} eine Dämpfung $k \cdot \omega\, (a_{P_h} - o)$ hervorruft, welche in der Form v vorkommt. Wir erhalten so die beiden Schwingungsformen und die zugehörigen Kräftepläne Abb. 145.

Auf Grund derselben ergeben sich folgende Beziehungen:

1. $(a_{P_v} - a_{m_v}) : l = (-m \cdot \omega^2 \cdot a_m - k \cdot \omega \cdot a_{P_h}) : H$.

2. $a_{P_h} : l = k \cdot \omega\, (a_{P_v} - a_{m_v}) : H$.

3. $a_{P_v} \mathbin{+\!\!\!\rightarrow} a_{P_h} = a_P$.

Aus 2. ergibt sich:

$$a_{P_h} = \frac{l \cdot k \cdot \omega}{H} (a_{P_v} - a_m).$$

Aus 1. erhält man damit:

$$a_{P_h} \cdot \frac{H^2 + l^2 k^2 \omega^2}{H} = a_m \cdot \frac{H^2 - l \cdot m \cdot \omega^2 H + l^2 k^2 \cdot \omega^2}{H}$$

oder

$$a_m = a_{P_v} \cdot \frac{H^2 + l^2 k^2 \cdot \omega^2}{H^2 - l \cdot m \cdot \omega^2 H + l^2 k^2 \cdot \omega^2}. \tag{100}$$

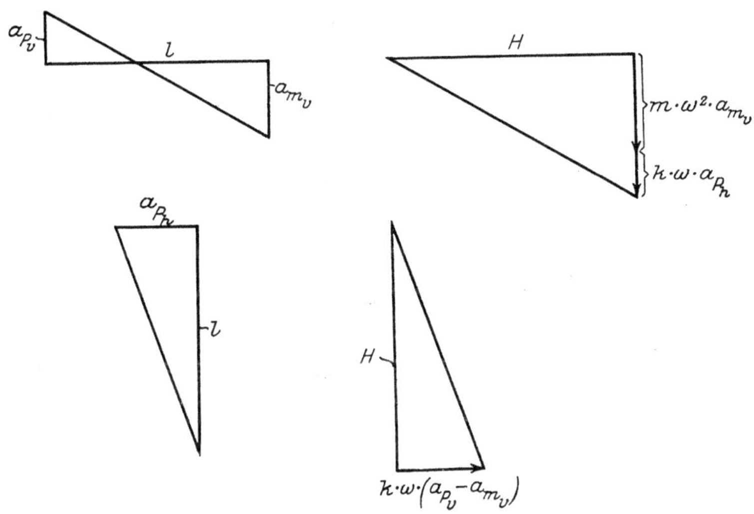

Abb. 145. Schwingungsformen und Kräftedreiecke für ein elastisches System mit einer Masse m unter Berücksichtigung einer vom Relativausschlag abhängigen Dämpfung.

Statt des Dämpfungsfaktors können wir für aperiodische Dämpfung auch schreiben

$$k = 2\sqrt{\frac{m \cdot H}{l}}.$$

Damit ergibt sich nach einigen Umformungen

$$a_m = a_{P_v} \cdot \frac{1 + 4 \cdot \left(\frac{\omega}{\omega_e}\right)^2}{1 + 3 \cdot \left(\frac{\omega}{\omega_e}\right)^2} \tag{101}$$

und

$$a_{P_h} = a_{P_v} \cdot \frac{-2 \cdot \left(\frac{\omega}{\omega_e}\right)^3}{1 + 3 \cdot \left(\frac{\omega}{\omega_e}\right)^2} \tag{102}$$

Beträgt die Dämpfung nur die Hälfte der aperiodischen Dämpfung, so entsteht:

$$a_m = a_{P_v}\left[1 + \left(\frac{\omega}{\omega_e}\right)^2\right]. \tag{103}$$

$$a_{P_h} = -a_{P_v}\left(\frac{\omega}{\omega_e}\right)^3. \tag{104}$$

Für einen Dämpfungsfaktor gleich $^1/_4$ des aperiodischen ergibt sich

$$a_m = a_{P_v} \cdot \frac{1 + \frac{1}{4} \cdot \left(\frac{\omega}{\omega_e}\right)^2}{1 - \frac{3}{4} \cdot \left(\frac{\omega}{\omega_e}\right)^2}. \tag{105}$$

$$a_{P_h} = -a_{P_v} \cdot \frac{\frac{1}{2} \cdot \left(\frac{\omega}{\omega_e}\right)^3}{1 - \frac{3}{4} \cdot \left(\frac{\omega}{\omega_e}\right)^2}. \tag{106}$$

Für eine Dämpfung von der doppelten Größe der aperiodischen erhält man

$$a_m = a_{P_v} \cdot \frac{1 + 16 \cdot \left(\frac{\omega}{\omega_e}\right)^2}{1 + 15 \cdot \left(\frac{\omega}{\omega_e}\right)^2}. \tag{107}$$

$$a_{P_h} = -a_{P_v} \cdot \frac{4 \cdot \left(\frac{\omega}{\omega_e}\right)^3}{1 + 15 \cdot \left(\frac{\omega}{\omega_e}\right)^2}. \tag{108}$$

Man erhält also verhältnismäßig einfache Formeln. Aus denselben berechnet man zuerst unter der Annahme $a_{P_v} = a_P$ die Größen (a_m) und a_{P_h}, ermittelt dann die Resultierende $a_P \mathrel{+\!\!\to} a_{P_h} = a_{P\,\mathrm{res}}$ und multipliziert endlich den Wert (a_m) mit $\frac{a_P}{a_{P\,\mathrm{res}}}$, um den wirklichen Ausschlag a_m zu erhalten. Auf diese Weise entstehen die Kurven (Abb. 146), welche unter Zugrundelegung eines konstanten Ausschlages $a_P = 1{,}0$ die Ausschläge a_m abhängig vom Verhältnis der Schwingungszahl der erregenden Ursache zur Eigenfrequenz der Masse m darstellen.

Wie man sofort erkennt, unterscheiden sich diese Kurven hauptsächlich dadurch von jenen der Abb. 144, daß die Ausschläge a_m auch noch bei wesentlichem Überschreiten der Eigenfrequenz verhältnismäßig groß bleiben. Soweit also Instrumente in Frage kommen, welche unter Zuhilfenahme einer trägen Masse arbeiten, hat es keinen Zweck, eine starke Relativdämpfung zu wählen, weil dadurch grade der Hauptzweck der trägen Masse, möglichst in Ruhe zu bleiben, vereitelt wird. Andererseits ersieht man aus den Kurven Abb. 144, daß man bei Verwendung einer dem Absolutausschlag proportionalen Dämpfung für den Fall, daß man gezwungen ist, in Resonanznähe zu arbeiten, sich wenigstens etwas durch Anwendung einer stärkeren Dämpfung helfen kann.

Wir kehren nun wieder zu der allgemeinen Theorie ohne Dämpfung zurück und beziehen uns im folgenden wieder auf den Torsiographen. Genauer genommen kommen bei demselben 2 Massen, die Schwungscheibe m_s und die Bandscheibe m_B in Betracht, von denen die erstere

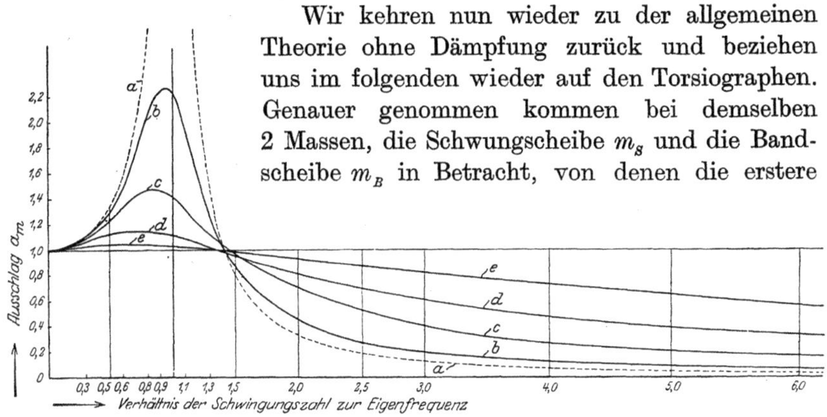

Abb. 146. Schwingungsausschlag einer mit einem Punkt A elastisch verbundenen Masse m für den Fall, daß A gegebene harmonische Schwingungen ausführt und eine Dämpfung vorhanden ist, welche proportional dem Relativausschlag zwischen der Masse m und dem Punkt A ist.
a) bei Dämpfung = 0; *b*) bei $\frac{1}{4}$ der aperiodischen Dämpfung; *c*) bei $\frac{1}{2}$ der aperiodischen Dämpfung; *d*) bei der aperiodischen Dämpfung; *e*) bei 2 mal der aperiodischen Dämpfung.

durch eine elastische Feder mit m_B verbunden ist, während m_B durch das Antriebsband, das zwar vergleichsweise unelastisch ist aber doch, absolut genommen, eine merkliche Elastizität besitzt, mit der eine praktisch unendlich große Masse darstellenden Maschinenwelle gekuppelt ist (Abb. 147). Nach den vorausgegangenen Erörterungen über Drehschwingungen bereitet es für das graphische Verfahren keine Schwierigkeit, die zugehörigen Schwingungsausschläge für vorgegebene sinusförmige Ausschläge der Maschinenwelle zu ermitteln.

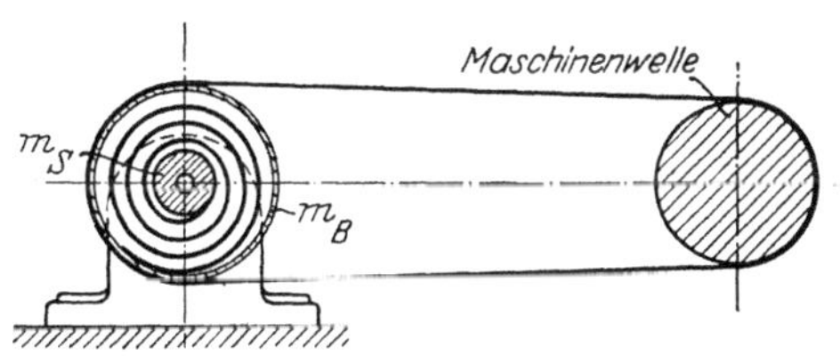

Abb. 147. Schema der Anordnung des Torsiographen.

Rechnerisch wird das Verfahren bereits wesentlich verwickelter, weshalb ich von seiner Anwendung absehe. Das Ergebnis ist in Abb. 148 dargestellt. Man erkennt daraus, daß der Meßbereich des Torsiographen zwischen seinen beiden Eigenfrequenzen ν_{e1} und ν_{e2} liegt. Etwa 100% über der ersten beginnt er, um etwa 50% unter der zweiten aufzuhören. Für die praktische Anwendung des Instrumentes handelt es sich darum, ν_{e1} möglichst tief und ν_{e2} möglichst hoch zu legen. Das erreicht man, indem man die Masse m_s möglichst groß, m_B dagegen tunlichst klein und die elastische Federverbindung zwischen m_s und m_B recht weich, das Antriebsband dagegen recht steif wählt.

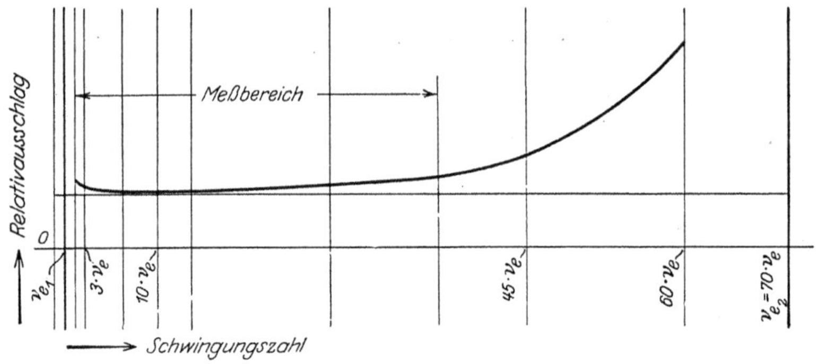

Abb. 148. Meßbereich des Torsiographen.

Indikator, Manometer, Volt-, Amperemeter und dgl.

Bei diesen Instrumenten macht der sog. Aufhängepunkt im Gegensatz zu den bisher behandelten nicht gegebene Bewegungen; das Gehäuse ist vielmehr fest; auf die durch eine Feder mit ihm verbundene Masse m wirken aber von außen Kräfte ein (Gasdrücke, Strom- bzw. Spannungsgrößen). Von denselben betrachten wir nur die periodisch veränderlichen und nehmen vorläufig an, es wirke lediglich eine sinusförmige Kraft P von gegebener Frequenz ν auf die Masse m ein. Der Ausschlag a der Masse wird für verschiedene Frequenzen gesucht.

Wir gehen von der Einfachheit halber wieder von Drehschwingungen aus, wobei l die Länge des der vorhandenen Forderung gleichwertigen elastischen Wellenstückes vom Trägheitsmoment J_p und dem Schubmodul G sei. r ist der Bezugsradius für die Masse m. $H = \frac{J_p G}{r^2}$ ist dann der sog. Horizontalzug.

Es bestehen nach Abb. 149 folgende Beziehungen:

$$(m \cdot \omega^2 \cdot a + P) : H = a : l$$

oder

$$P \cdot l = (H - m \cdot \omega^2 \cdot l) \cdot a$$

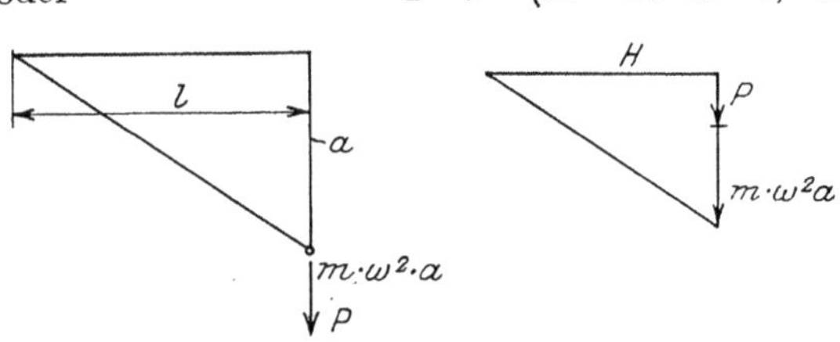

Abb. 149. Schwingungsform und Kräftedreieck für ein dämpfungsloses elastisches System mit einer Masse m, auf welche eine Kraft P einwirkt.

oder

$$a = \frac{P \cdot l}{H - m\omega^2 l}. \quad (109)$$

Für ω bzw. $\nu = 0$ wird demnach

$$a = P \cdot \frac{l}{H},$$

wie man auch statisch findet.

Für $\omega = \infty$ wird $a = 0$,

Für $\omega = \sqrt{\frac{H}{l m}}$ wird $a = \infty$.

Es ist dies der Fall der Eigenschwingung.

Für den Fall, daß an der Masse m noch eine dem Ausschlag derselben proportionale Dämpfung angreift, ergeben sich folgende Beziehungen (Abb. 150):

1. $$(m \cdot \omega^2 \cdot a_v + P_v) : H = a_v : l\,.$$

2. $$k \cdot \omega \cdot a_v = P_h\,.$$

Aus 1. entsteht

$$a_v\,(m\omega^2 \cdot l - H) = - P_v \cdot l\,. \qquad \text{(I)}$$

Durch Einsetzen dieses Wertes in 2. erhält man:

$$P_h = - \frac{k \cdot \omega \cdot P_v \cdot l}{m \cdot \omega^2 \cdot l - H} = - P_v \cdot \frac{k \cdot \omega \cdot l}{m \cdot \omega^2 l - H}\,.$$

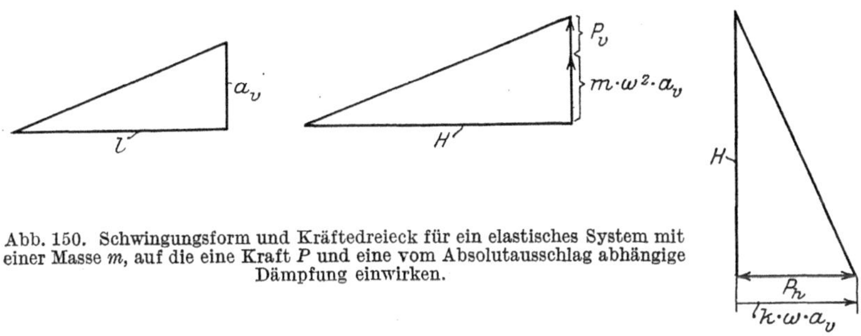

Abb. 150. Schwingungsform und Kräftedreieck für ein elastisches System mit einer Masse m, auf die eine Kraft P und eine vom Absolutausschlag abhängige Dämpfung einwirken.

Für $\frac{H}{l \cdot m}$ läßt sich auch $\omega_e{}^2$ schreiben. Man findet dann:

$$P_h = - P_v \cdot \frac{k \cdot \omega}{m\,(\omega^2 - \omega_e{}^2)} = - P_v \cdot \frac{k \cdot \omega}{m \cdot \omega_e{}^2 \left[\left(\frac{\omega}{\omega_e}\right)^2 - 1\right]}\,. \qquad (110)$$

Unter der Annahme $P_v = P$ ist zuerst der Wert P_h zu berechnen, worauf man zeichnerisch einen Wert

$$P_{\text{res}} = \sqrt{P_h{}^2 + P^2}$$

und daraus den Wert

$$P_{v\,\text{res}} = \frac{P}{P_{\text{res}}}$$

bestimmt. Schließlich ergibt sich an Hand von Gleichung I:

$$a_v = - P_{v\,\text{res}} \cdot \frac{l}{m\,l \cdot \omega^2 - H} = - P_{v\,\text{res}} \cdot \frac{1}{m \cdot \omega_e{}^2 \left[\left(\frac{\omega}{\omega_e}\right)^2 - 1\right]}\,. \qquad (111)$$

In Abb. 151 ist die so entstehende Abhängigkeit des Ausschlags a von der Schwingungszahl für verschiedene Dämpfungsfaktoren dargestellt.

Weil derartige Instrumente häufig vorkommen und um den Leser, der mit Drehschwingungen selten zu tun hat, an die Hand zu gehen, wollen wir noch eine andere, an Drehschwingungen gar nicht erinnernde Berechnungsweise anfügen. Als Beispiel diene der Fall des Indikatorkolbens. Die Federkonstante sei c, d. h. für 1 cm Durchbiegung ist eine Kraft von c kg notwendig. Hier besteht die Beziehung:

$$m \cdot \omega^2 \cdot a + P = c \cdot a$$

oder

$$a = \frac{P}{c - m \cdot \omega^2}.$$

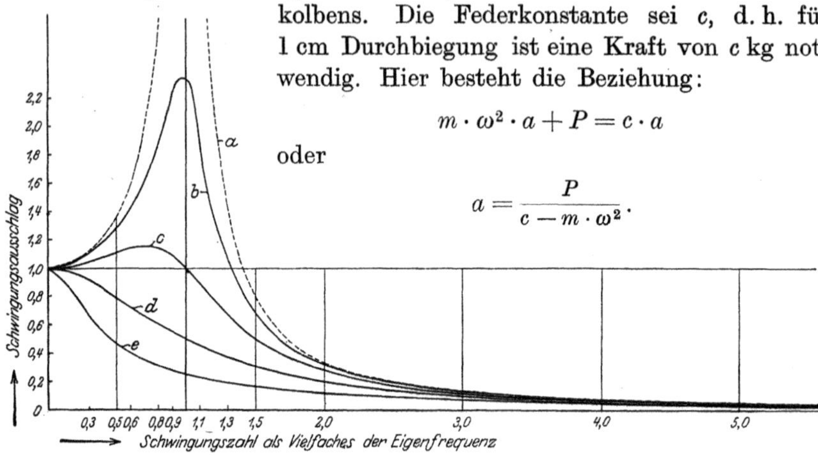

Abb. 151. Schwingungsausschlag einer mit einem Punkt A elastisch verbundenen Masse m, für den Fall, daß auf m eine gegebene harmonische Kraft einwirkt und eine Dämpfung vorhanden ist, welche proportional dem Absolutausschlag der Masse m ist.

a) bei Dämpfung = 0; *b)* bei $\frac{1}{4}$ der aperiodischen Dämpfung; *c)* bei $\frac{1}{2}$ der aperiodischen Dämpfung; *d)* bei der aperiodischen Dämpfung; *e)* bei 2 mal der aperiodischen Dämpfung.

Diese Gleichung ist mit der obigen identisch.

Natürlich sei auch hier daran erinnert, daß der Einfluß von Übersetzungen noch nicht berücksichtigt ist. Derselbe ist im Kapitel „Reduktion der Massen" auf Seite 163 ausführlich behandelt. Das Verfahren läßt sich ohne weiteres auf den Indikator übertragen.

Systeme mit zwei Massen.

Ein solches System haben wir zwar bereits auf S. 187 beim Torsiographen besprochen, bei welchem es sich darum handelt, die eine Masse — die Antriebsscheibe — möglichst leicht auszubilden und ihre Eigenfrequenz recht hoch zu legen, während gleichzeitig jene der Schwungscheibe möglichst tief liegen soll.

Nunmehr wollen wir uns die Frage vorlegen, ob es durch Anwendung von 2 trägen Massen, die miteinander elastisch verbunden sind, gelingt, die Trägheitswirkung zu steigern, so daß die 2. Masse nach Überschreiten der Eigenfrequenz noch kleinere Ausschläge macht, als wenn sie mit der ersten starr verbunden wäre, d. h. in anderer Formulierung: Können wir durch Unterteilung der Masse mit einer geringeren Gesamtmasse auskommen, also ein leichteres Instrument erzielen? Von Bedeutung ist diese Frage z. B. beim P_i-Meter, das zum direkten Anzeigen des mittleren Druckes dient[1]).

Wir vernachlässigen der Einfachheit halber etwaige Dämpfungen und beziehen uns im folgenden auf die Abb. 152, aus der wir für den uns

Abb. 152. Abhängigkeit des Relativausschlags.

namentlich unter anderen beim P_i-Meter interessierenden Fall, daß an Masse m_1 eine erregende harmonische Kraft P von gegebener Frequenz $\nu = \frac{30}{\pi} \cdot \omega$ angreift, folgende Beziehungen ableiten:

1. $$(a_2 - a_1) : l_2 = m_2 \cdot \omega^2 \cdot a_2 : H\,.$$

2. $$a_1 : l_1 = (m_2 \cdot \omega^2 \cdot a_2 + m_1 \cdot \omega^2 \cdot a_1 + P) : H\,.$$

Aus 1. ergibt sich

$$a_2 = a_1 \cdot \frac{H}{l_2 \cdot m_2 \left(\frac{H}{l_2 \cdot m_2} - \omega^2\right)}$$

oder

$$a_1 = a_2 \left[1 - \left(\frac{\omega}{\omega_{22}}\right)^2\right] = a_2 \cdot A\,. \tag{112}$$

Hierbei verstehen wir unter ω_{22} die durch $\frac{30}{\pi}$ dividierte Eigenfrequenz, welche sich für die Masse m_2 ergibt, wenn man annimmt, daß das System in m_1 fest eingespannt ist. A ist lediglich eine Abkürzung für den Klammerausdruck. Wir erhalten:

2. $$a_2 [AH - m_2 l_1 \cdot \omega^2 - m_1 \cdot l_1 \cdot \omega^2 A] = l_1 P$$

oder nach einigen Umformungen

$$a_2 = \frac{P}{m_1 \cdot \omega_{11}^2 \left[1 - \left(\frac{\omega}{\omega_{22}}\right)^2 - \left(\frac{\omega}{\omega_{11}}\right)^2 + \left(\frac{\omega^2}{\omega_{11} \cdot \omega_{22}}\right)^2 - \frac{m_2}{m_1} \cdot \left(\frac{\omega}{\omega_{11}}\right)^2\right]}\,. \tag{113}$$

Hierbei ist ω_{11} die durch $\frac{30}{\pi}$ dividierte Eigenfrequenz $\frac{30}{\pi} \cdot \sqrt{\frac{H}{l_1 \cdot m_1}}$ der Masse m_1 für den Fall l_1, m_1, daß m_2 gleich Null ist.

Würde im Gegensatz zu der bisherigen Rechnungsvoraussetzung

---

[1]) Veröffentlicht in der Z. V. d. I. 1926.

die Masse m_2 mit der Masse m_1 zusammenfallen, so erhielte man folgende Beziehungen:

$$a_2 : l_1 = [(m_1 + m_2) \cdot \omega^2 \cdot a_2 + P] : H .$$

$$a_2[H - l_1 (m_1 + m_2)\omega^2] = l_1 \cdot P$$

oder

$$a_2 = \frac{l_1 P}{H - l_1 (m_1 + m_2) \cdot \omega^2}$$

$$= \frac{P}{(m_1 + m_2) \cdot \omega_e^2 \left[1 - \left(\frac{\omega}{\omega_e}\right)^2\right]}$$

$$= \frac{P}{m_1 \cdot \omega_{11}^2 \left[1 - \left(\frac{\omega}{\omega_e}\right)^2\right]} .$$

Hierbei verstehen wir unter ω_e den Ausdruck $\sqrt{\frac{H}{l_1 (m_1 + m_2)}}$, also die durch $\frac{30}{\pi}$ dividierte Eigenfrequenz beider Massen.

Wir nehmen an, die Verhältnisse am System seien so gewählt, daß $\omega_{11} = \omega_{22}$ ist, und daß 1. die Masse m_2 nur den zehnten Teil der Masse m_1 betrage, während im Falle 2 beide Massen gleichgroß sein sollen. Im Falle 3 falle dagegen m_2 mit m_1 zusammen, es fehle also die elastische Verbindung l_2.

Wir erhalten folgende Tabelle für den Ausdruck $\frac{a_2 \cdot m_1 \cdot (\omega_{11})^2}{P}$

$\frac{\omega}{\omega_{11}}$	Fall 1	Fall 2	Fall 3
1,0	— 10	— 1	
1,1	— 11	— 0,856	— 3,0
1,2	+ 21,7	— 0,80	— 1,71
1,5	+ 0,744	— 1,47	— 0,676
2,0	+ 0,116	— 0,20	— 0,2945
4,0	+ 0,0049	+ 0,00477	— 0,0602
8,0	+ 0,000252	+ 0,0000262	— 0,0126
16,0	+ 0,00001535	+ 0,0000154	— 0,00355

Wir sehen daraus zunächst, daß der Fall mit gleichgroßen Massen trotz Aufwand größerer Gesamtmasse keine Vorteile bietet gegenüber dem Fall mit $m_2 = \frac{1}{10} m_1$, wobei natürlich zu berücksichtigen ist, daß im Fall 2 wegen der Bedingung $\omega_{22} = \omega_{11}$ die Länge l_2 bedeutend kleiner ist als im Falle 1. Insbesondere finden wir aber beim Vergleich des Falles 3 mit Fall 1, daß trotz gleich großer Gesamtmassen von einem Verhältnis $\frac{\omega}{\omega_{11}} = 2$, also einer Frequenz gleich der doppelten Eigenfrequenz der Masse m_1 an die Ausschläge der Masse m_2 durch die Teilung der Massen und die dazwischen geschaltete elastische Verbindung ganz außerordentlich verringert werden.

Theorie der Beschleunigungsmesser.

Wir beziehen uns im folgenden auf die Abb. 141, auf Grund deren wir die Beziehung (95) fanden:

$$a_T = a_P \cdot \frac{1}{1-\left(\frac{\omega}{\omega_e}\right)^2}.$$

Wenn wir für periodische sinusförmige Bewegungen des Aufhängepunktes P die Beschleunigung ermitteln wollen, können wir entweder den Ausschlag a_P durch ein Instrument ermitteln, dessen Eigenfrequenz wesentlich unter der Schwingungszahl des Ausschlags a_P liegt, und diesen Ausschlag dann mit dem zugehörigen ω^2 multiplizieren oder aber wir können ein Instrument verwenden, dessen Eigenfrequenz wesentlich über der Schwingungszahl des Ausschlags a_P liegt.

Im letzteren Falle ergibt sich nämlich der Relativausschlag

$$a_{\text{rel}} = a_T - a_P = a_P \frac{1-1+\left(\frac{\omega}{\omega_e}\right)^2}{1-\left(\frac{\omega}{\omega_e}\right)^2}$$

$$= a_P \cdot \omega^2 \cdot \frac{1}{\omega_e^2\left[1-\left(\frac{\omega}{\omega_e}\right)^2\right]}.$$

Da $a_P \cdot \omega^2$ die Beschleunigung b des Punktes P darstellt, so wird

$$b = a_{\text{rel}} \cdot \omega_e^2 \left[1-\left(\frac{\omega}{\omega_e}\right)^2\right]. \tag{114}$$

Abgesehen von dem Klammerausdruck, ist also die Beschleunigung b direkt proportional dem Relativausschlag a_{rel}. Für Werte von ω, die hinreichend klein sind gegen ω_e, ist aber auch der Klammerausdruck genügend genau gleich 1; d. h. hierfür kann die Beschleunigung nach Kenntnis des Wertes ω_e^2, der eine Konstante des Instrumentes darstellt, ohne weiteres aus dem verzeichneten Relativausschlag ermittelt werden. Der Faktor f, mit welchem die registrierte Beschleunigung zu dividieren ist, um die wirkliche zu finden, ergibt sich aus folgender

Tabelle:

$\frac{\omega}{\omega_e}$	0	$^1/_4$	$^1/_2$	$^3/_4$	1
f	1,0	1,065	1,333	2,29	∞

Das Instrument wäre somit nur bis $\frac{\omega}{\omega_e} = \sim 0{,}3$ brauchbar.

Für den Fall, daß man die Dämpfung berücksichtigen will, ist zu beachten, daß bei Instrumenten, die zur Messung von Beschleunigungen dienen, nur eine vom Relativausschlag zwischen der

Masse und dem Aufhängepunkt d. h. der Umgebung abhängige Dämpfung in Betracht kommt. Eine vom Absolutausschlag der Masse m abhängige Dämpfung scheidet im allgemeinen aus, da die Umgebung und der Aufhängepunkt jeweils die gleiche Bewegung ausführen und in der Nähe des Aufhängepunktes eine völlig in Ruhe befindliche zugängliche Stelle gewöhnlich nicht vorhanden ist.

Wir behandeln zunächst den Fall mit aperiodischer vom Relativausschlag abhängiger Dämpfung.

Der Relativausschlag ergibt sich nach Früherem — Seite 184 Absatz 3 — zu

$$(a_m - a_{P_v}) \mathrel{+\!\!\succ} a_{P_h}$$

Nun ist

$$a_m - a_{P_v} = a_{P_v}\left(\frac{1+4\cdot\left(\frac{\omega}{\omega_e}\right)^2}{1+3\cdot\left(\frac{\omega}{\omega_e}\right)^2} - 1\right) = \frac{\left(\frac{\omega}{\omega_e}\right)^2}{1+3\cdot\left(\frac{\omega}{\omega_e}\right)^2}.$$

Ferner ist $a_{P_v} \mathrel{+\!\!\succ} a_{P_h} = a_P$ oder

$$a_P = \sqrt{(a_{P_v})^2\left[1+\frac{4\cdot\left(\frac{\omega}{\omega_e}\right)^6}{\left[1+3\cdot\left(\frac{\omega}{\omega_e}\right)^2\right]^2}\right]}.$$

Man erhält so

$$a_{\text{rel}} = a_{P_v}\cdot\sqrt{\frac{\left(\frac{\omega}{\omega_e}\right)^4}{\left[1+3\cdot\left(\frac{\omega}{\omega_e}\right)^2\right]^2} + \frac{4\cdot\left(\frac{\omega}{\omega_e}\right)^6}{\left[1+3\cdot\left(\frac{\omega}{\omega_e}\right)^2\right]^2}}$$

und daraus nach einigen Umformungen

$$a_{\text{rel}} = \frac{b}{\omega_e^2}\cdot\sqrt{\frac{1+4\cdot\left(\frac{\omega}{\omega_e}\right)^2}{1+6\cdot\left(\frac{\omega}{\omega_e}\right)^2+9\cdot\left(\frac{\omega}{\omega_e}\right)^4+4\cdot\left(\frac{\omega}{\omega_e}\right)^6}}. \tag{115}$$

An Hand der Formel ergibt sich folgende Tabelle für den Wurzelausdruck:

$\frac{\omega}{\omega_e}$	0	$^1/_4$	$^1/_2$	$^3/_4$	1,0
$\sqrt{}$	1	0,941	0,80	0,641	0,50

Man sieht daraus, daß die Anwendung einer aperiodischen Dämpfung erst von $\frac{\omega}{\omega_e} = \frac{1}{2}$ an aufwärts bis 1 zweckmäßiger ist als der Idealfall ohne jede Dämpfung, daß aber auch hiebei die entstehenden Fehler reichlich groß sind.

Wir behandeln nun noch den Fall, daß die Dämpfung — wieder abhängig vom Relativausschlag — nur halb so stark wie die aperiodische ist.

In diesem ergeben sich folgende Formeln, wobei wir uns wieder auf die früheren Ableitungen Seite 129 und ff. beziehen:

$$a_m = a_{P_v}\left[1+\left(\frac{\omega}{\omega_e}\right)^2\right]$$

$$a_{P_h} = - a_{P_v}\cdot\left(\frac{\omega}{\omega_e}\right)^3$$

Damit wird

$$a_{P_v} = \sqrt{1+\left(\frac{\omega}{\omega_e}\right)^6}$$

$$a_m - a_{P_v} = a_{P_v}\left[1+\left(\frac{\omega}{\omega_e}\right)^2 - 1\right] = a_{P_v}\left(\frac{\omega}{\omega_e}\right)^2$$

$$a_{\mathrm{rel}} = (a_m - a_{P_v}) \mathrel{+\!\!\rightarrow} a_{P_h}$$

$$= a_{P_v}\cdot\sqrt{\left(\frac{\omega}{\omega_e}\right)^4+\left(\frac{\omega}{\omega_e}\right)^6} = \frac{a_{P_v}\cdot\omega^2}{\omega_e^{\,2}}\cdot\sqrt{1+\left(\frac{\omega}{\omega_e}\right)^2}$$

$$= a_P\cdot\left(\frac{\omega}{\omega_e}\right)^2\sqrt{\frac{1+\left(\frac{\omega}{\omega_e}\right)^2}{1+\left(\frac{\omega}{\omega_e}\right)^6}}$$

$$= \frac{b}{\omega_e^{\,2}}\cdot\sqrt{\frac{1+\left(\frac{\omega}{\omega_e}\right)^2}{1+\left(\frac{\omega}{\omega_e}\right)^6}}. \qquad (116)$$

Für den Wurzelausdruck ergibt sich hier folgende Zahlentafel:

$\frac{\omega}{\omega_e}$	0	$^1/_4$	$^1/_1$	$^3/_4$	1,0
$\sqrt{}$	1	1,022	1,11	1,150	1,0

Man erkennt daraus, daß die halb aperiodische Dämpfung wegen der geringeren Abweichung des Wurzelwertes von 1 entschieden geeigneter ist als die aperiodische.

In Abb. 153 ist für dämpfungslose Bewegung (Kurve *a*), aperiodische (Kurve *d*) und halbaperiodische (Kurve *c*) Dämpfung die Abhängigkeit des Relativausschlages von der Frequenz für einen für alle Schwingungszahlen gleichbleibenden Ausschlag des zu untersuchenden Körpers dargestellt.

Man könnte noch weiter gehen und eine Dämpfung herausrechnen, bei der die Annäherung des Wurzelwertes an die Zahl 1 noch größer ist. Wir verzichten hierauf, weil sich unter den verschiedenartigen in der

Praxis vorkommenden Meßverhältnissen eine Dämpfung von genau bestimmter Wirkung doch kaum einhalten läßt. Man denke nur an die starke Abhängigkeit der Viskosität von Ölen von der Temperatur. Auch ist, da bei allen Meßgeräten Dämpfung und mechanische von der Geschwindigkeit unabhängige Reibung und unter Umständen noch andere dämpfende Einflüsse gleichzeitig auftreten, eine sehr genaue Ermittlung der Dämpfung doch nicht sicher möglich.

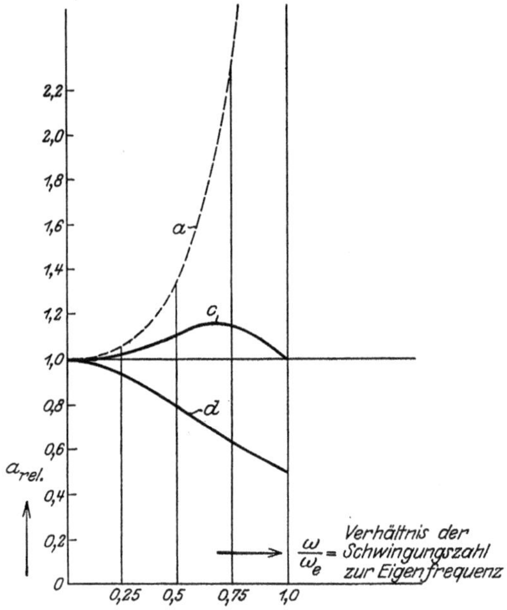

Abb. 153. Abhängigkeit des Relativausschlages von der Frequenz.

Wir begnügen uns daher zu sagen, daß man bei Beschleunigungsmessern, um sie für ein möglichst großes Gebiet geeignet zu machen, auf ungefähr halbaperiodische Dämpfung hinarbeiten soll und jedenfalls die rein aperiodische Dämpfung entschieden zu vermeiden hat. Auf die Vermeidung der dämpfungslosen Bewegung braucht man deshalb nicht besonders hinzuweisen, weil man bei sämtlichen Meßgeräten der Praxis von diesem Zustand ohnehin im allgemeinen weit genug entfernt ist. Um dem Leser einen Anhaltspunkt zu geben, woran man die halbaperiodische Dämpfung erkennt, ohne das logarithmische Dekrement berechnen zu müssen, sei bemerkt, daß bei den vom Verfasser angegebenen Meßgeräten dieser Zustand im Durchschnitt etwa dann erreicht ist, wenn die durch Anstoßen der trägen Masse erzielten registrierten Ausschläge immer jeweils auf etwa den fünften Teil des vorhergehenden Ausschlages abnehmen. Nehmen wir den Anfangsausschlag zu 10 mm an, so wäre also der nächste 2 mm, der dritte 0,4 mm, während der vierte kaum mehr sichtbar ist.

Die halbaperiodische Dämpfung bietet außerdem gegenüber der aperiodischen den Vorteil, daß die Eigenfrequenz des Meßinstrumentes und die Größe der Dämpfung leicht an Ort und Stelle, d. h. unter den bei der jeweiligen Messung vorliegenden Verhältnissen zuverlässig bestimmt werden kann, während dies bei der aperiodischen Dämpfung nicht möglich ist. Insbesondere weiß man, wenn die träge Masse des

Meßgerätes beim Anstoßen ohne Pendelungen in ihre Gleichgewichtslage zurückkehrt, nicht, ob die Dämpfung nicht noch wesentlich stärker als die aperiodische ist, in welchem Falle der Fehler noch vielmals größer würde.

Die vorstehenden Entwicklungen gelten, wie eingangs bemerkt wurde, für periodische Beschleunigungen. Es läßt sich jedoch zeigen, daß sie auch auf nichtperiodische Bewegungen, d. h. auf Stöße übertragen werden können.

Schlußbemerkungen zur allgemeinen Theorie der Meßgeräte.

Wenn in der vorhergehenden Theorie der Torsiograph bzw. der Indikator und der Beschleunigungsmesser behandelt wurden, so geschah dies, lediglich, um dem Leser konkrete Beispiele vor Augen zu führen. Die Theorie als solche ist aber viel allgemeiner und dient für ganz beliebige Meßinstrumente, um sie hinsichtlich ihrer schwingungstechnischen Eigenschaften richtig zu würdigen.

Auf Grund dieser Theorie können wir auch die Meßgeräte schwingungstechnisch in 3 große Gruppen einteilen.

1. In solche, bei denen eine Massenwirkung des Gestänges möglichst vermieden werden soll (Gruppe I).

2. In solche, bei welchen die Massenwirkung benützt werden soll, um einen ruhenden Punkt zu schaffen, dem gegenüber die Relativbewegungen gemessen werden (Gruppe II).

3. In solche, bei denen Resonanz beabsichtigt ist (Gruppe III).

Zu der Gruppe I gehören unter anderen von den technisch wichtigen Meßinstrumenten der Indikator, der Oszillograph, der Dehnungs- und Spannungsmesser. Bei ihnen müssen wir verlangen, daß die Eigenfrequenz mindestens doppelt so hoch liegt wie die höchste Frequenzzahl der zu verzeichnenden Größe. Den bei verschiedenen Verhältnissen V dieser Frequenzzahl zu der Eigenfrequenz des Meßinstrumentes eintretenden Fehler erkennt man sehr leicht zahlenmäßig aus der Abb. 154, die eine Vergrößerung des Anfangsteiles der Kurve a, die Abb. 142 darstellt. Bei ungedämpftem Meßinstrument würde er demzufolge für $V = 1/2$ 33 % und für

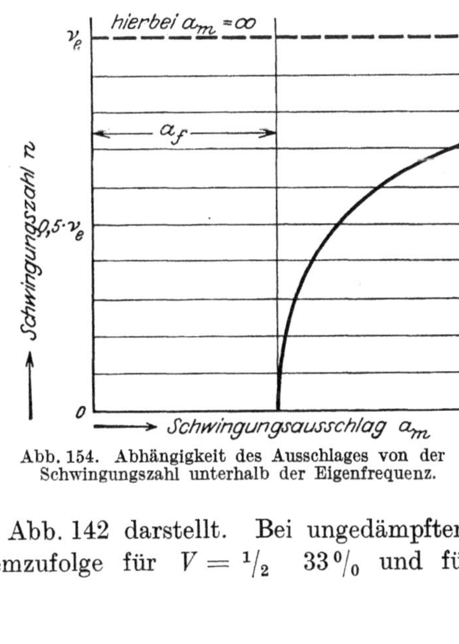

Abb. 154. Abhängigkeit des Ausschlages von der Schwingungszahl unterhalb der Eigenfrequenz.

$V = \frac{1}{4}$ 4% betragen. Infolge der Dämpfung wird, wie man aus den Abb. 142 und 154 ersieht, der Fehler ein wenig geringer. Trotzdem hat es z. B. beim Indikator keinen Zweck, das Instrument sehr stark zu dämpfen, weil hierdurch eine Phasenverschiebung eintritt, die das Diagramm entstellt. Nur in solchen selteneren Fällen, wo diese Phasenverschiebung nicht stört, weil es sich z. B. nur um die Ermittlung eines Höchstwertes handelt und es keine Rolle spielt, genau zu wissen, in welchem Moment dieser Höchstwert auftritt bzw. wo es sich im wesentlichen um die Registrierung einer einfachen Sinuskurve handelt, kann man sich durch Dämpfung helfen.

Um die Instrumente dieser Gruppe dynamisch für irgendeinen Verwendungszweck richtig zu beurteilen, müssen wir zunächst wissen, wie rasch die zu messenden Größen wechseln. Im allgemeinen wird das Zeitdiagramm der betreffenden Größe aus einer Reihe von Harmonischen bestehen, und es muß dann die Forderung gestellt werden, daß die Eigenfrequenz mindestens doppelt so hoch liegt wie die Frequenz jener Harmonischen, welche unter den bedeutungsvolleren am raschesten wechselt. Beim Indikator läuft dies, um eine leicht merkbare rohe Faustregel zu geben, auf die Forderung hinaus, daß die Eigenfrequenz mindestens 16 mal so hoch als die Drehzahl der betreffenden Maschine sein soll. Es ist bekannt, daß diese Forderung meistens nicht erfüllt wird. Wenn man das Indikatordiagramm nur zum Feststellen des mittleren indizierten Druckes oder zur ungefähren Erkennung der Diagrammform benutzen will, so erscheint eine Milderung obiger Forderung wohl zulässig, nicht aber, wenn man z. B. bei Dieselmotoren den Verbrennungshöchstdruck oder insbesondere den Verlauf der Verbrennung wirklich genau ermitteln will.

Bei sämtlichen Instrumenten der Gruppe II, bei welchen die Trägheitswirkung einer schweren Masse benützt wird, **müssen wir** umgekehrt **mit der niedrigsten Frequenzzahl der zu messenden Größe wenigstens in doppelter Höhe der Eigenfrequenz des Meßinstrumentes** uns befinden.

Bei Instrumenten ohne Zuhilfenahme einer Massenwirkung darf dagegen die Frequenz der höchsten noch zu verzeichnenden Schwingung höchstens in halber Höhe der Eigenfrequenz liegen.

Von den Instrumenten der 3. Gattung, welche auf Grund der Resonanz arbeiten, hat eigentlich nur das sog. Frahmsche Resonanztachometer große Verbreitung gefunden. In der allgemeinen Theorie für Meßinstrumente ist auch die Theorie dieser Meßinstrumente bereits mit enthalten.

Im folgenden soll noch ein Instrument behandelt werden, bei dem die vorstehende Theorie und ihre Ergebnisse zwar auch gelten, bei dem aber diese Theorie eines weiteren Ausbaues bedarf.

Theorie des Vibrographen.

Beim Vibrographen ist eine exzentrische Masse vorhanden, welche durch eine Feder in ihrer Gleichgewichtslage gehalten wird. Die träge Masse ist auf einer Drehachse gelagert und kann samt der Feder so verstellt werden, daß sie sowohl für Registrierung von Horizontal- als auch Vertikal- als auch endlich beliebig schräg gerichteten Schwingungen geeignet ist. Zwischen träger Masse und Umgebung entstehen beim Auftreten von Erschütterungen in der letzteren Relativbewegungen. Dieselben werden durch 2 Winkelhebel und eine Nadel mit entsprechender Vergrößerung auf einen Schreibhebel übertragen.

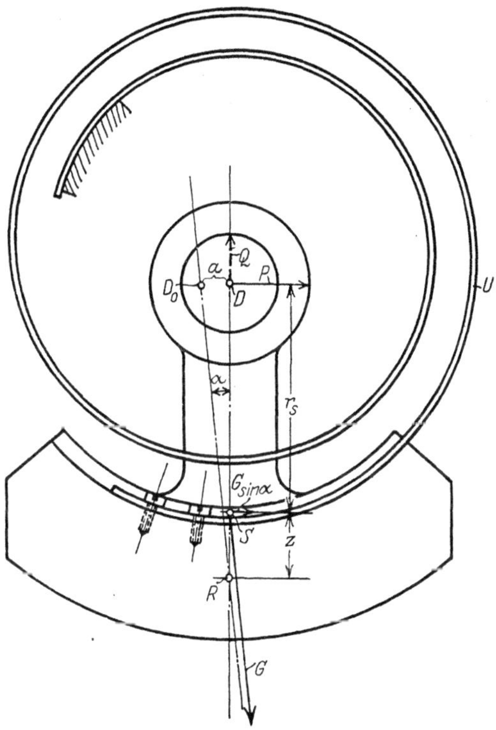

Abb. 155. Schema der Anordnung der trägen Masse des Vibrographen.

Hinsichtlich der Theorie des Instrumentes interessiert uns hauptsächlich, ob die träge Masse tatsächlich in Ruhe verharrt bzw. bei welchen Schwingungszahlen dies der Fall ist. Da die träge Masse, wie aus Abb. 155 hervorgeht, in D an die Instrumentenachse angelenkt ist und nur Drehbewegungen um letztere ausführen kann, so erkennen wir sofort, daß die träge Masse bei Erschütterungen nicht als Ganzes in Ruhe verharren kann. Es wird vielmehr nur **ein** Punkt, der aber im allgemeinen mit dem Schwerpunkt nicht identisch ist, in Ruhe bleiben. Eine weitere Aufgabe unserer Rechnung ist es, die jeweilige Lage dieses Punktes ausfindig zu machen.

Wir behandeln diese Theorie in einer von der bisherigen etwas abweichenden aber ebenfalls elementaren Art, unter anderen um zu zeigen, daß man nicht unbedingt bei elementarer Behandlung auf einen einzigen Weg angewiesen ist, ferner weil die gewählte Art für den vorliegenden Zweck am einfachsten sein dürfte.

Wir wollen, um zu möglichst übersichtlichen Ergebnissen zu gelangen, in den folgenden Ausführungen den Einfluß des Übertragungsgestänges, des Schreibzeugs, der einzelnen Reibungen und der Luftdämpfung vorläufig unberücksichtigt lassen. Ferner wollen wir die Untersuchung durchführen für die Anordnung des Vibrographen mit horizontaler Drehachse und jene Stellung der trägen Masse, die der Aufzeichnung von horizontalen Schwingungen entspricht Siehe Abb. 155.

In Abb. 155 ist S der Schwerpunkt der trägen Masse, D ihr Drehpunkt, R derjenige Punkt, der bei der zu untersuchenden harmonischen Schwingung in Ruhe verharrt (Ruhepunkt), U die Uhrfeder, welche an der trägen Masse so befestigt ist, daß an der Befestigungsstelle Momente übertragen werden, M_d ist das Drehmoment in cmg, das von von der Uhrfeder ausgeübt wird, wenn die Befestigungsstelle um den Bogen 1 cm — am Radius 1 cm gemessen — verdreht wird. G ist das Gewicht der trägen Masse in g.

$$M = \frac{G}{g} \text{ ist die Masse derselben in } \frac{\text{gr sek}^2}{\text{cm}}$$

$J_s = \Sigma\,(mr^2)$ ist das Massenträgheitsmoment derselben, bezogen auf den Schwerpunkt, gemessen in gcm/sek^2,

J_D das auf den Drehpunkt bezogene Massenträgheitsmoment,

r_s der Abstand des Schwerpunktes vom Drehpunkt,

a der Schwingungsausschlag in cm, welcher von der erschütterten Umgebung dem mit ihr fest verbundenen Drehpunkt D aufgezwungen wird,

D_0 ist die Lage dieses Drehpunktes im Ruhezustande,

z die Entfernung vom Schwerpunkt bis zum Ruhepunkt,

α ist der zum Ausschlag a gehörende Winkel,

ν sei die Schwingungszahl,

$\omega = \frac{\pi}{30} \cdot \nu$ die zugehörige Kreisfrequenz.

Die Untersuchung beziehe sich nur auf Sinusschwingungen, da sich verwickeltere Schwingungen jeweils in sinusförmige zerlegen lassen.

Um die Lage des Ruhepunktes zu finden, bedenken wir, daß in jedem Moment alle an der trägen Masse angreifenden Kräfte und Momente im Gleichgewicht sein müssen. Die Kräfte zerlegen wir in solche in Richtung der Verbindungslinie DR und in solche senkrecht hierzu. In Richtung DR wirkt die Komponente $G \cdot \cos\alpha$ des Gewichtes, welcher die am Drehpunkt D wirkende Auflagerkomponente das Gleichgewicht hält.

Senkrecht zu DR wirken:

1. die Massenkraft $\frac{G}{g} \cdot \omega \cdot \alpha \cdot z$, erzeugt durch den mit der Frequenz $\nu = \frac{30}{\pi} \cdot \omega$ wechselnden Ausschlag $\alpha \cdot z$, welchen die träge Masse als Ganzes ausführt,

2. die Gewichtskomponente $G \cdot \sin \alpha$ und
3. die Auflagerkomponente P.

Es besteht also die Beziehung

$$\text{(I)} \qquad M \cdot \omega^2 \cdot \alpha \cdot z + [G \cdot \sin \alpha] = P.$$

Damit die Momente ebenfalls im Gleichgewichte sind, muß die Bedingung erfüllt sein:

$$\text{(II)} \qquad J_s \cdot \omega^2 \cdot \alpha = P \cdot r_s + M_d \cdot \alpha.$$

Um sich über die 2. Bedingung klar zu werden, brauchen wir nur zu bedenken, daß beim Einwirken von Momenten der Schwerpunkt eines Körpers in Ruhe bleibt und der Körper sich lediglich um letzteren dreht.

Durch Einsetzen des Wertes P aus Gleichung I in II und Auflösen der letzteren nach z ergibt sich:

$$z = \frac{J_s \cdot \omega^3 \cdot \alpha - [G \sin \alpha \cdot r_s] - M_d \cdot \alpha}{M \cdot \omega^2 \cdot r_s}.$$

Da für kleine Winkel, um die es sich hier nur handelt, der $\sin \alpha$ gleich dem Bogen α ist, so können wir, wenn wir den Bogen α gleich der Einheit setzen, einfacher schreiben

$$\text{(III)} \qquad z = \frac{J_s \cdot \omega^2 - [G \cdot r_s] - M_d}{M \cdot \omega^2 \cdot r_s}. \tag{117}$$

Ist nun der Wert z bekannt, so können wir die Lage des Ruhepunktes und damit die wirkliche Vergrößerung der registrierten Ausschläge rasch angeben.

Ist nämlich die Vergrößerung der beiden Winkelhebel, durch welche bekanntlich beim Vibrographen die tangentiale Bewegung zunächst in eine radiale und dann in eine axiale, in der Mitte der hohlen Drehachse erfolgende, verwandelt wird, V_{W_i} und ist die eingestellte Schreibhebelvergrößerung V_H, ist ferner der Angriffspunkt des von der trägen Masse beeinflußten Winkelhebels im Abstand r_1 von der Drehachse, so ist die wirkliche Vergrößerung V der Ausschläge

$$V = \frac{r_1}{r_s + z} \cdot V_{W_i} \cdot V_H. \tag{118}$$

Daß die Vergrößerung um so größer wird, je kleiner z wird, erkennt man ohne weiteres, wenn man bei gleichem Ausschlag $a = DD_0$ den Ruhepunkt R sich um a nach R_0 hin verschoben denkt.

Beim Betrachten von Gleichung III fällt uns auf, daß z und damit die Vergrößerung V abhängig sind von der Schwingungszahl. Um über diese Abhängigkeit einen klaren Überblick zu bekommen, wollen wir zunächst die Eigenfrequenz der trägen Masse ermitteln. Derselbe ist dann vorhanden, wenn bereits bei den geringsten, dem Drehpunkt D aufgezwungenen Ausschlägen die träge Masse stark ins Pendeln kommt, mit andern Worten, wenn $z = -r_s$ ist.

Für diesen Fall ergibt sich Gleichung II unter Benutzung von I zu

$$J_s \cdot \omega_e^2 + M \cdot \omega_e^2 \cdot r_s^2 = [G \cdot r_s] + M_d$$

oder, da $J_s + M \cdot r_s^2 = J_d$ ist

$$J_D \cdot \omega_e^2 = [G \cdot r_s] + M_d;$$

d. h.

$$\omega_e = \sqrt{\frac{[G \cdot r_s] + M_d}{J_d}}$$

und die Eigenfrequenz wird

$$\nu_e = \frac{30}{\pi} \cdot \sqrt{\frac{[G \cdot r_s] + M_d}{J_d}}\,. \tag{119}$$

Weiter interessiert uns jene Schwingungszahl ν_s, für die $z = 0$ wird, d. h. für welche der Ruhepunkt mit dem Schwerpunkt zusammenfällt. Nach Gleichung III wird hierfür

$$\omega^2 = \frac{[G \cdot r_s] + M_d}{J_s} \text{ und}$$

$$\nu_s = \frac{30}{\pi} \sqrt{\frac{[G \cdot r_s] + M_d}{J_s}}\,. \tag{120}$$

Es besteht also die Beziehung:

(IV) $$\frac{\nu_e}{\nu_s} = \frac{J_s}{J_D}\,.$$

Bei der wirklichen Ausführung des Vibrographen ist J_D ungefähr 4mal so groß als J_s; ν_s ist also $\sim 2 \cdot \nu_e$. Für gegebene Verhältnisse können wir nun leicht den Wert z bzw. den Wert $z + r_s$ bestimmen.

Es wird aufgefallen sein, daß der Wert $[G \cdot r_s]$ ständig in eckige Klammern gesetzt war. Das ist absichtlich geschehen, um die Formeln auch anwendbar zu machen, falls nicht Horizontal- sondern Vertikalschwingungen gemessen werden sollen oder falls man sehr langsame Horizontalschwingungen messen will und aus diesem Grunde die Drehachse des Vibrographen lotrecht angeordnet hat. In diesen beiden Fällen fällt lediglich das eingeklammerte Glied $[G \cdot r_s]$ weg, während sonst alle Ausführungen unverändert bestehen bleiben. Falls man Schwingungen, die in schräger Richtung erfolgen, ermitteln will, ist nach Abb. 156a statt $[G \cdot r_s]$ der Wert $[G \cdot \cos\beta \cdot r_s]$ einzusetzen.

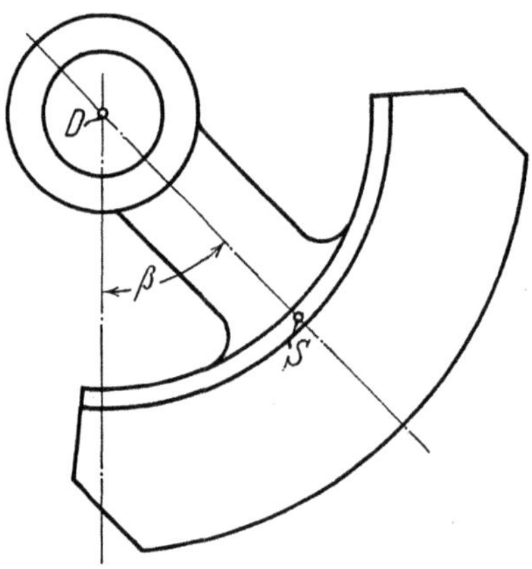

Abb. 156a. Anordnung der trägen Masse des Vibrographen bei Ermittlung schräg gerichteter Schwingungen.

Wir kommen nun zur Berücksichtigung des Schreibzeugs und des Übertragungsgestänges sowie der an ihm wirkenden Feder, die wir für dies eine Instrument etwas ausführlich behandeln wollen. Zunächst die letztere! Dieselbe greife auf dem Wege über die Winkelhebel an dem im Abstande r_f befindlichen Punkte B der trägen Masse an. Siehe Abb. 156b, aus der auch die weiteren Größen hervorgehen. Die auf den Punkt B bezogene Federkraft sei (F_r). Wir verstehen hierbei aber **nicht** den Absolutwert, sondern die Zu- bzw. Abnahme der Federkraft, wenn die träge Masse um den Bogen 1, gemessen am Radius 1, gedreht wird. Der Absolutwert hält bereits im Ruhezustand mit einer uns nicht weiter interessierenden Auflagerkraft im Drehpunkt D und einem von der Uhrfeder hervorgerufenen Drehmoment das Gleichgewicht. Ebenso sei besonders hervorgehoben, daß M_d nicht das im Ruhezustande wirkende Drehmoment der Uhrfeder, sondern die Zunahme desselben bei Drehung um den Bogen 1 bedeutet.

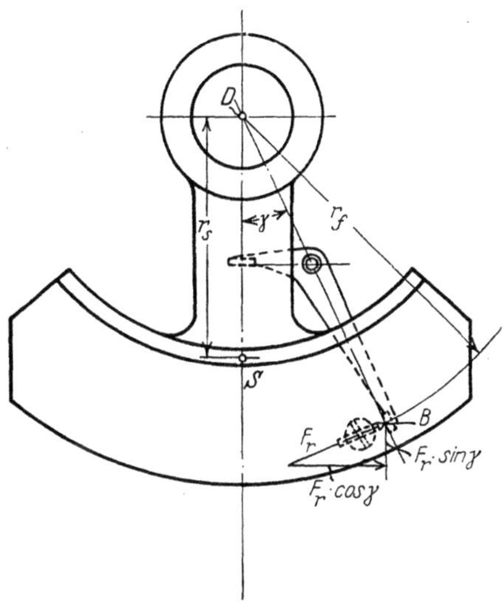

Abb. 156 b. Berücksichtigung des Einflusses der Übertragungshebel beim Vibrographen.

Diese Federkraft zerlegen wir in eine Komponente $F_r \cdot \sin\gamma$ in Richtung von DS und in eine Komponente $F_r \cdot \cos\gamma$ senkrecht hierzu.

Statt der Gleichungen I und II ergibt sich nunmehr:

$$\text{(Ia)} \qquad M \cdot \omega^2 \cdot \alpha \cdot z + [G \cdot \sin\alpha] = P + F_r \cos\gamma \cdot \alpha$$

$$\text{(IIa)} \qquad J_s \cdot \omega^2 \cdot \alpha = P \cdot r_s + M_d \cdot \alpha + F_r \cdot \cos\gamma \cdot (r_f \cdot \cos\gamma - r_s)\,\alpha$$
$$+ F_r \cdot \sin\gamma \cdot r_f \cdot \sin\gamma \cdot \alpha$$
$$= P \cdot r_s + M_d \cdot \alpha + F_r \cdot r_f \cdot \alpha - F_r \cdot r_s \cdot \alpha$$
$$= P \cdot r_s + M_d \cdot \alpha + F_r \cdot (r_f - r_s) \cdot \alpha\,.$$

Durch Einsetzen von P aus der Gleichung Ia in IIa ergibt sich:

$$J_s \cdot \omega^2 = M \cdot \omega^2 \cdot z \cdot r_s + [G \cdot r_s] + F_r \cdot \cos\gamma \cdot r_s + M_d + F_r \cdot (r_f - r_s)$$

oder

$$\text{(IIIa)} \qquad z = \frac{J_s \cdot \omega^2 - [G \cdot r_s] - M_d - F_r \cdot \cos\gamma \cdot r_s - F_r \cdot (r_f - r_s)}{M \cdot \omega^2 \cdot r_s}\,. \qquad (121)$$

Wir kommen nun noch zur Berücksichtigung der Masse m_r des Schreibzeugs und des Übertragungsgestänges. Sie wirkt am gleichen

Radius r_f und unter dem gleichen Winkel auf die träge Masse ein. Unter m_r wollen wir hierbei gleich die auf Punkt B dynamisch, d. h. im Quadrat des Übersetzungsverhältnisses reduzierte Masse dieser Teile verstehen, wobei natürlich zu beachten ist, daß m_r je nach der eingestellten Vergrößerung verschieden ist. Es ergibt sich dann:

$$\text{(Ib)}\quad M\cdot\omega^2\cdot\alpha\cdot z+[G\cdot\sin\alpha]=P-F_r\cdot\cos\gamma\cdot\alpha+m_r\cdot\omega^2\cdot[\cos\gamma\cdot r_f - (r_s+z)]\cdot\alpha$$

$$\text{(IIb)}\quad J_s\cdot\omega^2\cdot\alpha=P\cdot r_s+M_d\cdot\alpha+F_r\cdot(r_f-r_s)\cdot\alpha-m_r\cdot\omega^2\cdot\alpha[r_f\cdot\cos\gamma - (r_s+z)]\cdot(r_f-r_s).$$

Hierbei entsteht durch Einsetzen des Wertes P in Gleichung IIb:

$$Js\cdot\omega^2+m_r\cdot\omega^2\,(r_f-r_s)\cdot(r_f\cdot\cos\gamma-r_s)=M\cdot\omega^2\cdot z\cdot r_s-m_r\cdot\omega^2\cdot(\cos\gamma\cdot r_f - r_s)\cdot r_s+[G\cdot r_s]+F_r\cdot\cos\gamma\cdot r_s+M_d+F_r\cdot(r_f-r_s).$$

oder

$$\text{(IIIb)}\quad z=\frac{J_s\cdot\omega^2+m_r\cdot\omega^2\cdot(\cos\gamma\cdot r_f-r_s)\cdot r_f-[G\cdot r_s]-M_d-F_r\cdot(\cos\gamma\cdot r_s+r_f-r_s)}{(M+m_r)\cdot\omega^2\cdot r_s}\qquad(122)$$

Aus z ergibt sich dann die wirkliche Vergrößerung. In Abb. 157 sind die so für verschiedene Schwingungszahlen errechneten Vergrößerungen für eine Schreibhebelvergrößerung 1:3 aufgetragen, und zwar bezieht sich Kurve a auf den Fall mit Zusatzmasse, schwacher Feder und vertikaler Anordnung der Instrumentenachse, Kurve b auf den normalen Fall ohne Zusatzmasse mit starker Feder, horizontaler Instrumentenachse und auf die Einstellung für Horizontalschwingungen.

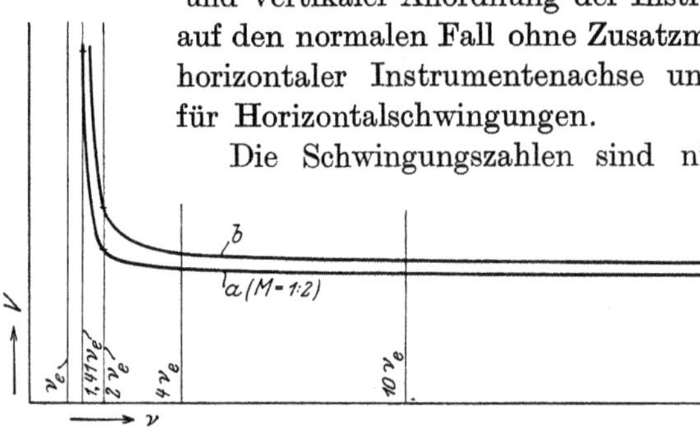

Abb. 157. Vibrograph. Abhängigkeit des Vergrößerungsverhältnisses a mit Zusatzmaße, Schwachfeder und vertikaler Achse b ohne Zusatzmasse, mit Starkfeder und horizontaler Achse für Horizontalschwingungen.

Die Schwingungszahlen sind nicht in Absolutwerten, sondern als Vielfaches von der jeweiligen Eigenfrequenz ν_e aufgetragen. Im Falle a ist für eine bestimmte Ausführung die Eigenfrequenz 47/min, im Falle b dagegen 233/min. Man sieht, daß die Vergrößerung schon von einer Schwingungszahl gleich dem doppelten Wert der Eigenfrequenz an ungefähr konstant bleibt, daß dies aber recht genau der Fall ist von der 4fachen Eigenfrequenz an.

Es erschien mir angebracht, bei **einem** Instrument die Berechnung im einzelnen, insbesondere unter Berücksichtigung des Übertragungs-

und Schreibgestänges durchzuführen, um an diesem Beispiel zu zeigen, wie derartige Teile und etwa an ihnen wirkende Federkräfte in Rechnung zu stellen sind. Ganz ähnlich gestaltet sich die Berücksichtigung solcher Gestängeteile auch bei andern Instrumenten.

Tachometer, Tachograph.

Mit der Theorie dieser Instrumente können wir uns, soweit sie Besonderheiten gegenüber der allgemeinen Theorie der Meßinstrumente in schwingungstheoretischer Beziehung bieten, kurz fassen, indem wir auf unsere Ausführungen über Reglerpendelungen Seite 112 verweisen. Genau so wie bei einem gewöhnlichen Regler zu der Änderung der Federkraft für einen gegebenen Ausschlag aus der Gleichgewichtslage heraus noch eine der Federkraft entgegengesetzte Änderung der Fliehkraft hinzutritt, so ist es auch beim Tachometer bzw. beim Tachographen.

Wir denken uns über die gleichmäßige Drehbewegung von der Drehzahl n der Tachographenwelle für unsere Untersuchung eine sinusförmige Drehwegschwankung vom Ausschlag a_P, bezogen auf den Abstand r der Fliehgewichte, welchen diese bei der Drehzahl n einnehmen, gelagert. Diese Wegschwankung erfolge mit der Frequenz ν. Die zugehörige Geschwindigkeitsschwankung sei $v = a_P \cdot \frac{\nu \cdot \pi}{30} = a_P \cdot \omega_P$. Durch diese Geschwindigkeitsschwankung entsteht an den Fliehgewichten eine zusätzliche Fliehkraft von der Größe

$$m \cdot \frac{v^2}{r} = m \cdot \frac{a_P^2}{r} \cdot \omega_P^2 .$$

Diese harmonisch mit der Frequenz ν wechselnde Fliehkraft bildet eine auf die Fliehgewichte einwirkende erregende Kraft P.

Wir erhalten so in Anlehnung an unsere Untersuchungen über Reglerpendelungen die Beziehung:

$$c \cdot a - m \cdot w^2 \cdot a - M \cdot \omega_P^2 \cdot a = m \cdot \frac{a_P^2 \cdot \omega_P^2}{r} .$$

Hierbei ist m die Masse der Fliehgewichte, M die auf die Fliehgewichte bezogene Masse des Anzeige- und Übertragungsgestänges einschließlich $^1/_3$ der Federn und der Fliehgewichte selbst. Man erhält:

$$a = a_P^2 \cdot \omega_P^2 \cdot \frac{m}{r[c - m \cdot w^2 - M \cdot \omega_P^2]} . \tag{123}$$

Damit ist die Abhängigkeit des Ausschlags der Fliehgewichte von dem Ausschlag a_P der Tachographenwelle für verschiedene Frequenzzahlen gegeben.

Kurze Beschreibung der wichtigeren Meßgeräte für mechanische Schwingungen.

Die Zahl der auf diesem Gebiete bekannt gewordenen Apparate ist verhältnismäßig recht groß, was ganz erklärlich ist, wenn wir daran denken, in welch verschiedenartigen Gebieten der Technik mechanische Schwingungen eine Rolle spielen. Hier soll nur von solchen Meßgeräten die Rede sein, die bereits eine erhebliche Verbreitung erlangt haben oder die ganz besonders zur Messung mechanischer Schwingungsvorgänge geeignet erscheinen.

Der Indikator.

Zur Untersuchung des Druckverlaufs im Zylinderinnern von Kolbenkraftmaschinen aller Art sowie von Pumpen und Kompressoren und

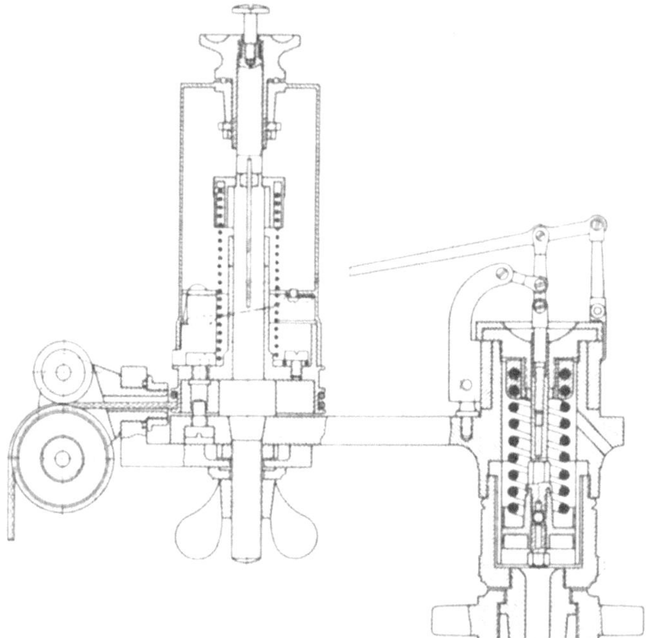

Abb. 158. Crosby-Indikator.

endlich zur Feststellung der sog. indizierten Leistung, findet allgemein der Indikator Anwendung.

Derselbe besteht aus einem federbelasteten Kolben, der über eine Kolbenstange und ein Gestänge auf einen Schreibhebel einwirkt, an dessen Spitze sich ein Schreibstift befindet, der den Druckverlauf der

Kolbenmaschine mit geeigneter Vergrößerung auf eine hin- und herschwingende mit Papier bespannte Trommel aufzeichnet. Der Antrieb der Trommel erfolgt durch ein an der betreffenden Kraftmaschine angebrachtes Gestänge so, daß die Trommel sich in derselben Weise bewegt wie der Kraftmaschinenkolben. Manchmal wird allerdings mit Rücksicht auf die Einfachheit des Antriebs darauf verzichtet, man sollte aber dann unbedingt sich genau vergewissern, wie groß die Abweichungen in der Proportionalität zwischen Trommel- und Maschinenkolbenweg sind.

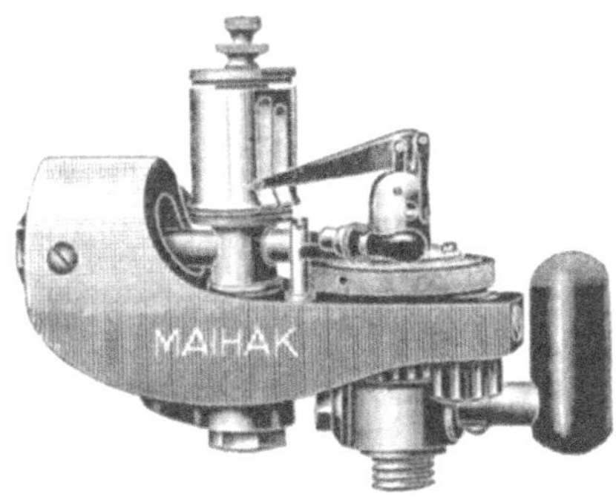

Abb. 159. Stabfederindikator nach Maihak.

Das die Indikatorkolbenbewegung auf den Schreibhebel übertragende Gestänge ist bei den verschiedenen Indikatorsystemen verschieden. Am bekanntesten und am meisten ausgeführt ist wohl das von Crosby stammende, das in Abb. 158 dargestellt ist[1]).

Das Gestänge dient bekanntlich dazu, um die geradlinige Kolbenbewegung in eine vergrößerte, aber ebenfalls möglichst genau geradlinige Bewegung zu verwandeln. Der Indikator hat, wie wir im vorhergehenden Abschnitt gesehen haben, eine bestimmte Eigenfrequenz. Er wird um so richtiger arbeiten, je höher seine Eigenfrequenz liegt. Natürlich hängt dies auch von der Art des betreffenden Druckverlaufes ab, bei Dampfmaschinen wird man weniger ängstlich zu sein brauchen wie bei Verpuffungsmotoren oder bei Dieselmaschinen mit direkter Einspritzung, bei denen der Druck sehr rasch ansteigt und infolgedessen im Druckzeitdiagramm die höheren Harmonischen eine größere Rolle spielen. Die Lage der Eigenfrequenz sollte von den Indikator-

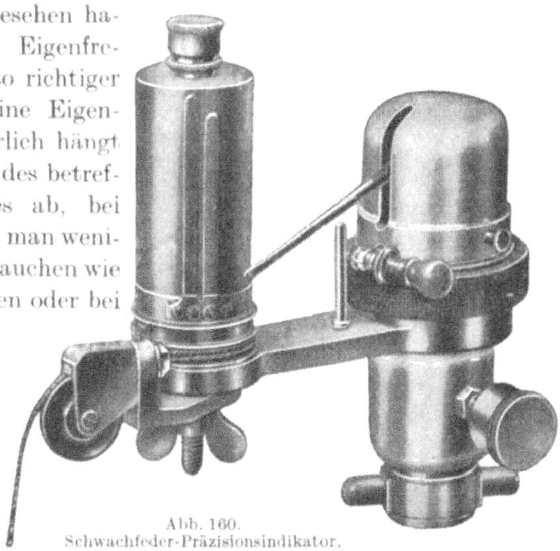

Abb. 160.
Schwachfeder-Präzisionsindikator.

[1]) In Deutschland von den Firmen Maihak und Lehmann & Michels, Hamburg, angefertigt.

firmen immer angegeben und am besten auf den Fuß der jeweils verwendeten Indikatorfeder aufgeschlagen werden, da sonst nur zu leicht Irrtümer entstehen können. Man wende nicht ein, daß Schwingungen im Diagramm insofern ein gutes Zeichen sind, als sie beweisen, daß die Reibungen am Indikatorkolben usf. klein sind. Ob die Reibung gering ist, erkennt man sehr gut auch auf andere Weise,

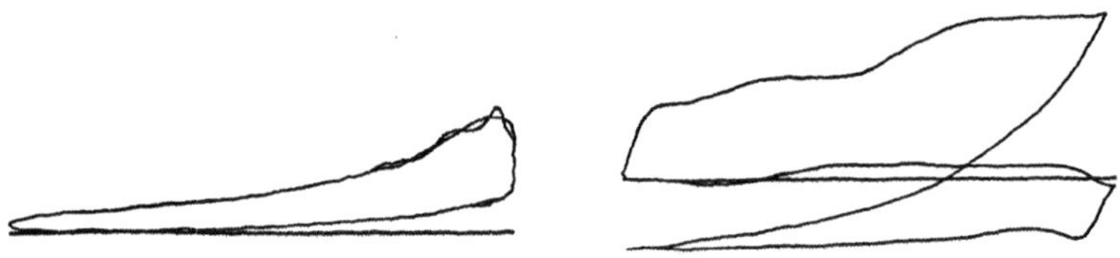

Abb. 161. Abb. 162.
Abb. 161 und 162. Diagramme eines Stabfederindikators bei hoher Drehzahl.

z. B. ob die Kompressionslinie schön gleichmäßig ansteigt oder insbesondere, wenn man den Indikator in Eigenschwingungen versetzt und dieselben auf ein Papier verzeichnet. Trifft man hierbei die Vorkehrung, daß das Papier gleichmäßig — aber mit genügend großer Geschwindigkeit — fortbewegt wird, was z. B. bei Verwendung von Zeittrommeln gut durchführbar ist, so kann man hierbei auch die Eigenfrequenz des Indikators leicht experimentell feststellen.

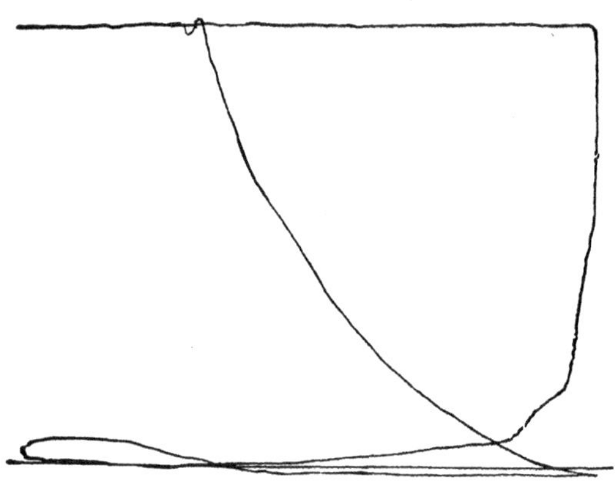

Abb. 163.

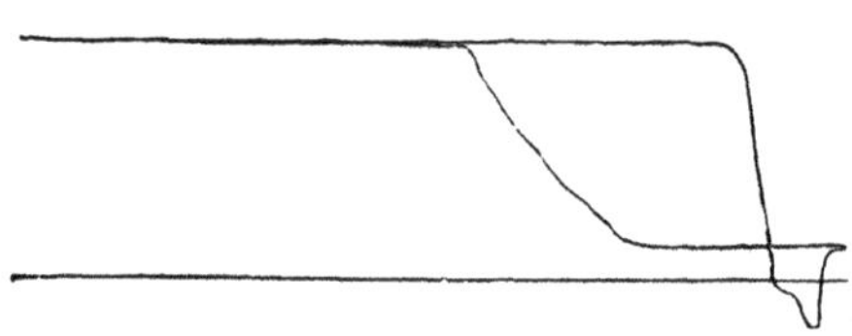

Abb. 164.
Abb. 163 und 164. Schwachfederindikatordiagramme erhalten mit dem Präzisionsindikator.

Indikatoren, welche eine besonders hohe Eigenfrequenz besitzen, sind der Stabfederindikator von Maihak (Abb. 159) und der Präzisionsschwachfederindikator (Abb. 160), der nach Angaben des Verfassers von Lehmann & Michels, Altona, hergestellt wird.

In den Abb. 161 und 162 sind zwei mit dem Stabfederindikator abgenommene Diagramme wiedergegeben, von denen das erstere ein Starkfederdiagramm, abgenommen bei $n = 2100$ Umdrehungen, in natürlicher Größe darstellt. Aus den Schwingungen am Beginn der Expansion sieht man, daß der Indikator genügend reibungsfrei arbeitet. Das 2. Diagramm ist ein bei 1100 Umdrehungen aufgenommenes Schwachfederdiagramm. Aus den Abb. 163 und 164 sind je ein mit dem Präzisionsschwachfederindikator und zum Vergleich hierzu unter genau gleichen Verhältnissen mit einem normalen Schwachfederindikator abgenommene Diagramme Abb. 165 und 166 ebenfalls in natürlicher Größe ersichtlich.

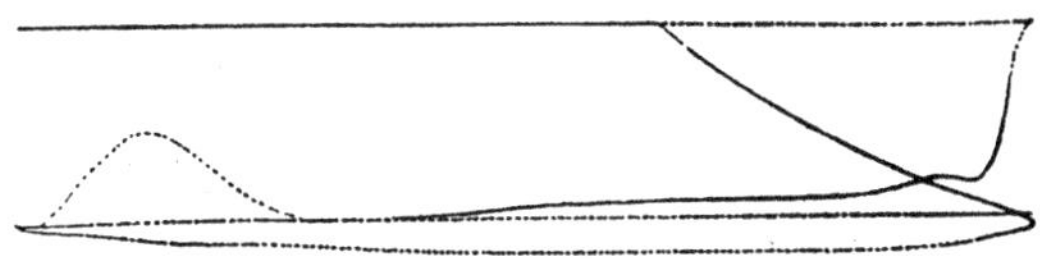

Abb. 165 (zum Vergleich mit Abb. 163).

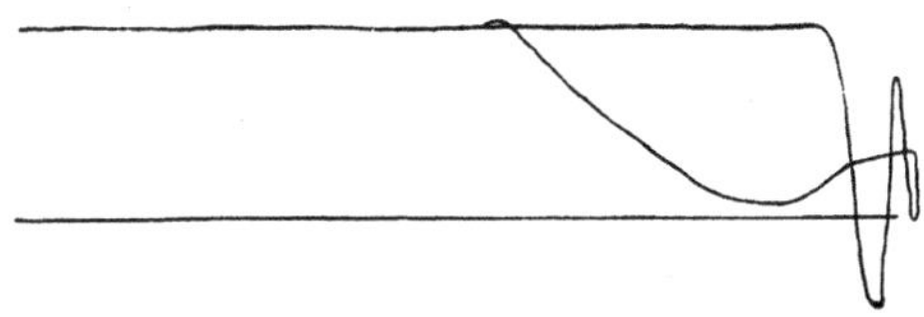

Abb. 166 (zum Vergleich mit Abb. 164).

Abb. 165 und 166. Schwachfederindikatordiagramme erhalten mit einem normalen Indikator.

Die Eigenfrequenz des Stabfederindikators liegt in der Gegend von 30000 i. d. Min., jene des bereits früher entstandenen Präzisionsindikators bei 43000/min. Bei beiden Indikatoren ist der Weg, der zur Erzielung hoher Eigenfrequenz eingeschlagen wurde, im wesentlichen derselbe: Eine sehr steife Feder, ein geringer Kolbenhub und ein möglichst großer Kolbendurchmesser werden angewendet. Dadurch wird die auf die Kolbenfläche bezogene schwingende Masse tunlichst klein. Beide Indikatoren, der Stabfeder und der Präzisionsschwachfeder, haben aber getrennte Verwendungsgebiete.

Der erstere dient zur Ermittlung von Starkfederdiagrammen bei Drehzahlen in der Gegend von ~2000/min, weshalb man mit Rücksicht auf einwandfreies Arbeiten gezwungen war, sich mit recht kleinen Diagrammen zu begnügen, die eine genaue Bestimmung der mittleren indizierten Leistung kaum mehr genügend gestatten.

Der letztere hat dagegen den Zweck, die Spül- und Auspuffvorgänge in recht großen Diagrammen bei mittleren Drehzahlen einwandfrei und deutlich erkennen zu lassen. Für Drehzahlen über 800 kommt er dagegen mit dieser Diagrammgröße nicht mehr in Betracht.

Torsionsindikatoren.

Dieselben haben den Zweck, die effektive, durch eine Welle hindurchgeleitete Leistung zu ermitteln. Insofern würden sie aus dem Rahmen dieses Werkes fallen, wenn nicht auch die Ermittlung von Schwingungserscheinungen in der Wellenleitung nebenbei mit dem einen oder andern unter ihnen versucht worden wäre. Soweit dem Verfasser bekannt, dürfte unter allen bisher bekannt gewordenen Torsionsindikatoren derjenige von **Frahm** wohl der einzige sein, der sich auch für diesen Nebenzweck sehr gut eignet (Abb. 167).

Eine eingehende Beschreibung findet der Leser in der Z. V. d. I., Jahrg. 1918, S. 177. Drei Diagramme sind in den Abb. 168, 169 und 170 dargestellt. Das erste bezieht sich auf eine raschlaufende Sechszylinder-Viertaktmaschine, die direkt mit einer Dynamo gekuppelt war. Die untere Linie stellt die Zeit und Umdrehungsmarkierung dar. Die beiden

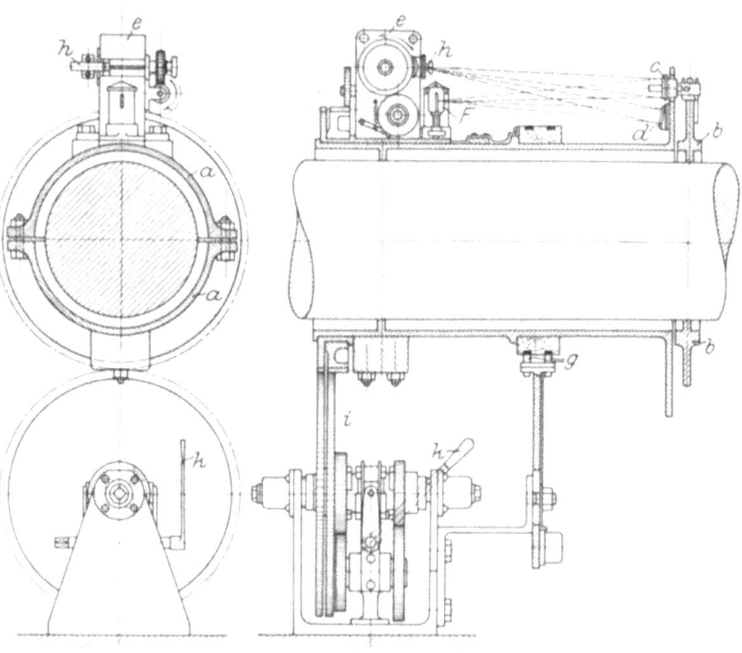

Abb. 167. Frahmscher Torsionsindikator mit Lichtbildaufzeichnung.

andern (Abb. 169 und 170) sind an der Propellerwelle einer langsamlaufenden Dreizylinder-Schiffsdieselmaschine abgenommen.

Dieser Torsionsindikator besteht im wesentlichen aus einer um die Welle herumgelegten, deren Verdrehung nicht mitmachenden sehr steifen Messinghülse *a*. An deren mit der Welle nicht verbundenem Ende entstehen so Relativbewegungen gegenüber der Welle bzw. einem auf diese aufgesteckten Ring *b*, welche auf einen kleinen mitrotierenden Spiegel *c* übertragen werden. Das vom Spiegel je nach seiner momentanen Stellung reflektierte Licht einer Glühlampe *F* wirkt dann auf ein Filmband, das ebenfalls mitrotiert, ein. Infolge der starken Vergrößerung durch den Lichtstrahl und der kurzen Meßlänge besitzt der Apparat eine sehr hohe Eigenfrequenz in der Gegend von etwa 40000/min und eignet sich in-

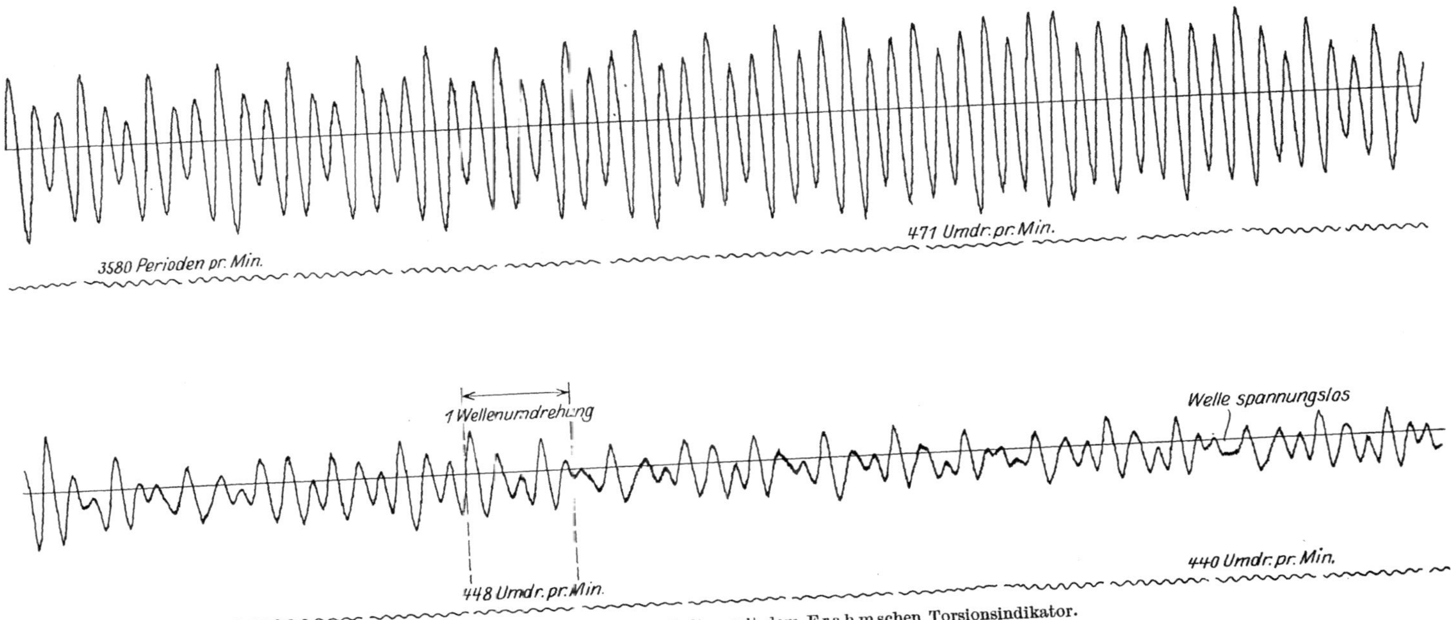

Abb. 168. Verdrehungsdiagramme erhalten mit dem Frahmschen Torsionsindikator.

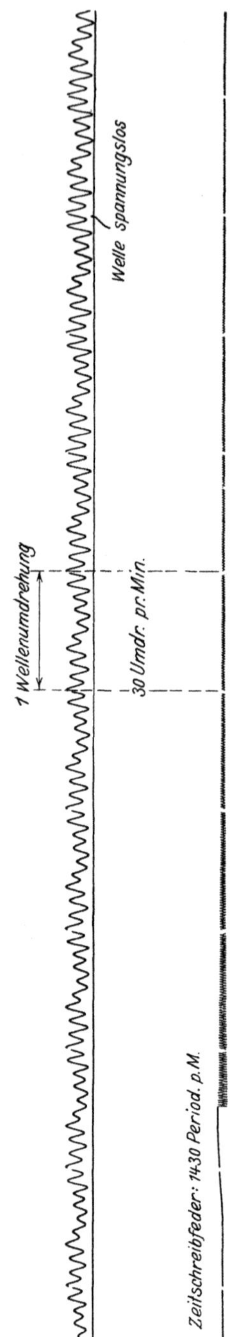

Abb. 169.

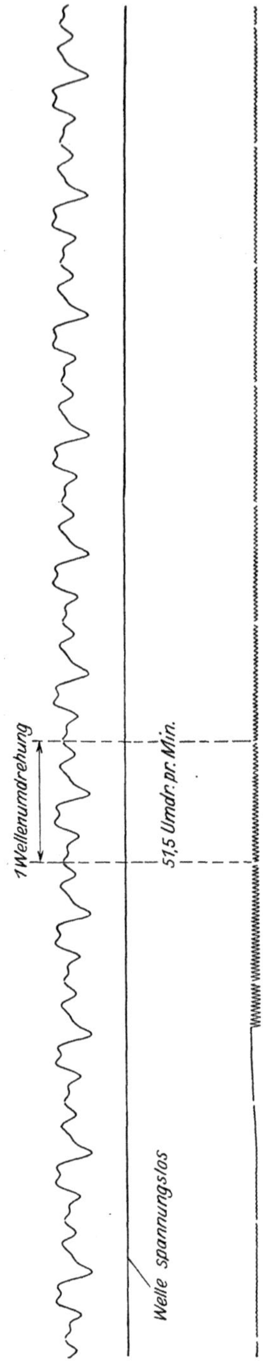

Abb. 170.

folgedessen gut zu Messungen an raschlaufenden Maschinen. Der Transport des Filmbandes erfolgt durch die Welle selbst unter Vermittlung eines Differentialgetriebes und kann jederzeit während des Laufens unterbrochen oder hergestellt werden. Die Zeitmarkierung beruht auf dem Prinzip einer angestoßenen, ihre Eigenschwingungen ausführenden Blattfeder, welche eine kleine Glasplatte trägt, die durch Brechung einen Lichtstrahl ablenkt. Die Umdrehungsmarkierung besteht in der Unterbrechung dieses Lichtstrahles beim Vorbeilaufen an dem feststehenden Halter der elektrischen Stromzuführung. Für die Bedienung des Apparates sind tüchtige Ingenieure notwendig. Die notwendige Kamera *e* sowie die Übertragung sämtlicher Handgriffe aus dem ruhenden in den rotierenden Raum bedingen naturgemäß eine gewisse Komplikation, die auch aus der Abb. 167 zu erkennen ist.

Der Torsiograph.

(Abb. 171 und 172.)

Der Torsiograph besteht aus einer leichten Bandscheibe, welche durch ein möglichst unelastisches Band von der zu untersuchenden Welle aus angetrieben wird. Im Innern der Bandscheibe und auf der rotierenden Achse derselben sitzend befindet sich eine Schwung-

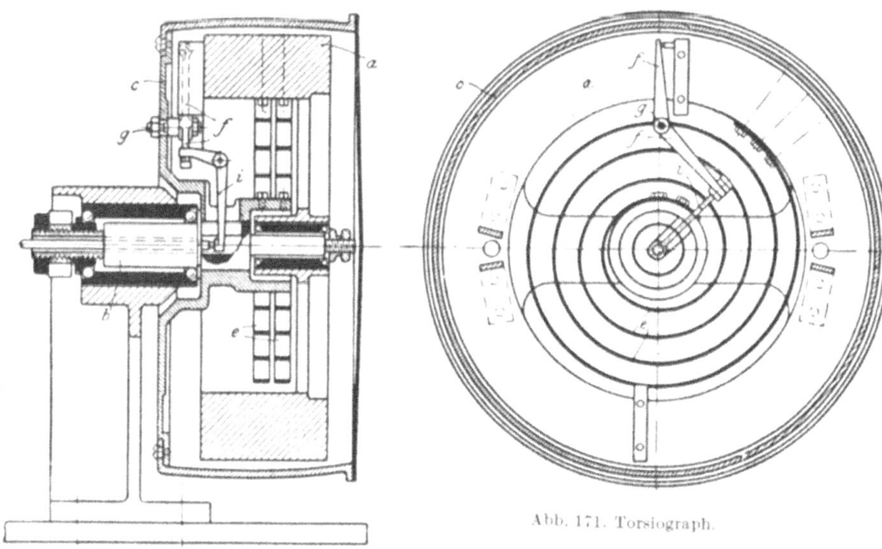

Abb. 171. Torsiograph.

scheibe, welche durch eine weiche Uhrspiralfeder mit der Bandscheibe gekuppelt ist. Das Antriebsband ist so bemessen, daß die Bandscheibe alle, auch die raschesten Schwingungen der zu untersuchenden Welle unverändert nach Größe und Phase mitmacht. Umgekehrt liegt die

Eigenfrequenz $\nu_e = 50$ der Schwungscheibe [1]) so niedrig, daß dieselbe bei allen vorkommenden Schwingungen von 100/min an genau gleichmäßig rotiert, sie läßt sich jedoch auch durch entsprechende Vergrößerung des Schwungrades und Verwendung von schwachen Federn bis auf 13,7/min erniedrigen (Abb. 173), wodurch das Instrument auch zur Untersuchung an langsamlaufenden Schiffsmaschinen bei ganz niedrigen Drehzahlen geeignet wird. Bei einer doppelt wirkenden Einzylinder-Zweitaktmaschine wäre z. B. die niedrigste Drehzahl, für die es noch gebraucht

Abb. 172.

werden könnte, ~14/min. Zwischen der ungleichmäßig rotierenden Bandscheibe und der gleichmäßig sich drehenden Schwungscheibe entstehen so Relativverdrehungen, welche direkt die Winkelabweichung der zu untersuchenden Welle — bezogen auf die Meßstelle — darstellen. Diese tangentialen Relativverdrehungen werden durch 2 Winkelhebel zuerst in radiale und sodann in axiale, im Mittel der hohlen Achse erfolgende Bewegungen verwandelt, durch eine Nadel aus dem rotierenden Raum in den ruhenden übertragen und mit einem Tintenschreibhebel zu Papier gebracht.

Um die Zahl der verzeichneten Schwingungen und deren Stellung im Vergleich mit der Kurbelstellung der betreffenden Maschine genau festlegen zu können, sind noch eine Zeit- und eine Totpunktmarkie-

[1]) Dies bezieht sich auf den sog. Schwachfederapparat; bei Verwendung der Starkfedern rückt sie hinauf auf ~ 180/min.

rung angebracht. Dadurch, daß man die Zeit- oder die Totpunktmarkierungen mehrerer Apparate elektrisch parallel oder hintereinander schaltet, besteht die Möglichkeit, zeitlich zusammengehörige Stellen in den verschiedenen Diagrammen, die man kurz als Torsiogramme zu bezeichnen pflegt, als solche zu erkennen. Das Papierband kann entweder durch ein Präzisionsuhrwerk mit Fliehkraftregler, mit verschiedenen, zwischen 0,2 m und 10 m/min einstellbaren Geschwindigkeiten oder direkt durch Zahnradübersetzung von der Achse des Apparates aus so bewegt werden, daß seine Geschwindigkeit in einem bestimmten Verhältnis zur jeweiligen Maschinendrehzahl steht, d. h. daß die Strecke für eine Umdrehung der Maschinenwelle für beliebige Drehzahlen dieselbe ist.

Abb. 173. Torsiograph mit großer Schwungmasse.

Die Verwendungszwecke des Torsiographen sind folgende:

Zunächst wird mit dem Instrument die Winkelabweichung der zu untersuchenden Welle verzeichnet. Dieselbe ist insbesondere für elektrische Aggregate wichtig und spielt namentlich beim Parallelarbeiten von Drehstromdynamos eine erhebliche Rolle.

Sodann kann man aus der Winkelabweichungskurve durch Anlegen der beiden steilsten Tangenten an dieselbe den sog. Ungleichförmigkeitsgrad bestimmen. In diesem Falle richtet man durch entsprechende Wahl

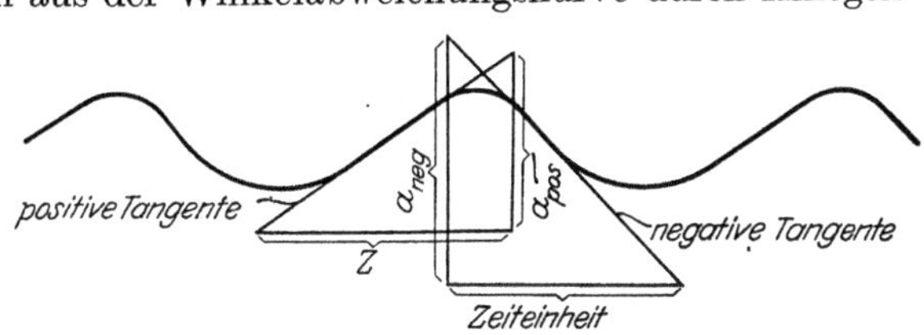

Abb. 174. Bestimmung des Ungleichförmigkeitsgrades aus dem Torsiogramm[1]).

[1]) In der Abb. 174 sind die Zeitstrecken für α_{pos} und α_{neg} aus Raumgründen ungleich, es ist deshalb noch eine Umrechnung notwendig, die man normalerweise durch Wahl gleicher Strecken vermeidet.

der Antriebsriemenscheibe, der Vergrößerung und der Papiergeschwindigkeit es so ein, daß die verzeichnete Kurve recht groß und deutlich wird. Es werden jene beiden Tangenten angelegt, welche der größten positiven bzw. der größten negativen Neigung entsprechen. Siehe Abb. 174. Auf einer in beliebiger Höhenlage befindlichen Parallelen zur Mittellinie der Kurve wird die der Zeiteinheit, z. B. der Sekunde, entsprechende Strecke Z vom Schnittpunkt mit der jeweiligen Tangente an aufgetragen und dort das Lot errichtet. Die beiden Lote stellen direkt die den Tangenten entsprechenden Winkelabweichungen a_{pos} und a_{neg} oder, was auf das gleiche herauskommt, bezogen auf die Zeiteinheit einer Sekunde, den größten positiven bzw. negativen Geschwindigkeitsunterschied gegenüber der gleichmäßigen Drehgeschwindigkeit dar. Wurde als Zeiteinheit nicht eine Sekunde, sondern das $n$fache gewählt, so sind natürlich die Werte a_{pos} und a_{neg} durch n zu dividieren.

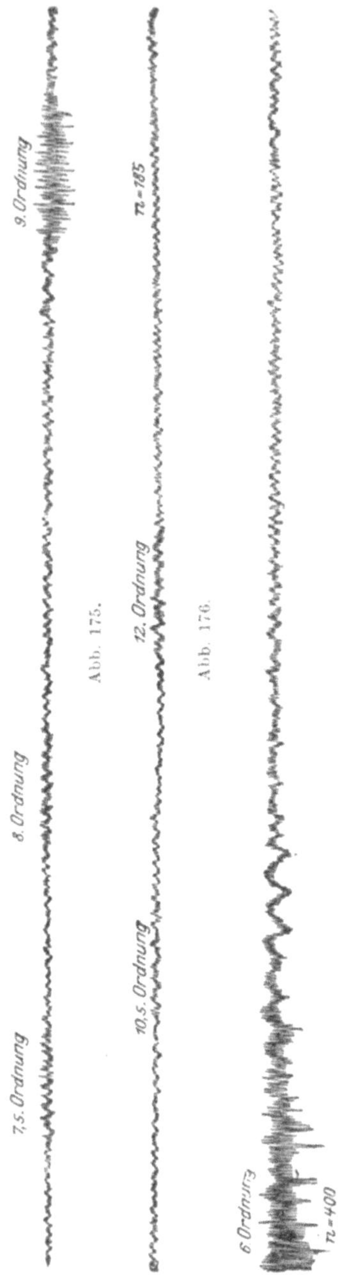

Abb. 175. Abb. 176. Abb. 177.

Abb. 175 bis 177. Torsiogramme eines Sechszylinderölmotors beim raschen Durchfahren des ganzen Drehbereiches.

Der Ungleichförmigkeitsgrad ist bekanntlich die Differenz zwischen der größten und der kleinsten Geschwindigkeit, dividiert durch die mittlere, d. h.:

$$\delta = \frac{v_{max} - v_{min}}{v_{mitt}}.$$

Wurde als Zeiteinheit die Sekunde gewählt, so ergibt sich unter Berücksichtigung der eingestellten Vergrößerung V

$$\vartheta = \frac{v_{mitt} + \frac{a_{pos}}{V} - \left(v_{mitt} - \frac{a_{neg}}{V}\right)}{v_{mitt}} \quad (124)$$

$$= \frac{a_{pos} + a_{neg}}{V \cdot v_{mitt}}.$$

v_{mitt} ist hierbei die Umfangsgeschwindigkeit am Durchmesser der Meßstelle. Ist sie in m/sek gemessen, so sind selbstverständlich auch a_{pos} und a_{neg} in *m* auszudrücken.

Zur Bestimmung des Ungleichförmigkeitsgrades ist diese Methode unter den zur Zeit bekannten die genaueste und bequemste.

Ein weiteres besonderes wichtiges Verwendungsgebiet des Torsiographen ist die Bestimmung der kritischen Torsionsdrehzahlen von Wellenleitungen. Für diesen Zweck reguliert man mit der betreffenden Maschine einfach durch den ganzen Drehbereich hindurch und erhält so durch gleichzeitiges Mitregistrieren beim Torsiographen die gesamten innerhalb des Drehbereiches vorkommenden Kritischen. Die Abb. 176 bis 191 zeigen einige derartige Diagramme. Die Diagrammserie ist an einem Sechszylinder-Ölmotor aufgenommen und zeigt anschaulich die Kritischen 9ter, 6ter, $4^1/_2$ter, 4ter, $3^1/_2$ter, 3ter und $2^1/_2$ter Ordnung, wie man durch Zählen der einzelnen Schwingungen auf eine Umdrehung ohne weiteres erkennt.

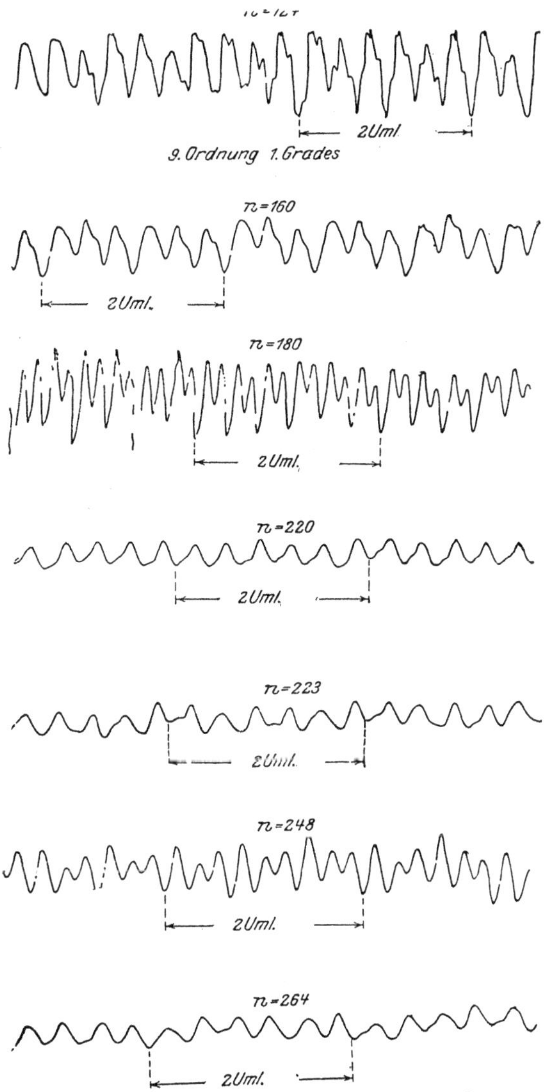

Abb. 178 bis 184. Torsiogramme am Wellenende eines Sechszylinderölmotors bei verschiedenen Drehzahlen.

Das Torsiogramm (Abb. 192 und 193) zeigt den Verlauf der Schüttelschwingungen bei einer elektrischen Lokomotive. Gegenüber dem Torsionsindikator besitzt der Torsiograph zur Untersuchung einer Wellenleitung auf kritische Drehzahlen den unschätzbaren Vorteil, daß er von jeder zugänglichen Stelle der Wellenleitung — insbesondere vom vorderen Ende, wo die Ausschläge am größten sind — angetrieben werden kann, daß in vielen Fällen zwecks Untersuchung nicht einmal ein Abstellen der Maschine notwendig ist, daß die Entstehung der Diagramme und die Änderung ihres Aussehens bei Änderung der Drehzahl direkt beobachtet werden kann, und daß die Diagramme nach Aufnahme ohne weiteres Fixieren auswertbar sind.

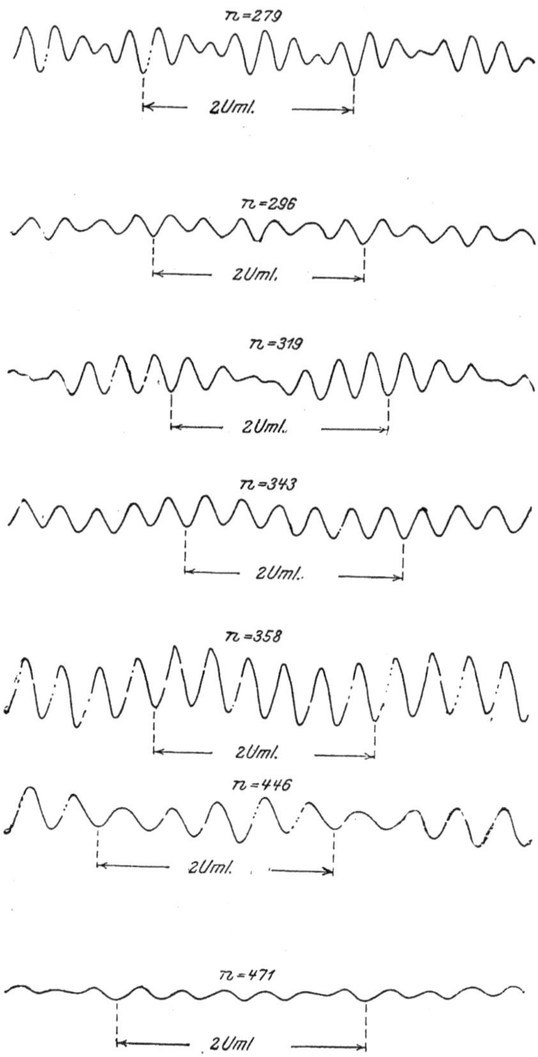

Abb. 185—191. Torsiogramme am Wellenende eines Sechszylinderölmotors bei verschiedenen Drehzahlen. (Fortsetzung der Abb. 178 bis 184.)

Weitere Verwendungsgebiete des Torsiographen sind die Untersuchung von Steuerwellen auf unruhigen Gang und im Zusammenhang damit die Prüfung von Steuerungen auf richtiges Arbeiten, ferner die Registrierung der Drehschwingungen (Dreherschütterungen) von nicht rotierenden Bauwerken, insbesonder von Schiffen. Bei Schiffen hat sich diese Anwendungsmöglichkeit infolge des gelegentlichen Auftretens von Schiffstorsionsschwingungen als wichtig erwiesen. Hier sei insbesondere auf den schon angezogenen Aufsatz von Dr. Horn über „Horizontal- und Torsionsschwingungen von Schiffen“, erschienen in der Zeitschrift „Werft Reederei Hafen“, 1925, aufmerksam gemacht.

Eine ausführliche Beschreibung über den Torsiographen und die damit erzielten Meßergebnisse findet sich unter anderen in Z.V.d.I. 1916, S. 811.

Der Vibrograph.

(Abb. 194.)

Der Vibrograph dient zur Untersuchung von Vibrationen aller Art. Man kann ihn sich ohne weiteres dadurch aus dem Torsiographen entstanden denken, daß man von der kreisrunden Schwungscheibe $^4/_5$ wegnimmt, so daß nur eine exzentrische Masse M übrigbleibt. Die Übertragung der Bewegung erfolgt auf die gleiche Weise wie beim Torsiographen. Die Bandscheibe dient als Verschalung, um die träge Masse vor Luftstößen usf. zu schützen. Sie kann mit Hilfe eines herumgelegten Bandes K in beliebiger Stellung festgeklemmt werden, so daß mit ein- und demselben Instrument sowohl Horizontal- als auch Vertikalschwingungen, als auch solche in beliebig schräger Richtung gemessen werden können.

Hinsichtlich Uhrwerk, Zeit- und Totpunktmarkierung ist der Vibrograph genau so eingerichtet wie der Torsiograph, ebenso läßt sich auch die Papiergeschwindigkeit in den Grenzen zwischen 0,2 m und 10 m/min regeln.

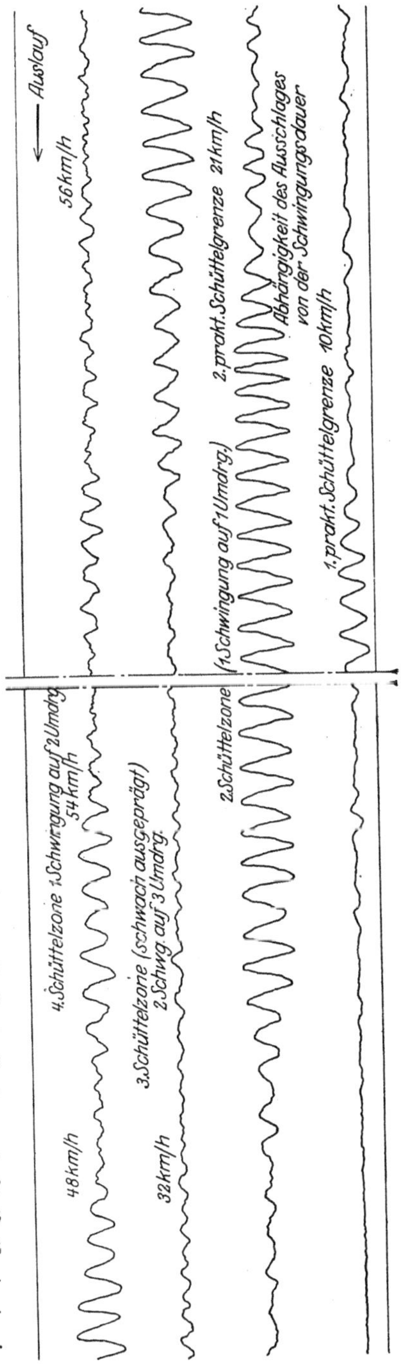

Abb. 192 und 193. Schüttelschwingungen einer elektrischen Lokomotive.

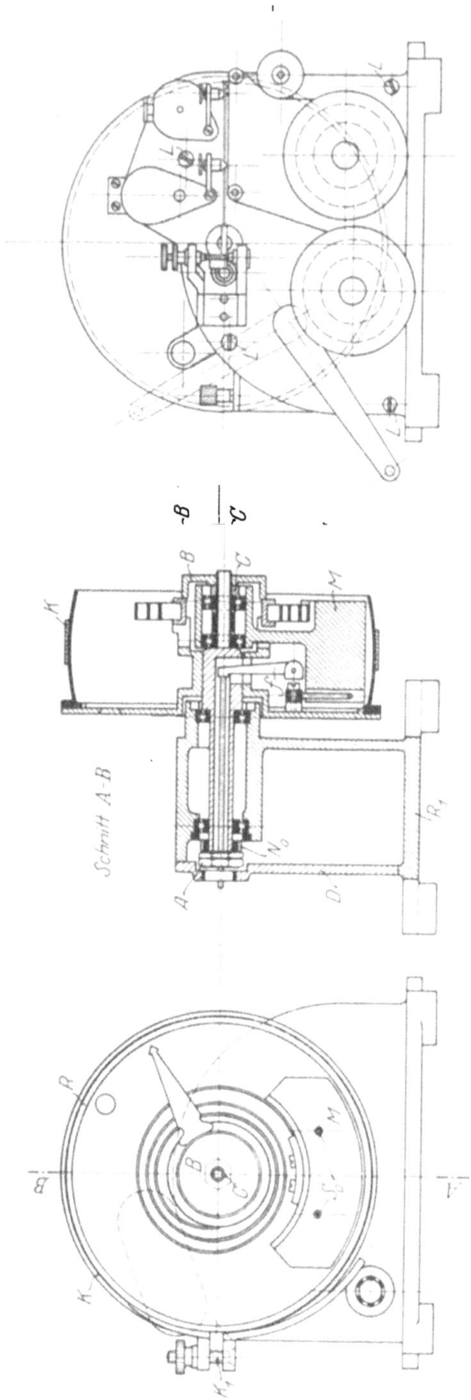

Abb. 194. Vibrograph.

Infolge des Umstandes, daß die Achse, welche die träge Masse und die sie umgebende als Verschalung dienende Riemenscheibe trägt, beliebig zum Lagerbock des Instrumentes verdreht werden kann, braucht die Grundfläche des Vibrographen nicht horizontal angeordnet zu werden; man kann das Instrument vielmehr ganz beliebig schief aufstellen und doch jeweils reine Horizontal- oder Vertikalschwingungen damit messen, man kann insbesondere das Instrument ohne weiteres an Wänden und auch an Decken befestigen. Der Meßbereich des Instrumentes beginnt hinsichtlich der Ausschläge bei etwa 2 cm und endigt gerade dort, wo auch die Wahrnehmbarkeit aufhört. Es ist dieser Bereich absichtlich so gewählt, weil Erschütterungen, die für den Menschen nicht mehr direkt wahrnehmbar sind, technisch im allgemeinen ohne Bedeutung sind.

Hinsichtlich der Schwingungszahl beginnt der Meßbereich beim normalen Apparat bei $\sim$ 300 Schwingungen i. d. Minute. Die raschesten bisher verzeichneten Schwingungen liegen in der Gegend von

25000/min. Für den Fall, daß langsamere Schwingungen als 300/min interessieren, ist am Instrument ein sog. Zusatzring an der trägen Masse zu befestigen, wie man aus Abb. 195 erkennt. Dadurch wird die Eigenfrequenz für Vertikalschwingungen auf etwa 80/min bzw. bei Verwendung einer besonderen Feder auf 38/min und für Horizontalschwingungen auf etwa 40/min erniedrigt. Für letztere läßt sich endlich dadurch, daß man das Instrument mit vertikaler Achse befestigt und eine sog. Schwachfeder einbaut, eine noch erheblich weiter gehende Erniedrigung der Eigenfrequenz durchführen.

Abb. 195. Vibrograph mit Zusatzring.

Neben den Untersuchungen von Vibrationen von Häusern, Fundamenten, Schiffen, Schienen- und Straßenfahrzeugen ist der Vibrograph, insbesondere auch zur Bestimmung der Eigenfrequenzen derartiger Bauwerke und Fahrzeuge sowie zur Feststellung und Beseitigung der Unbalancen rotierender Wellen verwendet worden.

Abb. 196.

Abb. 197.

Abb. 196 und 197. Eigenschwingungsvibrogramme von Dampfturbinenfundamenten.

Die Abb. 196 und 197 zeigen 2 Diagramme, welche die Eigenschwingungen zweier Dampfturbinenfundamente, auf die man ein Gewicht fallen ließ, erkennen lassen.

In den Abb. 198—200 sind Diagramme von Häusererschütterungen wiedergegeben, welch letztere so schwach waren, daß sie gerade noch mit dem Gefühl genügend deutlich wahrgenommen werden konnten. Hier ist natürlich eine sehr starke Vergrößerung eingestellt. Im Gegensatz hierzu zeigen die Diagramme Abb. 201—207 den Verlauf einer vertikalen, verhältnismäßig starken Schiffsschwingung sowie deren Anschwellen und Abflauen außerhalb der Resonanz. — Die Einrichtung zum Prüfen des Instrumentes ist aus Abb. 208 ersichtlich. Hierbei ist ganz links der Vibrograph, in diesem Falle mit dem seine Eigenfrequenz erniedrigenden Zusatzring. Der Apparat befindet sich versenkt auf einem als kräftiger Trog ausgebildeten Schüttertisch, der rechts und links durch 2 kräftige Lenker mit dem Fundament verbunden ist. Der Vibrograph ist so weit in den Schüttertisch versenkt, daß der gemeinsame Schwerpunkt in eine Ebene mit den beiden oberen Gelenken

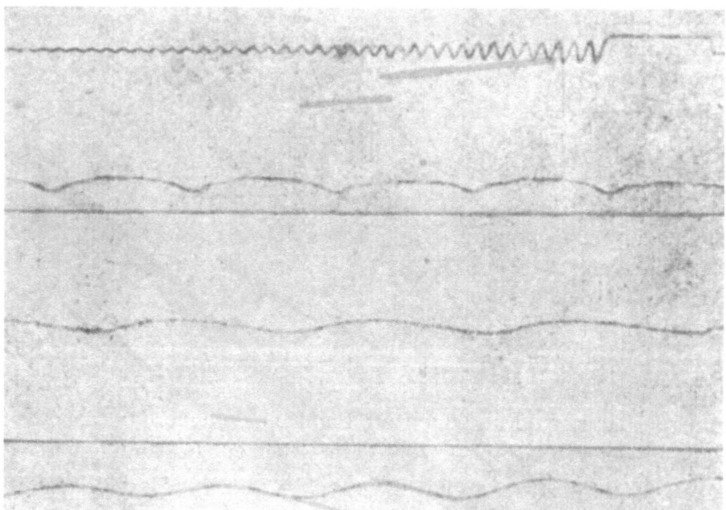

Abb. 198 bis 200. Vibrogramme von Häusererschütterungen.

fällt. Die Gelenke sind so lang ausgebildet, daß Drehungen der Apparatur um eine lotrechte Achse unmöglich sind. Der Antrieb des Schüttertisches erfolgt von dem rechts ersichtlichen Elektromotor über eine Riemenscheibe und ein Exzenter.

Der Vibrograph ist unter anderen beschrieben in der Z. V. d. I. 1922, „Untersuchung von Schwingungserscheinungen"; in der VDI-Zeitschrift Masch.-B. 1922, H. 5—6; im Schiffbau, 25. Jahrg., Nr. 5 usf. Über die Theorie des Vibrographen findet sich eine ausführliche Abhandlung in Werft Reederei Hafen, 1924, H. 11.

Es ist sehr bemerkenswert, daß sich der normale Torsiograph durch Ausbau der kreisrunden Schwungscheibe und Einbau der exzentrischen trägen Masse und Anbringung des Klemmbandes in wenigen Augenblicken in einen Vibrographen umbauen läßt.

Weitere zur Untersuchung von Vibrationen bekannt gewordene Instrumente sind der **Schlicksche Pallograph, das Vibrometer** und der **Seismograph.**

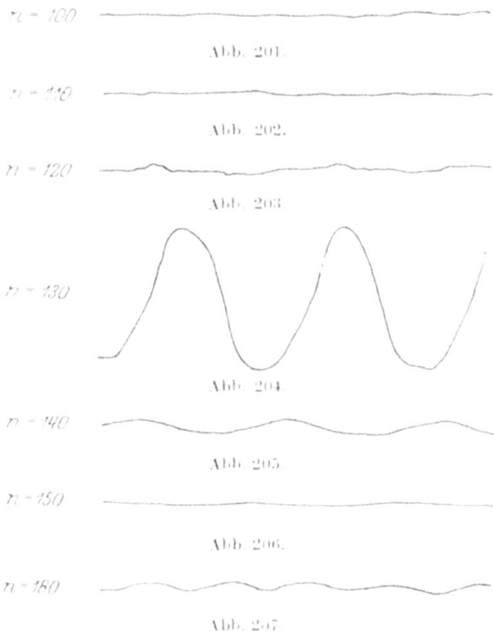

Abb. 201 bis 207. Schiffschwingungsvibrogramme bei verschiedenen Drehzahlen.

Der **Pallograph** (Abbild. 209 und 210) hat seinerzeit bei der Untersuchung der Schiffsschwingungen bei verhältnismäßig langsam rotierenden Schiffskolbenmaschinen sehr gute Dienste geleistet, ist aber heute durch den namentlich bei hohen Schwingungszahlen bzw. bei schwachen Vibrationen empfindlicheren, bedeutend vielseitigeren und handlicheren Vibrographen überholt.

Der Pallograph besteht aus folgenden 4 Hauptteilen:

1. einer Einrichtung zum Messen von Vertikalschwingungen,
2. einer Einrichtung zum Messen von Horizontalschwingungen,
3. einem Laufwerk zum Bewegen des Papierstreifens und dem Uhrwerk für die Zeitmarken und

Abb. 208. Eicheinrichtung zum Vibrographen.

4. einem elektromagnetischen Schreibwerk zur Aufzeichnung der Kurbelstellungen.

Die Vorrichtung zum Messen der Vertikalschwingungen ist in Abb. 209

Abb. 209. Schlickscher Pallograph.

Abb. 210. Schlickscher Pallograph. Vertikalpendel im Vordergrunde.

rechts bzw. Abb. 210 vorn an dem großen runden Gewicht und den beiden Schraubenfedern erkenntlich. Das Gewicht stützt sich mit seinem Hebel gegen eine zwischen den beiden Federn befindliche Schneide ab und wird durch letztere in seiner Gleichgewichtslage gehalten. Beide Federn sind unter sich durch einen in einer Schneide ruhenden doppelarmigen Hebel verbunden.

Die Anordnung ist mit einer Vorrichtung zur Veränderung der Eigenfrequenz ausgestattet, wodurch es möglich wird, noch Schwingungen bis zu etwa 40/min herab zu registrieren. Allerdings ist hierbei Voraussetzung, daß dieselben verhältnismäßig groß sind, da sie sonst der Apparat, der wesentlich unempfindlicher als der Vibrograph ist, nicht mehr mitmacht.

Die träge Masse, die für die Verzeichnung der Horizontalschwingungen benützt wird, ist in Abb. 209 links und in Abb. 210 ebenfalls links im Hintergrunde zu sehen. Die Lagerung dieser trägen Masse geschieht durch ein etwas kompliziertes und mit Reibungen behaftetes Hebelwerk, das schematisch aus Abb. 211 ersichtlich ist. Die Eigenfrequenz läßt sich zwischen 0 und 48/min einstellen. Für kleine Ausschläge ist diese Vorrichtung zu wenig empfindlich, dagegen für verhältnismäßig große Schiffsvibrationen wohl geeignet. Im Gegensatz zum Vibrographen lassen sich hier Vertikalschwingungen und die in einer Richtung gehenden Horizontalschwingungen gleichzeitig messen; andererseits ist aber der Pallograph nach jeder Richtung hin etwa $2^1/_2$ mal größer als der Vibrograph. Will man mit dem letzteren etwa an einer Stelle gleichzeitig Horizontal- und Vertikalschwingungen messen, so stellt man einfach 2 Apparate auf.

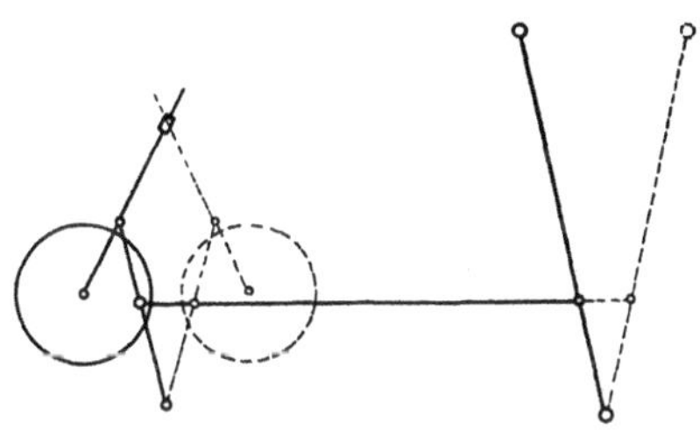

Abb. 211. Schlickscher Pallograph. Schema des Gestänges zum Horizontalpendel.

Im Zusammenhang damit muß betont werden, daß in der Mehrzahl der Fälle nur die nach einer Richtung hin — etwa der Vertikalen — gehenden Schwingungen interessieren, so daß in diesem Falle die Verwendung eines Instrumentes mit 2 trägen Massen eine unnötige Umständlichkeit bedeutet. Ferner gibt es aber auch wichtige Fälle, wo nicht nur nach 2, sondern nach allen 3 Richtungen Schwingungen auftreten. Hier reicht man also mit nur 2 trägen Massen doch nicht aus, beim Vibrographen kann man sich aber durch gleichzeitige Verwendung von 3 Instrumenten helfen. Endlich gibt es aber sehr häufig Fälle, wo neben Vibrationen längs irgendeiner Geraden noch Drehschwingungen auftreten. In diesem Falle ist es am zweckmäßigsten, gleichzeitig vibro- und torsiographische Messungen auszuführen.

Das Vibrometer kommt in solchen selteneren Ausnahmefällen in Betracht, wo nur der Schwingungsausschlag interessiert, d. h. wo also

Schwingungszahl und Schwingungsform bereits genau bekannt sind. Für diese Fälle ist es ein bequemes vorteilhaftes Instrument.

Der **Seismograph** kommt mehr für wissenschaftliche Zwecke in Frage. Während die Grenze der Empfindlichkeit des Vibrographen mit derjenigen des menschlichen Gefühls zusammenfällt, geht die Empfindlichkeit des ortsfesten Seismographen sehr viel weiter, so daß auch weit entfernte Beben verzeichnet werden. Natürlich ist infolgedessen ein solches Instrument umfangreicher und komplizierter.

Ein transportabler aber bereits viel weniger empfindlicher Seismograph ist in der Abb. 212 wiedergegeben. Derselbe besteht aus 2 Pendeln,

Abb. 212. Transportabler Seismograph.

einem Horizontal- und einem Vertikalpendel. Die Aufzeichnung erfolgt durch Einkratzen in eine dünne Rußschicht. Beim Gebrauch ist darauf zu achten, daß die Rußschicht nur dünn gewählt wird, und daß der Schreibstift die berußte Papieroberfläche nur gerade berührt, ohne im geringsten darauf zu drücken. Es ist dies durch Verschieben eines kleinen Justiergewichtchens möglich, das sich auf dem der Schreibspitze entgegengesetzten Ende des Schreibhebels befindet. Über das Ganze kommt zum Schutz gegen Luftzug ein in der Abb. 212 nicht dargestellter Schutzkasten mit Glasfenstern.

Für technische Zwecke kommt das Instrument in solchen Fällen in Betracht, wo Vibrationen interessieren, die an der Grenze der menschlichen Wahrnehmbarkeit oder bereits darunter liegen.

Allgemein sei noch bemerkt, daß sowohl beim Pallographen als auch beim Vibrometer und Seismographen immer eine ebene horizontale Grundfläche vorhanden sein muß, auf die das Instrument gestellt wird. Auf geneigten Flächen können diese Instrumente nicht angeordnet werden. Auch sind sie dann nicht anwendbar, wenn die Erschütterungen so stark sind, daß das Instrument sich von seiner Unterlage abhebt.

Bei den bis jetzt beschriebenen Erschütterungsmessern ist Voraussetzung, daß das zu untersuchende Organ neben den verhältnismäßig kleinen Vibrationen keine weiteren, die letzteren an Größe bedeutend übertreffenden Bewegungen ausführt. Die Anbringung derartiger Instrumente ist jedoch dann unmöglich, wenn z. B. die Vibrationen einer Treibstange oder eines Schwungradarmes untersucht werden sollen. Für solche Fälle wurde von Schmaltz, Offenbach a. M., der folgende auf der Umkehrung des Kapillarelektrometers beruhende Apparat vorgeschlagen: Eine kleine Quecksilberoberfläche, die sich in einer Kapillare befindet, steht über Schwefelsäure mit einer größeren Quecksilberoberfläche in leitender Verbindung. Zwischen beide Quecksilbermengen wird eine elektrische Spannung angelegt. Tritt nun durch Erschütterungen eine Verschiebung des Quecksilbers in der Kapillare oder auch nur eine Krümmungsänderung des Meniscus ein, so ist deren Folge eine Änderung des elektrischen Widerstandes zwischen beiden Kapillaren. Es ist leicht, den Verlauf des demselben entsprechenden elektrischen Stromes mit Hilfe eines empfindlichen Saitengalvanometers zu registrieren und sich so ein Bild über den Schwingungsvorgang zu verschaffen.

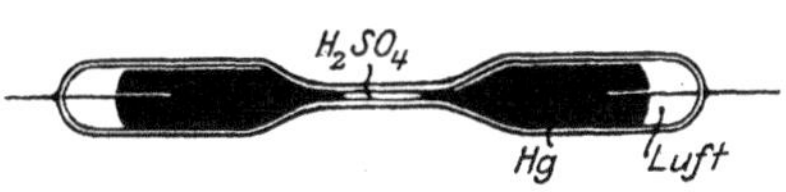

Abb. 213. Schema des Schmaltzschen Kapillar-Vibrometers.

Das Instrument ist in Abb. 213 schematisch wiedergegeben. Die Abb. 214—216 stellen mit demselben an einer Hobelmaschine gewonnene Diagramme dar.

Beschleunigungsmesser.

Unter denselben ist wohl der von Dr. Keinath am verbreitetsten. Er ist unter anderen im Techn. Central-Anzeiger „Kohle Erz", Jahrg. 1924, beschrieben. Das Instrument, das nur für die Messung von Vertikalbeschleunigungen in Betracht kommt, besteht aus einer trägen Masse von 1,5 kg, welche sich am einen Ende eines doppelarmigen Hebels befindet. Eine am andern Ende des Hebels angeordnete Feder hält ihr das Gleichgewicht, solange das System in Ruhe ist oder mit gleichmäßiger Geschwindigkeit sich bewegt. Wird es jedoch lotrecht be-

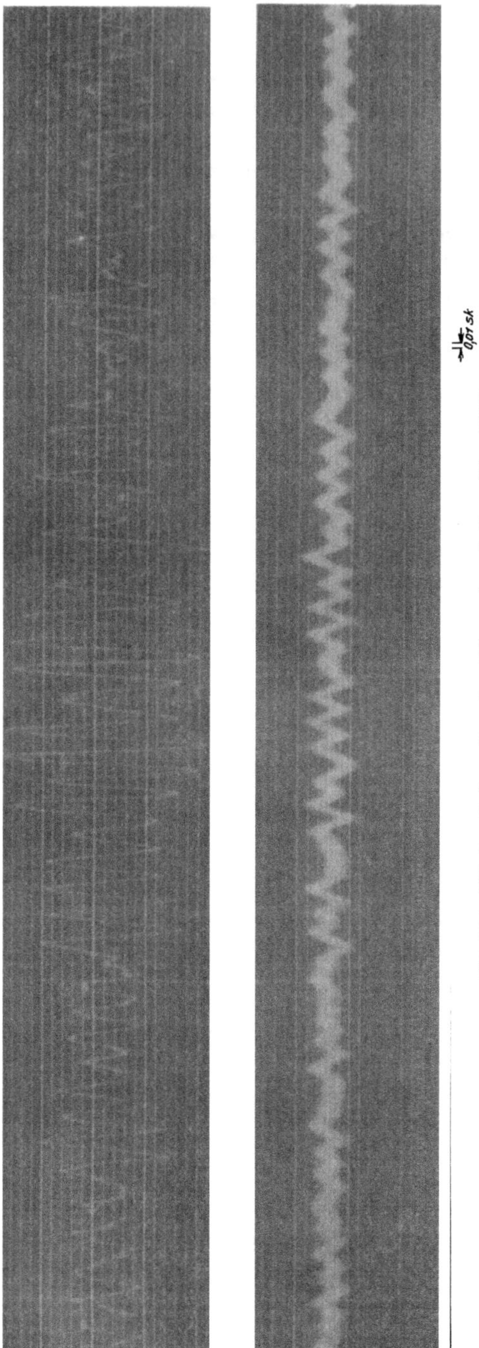

Abb. 214. Mit dem Schmaltzschen Vibrometer erhaltene Diagramme.

schleunigt, so entfernt sich infolge der Trägheitswirkung des Gewichtes der Hebel aus seiner Ruhelage. Durch Zahnräder wird die Bewegung auf den Schreibhebel übertragen. Durch einen Ellipsenlenker ist dafür gesorgt, daß die Bewegung der Schreibspitze eine geradlinige ist. Eine besondere und zwar aperiodisch wirkende Dämpfung mit Hilfe von Glyzerin ist vorgesehen. Die Eigenfrequenz des Instrumentes liegt verhältnismäßig tief, so daß es für Messung einigermaßen rascher Beschleunigungen nicht in Frage kommt.

Es ist sehr bemerkenswert, daß sich der normale Vibrograph lediglich durch Auswechseln der Feder gegen eine wesentlich steifere und durch Einstellen einer wesentlich stärkeren Vergrößerung in einen Beschleunigungsmesser verwandeln läßt, der je nach der Einstellung der trägen Masse Beschleunigungen in ganz beliebiger Richtung zu registrieren gestattet. Ebenso läßt sich auf die gleiche Weise der normale Tor-

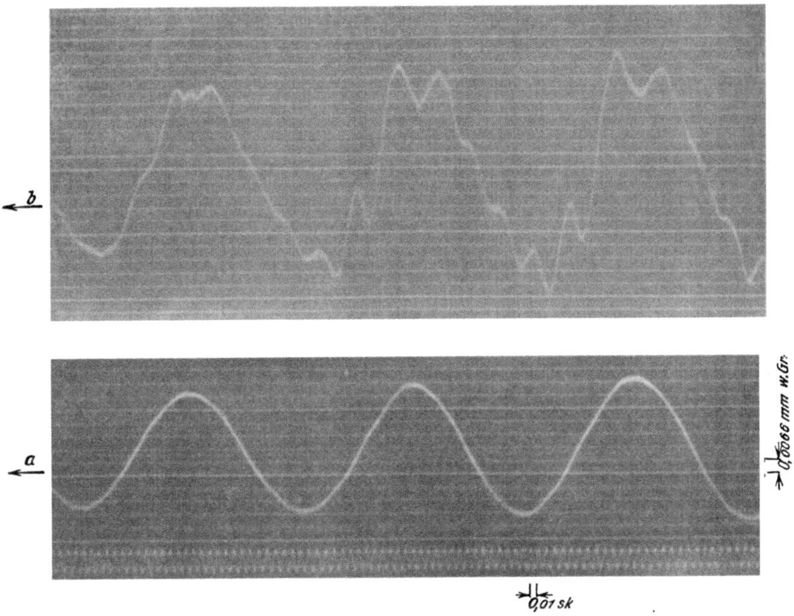

Abb. 215.

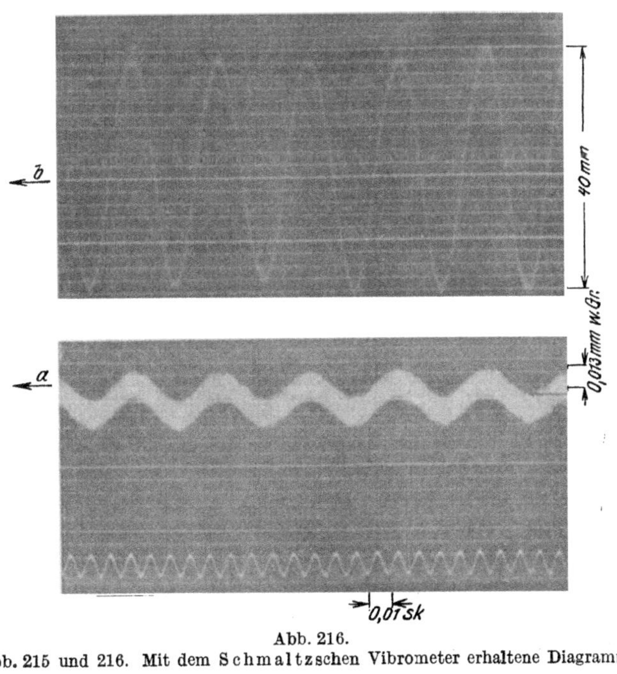

Abb. 216.

Abb. 215 und 216. Mit dem Schmaltzschen Vibrometer erhaltene Diagramme.

siograph rasch und bequem in einen Drehbeschleunigungsmesser verwandeln.

Um sowohl beim Vibrographen als auch beim Torsiographen die auf Grund der bereits angeführten Theorie zu stellende Forderung halbaperiodischer Dämpfung zu verwirklichen, hat man lediglich in den bei diesen Instrumenten vorhandenen schmalen Spalt zwischen Schwungmasse und Riemenscheibe (Verschalung) etwas Maschinenöl einzufüllen.

Das Frahmsche Resonanztachometer.

Unter denjenigen Instrumenten, die sich des Resonanzprinzips bedienen, hat das Frahmsche Resonanztachometer unstreitig die größte Bedeutung erlangt. Es besteht im wesentlichen aus einer größeren Anzahl von Stäbchen, die am einen Ende fest eingespannt sind, während das andere mit einer Masse versehene und rechtwink ig umgebogene Ende frei schwingen kann. Die Stäbchen besitzen verschiedene Eigenfrequenzen, die in engen Grenzen gleichmäßig abgestuft sind. Das Instrument kann direkt an der Maschine aufgestellt werden und wird dann unmittelbar durch die von derselben ausgehenden Erschütterungen erregt. Gewöhnlich, d. h. namentlich bei Benützung in Wechselstromkraftwerken, wird es aber durch den mit einem gegebenen Vielfachen der jeweiligen Maschinendrehzahl pulsierenden Strom elektromagnetisch erregt. Dasjenige Stäbchen, des en Eigenfrequenz gerade mit der jeweiligen Periodenzahl des elektrischen Stromes zusammenfällt, macht die größten Ausschläge. Die Ausschläge der rechts und links benachbarten sind schon bedeutend kleiner. Es läßt sich also die jeweilige Perioden- bzw. Drehzahl bequem ablesen.

Tachograph.

(Abb. 217.)

Soweit der Tachograph nur benützt wird, um langsame Änderungen einer Drehzahl zu registrieren, d. h. solange Schwingungserscheinungen ausscheiden, liegt er außerhalb des Rahmens dieser Zeilen. Früher ist jedoch der Tachograph in seiner Ausführung als sog. Präzisionstachograph vielfach zur Ermittlung des Ungleichförmigkeitsgrades benützt worden. Daß er hierfür schlecht, bzw. bei nur ganz niedrigen Drehzahlen von etwa 50/min und darunter geeignet ist, folgt ohne weiteres, wenn wir bedenken, daß die Eigenfrequenz des normalen Präzisionstachographen bei $\sim$ 750/min liegt, wobei vorausgesetzt ist, daß derselbe mit der zu untersuchenden Maschinenwelle starr gekuppelt ist. Ein zugehöriges Eigenschwingungsdiagramm ist aus Abb. 218 ersichtlich. In Wirklichkeit findet aber stets der Bandantrieb Verwendung, durch welchen die Eigenfrequenz je nach Länge und Beschaffenheit des Bandes

Abb. 217. Normaler Präzisionstachograph.

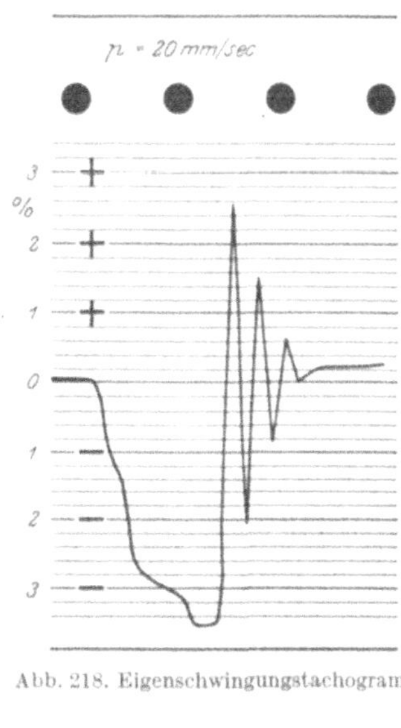

Abb. 218. Eigenschwingungstachogramm.

stark, d. h. oft bis auf 300—200/min erniedrigt wird. Die Verhältnisse bezüglich des Bandantriebs liegen hier ganz anders wie beim Torsiographen. Bei diesem braucht nur eine dünne leichte Bandscheibe von kleinem Durchmesser, also geringem Massenträgheitsmoment die Schwingungen mitzumachen, beim Tachographen dagegen ein ziemlich massiges Gestell, an dem die schweren Fliehgewichte in verhältnismäßig großem Abstand von der Drehachse sitzen. Welchen Einfluß die Bandlänge und die Anspannung des Bandes besitzen, ersieht man aus den Tachogrammen Abb. 219—221. Zum Vergleich sind in den Abb. 222—224 Torsiogramme wiedergegeben, welche an der gleichen Maschine und unter gleichen Verhältnissen, aber mit dem Torsiographen aufgenommen wurden. Außerdem ist in den Torsiogrammen Abb. 225 bis 226 gezeigt, daß auch bei der ganz ungewöhnlichen Bandlänge von über 22 m trotz hoher Frequenz noch keine allzu störenden Verzerrungen eintreten.

Zur Untersuchung des Ungleichförmigkeitsgrades bzw. der Winkelabweichung sollte man daher den Tachographen nicht gebrauchen, da die mit demselben erzielten Ergebnisse häufig zu Irrtümern Anlaß geben.

Daß der Tachograph bei raschen Schwingungen vollständig versagt, erkennt man aus dem Tachogramm Abb. 227, das beim Durchfahren einer kritischen Torsionsdrehzahl aufgenommen wurde und gerade in dem Gebiet, wo die stärksten Schwingungen auftreten, annähernd eine gerade Linie zeigt. Diese gerade Linie erklärt sich ohne

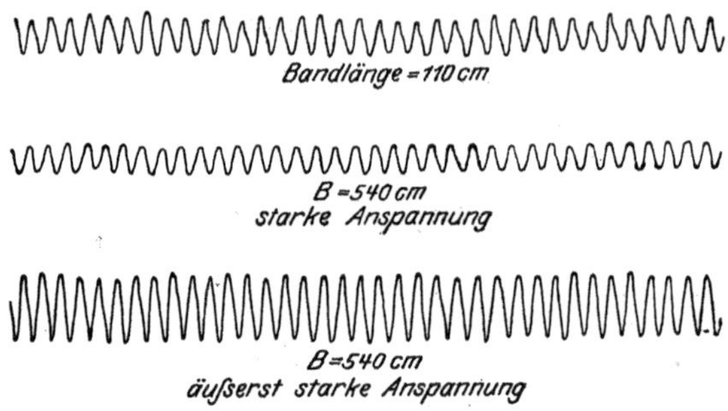

Abb. 219 bis 221. Tachogramme, den Einfluß der Bandlänge und Bandspannung darstellend.

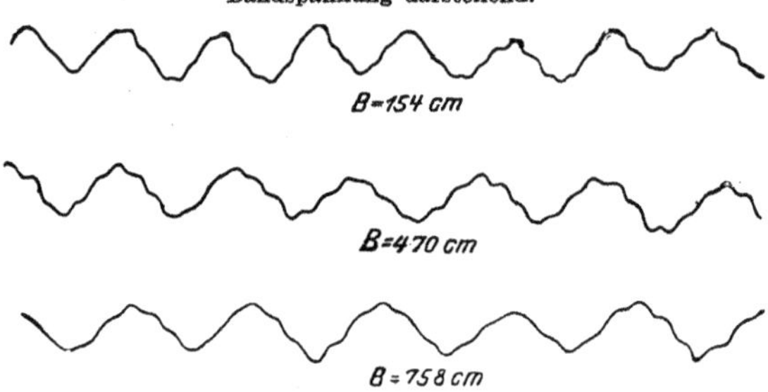

Abb. 222 bis 224 Torsiogramme, den Einfluß der Bandlänge darstellend.

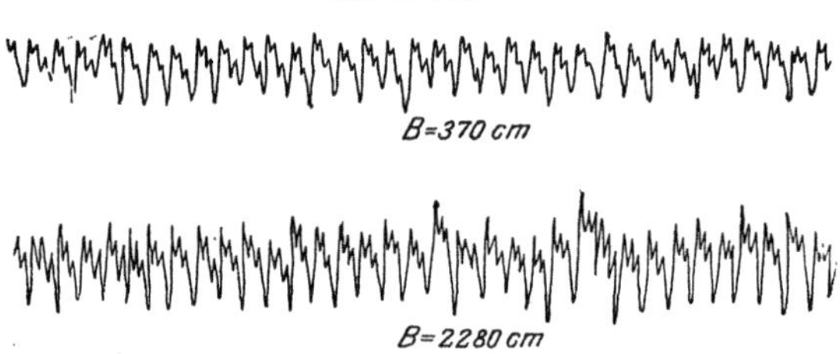

Abb. 225 und 226. Torsiogramme, den Einfluß der Bandlänge bei einem extremen Fall darstellend.

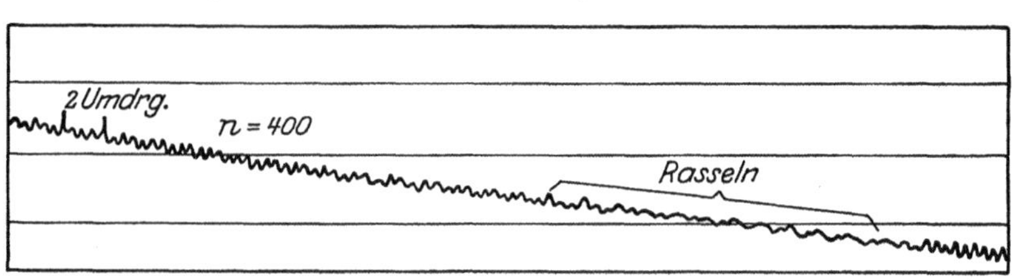

Abb. 227. Tachogramm, beim Durchfahren einer kritischen Drehzahl erhalten.

Abb. 228. Tachograph, durch Umbau aus dem Torsiograph entstanden.

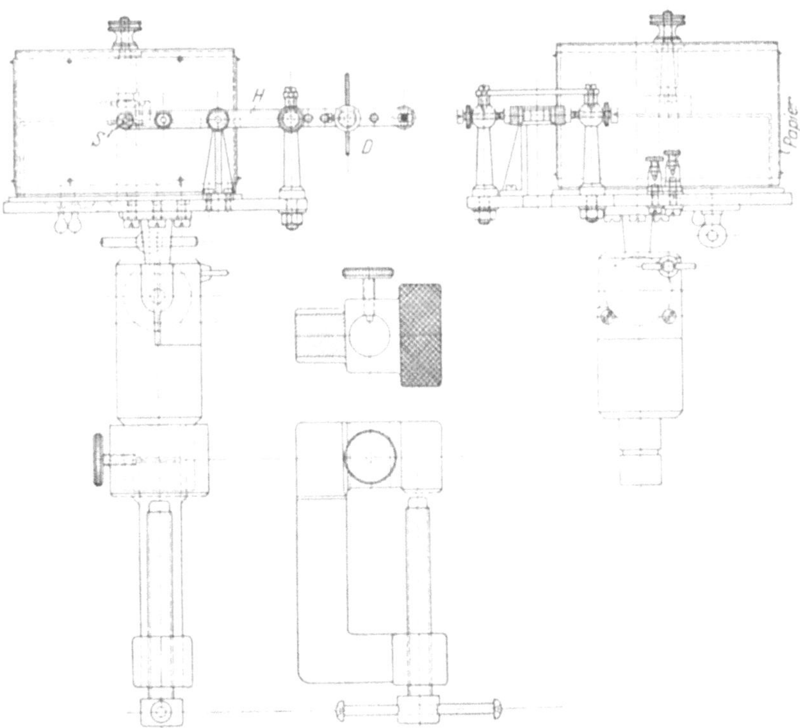

Abb. 229. Schwingungszeichner nach Askenasy.

weiteres daraus, daß die Schwingungszahl der in der Welle aufgetretenen Torsionsschwingungen weit über der Eigenfrequenz des Tachographen lag, so daß also der letztere dieselben nicht mehr mitmachte, sondern wie eine träge Masse wirkte.

Zur Untersuchung von Reguliervorgängen, z. B. des Verhaltens einer Maschine bei plötzlicher Entlastung, leistet dagegen der Tachograph sehr gute Dienste, weil es sich hierbei nur um verhältnismäßig langsam verlaufende Schwingungen handelt. Dasselbe gilt auch für ähnliche langsame Schwankungen.

Es sei noch bemerkt, daß sich der normale Torsiograph bzw. der Vibrograph durch Ausbau der trägen Masse samt Achse und Riemenscheibe und Einbau eines Drehpendelwerkes gut und rasch zu einem Tachographen umbauen läßt. (Siehe Abb. 228.)

Durchbiegungsmesser.

Derartige Instrumente sind besonders im Brückenbau in Anwendung gekommen. Leider haben die hierbei verwendeten Geräte den Nachteil, daß sie infolge zu niedriger Eigenfrequenz nicht alle Schwingungen, d. h. insbesondere nicht die von Stößen herrührenden einwandfrei registrieren. Die bekanntesten sind die Biegungsmesser von Fränkel-Leuner, von Rabut, von Askenasy, von Griot und der Oszillograph von Stoppani. Derjenige von Askenasy ist in Abb. 229 dargestellt; die Bewegung wird hierbei vom Draht D auf die Schreibspitze S mit Hilfe des Hebels H übertragen. Abb. 230 zeigt ein mit demselben erhaltenes Diagramm. Der Leser, der sich näher dafür interessiert, sei auf die vom Brückenbaubüro der Generaldirektion der Schweizer Bundesbahn Bern herausgegebene „Beschreibung von Apparaten zur Untersuchung von eisernen und massiven Bauwerken“ verwiesen. In derselben sind außerdem die nicht registrierenden und daher für uns nicht in Betracht kommenden Biegungsmesser ausführlich beschrieben.

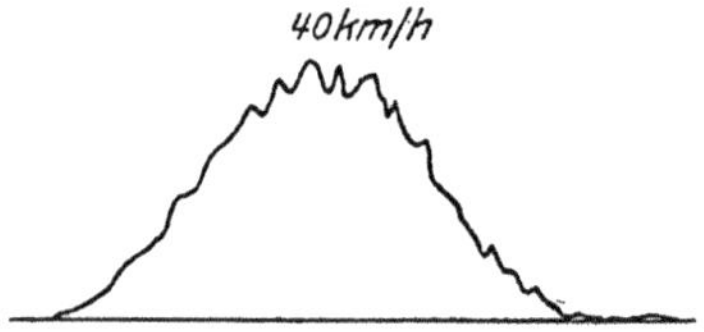

Abb. 230. Mit dem „Askenasy“ erhaltenes Schwingungsdiagramm.

Zu diesen Durchbiegungsmeßgeräten gehört auch der Horizontal-Schwingungsmesser mit Kugelpendelsystem Leuner, der wie der Vibrograph und der Seismograph auf der Anwendung einer trägen, die Erschütterungen nicht mitmachenden Masse beruht, deren Gewicht G aber durch eine darunter angeordnete Kugel K aufgenommen wird (Abb. 231). S ist der zugehörige Schreibstift. Leider ist etwas das Instrument infolge großer Reibung bei niedriger Eigenfrequenz zu unempfindlich und daher insbesondere für schwache Erschütterungen nicht zu empfehlen.

Ein Durchbiegungsmesser, der sich für Maschinen eignet, läßt sich bequem aus dem Vibrographen ausbilden. In Abb. 232 ist der-

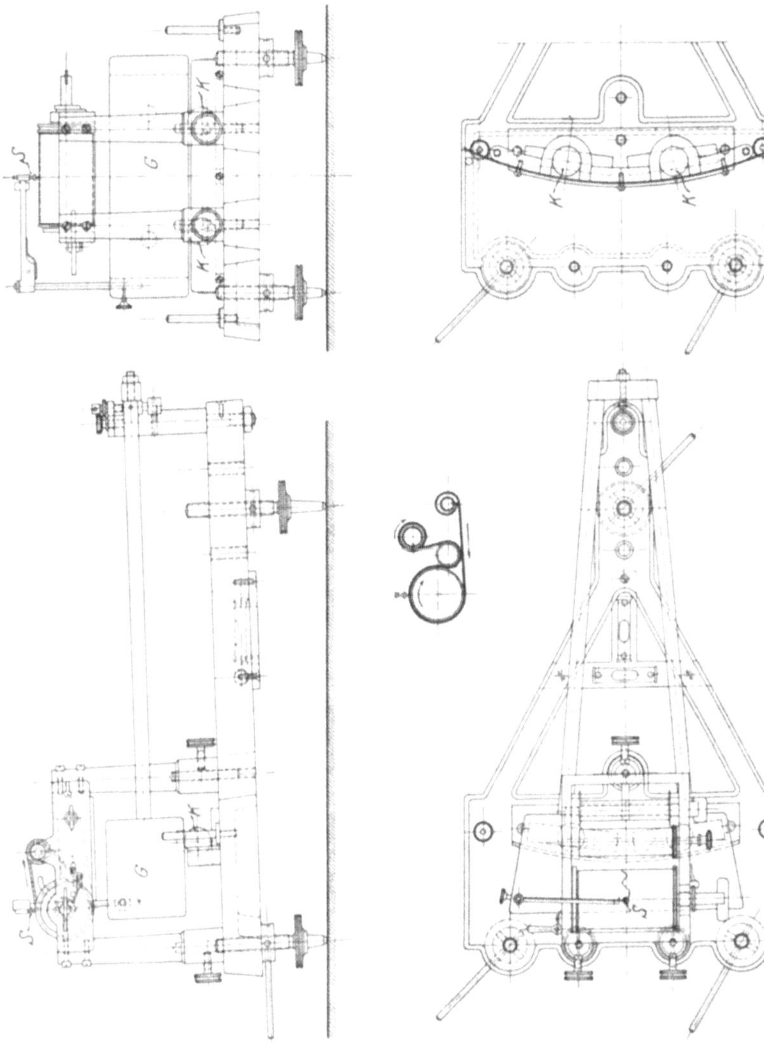

Abb. 231. Leunerscher Pendelapparat.

selbe in der Bauart zur Untersuchung der Biegungseigenfrequenzen von Dampfturbinenwellen wiedergegeben.

Die Anordnung spricht für sich selbst: Die träge Masse des Vibrographen samt Verschalung und Winkelhebeln ist entfernt. Dafür ist mit Hilfe einer Klemmutter und eines Lagerböckchens ein Winkel-

Abb. 232. Anordnung des Vibrographen zur Bestimmung der Biegungseigenfrequenzen von Wellen.

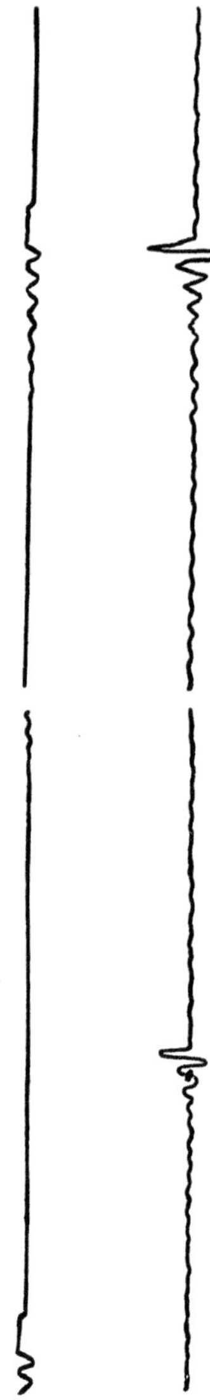

Abb. 233 und 234. Durchbiegungsdiagramme gewonnen mit der Vibrographenanordnung nach Abb. 233.

Abb. 235. Anordnung des Vibrographen zur Registrierung der Durchbiegung rasch rotierender Wellen.

hebel angeordnet, der direkt auf die Nadel des Vibrographen einwirkt. Dieser Winkelhebel kann in beliebiger Lage radial zur Achse des Vibrographen so angeordnet werden, daß der eine Endpunkt, der auf die Vibrographennadel einwirkt, immer in der gleichen Lage zu der Mittelachse des Instrumentes bleibt. Der andere Endpunkt wird mit Hilfe einer weiteren Nadel von dem zu prüfenden Körper aus beeinflußt. Die Abb. 233 und 234 stellen so gewonnene Durchbiegungseigenschwingungsdiagramme dar.

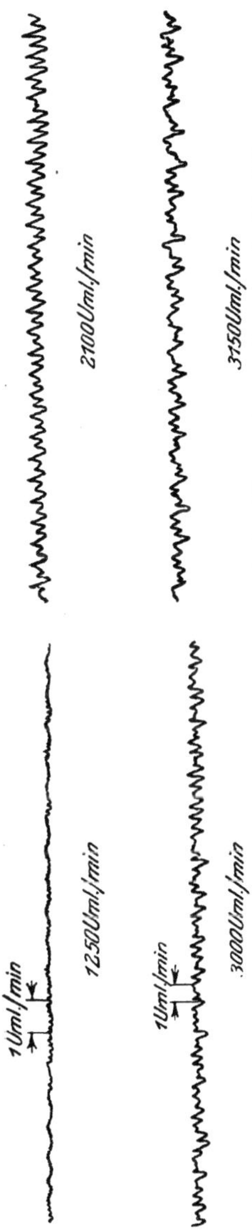

Abb. 236 bis 239. Durchbiegungsdiagramme gewonnen mit der Vibrographenanordnung nach Abb. 233.

Eine Anordnung, die sich zur Untersuchung der Durchbiegungen rasch rotierender Wellen eignet, ist aus Abb. 235 ersichtlich. Hierbei sitzt auf der Welle eine Rolle, welche in einer längsverschieblichen Gabel *a* gelagert ist und über ein isolierendes Zwischenstück *i*, einen Winkelhebel und zwei Nadeln auf den Schreibhebel einwirkt. In der Abb. 236—239 sind einige so an einer Dampfturbine erhaltene Durchbiegungsdiagramme wiedergegeben.

Spannungs- oder Dehnungsmesser.

Der Spannungszeichner von Fränkel-Leuner (Abb. 240 bis 247) besteht in der Hauptsache aus dem festklemmbaren Rahmen A_3 und der Klammer B, zwischen die unter Verwendung von Kugelgelenken K_1 und K_2 eine Meßstange J geschaltet ist. Auf dem Rahmen A_3 ist der Rahmen A_4 verschiebbar angeordnet und mit den Schrauben A_5 an ersterem befestigt. Am Rahmen A_4 ist der Übersetzungsmechanismus und das Uhrwerk für die Fortbewegung des Diagrammpapiers festgemacht. Der Übersetzungsmechanismus überträgt die Bewegung der Meßstange etwa 150fach vergrößert auf einen Schreibstift S_1 und zwar folgendermaßen:

Die mit einer Spitze versehene Meßstange J wirkt auf einen zweiarmigen Hebel H_1. Dieser besteht am längeren Arm aus zwei Scheiben, die durch die Feder F_1 gegeneinander verspannt werden, um dadurch einen spiellosen Gang zwischen den am Ende dieses Armes befindlichen Zähnen und

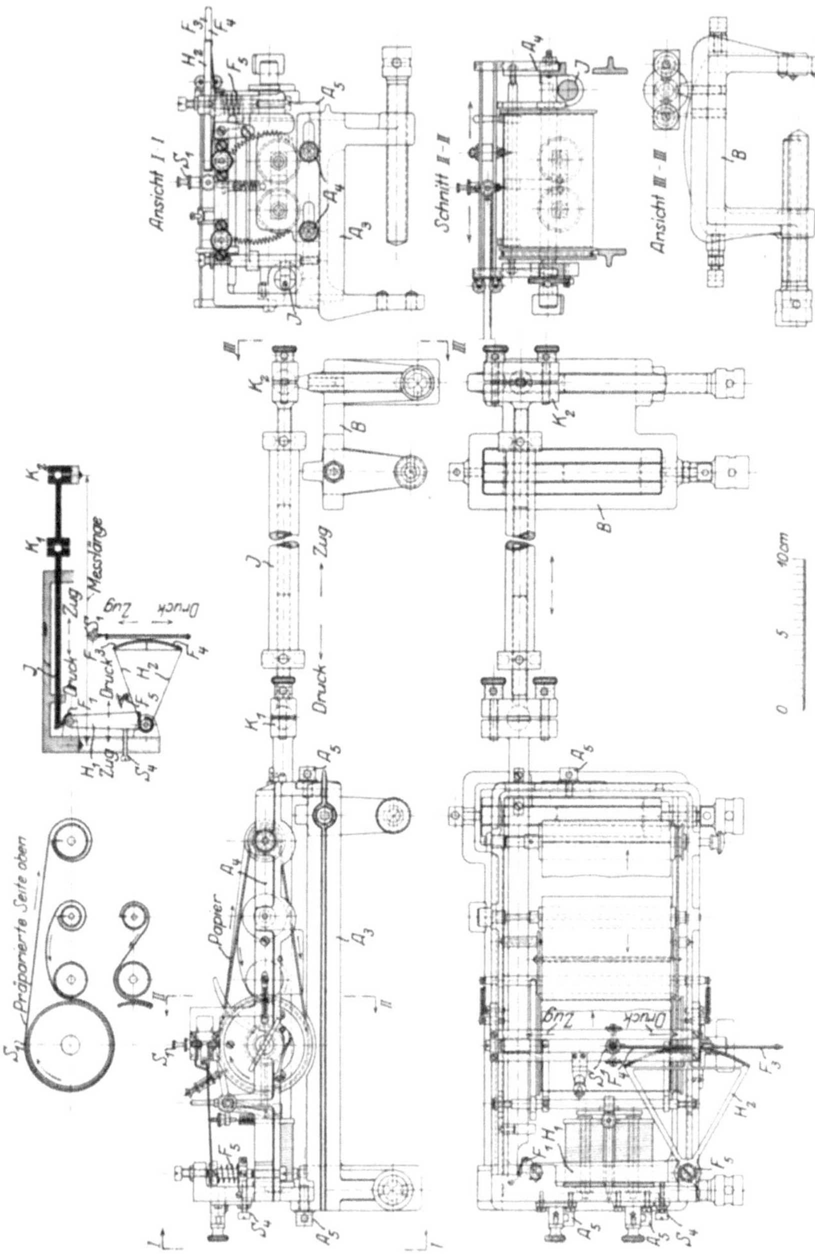

Abb. 240 bis 247. Dehnungsmesser nach Fränkel-Leuner.

dem Zahnrad Z zu erzielen. Auf der Achse des Zahnrads Z ist auch der Hebel H_2 befestigt, dieser überträgt die drehende Bewegung mittelst zweier dünner Blattfedern F_3 und F_4 unter gleichzeitiger Verwandlung in eine geradlinige Bewegung auf den Schreibstift S_1.

Der ganze Mechanismus wird durch eine Feder F_5, die in Wirklichkeit auf der Achse des Hebels H_2 sitzt, in eine Endlage gezogen. Diese Endlage kann durch die Schraube S_4 so festgelegt werden, daß der Schreibstift S_1 nicht an die Apparatteile schlägt.

Der Apparat ist in Brückenbaukreisen verbreitet und hat dort, soweit statische Spannungsuntersuchungen in Frage kommen, gute Dienste geleistet. Leider ist er in Unkenntnis seiner dynamischen Eigenschaften oft auch für die Messung rasch wechselnder Spannungen, wie sie beim Befahren von Eisenbahnbrücken auftreten, verwendet worden. Daß er hierfür nicht geeignet sein kann und wohl auch von den Erfindern hierfür gar nicht in Aussicht genommen war, erkennt man ohne weiteres daraus, daß gerade an der Stelle der stärksten Vergrößerung, am Schreibzeug, verhältnismäßig sehr große Massen vorgesehen sind, um eine exakte Geradführung des Schreibstiftes zu erreichen. Es liegt bei flüchtiger Betrachtung allerdings die Vermutung nahe, daß die niedrigste Eigenfrequenz verhältnismäßig sehr hoch liegen dürfte, da keine auffallend große Massen am Gestänge vorhanden sind. Es ist jedoch bekanntlich zu beachten, daß die Massen der einzelnen Gestängeteile mit dem Quadrat ihres Vergrößerungsverhältnisses zu multiplizieren sind. Da die Vergrößerung 150fach ist, so ergeben sich sehr große reduzierte Massen und damit eine so niedrige Eigenfrequenz, daß das Instrument für dynamische Messungen nicht mehr in Frage kommen kann.

Abb. 248.

Abb. 249.

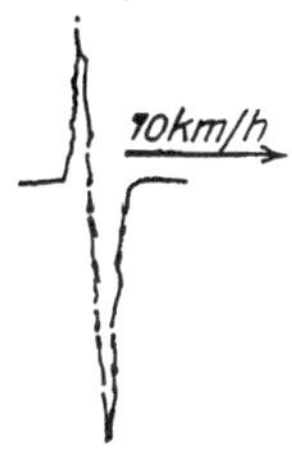

Abb. 250.

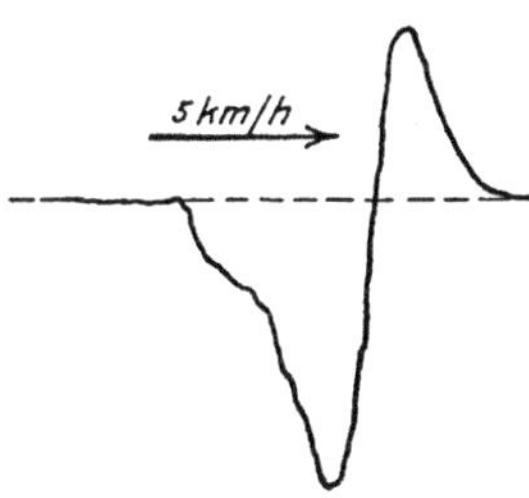

Abb. 251.

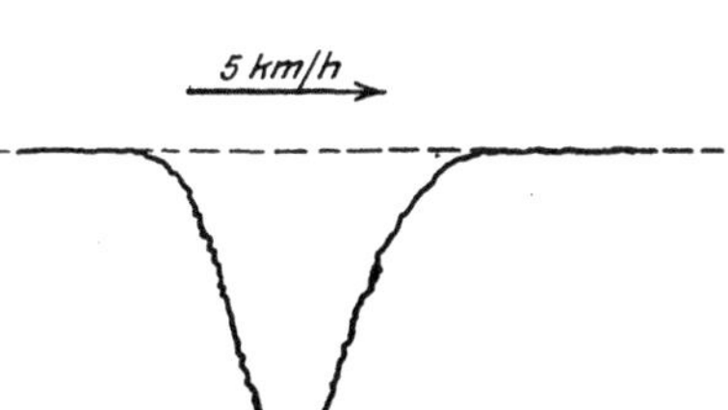

Abb. 252.

Abb. 248 bis 252. Mit dem Fränkel-Leuner erhaltene Dehnungsdiagramme.

Die Abb. 248—252 zeigen einige mit demselben, bei verschiedenen Geschwindigkeiten gewonnene Diagramme, die mir von der Generaldirektion der Schweizer Bundesbahnen zur Verfügung gestellt wurden.

Außer dem Fränkel-Leuner- ist insbesondere der Okhuizen-Spannungsmesser bekannt und verbreitet (Abb. 258 und 254). Hinsichtlich der Verkleinerung der Gestängemassen stellt letzterer zweifelsohne einen erheblichen Fortschritt dar. Auch bietet er noch folgende Vorteile: Das Instrument besitzt eine sehr kurze Meßlänge, so daß es auch z. B. an Knotenblechen und ähnlichen Verbindungen mit bestem Erfolg verwendet werden kann. Es ist sehr kompendiös gebaut und wegen des Fehlens eines Laufwerkes ziemlich billig.

Trotz seiner erheblichen Vorzüge erscheint es auf Grund von Vergleichsmessungen mit einem später zu beschreibenden Meßgerät für dynamische Spannungen — insbesondere für stoßartig einsetzende — nur mit Vorsicht zu gebrauchen, wenigstens hat es rasche Spannungs-

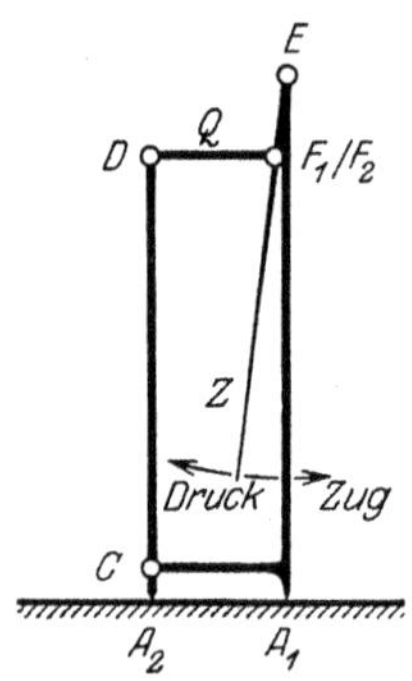

Abb. 253. Schema des Okhuizen-Dehnungsmessers.

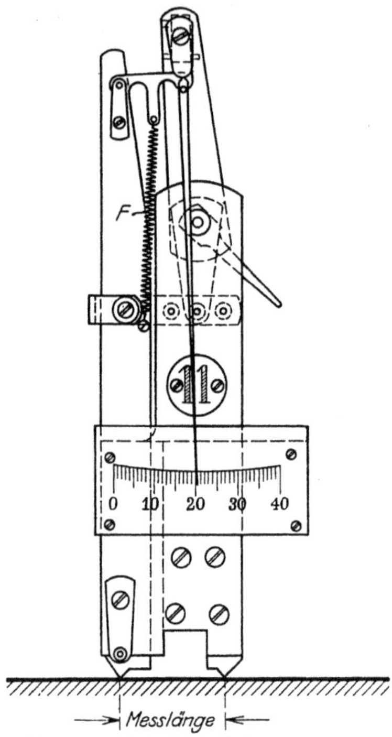

Abb. 254. Okhuizen-Dehnungsmesser.

wechsel mit einer Frequenz von über 2000/min, die auch direkt gefühlt werden konnten, nicht mehr registriert. Der Grund liegt darin, daß auch bei ihm die Eigenfrequenz trotz erheblicher Verringerung der Gestängemassen doch noch nicht genügend hoch liegt. Selbstverständlich soll damit die vorzügliche Eignung dieses Instrumentes für statische oder nur ziemlich langsam mit der Zeit wechselnde Spannungen in keiner Weise in den Schatten gestellt werden.

Das Instrument besteht aus einer festen Schneide A_1 und einer beweglichen Schneide A_2 (vergleiche die Abb. 253 und 254). Die Bewegungen des letzteren werden mittels des Hebels A_2CD mit dem Drehpunkt in C, durch das Verbindungsstück Q auf den Zeiger Z, einen zweiten Hebel, übertragen, der seinen Drehpunkt in E hat. Je nachdem das

Verbindungsstück Q, das durch die Feder F auf die Drehzapfen gepreßt wird, am Zapfen F_1 und F_2 angreift, ändert sich die Übersetzung des Spannungsmessers; sie ist im Zapfen F_1 etwa 800fach, im Zapfen F_2 etwa 400fach.

Die Abb. 255 und 256 zeigen Spannungsdiagramme, die mit diesem Instrument an Schienen bei verschiedenen Lokomotivgeschwindigkeiten erhalten wurden.

Abb. 255.

Abb. 256.

Abb. 255 und 256. Okhuizen-Dehnungsdiagramme, erhalten an Schienen.

In neuester Zeit sind 2 Dehnungszeichner bekannt geworden, welche hinsichtlich der Höhe der Eigenfrequenz einen erheblichen Schritt weiter gehen.

Das erste derselben ist der optische Spannungsmesser von Fereday Palmer (Abb. 257 und 258). Derselbe arbeitet ähnlich wie der Frahmsche Torsionsindikator mit Hilfe eines kleinen drehbaren Spiegels, der nur wenig Masse besitzt und einen Lichtstrahl unter entsprechender Vergrößerung auf einen Film wirft, der entweder von Hand mit Hilfe einer Kurbel und besser mit Hilfe eines besonderen langsam laufenden Elektromotors fortbewegt wird. Es ist bemerkenswert, daß trotz der Verwendung des masselosen Lichtstrahles die Eigenfrequenz des Instrumentes nach Angabe der Hersteller erst in der Gegend von 12000—18000/min liegt. Berücksichtigt man hierbei die Komplikation, die durch die Verwendung einer allseits lichtdicht gemachten Kamera, eines erst zu entwickelnden und zu fixierenden Filmes sowie, soweit rasche Spannungswechsel in Frage kommen, durch die Notwendigkeit ein an ultravioletten Strahlen reiches Bogenlicht verwenden zu müssen, entstehen, so erscheint die Frage naheliegend, ob man nicht durch mechanische Mittel allein auf eine ungefähr gleich hohe Eigenfrequenz kommen kann.

Dies ist bei dem Spannungsmesser des Verfassers versucht worden (Abb. 259 und 260). Derselbe ist von Anfang an nach schwingungstheoretischen Gesichtspunkten entwickelt. Er arbeitet wie der Torsiograph und der Vibrograph mit Tintenregistrierung unter Verwendung eines bis zu nahezu 1000 Schwingungen in der Sekunde noch brauchbaren Gitterhebels. Als erstes Prinzip liegt ihm zugrunde, die am Meßgerät vorkommenden Eigenschwingungszahlen

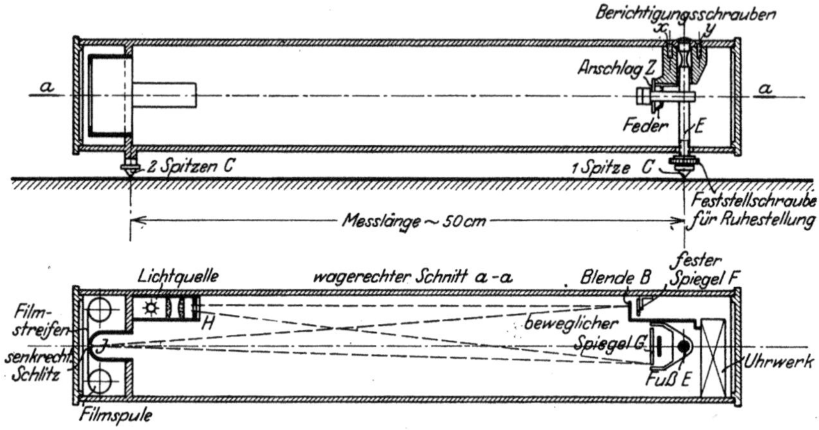

Abb. 257 und 258. Spannungsmesser von Fereday-Palmer.

so hoch wie irgendmöglich zu legen. Darum sind diejenigen Teile des Übertragungsgestänges, bei welchen noch keine oder nur geringe Vergrößerung in Frage kommt, ungewöhnlich kräftig und gleichzeitig als Körper geringster Masse bei gegebener Steifigkeit ausgebildet. Bei denjenigen Gestängeteilen, welche die Meßwerte bereits stark vergrößert erscheinen lassen, ist natürlich dieser Grundsatz erst recht angewendet. Demzufolge ergibt sich als Schreibhebel der in Abbild. 261 dargestellte Gitterhebel, der, wie die Abbildung zeigt, trotz seines sehr geringen Gewichtes eine bemerkenswerte Festigkeit besitzt. Rechnerisch gelangt man durch diese Maßnahmen auf eine Eigenfrequenz von etwa 40000/min.

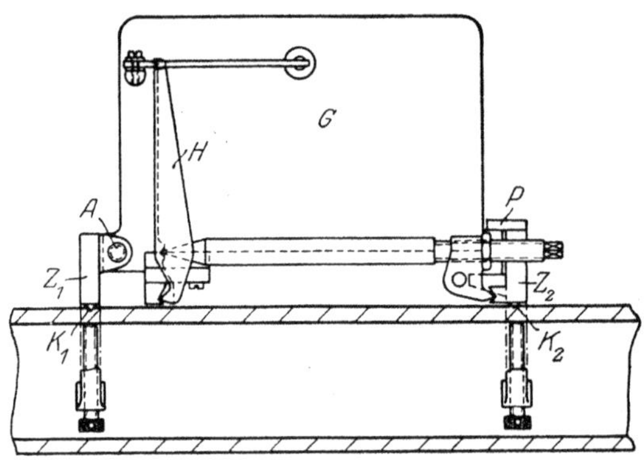

Abb. 259.

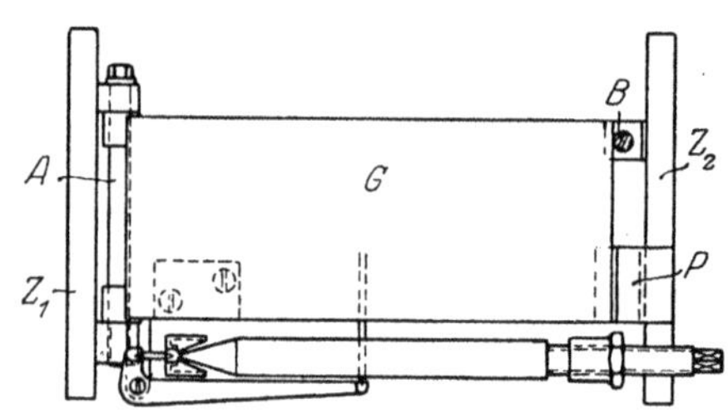

Abb. 260.

Abb. 259 und 260. Schema des Geiger-Dehnungsmessers.

Der 2. Grundsatz, der bei dem Instrument angewendet wurde, besteht darin, sämtliche Übertragungsstellen (Schneiden, Körnerspitzen) von unnötigem Druck frei zu halten. Wie die Abb. 259 schematisch zeigt, kommt der Druck, mit dem durch die Schraubzwingen das Instrument an den Prüfkörper angepreßt wird, nicht auf das Übertragungsgestänge. Der Druck, mit welchem die einzelnen Teile des letzteren aneinander gepreßt werden, kann daher so gering gehalten werden, daß er gerade noch mit Sicherheit ein Abklappen verhindert. Infolgedessen ist die Reibung an den Übertragungsstellen sehr klein, wodurch die Meßgenauigkeit beträchtlich erhöht wird. Andererseits kann der Druck, mit dem die Schraubzwingen das Meßgerät an den Prüfkörper anpressen,

Abb. 261. Gitterschreibhebel nach Geiger.

sehr groß gewählt werden, so daß auch bei den stärksten Vibrationen erfahrungsgemäß kein Lockern oder Verschieben eintritt. Das ist insofern außerordentlich wichtig, als dynamische Spannungen häufig mit stärksten Erschütterungen des betreffenden Bauwerkes verbunden sind. Man braucht bloß an die Vibrationen einer Brücke zu denken, über die ein Schnellzug mit voller Geschwindigkeit fährt.

Damit soll gegen die Verwendung solcher Dehnungsmesser, bei welchen der Anpreßdruck auf die Schneiden des Übertragungsgestänges kommt, wie z. B. beim Okhuizen für rein statische Messungen natürlich nichts gesagt sein, da in diesem Falle der Anpreßdruck infolge des Fehlens von Erschütterungen gering gehalten werden kann.

Bei der in dem Schema Abb. 259 dargestellten Meßanordnung wird die Spannung nicht unmittelbar an der Oberfläche des Prüfkörpers, sondern etwas darüber in einer sog. ideellen Faser gemessen. Da dieselbe jedoch kaum 2 mm über der Oberfläche liegt, spielt dieser Umstand keine Rolle: man kann die Meßwerte als unmittelbar für die Oberfläche geltende Dehnungen auch dann ansehen, wenn der Prüfkörper eine reine Biegungsbeanspruchung erfährt. Im letzteren Falle würde der Fehler bei einem Rechteckträger von 200 mm Höhe noch nicht 2 % betragen, im Falle gleichmäßig verteilter Zug- oder Druckbeanspruchung ist er Null. Da derselbe bei Fachwerkträgern die Regel darstellt und reine Biegung eigentlich bei solchen Trägern nie vorkommen sollte, so kann man unbedenklich von diesem Unterschied absehen. Selbstverständlich ist aber, wenn je darauf Wert gelegt würde, eine Umrechnung des Spannungswertes in der ideellen Faser auf den in der Oberflächenfaser leicht möglich.

In Abb. 262 ist ein mit diesem Meßgerät beim Befahren einer Eisenbahnbrücke durch eine einzelne Lokomotive mit Tender erhaltenes Dehnungsdiagramm dargestellt.

Die Abb. 263/264 stellen Spannungsdiagramme an Schienen dar, die unter den gleichen Verhältnissen wie die Okhuizen-Diagramme (Abb. 255 und 256) bei verschiedenen Lokomotivgeschwindigkeiten erhalten wurden.

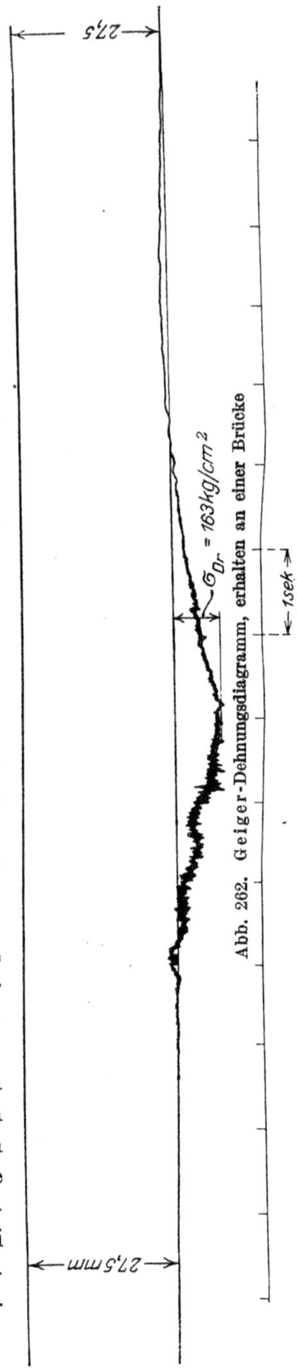

Abb. 262. Geiger-Dehnungsdiagramm, erhalten an einer Brücke

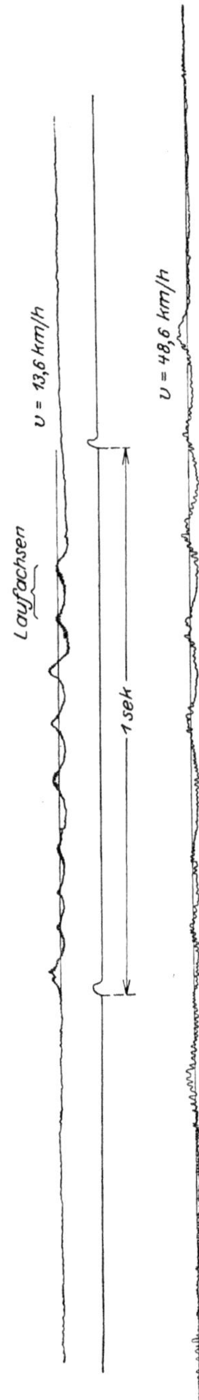

Abb. 263 und 264. Geiger-Dehnungsdiagramme, erhalten an Schienen.

Praktische Untersuchung von Schwingungen.

Unmittelbare Beobachtung mit Hilfe unserer menschlichen Sinne.

Es soll an dieser Stelle keine ausführliche Darstellung gebracht werden über alle jene Bauwerke und Fälle, wo wir Schwingungen direkt beobachten können, da der Nutzen, der sich daraus für den Leser ergibt, nur gering sein dürfte. Wir wollen uns daher begnügen, einige besonders kennzeichnende bzw. wichtige Fälle zu beschreiben.

Ich beginne entsprechend der bisherigen Geflogenheit und ihrer Bedeutung gemäß mit Drehschwingungen. Gerade sie sind leider der menschlichen unmittelbaren Beobachtung am wenigstens zugänglich. Bei einer glatten Welle, die, wie es immer der Fall ist, gleichzeitig rasch rotiert, können wir über die gleichmäßige Drehbewegung sich lagernde Torsionsschwingungen nicht wahrnehmen. Dies trifft erfahrungsgemäß auch dann noch zu, wenn auf der Welle vorstehende Teile wie Schwungräder u. dgl. angeordnet sind. Manche glaubten zwar, wenigstens an den Schwungradarmen starke Drehschwingungen erkennen zu können, aber es hat sich leider herausgestellt, daß dies eine Selbsttäuschung war. Trotzdem können wir bei ausgeführten Anlagen oft einige unmittelbare Feststellungen machen. Es handelt sich hierbei im wesentlichen um die Beobachtung von kritischen Drehzahlen. Dieselben machen sich in vielen Fällen, namentlich, wenn 1. die Maschine sonst sehr ruhig läuft, 2. die Eigenfrequenz nicht zu tief liegt und 3. an den Schwingungen zu einem wesentlichen Teile eine Kurbelwelle teilnimmt, durch auffallendes Geräusch (Rumpeln, Donnern) bemerkbar. Das gleiche ist der Fall, wenn in der Wellenleitung eine Kupplung oder sonst irgendein Teil, der Spiel besitzt, sich befindet. Namentlich sei hier auf Zahnräder hingewiesen. Während z. B. das von den Zähnen von Schraubenrädern der Steuerung langsam- und mitteltouriger Maschinen ausgehende Geräusch sich, wenn man das Ohr an das Rädergehäuse anlegt, ungefähr wie „Tick-Tack" anhört, was auf die durch die Zündungen hervorgerufene ungleichmäßige Drehbewegung der Welle zurückzuführen ist, hört sich das gleiche Geräusch bei einer kritischen Verdrehungsdrehzahl wie ein rasch ausgesprochenes Zungen-R an. Ein weiteres Kennzeichen für das Vorhandensein einer kritischen Drehzahl ist eine auffallende Verringerung der Leistung bzw. eine Verschlechterung des mechanischen Wirkungsgrades, die bei höherer bzw. niedrigerer Drehzahl nicht eintritt. Siehe Abb. 105. Es sei allerdings ausdrücklich hervorgehoben, daß man wohl auf Grund derartiger

Beobachtungen den Schluß ziehen kann, hier liegt eine kritische Drehzahl vor, daß jedoch damit keineswegs gesagt ist, welcher Art die betreffende kritische Drehzahl ist: ob es eine solche der Welle oder irgendeines andern Teiles der Maschine ist, bzw. wenn sie von Welle herrührt, ob es sich um Verdrehungs- oder um Biegungsschwingungen handelt, und endlich, wenn es tatsächlich Verdrehungsschwingungen sind, ob die zugehörige Eigenschwingung eine solche I., II. oder höheren Grades ist. Der wichtigste Umstand ist aber, daß sich, wenn diese Erscheinungen fehlen, keineswegs sicher sagen läßt, daß nun auch die Welle von kritischen Erscheinungen frei wäre. Es sind namentlich Fälle genug bekannt, wo trotz Fehlens jeglichen auffallenden Geräusches doch starke kritische Drehschwingungen vorlagen. Die Stärke des Geräusches ist endlich auch kein Vergleichsmaßstab für die Höhe der Beanspruchungen, die bei verschiedenen Kritischen bei ein und derselben Anlage entstehen. Es kann z. B. eine schwache Kritische der II. Eigenfrequenz ein stärkeres Geräusch hervorrufen als eine starke Kritische der I. Eigenfrequenz.

Für Sonderfälle seien noch weitere unmittelbar wahrnehmbare Erscheinungen angeführt, die auf das Vorhandensein von starken Verdrehungsschwingungen hindeuten:

Eine Welle wird außerhalb der Lager warm. Dieser Fall tritt nur äußerst selten ein. Er ist aber, wenn er eintritt, immer höchst bedenklich und sollte zu sofortigem Abstellen bzw. zur eingehenden Untersuchung mittelst geeigneter Meßinstrumente unbedingt veranlassen, wenn man nicht binnen kurzem einen Bruch gewärtigen will.

Seile oder Riemen — auch Stahlbänder — laufen nicht ruhig, sondern schlagen auf und ab. Seile springen aus ihren Rillen. In diesem Falle handelt es sich naturgemäß nicht um Drehschwingungen einer Welle, sondern um Drehpendelungen zweier oder mehrerer Wellen gegeneinander, bei denen die Seile ge- und entspannt werden. Auch hier ist der Schluß auf Drehpendelungen nicht zwangläufig. Das Auf- und Abschwingen kann auch von andern Ursachen herrühren, desgleichen das Springen aus den Rollen. Ebenso können manchmal ziemlich heftige Drehpendelungen vorhanden sein, ohne daß die Seile besonders beunruhigend schlagen. Es hängt dies neben andern Ursachen namentlich mit dem Umstand zusammen, daß ein sehr straff gespanntes Seil weniger leicht ins Auf- und Abschwingen kommt als wie ein verhältnismäßig lose aufliegendes.

Endlich sei noch eine Beobachtung erwähnt, die man nicht an der laufenden Maschine macht: die Lage und das Aussehen des Bruches einer zerstörten Welle.

Eine durch Verdrehungsschwingungen gebrochene Welle weist fast immer einen mehr oder weniger schraubenförmig gewundenen Bruch auf, der von irgendeiner meist beanspruchten Stelle (Hohlkehle zwischen Schenkel und Zapfen, Bohrung für Schmierung, Keilnut) ausgeht. Die Bruchfläche selbst weist, sofern längere Zeit bis zur Vollendung des Bruches verging, das typische Aussehen eines Ermüdungsbruches auf, nämlich die sog. Zonenbildung: An der Ausgangsstelle eine glatte Oberfläche, die allmählich etwas rauher wird, bis endlich ein vollständig rauher Teil folgt, bei welchem sämtliche Zacken ziemlich unversehrt erhalten sind und der plötzlich durchgebrochen ist.

Abb. 265 stellt einen Ermüdungsbruch an einer Kurbelwelle dar, der allerdings nicht ein sog. reinrassiger Verdrehungsbruch ist. Die glatte Oberfläche an demselben ist deutlich zu erkennen. Bei einer Kurbelwelle treten allgemein auch dann, wenn die Drehbeanspruchungen infolge von Torsionsschwingungen groß sind, noch Biegungsbeanspruchungen der gleichen Größenordnung auf, so daß der Bruch immer auf das Zusammenwirken beider zurückzuführen ist. Mit Rücksicht darauf, daß infolgedessen Kurbelwellenbrüche schwieriger zu beurteilen sind, erschien es angezeigt, gerade das Aussehen eines solchen Bruches wiederzugeben. Natürlich wird man bei einer gebrochenen Kurbelwelle immer zuerst nachprüfen, ob nicht der Bruch auf unzulässige Lagerabnützung, Auslaufen eines Lagers u. dgl. zurückzuführen ist.

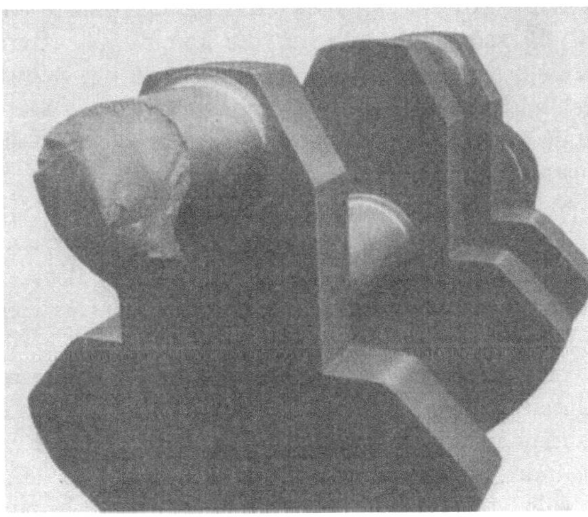

Abb. 265. Ermüdungsbruch.

Hinsichtlich der Lage des Bruches ist ganz allgemein zu sagen, daß derselbe im allgemeinen da eintreten muß, wo die größten durch die Schwingungen hervorgerufenen Beanspruchungen entstehen, d. h. also z. B. bei Mehrzylindermotoren im letzten, dem Kupplungsflansch bzw. dem Schwungrad oder der Dynamo benachbarten Kurbelschenkel.

Biegungsschwingungen. Bei Biegungsschwingungen gilt hinsichtlich der Beobachtung durch unsere Sinne ein großer Teil des bereits bei Verdrehungsschwingungen besprochenen. Insbesondere sei auch hier darauf hingewiesen, daß das Geräusch keinen auch nur einigermaßen brauchbaren **Maßstab für die Stärke einer solchen Schwingung bildet**, und daß aus dem Fehlen jeglichen Geräusches keineswegs auf das Nichtvorhandensein von Schwingungen geschlossen werden kann. Man kann allgemein beim Auftreten eines Geräusches lediglich sagen, daß „etwas los ist", ohne aber zunächst zu wissen was.

Auch bei Biegungsschwingungen spielt der typische Ermüdungsbruch eine Rolle. Die Form der Bruchfläche ist hier selbstverständlich eine andere als bei Torsionsbrüchen. Es braucht im übrigen wohl kaum besonders betont zu werden, daß auch bei Drehschwingungen typische Biegungsermüdungsbrüche eintreten können, z. B. von Kupplungsflanschschrauben oder von Schwungradarmen, welche beim Hindurchleiten des Drehmomentes auf Biegung beansprucht werden.

Häusererschütterungen. Es kommt des öftern vor, daß durch das Laufen einer Kraftmaschine Häuser in der näheren und weiteren Umgebung derselben in Schwingungen versetzt werden, die zu Klagen der Hausbesitzer und Hausinwohner führen, wobei die Forderung auf Stillsetzung der Kraftmaschine gestellt wird. Diese Häusererschütterungen sind der Wahrnehmung durch unsere Sinne unmittelbar zugänglich. Ich würde mich über sie nicht weiter verbreiten, wenn man nicht hier in manchen Fällen aus der unmittelbaren Beobachtung bereits manche wichtige Schlüsse bezüglich ihrer Ursache und bezüglich etwaiger Abhilfemaßnahmen treffen könnte.

Ich setze voraus, wir befinden uns in dem erschütterten Haus. Der Unterschied in den Erschütterungen, die etwa ein Erdbeben, ein vorüberfahrender Eisenbahnzug, ein Lastwagen auf der Straße, ein in der Nähe befindlicher Dampfhammer, eine Stanze oder eine nicht genügend ausgeglichene Kraftmaschine verursachen, ist so unverkennbar, daß ich mich darüber fast nicht aufzuhalten brauche. Jedenfalls kann man im Einzelfalle leicht diese verschiedenen Erschütterungen auseinanderhalten. Ich möchte mich daher nur noch über den letzten Fall etwas verbreiten. Hier handelt es sich immer um völlig gleichmäßige, genau oder annähernd sinusförmig verlaufende Schwingungen. Siehe die Vibrogramme Abb. 198—200. Die Schwingungen können unter Umständen zu verschiedenen Jahres- oder Tageszeiten verschieden sein, ändern sich aber nicht plötzlich und dauern auf alle Fälle so lange an, als die Maschine in Betrieb ist. Im Vergleich hierzu können zwar bei einer Stanze die Erschütterungen auch ziemlich gleichmäßig sein, dauern aber auf alle Fälle nur während des Stanzens, also im allgemeinen höchstens minutenweise. Außerdem läßt sich insofern immer leicht feststellen, ob die Erschütterungen von einer Stanze oder einer Kraftmaschine herrühren, als von einer Stanze immer nur verhältnismäßig kleine Massenkräfte ausgehen, d. h. die Stanze muß entweder in dem erschütterten Haus selbst oder in nächster Umgebung desselben sich befinden, worüber man sich ohne weiteres Aufschluß verschaffen kann. Ist nun ein Beobachter bei der im Betrieb befindlichen Stanze und ein anderer im erschütterten Haus, so können beide durch Beobachtung mit der Taschenuhr aus dem zeitlichen Zusammenfallen der Erschütterungen mit dem Stanzenbetrieb mühelos auf die Ursache schließen.

Bei Kraftmaschinen kann es dagegen vorkommen, daß die die Erschütterungen verursachende Kraftmaschine ziemlich weit von dem erschütterten Haus entfernt ist (bis zu 1 km und sogar darüber).

Hier zähle man in dem erschütterten Haus die Zahl der minutlichen Schwingungen. Bei einiger Übung ist dies bis zu etwa 200/min leicht möglich und auch darüber — bis zu etwa 400/min wird der Fehler, der beim Zählen entsteht, sich noch in einigermaßen zulässigen Grenzen halten. Bei noch rascheren Vibrationen ist man selbstverständlich auf die Registrierung mit Hilfe eines passenden Meßinstrumentes angewiesen. Ob nun eine bestimmte Kraftmaschine tatsächlich die Ursache der Erschütterungen bildet oder nicht, läßt sich leicht feststellen: Die minutliche Erschütterungszahl muß dann entweder mit der Drehzahl dieser Maschine oder dem doppelten derselben genau zusammenfallen. Ist keines von beiden der Fall, so ist fast ausnahmslos eine andere Kolbenmaschine die Ursache. Im zutreffenden Falle dagegen sind bei Übereinstimmung mit der Drehzahl die Massenkräfte 1. Ordnung, bei Übereinstimmung mit dem Doppelten der Drehzahl jene 2. Ordnung die Ursache.

Oft wird die Frage gestellt, welche Erschütterungen noch als erträglich und welche als störend bezeichnet werden müssen. Zur Beantwortung dieser Frage wollen wir die Wirkung der Erschütterungen einteilen in die Wirkung auf Gebäude und in jene auf Menschen.

Soweit Gebäude in Frage kommen, darf man nach allen bisherigen Erfahrungen mit Bestimmtheit annehmen, daß dauernde Erschütterungen, die auf den Menschen bereits störend einwirken, noch keine Schädigungen an Gebäuden hervorrufen. Es wird zwar öfters von Inwohnern behauptet, dieser oder jener Riß rühre von den durch die betreffende Maschine verursachten Erschütterungen her. Bringt man jedoch über dem Riß Gipsbänder mit Datum an, so stellt sich fast regelmäßig bei späteren Beobachtungen heraus, daß das Gipsband nicht durchgerissen ist, was der Fall sein müßte, wenn die beiden durch das Gipsband verbundenen Mauerwerksteile gegeneinander gearbeitet hätten. Weiterhin läßt sich meistens nachweisen, daß die Erschütterungen durch vorüberfahrende Trambahnwagen u. dgl., insbesondere aber durch Lastkraftwagen bedeutend stärker sind als die durch eine laufende, entfernt aufgestellte Maschine verursachten. Selbstverständlich wird man, um diesen Nachweis objektiv zu erbringen, geeignete registrierende Meßgeräte wie den Vibrographen oder den Seismographen anwenden. Bei der Einwirkung auf den Menschen ist eine Grenze, von der ab man die Erschütterungen bereits als störend bezeichnen muß, wesentlich schwerer zu ziehen. Bevor ich daher Zahlenwerte anführe, möchte ich besonders darauf verweisen, daß die Gerichte bei dieser Frage gewöhnlich auf die Lage des betreffenden Hauses Rücksicht nehmen. Ein Haus, das etwa in einem ausgesprochenen Industrieviertel liegt, in dem ohnehin mit Störungen durch Lärm, Rauch und Ruß zu rechnen ist, wird nach dieser Richtung hin anders eingeschätzt werden als ein Haus, das in einem offenkundigen Villenviertel liegt. Ebenso werden die Gerichte erfahrungsgemäß und mit Recht bei Krankenhäusern einen besonders strengen Maßstab anlegen.

Bei der Störung des menschlichen Wohlbefindens ist darauf zu verweisen, daß vielfach die Leute glauben, es könne ihnen eines Tages das Haus über dem Kopfe zusammenstürzen, welche Befürchtung gewöhnlich leicht durch die bereits genannten Gipsbänder widerlegt werden kann. Manchmal muß man auch damit rechnen, daß Leute die aufgetretenen Störungen absichtlich übertreiben, um aus der Sache Kapital zu schlagen. Hier sei folgender Fall erwähnt: Wir ließen an einem Sonntagnachmittag die betreffende Maschine, die sonst regelmäßig um diese Zeit stand, laufen und begaben uns unter anderen in eine entfernte Wohnung, deren Inhaber sich über die Erschütterungen beklagt hatte. Nach gegenseitiger Vorstellung erklärte uns derselbe sofort, daß wir zur unrechten Zeit kämen, da die Maschine Sonntags stehe. Tatsächlich konnte man aber durch einen Blick in den Spiegel die Schwankungen wahrnehmen. In einem solchen Falle wird man natürlich von „störenden“ Erschütterungen nicht reden können. Ein umgekehrter Fall: Ich ließ eine sonst regelmäßig abends stillgesetzte Maschine in der Nacht zwischen 1 und 2 Uhr laufen, begab mich am anderen Morgen in die erschütterten Häuser und fragte die verschiedenen Inwohner, wie die Störungen in der letzten Zeit gewesen seien. Hierbei beklagten sich zwei Frauen darüber, daß es nunmehr noch toller sei wie vorher. Sie seien durch die Erschütterungen aus dem Schlaf aufgeweckt worden; der Motor sei anscheinend mitten in der Nacht in Betrieb gesetzt worden.

Bei Zahlenangaben kann man natürlich nur Mittelwerte, die für einen Städter mit Durchschnittsnerven, also nicht einen solchen mit ganz gesunden Nerven, gelten, anführen. Man wird auf Grund der Erfahrung gewärtigen müssen, daß bei Vertikalvibrationen Erschütterungen, welche 10mal i. d. Sekunde wechseln und einen sinusförmig verlaufenden Ausschlag von $\pm$ 2,5 Hundertel mm aufweisen, bereits als unangenehm empfunden werden können: Bei 5 Wechseln in der Sekunde wird die Grenze etwa bei 6 Hundertel anzusetzen sein.

Bei Horizontalvibrationen werden dagegen bei 5 Wechseln bereits Ausschläge, beginnend von 3 Hundertel mm als unangenehm empfunden und solche von 7 Hundertel als stark störend. Auch hier kann man sagen, daß raschere Vibrationen bei gleich großen Ausschlägen mehr stören als langsamere.

Allgemeines. Ganz allgemein sei für solche Leser, die ganz plötzlich Schwierigkeiten, die durch Schwingungserscheinungen entstehen können, sich gegenübergestellt sehen, ohne sich vorher mit solchen irgendwie befaßt zu haben, hinsichtlich der unmittelbaren Beobachtung durch unsere Sinne folgendes gesagt: Man lege hauptsächlich Wert darauf, die Schwingungszahl festzustellen, ferner ihr etwaiges Verhältnis zu der Maschinendrehzahl, ob dasselbe ganzzahlig ist oder nicht. Allerdings werden sehr häufig die Schwingungen so rasch erfolgen, daß ein Zählen nicht möglich ist; aber auch hier ist es dann wenigstens bereits von Nutzen zu wissen, daß die Schwingungszahl so hoch liegt, daß sie nicht mehr gezählt werden kann. Immer ist die Schwingungszahl für die Feststellung der Ursache sehr viel wichtiger als etwa eine genaue Angabe, wo das Geräusch am lautesten ist oder wieviel in cm die Seile schlagen usw.

Wenn einigermaßen möglich, verändere man auch die Drehzahl der betreffenden Maschine in genügend weiten Grenzen nach oben und unten und gebe acht, ob die Erscheinungen hierbei schwächer werden bzw. ob ein ausgesprochenes Maximum in der Heftigkeit der Erscheinungen bei irgendeiner Drehzahl vorhanden ist.

Ferner beobachte man das Verhalten der Maschine beim Abstellen, insbesondere achte man darauf, ob nicht hierbei irgendwelche Drehzahlen vorhanden sind, bei welchen eine stärkere Unruhe u. dgl. wahrgenommen werden.

Allgemeines Vorgehen bei Messungen.

Wie wir aus den theoretischen Abschnitten ersehen haben, interessieren bei Schwingungserscheinungen:

1. die Größe des Ausschlags,
2. die Schwingungszahl,
3. die Schwingungsform.

Vielfach, namentlich von Anfängern, wird hauptsächlich oder gar ausschließlich auf die Ermittlung des Ausschlages der Hauptwert gelegt. Das ist grundsätzlich falsch. Eine so wichtige Größe der Ausschlag ist, mit ihm allein kann man doch nichts zur Behebung der Störungen anfangen. Man denke nur z. B., es sei der Ausschlag an einem Lager einer Turbodynamo bestimmt worden. Man ist, wenn zahlreiche solche Bestimmungen an ähnlichen Turbodynamos zuvor gemacht wurden, lediglich in der Lage zu sagen, der Ausschlag ist um so und so viel kleiner oder größer als bei den andern Anlagen. Man kann aber auf

Grund des Ausschlages allein weder seine Ursache erkennen noch die durch ihn hervorgerufenen Beanspruchungen ermitteln. Letzten Endes läßt sich auch sagen, daß ein Vergleich mit ähnlichen Anlagen nichts nützt, denn hierbei werden — in jeder Beziehung wirklich ähnliche Verhältnisse vorausgesetzt — im allgemeinen auch die Schwingungsausschläge ähnlich sein.

Bei Drehschwingungen läßt sich womöglich noch deutlicher zeigen, daß mit der Kenntnis des Ausschlages allein nichts anzufangen ist. Große Ausschläge können entstehen:

1. Bei relativ niedriger Drehzahl der Welle, wenn die harmonischen Drehkräfte ziemlich langsam wechseln. Siehe Abb. 178! (Natürlich kann diese Drehzahl je nach der Art der Maschine unter Umständen, z. B. bei hochtourigen Rennauto- und Flugmotoren ziemlich hoch liegen.)

2. Infolge kritischer Drehzahlen. Je nach der Höhe der zugehörigen Eigenfrequenz können aber gleich große Ausschläge ganz verschiedene Beanspruchungen mit sich bringen.

3. Infolge genügend stark elastischer Teile im Wellensystem.

4. Infolge ungleichmäßiger Zündungen, Vergaserdruckschwankungen u. dgl.

5. Infolge von Ungleichmäßigkeiten, die von außen her auf die Antriebsmaschine übertragen werden, z. B. von der ungleichmäßigen Fahrbahn auf die Automobilmotorwellenleitung oder bei Drehstromanlagen von einer im Netz befindlichen ungleichmäßig arbeitenden Werkzeugmaschine oder einer parallel arbeitenden Kraftmaschine.

Die großen Ausschläge können also von den verschiedensten Ursachen herrühren. Sie brauchen aber keineswegs auch immer gefährliche Beanspruchungen im Gefolge haben. Sie können unter Umständen, insbesondere bei niedriger Drehzahl bzw. geringer Wechselzahl sogar ganz harmlos sein, während umgekehrt viel kleinere aber rasch wechselnde Ausschläge sehr schlimme Störungen mit sich bringen können.

Wenn irgendwo, so sind gerade in der Schwingungstechnik registrierende Meßgeräte nicht nur am Platze, sondern das einzig richtige.

Durch die gleichzeitige Ermittlung von Schwingungszahl, -Form und -Ausschlag sind wir erst in der Lage, zuverlässig die auftretenden Massenbeschleunigungen und damit die Massenträgheitskräfte zu ermitteln. Sowie wir aber diese kennen, lassen sich nach den Regeln der Festigkeitslehre ohne weiteres die in dem Bauwerk auftretenden Beanspruchungen ermitteln; d. h. wir sind in der Lage anzugeben, ob die auftretenden Ausschläge bedenklich erscheinen oder nicht.

Ein weiterer ebenso wichtiger Grund, warum unbedingt die Ermittlung aller 3 Größen, d. h. die Registrierung der Bestimmung des Ausschlags allein vorzuziehen ist, liegt darin, daß jede Messung doch schließlich auch den Zweck haben muß, nicht nur eine bloße Feststellung zu sein, sondern die Ursache der aufgetretenen Erscheinungen einwandfrei zu klären.

Wenn wir alle 3 Größen: Frequenz, Form und Ausschlag durch Registrieren gleichzeitig ermitteln, so erkennt der Fachmann häufig schon auf den ersten Blick an Hand des Diagrammes, welche Ursache in Frage kommt. Es würde zu weit führen, hier auf alle Ursachen im einzelnen ausführlich einzugehen.

Über die wichtigste Ursache, die Resonanz, sei jedoch folgendes bemerkt:

Als sichere Kennzeichen der Resonanz gelten:

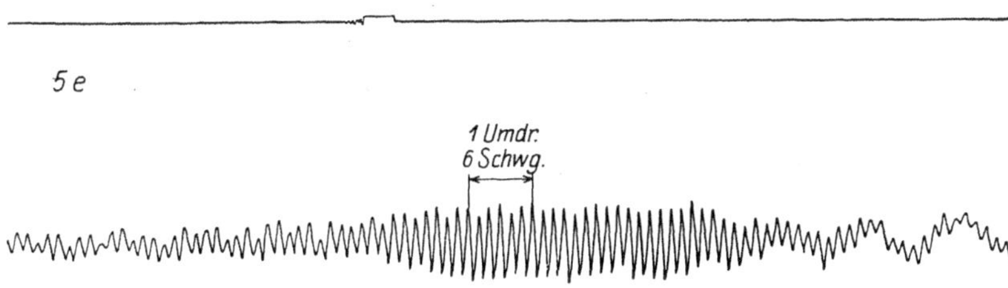

Abb. 266. Torsiogramm bei einer starken Resonanz.

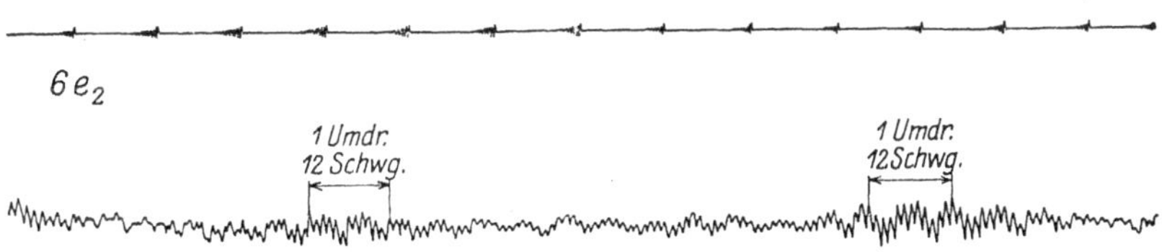

Abb. 267. Torsiogramm bei einer schwachen Kritischen.

1. Die Ausschläge sind bei einer bestimmten Drehzahl besonders groß, um sowohl bei niedrigeren als auch bei höheren Drehzahlen auffallend kleiner zu werden.

2. Die Schwingungsform bekommt plötzlich einen ausgesprochen reinrassig sinusförmigen Charakter, während sie bei höherer und niedrigerer Drehzahl davon offenkundig abweicht. Siehe Abb. 266, darstellend eine kritische Torsionsdrehzahl!

3. Bei Resonanzen, die durch schwache Kritische hervorgerufen werden, sind die beiden obigen Erscheinungen nicht so hervorstechend, insbesondere kann hierbei von einem sinusförmigen Aussehen nicht mehr gesprochen werden. In diesem Falle tritt jedoch zu der Schwingungsform, die das Diagramm über und unter der betreffenden Drehzahl besitzt, noch eine je nach der Stärke mehr oder weniger deutlich erkennbare Oberschwingung hinzu, so daß auch bei solchen schwachen Kritischen ein Irrtum, ob es sich um Resonanz handelt oder nicht, ausgeschlossen ist. Abb. 267 zeigt ein solches Torsiogramm mit einer

noch deutlich bemerkbaren Kritischen, während in der Abb. 268 eine andere schwache Kritische zum Ausdruck kommt.

In solchen Fällen, wo es sich um große Ausschläge, verursacht durch ungleichmäßige Zündungen handelt, ergeben sich Diagramme der Wegschwankung nach der Form der Abb. 269.

Wie man sieht, fehlen bei diesen die oben angeführten charakteristischen Kennzeichen vollständig. Dazu kommt: Bei ungleichmäßigen Zündungen muß die Frequenzzahl der Hauptschwingungen immer genau der Zündungszahl entsprechen, während bei Resonanz die Schwingungszahl meistens ein ganzzahliges Vielfaches der Umdreh- oder der Taktzahl ist.

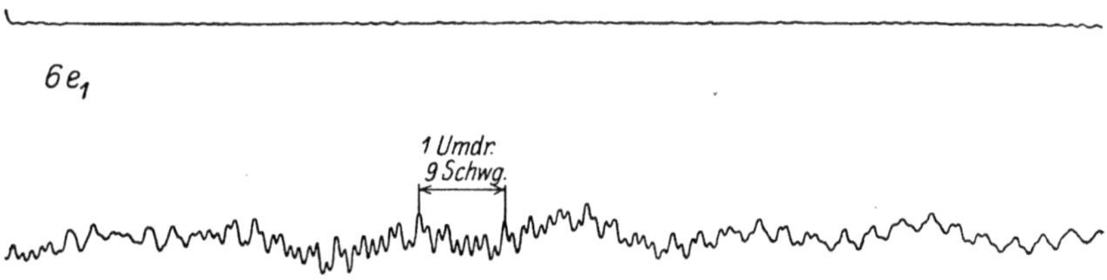

Abb. 268. Torsiogramm bei einer sehr schwachen Kritischen.

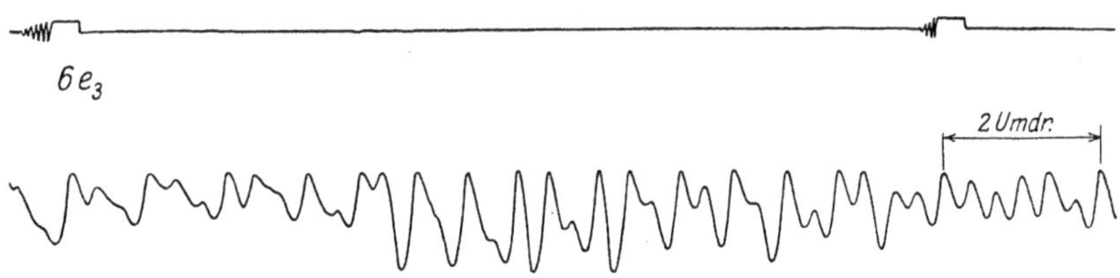

Abb. 269. Torsiogramm bei ungleichmäßigen Zündungen.

Bei Drehschwingungen kommen Resonanzen, die der Drehzahl bzw. dem Takt entsprechen, praktisch kaum vor, es handelt sich hier immer um Resonanzen, welche durch harmonische Kräfte höherer Ordnung hervorgerufen werden, so daß auch durch diese Tatsache eine sichere Handhabe zur Beurteilung des Ursprungs der betreffenden Schwingungen gegeben ist.

Ganz Ähnliches wie für Ausschläge durch ungleichmäßige Zündungen gilt bei Drehpendelungen von Wellen für Ausschläge durch niedrige Drehzahl.

Bei Ausschlägen, die ihren Ursprung nicht in der betreffenden Kolbenkraftmaschine, sondern in einem Übertragungsorgan oder in einer angetriebenen Arbeitsmaschine haben, gilt die gleiche Überlegung.

Nehmen wir an, die Arbeitsmaschine sei eine Pumpe mit der Drehzahl n_1: sie kann nur dann als Ursache der störenden Schwingungen angesehen werden, wenn die Frequenzzahl der letzteren mit der Drehzahl n_1 oder einem ganzzahligen Vielfachen derselben übereinstimmt, was sich auf Grund eines aufgenommenen Torsiogrammes ohne weiteres beurteilen läßt. Die Entscheidung ist dann ganz klar, wenn das Verhältnis der Drehzahl n_2 der Kraftmaschine zu der Drehzahl n_1 der Arbeitsmaschine keine ganze Zahl ist. Ist letzteres der Fall, so kann die erregende Ursache sowohl von der Kraft- als auch von der Arbeitsmaschine ausgehen. Auf Grund einer harmonischen Analyse der Drehkraftdiagramme beider Maschinen erkennt man dann, ob die erregende Kraft der Kraft- oder der Arbeitsmaschine größer ist bzw. ob sich diese beiden Kräfte entgegenwirken oder addieren.

Der gleiche Gedankengang gilt auch, wenn es sich um mehrere Kraft- oder mehrere Arbeitsmaschinen handelt. Die Arbeitsmaschinen können solche ganz beliebiger Art sein. Unter den vielen möglichen sei als Beispiel nur eine besonders wichtige, die Schiffsschraube, herausgegriffen.

Ich führe sie deshalb an, weil man bei ihr vielleicht auf den ersten Blick vermuten könnte, daß sie, weil ein rein rotierender Körper zur Erzeugung von Schwingungen überhaupt nicht fähig wäre. Dem ist aber nicht so, wie in dem Abschnitt „Schiffsschwingungen" dargelegt ist.

Man erkennt aus dem Beispiel der Schiffsschraube, daß manchmal Ursachen für störende Schwingungen auftreten können, die durchaus nicht so ohne weiteres auf der Hand liegen.

Wir sind aber, wenn wir nur einmal über die möglichen Ursachen uns ein Bild verschafft haben, leicht in der Lage, sofort zu sagen, welche derselben als jeweiliger Schwingungserreger in Betracht kommt. Handelt es sich z. B. um die 4 Flügel eines Propellers, so können dieselben allgemein nur für solche Drehschwingungen als mögliche Ursache angesprochen werden, die 4-, 8-, 12mal usf. rascher als die Maschinendrehzahl wechseln. Nur dann, wenn auch die Steigung der einzelnen Flügel verschieden ist, sind auch noch durch sie verursachte Schwingungen 1., 2. Ordnung usw. möglich.

Im allgemeinen Falle kann es endlich noch vorkommen, daß die Zahl der registrierten Schwingungen weder mit den Drehzahlen der Kraft- und der Arbeitsmaschinen noch mit einem Vielfachen derselben zusammenfällt. In diesem Falle muß irgendein Übertragungsglied die störende Ursache sein.

Zwei der wichtigsten seien angeführt:

1. Zahnräder, welche ungleichmäßige Teilung besitzen oder bei denen der eine oder andere Zahn besonders abgenützt ist.

2. Riementriebe, insbesondere solche, bei denen eine Scheibe oder eine Lenixrolle einen verhältnismäßig kleinen Durchmesser besitzt. Die Hauptursache bildet hier die Riemenverbindung, und zwar ist hierbei.

nicht nur an die Riemenschlösser zu denken, auch sorgfältig geleimte Riemen bringen unter Umständen erhebliche Ungleichmäßigkeiten in das System. Über die Größe derselben gewinnt man ein Bild, wenn man einen Riemen an und außerhalb der Leimstelle um einen bestimmten Winkel abzubiegen sucht. Man wird sofort merken, daß die Leimstelle erheblich steifer ist. Durch solche Riemenverbindungen können unter Umständen gefährliche und zu Brüchen führende Drehschwingungen in Systemen auftreten, bei denen man solche zunächst für ausgeschlossen halten würde, z. B. bei einer Wasserturbine, die über einen Riemen eine Dynamo antreibt. Will man in einem solchen Falle feststellen, ob der Riemen die Ursache ist, so braucht man nur die minutliche Zahl der durch Auftreffen der Riemenverbindungen auf die Scheiben eintretenden Stöße zu ermitteln und sie mit der Zahl der im Diagramm aufgetretenen Schwingungen zu vergleichen. Stimmt die Schwingungszahl mit dieser Stoßzahl überein oder ist sie ein ganzzahliges Vielfaches der letzteren, so kann die Erscheinung auf den Riemen zurückgeführt werden. Dabei ist der Hauptnachdruck auf die direkte Übereinstimmung also nicht auf das Vielfache zu legen. Denn nur dann, wenn die Verbindungsstellen des Riemens auffallend steif sind oder wenn der Riemen um Scheiben von ausnehmend kleinem Durchmesser herumgebogen werden muß, besteht auf Grund der bisherigen Erfahrung überhaupt die Möglichkeit, daß höhere Harmonische der durch die Riemenverbindung verursachten Stöße als Erreger von Drehschwingungen in Frage kommen können. Für die direkte Übereinstimmung zwischen Riemenstoßzahl und minutlicher Schwingungszahl sind dem Verfasser dagegen bereits verschiedene Fälle vorgekommen.

Man erkennt aus diesen Beispielen, daß die wirkliche Ursache störender Schwingungserscheinungen oft verhältnismäßig versteckt liegen kann; man erkennt weiter, daß sich eine Registrierung der Schwingungen nicht umgehen läßt, und daß hierbei die zuverlässige genaue Ermittlung der Schwingungszahl die Hauptsache ist, die uns aber dann als sicherer, untrüglicher Kompaß bei der Auffindung der Ursache leitet. Es sei besonderer Nachdruck auf die Genauigkeit bei der Ermittlung der Schwingungs*zahl* gelegt; denn die erregende Ursache, wenn sie tatsächlich als Ursache angesehen werden soll, muß in ihrer Frequenzzahl mathematisch genau mit der Zahl der beobachteten Schwingungen übereinstimmen, wie auch aus der Theorie klar und deutlich folgt. Sind auch nur ganz geringfügige Unterschiede, z. B. in der Größenordnung von 1—2$^0/_0$ vorhanden, so läßt sich, sofern sie wirklich einwandfrei nachgewiesen sind, sicher behaupten, daß die betreffende erregende Kraft nicht die Ursache der störenden Schwingungen sein kann.

Wie man sieht, kommt es also zunächst auf eine genaue Ermittlung der *Zahl* der registrierten Schwingungen an. Bei solchen Apparaten, die von einer rotierenden Welle der zu untersuchenden Maschine aus angetrieben werden und bei denen wiederum das Papierband durch irgendeine Zwischenübersetzung direkt von der Kraftmaschinenwelle aus in Bewegung gesetzt wird, läßt sich das Verhältnis für die Frequenzzahlen der verschiedenen erregenden Ursachen und der registrierten Schwingungen genau und leicht festlegen. An Hand der Übersetzung von der Welle bis zur Papieraufwickelwalze kann man im Diagramm ohne weiteres die Strecke für eine Umdrehung genau festlegen und braucht nun nur zu zählen, wieviel Schwingungen auf eine Umdrehung kommen. Da sich Bruchteile einer Schwingung etwas schlecht feststellen lassen, wird man zweckmäßig die Zahl der Schwingungen nicht auf eine, sondern auf mehrere, etwa 5 oder 10 oder 20 Umdrehungen, feststellen und dann durch 5, 10 bzw. 20 dividieren.

Beim Torsiographen ist außerdem ein Kontaktgeber angeordnet, der bei jeder Umdrehung der Papieraufwickelwalze eine Marke verzeichnet. Wird bei ihm mit der sog. direkten Zahnradübersetzung, d. h. also ohne Laufwerk gearbeitet, so läßt sich aus der feststehenden Übersetzung zwischen Papieraufwickelwalze und Kraftmaschinenwelle ohne weiteres an Hand der so verzeichneten Marken die genaue Strecke für eine Umdrehung im Diagramm ermitteln. Siehe Abb. 269. Ist hierbei die Übersetzung zwischen Riemenscheibe des Apparates und antreibender Welle etwa 1 : 2 und jene im Apparat selbst, also zwischen Papieraufwickelwalze und Riemenscheibe 1 : 9, so kommen auf die Strecke zwischen 2 Marken im Diagrammstreifen 18 Umdrehungen der Maschinenwelle.

Vielfach gibt man auch, um die Strecke für eine Umdrehung genau zu ermitteln, sog. Totpunktkontakte. Bei den letzteren ist nicht das wesentliche, daß sie genau im Totpunkt erfolgen, sondern vielmehr, daß sie einfach alle 1 oder 2 Umdrehungen erfolgen. Als Kontaktgeber kann hierbei irgendein passender Steuerungsteil, z. B. der Brennstoffhebel bei Dieselmaschinen dienen. Man kann jedoch hierzu z. B. auch einen Kupplungsflansch benützen, der ringsum mit Ausnahme einer einzigen Stelle mit Papier beklebt und damit isoliert ist und auf welchem ein Kontaktstück gleitet.

Falls aus irgendeinem Grund die eben beschriebenen Verfahren nicht möglich sind, (z. B. weil der betreffende Apparat überhaupt nicht von einer Welle aus angetrieben wird oder weil die betreffende Welle entweder ganz unzugänglich ist oder so ausnehmend rasch rotiert, daß zur ordentlichen Kontaktgebung umständlichere Vorkehrungen getroffen werden müssen), bleibt nichts anderes übrig, als sowohl die Drehzahl der betreffenden Maschine als auch die Zahl der im Diagramm verzeichneten Schwingungen möglichst genau zu bestimmen. Zur Bestimmung der Schwingungszahl gibt es 2 Methoden: Jene, bei welchen eine Zeitmarkierschreibvorrichtung angezogen und wieder losgelassen wird und hierbei ihre Eigenschwingungen verzeichnet[1]), deren Zahl aus vorliegenden — oder unter Umständen auch nachfolgenden — Eichversuchen genau bekannt ist. Aus dem Vergleich der Strecke für eine Schwingung dieser Zeitmarkierung mit jener der Schwingungen im eigentlichen Diagramm ergibt sich ohne weiteres für letzteres die Schwingungszahl. Voraussetzung für die Anwendbarkeit dieser Methode ist, daß das Zeitmarkierschreibgefäß nicht nebenher noch andere Schwingungen, etwa durch starke Vibrationen des Aufstellungsortes des Apparates oder durch Resonanzerscheinungen ausführt.

Bei der 2. Methode[2]) wird eine sog. Kontaktuhr benützt, welche z. B. alle 1 oder alle 5 Sekunden eine Marke gibt. Hier ist es auch bei starken Vibrationen des Aufstellungsortes möglich, mit Hilfe der Zeitmarken genau die minutlichen Frequenzzahlen herauszufinden.

Um dem Leser, der mit der Schwingungsmessung praktisch zu tun hat, ein vollständiges Bild zu geben, seien noch 2 weitere Methoden genannt, die zwar ungenauer aber doch von Wert sind, wenn entweder keine elektrischen Elemente für Kontaktgebung vorhanden sind oder etwa während eines Versuches die Kontaktgebung versagt.

Bei beiden Methoden werden die Marken von Hand gegeben. Soweit irgendein in gesetzmäßigem Rhythmus bewegtes Organ, z. B. der Steuerhebel einer Kraftmaschine vorhanden ist, können Bleistiftmarken nach dem Takte, in dem dieses Organ bewegt wird, gegeben werden. Ist ein solches Glied dagegen nicht vorhanden oder bewegt es sich zu rasch, so gibt man zweckmäßig alle 2 oder 5 Sekunden Kontakte etwa mit Hilfe einer Stoppuhr. Endlich kann man für die Markierung auch von dem periodischen Geräusch der betreffenden Kraftmaschine ausgehen: man kann beispielsweise den Auspuffhahn eines Zylinders öffnen.

Um zu möglichst wertvollen Ergebnissen in kurzer Zeit zu gelangen, dürften noch folgende Hinweise am Platze sein.

1. Man verschaffe sich von vornherein entweder auf Grund von bereits vorhandenen Diagrammen oder aus theoretischen Erwägungen oder mit Hilfe des Gefühls eine ungefähre Vorstellung über die voraussichtliche Größe der Schwingungen. Das Meßgerät stelle man so ein, daß es diese Schwingungen noch gut aufzeichnet, man hüte sich aber, die Vergrößerung zu groß zu wählen; denn zunächst ist hierbei unter Umständen eine Beschädigung des Instrumentes zu befürchten, sodann

---

[1]) Dies ist beim Frahmschen Torsionsindikator, beim Torsiographen, Vibrographen und Universalregistrierapparat der Fall.

[2]) Dieselbe kann beim Torsiographen, Vibrographen, Universalapparat, beim Geigerschen Spannungsmesser, beim Pallographen, Seismographen sowie bei einer größeren Reihe anderer Meßinstrumente angewendet werden.

kann der Schreibhebel über die Papierbreite hinausschlagen. Abgesehen davon, daß hierbei das Diagramm nur teilweise registriert wird und gerade die größten Ausschläge nicht sichtbar sind, kann es auch vorkommen, daß der Schreibhebel an der Papierkante hängen bleibt. Übrigens ergeben sich namentlich bei Tintenregistrierung schon bei kleinen Vergrößerungen recht deutliche Diagramme. Kennt man dagegen die wirklich auftretenden Ausschläge bereits genügend etwa auf Grund vorhergehender Versuche, so kann man ruhig die Vergrößerung genügend stark wählen. Nur beachte man auch in diesem Falle, daß eine starke Vergrößerung durchaus nicht immer gleichbedeutend mit einer hohen Meßgenauigkeit sein muß. Je stärker die Vergrößerung, desto stärker sind auch die Massenwirkungen im Übertragungsgestänge, desto eher besteht die Gefahr des Arbeitens in der Nähe oder über der Resonanz des Messinstrumentes und der damit verbundenen Fälschung der Anzeigen, desto mehr kann bei Gestängeteilen, die durch Federdruck aufeinander wirken, ein Abklappen in Frage kommen und desto mehr macht sich der Einfluß der Schreibspitzenreibung geltend.

Damit soll natürlich nicht gesagt sein, daß es nicht auch Apparate gibt, die auch bei sehr starken Vergrößerungen einwandfrei arbeiten. Es hängt dies ganz von der Konstruktion des betreffenden Instrumentes ab. Bei einem gegebenen Instrument wähle man aber die stärksten Vergrößerungen nur dann, wenn die Ausschläge so klein sind, daß sie bei geringerer Vergrößerung nicht mehr genügend feststellbar sind.

2. Man begnüge sich nur in Ausnahmefällen, d. h. wenn alles bereits genügend klar ist, damit, die Ausschläge nur bei *einer* Drehzahl oder Fahrtgeschwindigkeit zu messen. Gleichgültig, ob es sich um Vibrationen von Schiffen, Maschinen oder Häusern, um Torsionsschwingungen von Wellen, um Reglerpendelungen oder Spannungswechsel in Brücken usf. handelt, immer wird das Bild sehr viel mehr Aufschluß geben, wenn man bei möglichst vielen Fahrtgeschwindigkeiten bzw. Drehzahlen die Diagramme aufnimmt.

Gestatten es die Art der Maschine oder die sonstigen Betriebsverhältnisse nicht, die Drehzahl in weiten Grenzen zu ändern, so ändere man sie wenigstens soweit als eben noch möglich. Häufig stellt sich schon bei einer Drehzahländerung um nur 5—10 Umdrehungen eine überraschende Veränderung im Diagramm ein. Man begnüge sich ferner nicht damit, die Drehzahl nur nach unten hin zu ändern, man reguliere vielmehr auch, soweit zulässig, *über* die Betriebsdrehzahl hinaus.

Soweit Stoßwirkungen in Frage kommen, registriere man die Verhältnisse auch bei ganz niedrigen Geschwindigkeiten, wo nur die statischen Einflüsse auftreten; bei hohen Geschwindigkeiten ist das Bild infolge der zahlreichen dynamischen Einwirkungen viel verwickelter, und es ist dann sehr erwünscht, die statischen und die dynamischen Einflüsse deutlich auseinander halten zu können.

Bei Resonanzwirkungen, insbesondere bei kritischen Drehzahlen, suche man auch die sog. schwachen Kritischen. Wenn dieselben wegen ihrer geringen Stärke auch nicht soviel Beachtung wie die Hauptkritischen verdienen, so liefern sie uns doch ein Mittel, die Lage der letzteren genau zu ermitteln. Diese sind nämlich oft so stark, daß ein direktes Fahren in ihnen nicht möglich ist, daß man vielmehr tunlichst rasch durch sie hindurchregulieren muß. Manchmal kommt es auch vor, daß ihr Maximum so weit über der Betriebsdrehzahl liegt, daß dasselbe nicht mehr erreicht werden kann. In beiden Fällen ist eine genaue Bestimmung der Lage dieser Hauptkritischen aus dem Diagramm nicht mehr sicher möglich. Man hilft sich hier mit der genauen Bestimmung der schwachen Kritischen gleichen Grades aber anderer Ordnung. Ist z. B. bei der schwachen Kritischen die Ordnungszahl $7^1/_2$ und bei der starken 6 und liegt die schwache bei n_1, so liegt das Maximum der starken genau bei $n_1 \cdot \frac{7,5}{6}$.

Wir wollen nunmehr noch einige Winke für besondere Arten von Schwingungen geben.

1. Drehschwingungen. Soweit Kolbenkraftmaschinen in Betracht kommen, darf man in den meisten Fällen damit rechnen, daß die größten Ausschläge an den beiden freien Wellenenden auftreten. Mißt man irgendwo an einer anderen zugänglichen Stelle, so kann es, falls man nicht die Schwingungsform genau kennt, vorkommen, daß gerade an einem Knotenpunkt oder in die Nähe eines solchen gemessen wird. In diesem Falle liegt dann die Gefahr sehr nahe, daß man gerade auf Grund des Diagrammes auf eine sehr geringe Stärke oder gar auf das Nichtvorhandensein von Schwingungen schließt, trotzdem solche in ziemlicher Stärke vorhanden sind.

Außerdem gestattet eine Messung irgendwo in der Mitte zwischen beiden Wellenenden keinen Rückschluß auf die größten auftretenden Ausschläge, da sich im einzelnen Falle außerordentlich schwer sagen läßt, wieweit man gerade vom Knotenpunkt entfernt war, weil die Lage des Knotenpunktes sich nicht vollkommen genau festlegen läßt und weil insbesondere durch den Einfluß der verschiedenen Dämpfungen, deren Gesetze doch nicht genau festliegen, kein Punkt am ganzen Schwingungssystem vorhanden ist, der, wenn auch nur eine harmonische Kraft angreifen würde, dauernd in Ruhe verharrt.

Von den beiden freien Enden ist dasjenige, wo die kleineren Schwungmassen sitzen, d. h. im allgemeinen das freie Ende der Kurbelwelle das wichtigere, weil dort die Ausschläge fast allgemein am größten sind, gleichgültig, ob es sich um eine Schwingung ersten oder höheren Grades handelt. Außerdem bietet die Wahl dieses freien Endes als Meßstelle auch praktische Vorteile. Man bringt dort einen Wellenstummel an, auf den man leicht auswechselbare einteilige Holzriemenscheiben setzen kann, deren Durchmesser in ganz beliebigen Grenzen veränderlich sind. Bei Meßstellen irgendwo auf der Welle ist der kleinste Durchmesser derjenige der Welle selbst. Hierbei kann es aber vorkommen, daß, bezogen auf diesen Durchmesser, die Ausschläge so groß sind, daß die Anschlagbegrenzung des Instrumentes in Funktion tritt, so daß sich keine brauchbaren Diagramme ergeben.

Umgekehrt ist aber, wie bereits erwähnt, der Fall möglich, daß wegen der Nähe des Knotenpunktes die Ausschläge — unmittelbar am Wellenumfang gemessen — zu klein sind, um ausgewertet werden zu können. Man kann sich hierbei zwar durch Aufsetzen von Holzriemenscheiben helfen, aber einerseits ist deren Durchmesser oft mangels verfügbaren Raumes begrenzt und andererseits müssen sie, um aufgebracht werden zu können, zweiteilig sein.

Selbstverständlich wird man in solchen Fällen, wo keines von beiden Wellenenden zugänglich ist, trotzdem versuchen, eine brauchbare Stelle finden. Man begnüge sich aber dann aus den gleichen Gründen wie oben nicht mit einer Meßstelle, sondern wähle mindestens 2. Bei Transmissionen mit unzugänglichen Enden wird man übrigens fast immer eine Meßstelle so nahe dem Ende finden, daß die hierbei erhaltenen Diagramme einen genügenden Rückschluß auf das Aussehen der Diagramme an dem benachbarten freien Ende gestatten. Das gleiche gilt auch bei langen Schiffswellen für eine Meßstelle am hinteren Ende der Laufwellenleitung im Wellentunnel.

Ein sog. Vorgelege zur Verkleinerung der Ausschläge, um sie vollständig auf der Papierbreite registrieren zu können, wird bei neuen Torsiographen wohl nie in Frage kommen, da dieselben so eingerichtet sind, daß man an Stelle der normalen Übertragungswinkelhebel stark verkleinernde einbauen kann. Sollte sich aber in einem seltenen Ausnahmefalle ein solches doch als notwendig erweisen, so soll es so leicht als irgendmöglich gemacht — dünne Holz- oder Aluminiumbandscheiben anwenden — und durch ein unelastisches, straff gespanntes Band mit der zu untersuchenden Welle verbunden werden.

Die vorstehenden Ausführungen sind besonders im Hinblick auf die Anwendung des Torsiographen geschrieben. Da dieses Instrument jedoch zur Untersuchung von Drehschwingungen eine größere Bedeutung und Verbreitung besitzt wie die andern hierfür bekannt gewordenen Instrumente, so erscheint dies auch berechtigt.

2. Biegungsschwingungen. Bei Biegungsschwingungen von Wellen untersucht man entweder die Relativbewegungen der Welle gegenüber den Lagern oder einem praktisch als in vollkommener Ruhe anzusehenden Körper oder man registriert die Bewegungen, welche die Welle dem Lager aufzwingt. Eine Anordnung der ersteren Art ist in Abb. 235 dargestellt.

Die Anordnung eignet sich ebensogut zur Registrierung von Vertikal- als auch von Horizontalschwingungen. Wünscht man bei Aufnahme von Horizontalschwingungen auch wagrechte Anordnung der Schreibfläche, so läßt sich dies durch Drehen des Winkelhebels *W* um 90° leicht erreichen.

In dem abgebildeten Falle handelt es sich um die Registrierung bei einer hochtourigen Dampfturbinenwelle, weshalb die Anwendung einer Rolle geboten ist, die ihrer außerordentlich hohen Drehzahl wegen sehr sorgfältig ausgewuchtet werden muß. Im übrigen läßt sich der Einfluß, der von einer etwaigen Unbalanz der Rolle herrührt, leicht genau feststellen. Man braucht nur die Strecke im Diagramm zu ermitteln, die einer Umdrehung der Rolle entspricht. Sind Schwingungen vorhanden, welche auf eine Rollenumdrehung gerade einmal wechseln, so bedeutet das im allgemeinen eine Unbalanz der Rolle. Eine Ausnahme findet nur in dem sehr unwahrscheinlichen Fall statt, wenn die Welle Schwingungen ausführt, welche erheblich rascher als die Wellendrehzahl bzw. ungefähr so rasch wie die Rollendrehzahl wechseln.

Bei verhältnismäßig langsam laufenden Wellen kann man auf die Rolle verzichten und am Ende der Stange ein Schleifstück, das möglichst leicht zu halten ist, anbringen.

Um das sog. Schlagen festzustellen, soll auch eine Registrierung bei langsamem Durchdrehen der Welle von Hand durchgeführt werden. Das Registriergerät muß aber hierbei so eingerichtet sein, daß es eine ganz langsame Fortbewegung des Papierbandes gestattet, da sonst das Diagramm viel zu sehr auseinander gezogen würde.

Will man nicht von einem Lager aus messen, ist aber kein wirklich in Ruhe befindlicher Körper in der Nähe, so kann man sich einen solchen wenigstens bezüglich Horizontalschwingungen leicht schaffen:

An einem Kran wird über ein langes Seil ein mindestens mehrere Zentner schweres Gewicht aufgehängt, an welchem der Registrierapparat befestigt ist.

Bei Messungen an Lagern selbst ist auf eine einwandfreie Befestigung des Meßgerätes direkt am Lager besondere Sorgfalt zu legen. Man begnüge sich bei derartigen Messungen nicht damit, nur die Schwingungen senkrecht zur Wellenachse zu ermitteln, sondern registriere auch noch die Schwingungen in Richtung der Wellenachse.

Endlich stelle man, um möglichst klar zu sehen, die Lage der Biegungseigenfrequenzen der Welle fest. Es ist dies eine außerordentlich einfache Sache. Für den praktisch wichtigen Fall einer Dampfturbinenwelle, auf welcher eine Anzahl Laufräder sitzen, ist die Anordnung aus

Abb. 232 zu ersehen, während die Diagramme Abb. 233 und 234 zwei derartige Eigenfrequenzdiagramme zeigen. Für diese Messungen wird, wie man aus Abb. 232 ersieht, das Gehäuseoberteil der Turbine abgenommen und der Registrierhebel durch eine Nadel mit dem Außenkranz eines passenden Laufrades gelenkig verbunden. Bei laufendem Papier stößt man z. B. mit Hilfe eines Gasrohres gegen die Welle oder gegen die Laufradnaben. Große Kraft ist hierzu nicht nötig, wenn ein empfindliches Registriergerät, wie z. B. der als Durchbiegungsmesser umgebaute Vibrograph benutzt wird. Man kann auf diese Weise nicht nur die niedrigste Eigenfrequenz bestimmen, sondern auch die Lage der höheren wenigstens ungefähr ermitteln. Will man z. B. die niedrigste Eigenschwingungszahl einer zweifach gelagerten Welle mit ungefähr gleich-

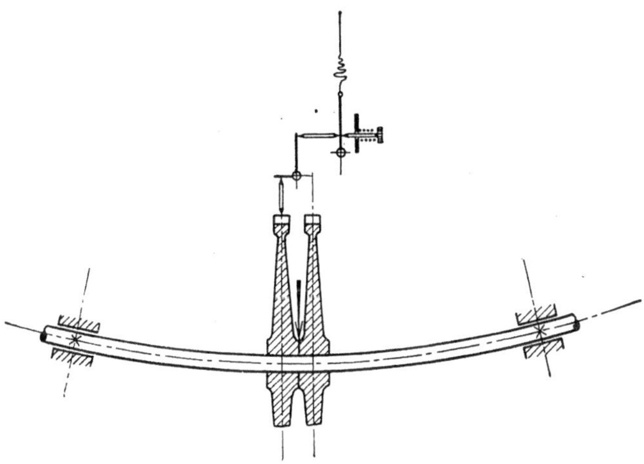

Abb. 270. Bestimmung der ersten Biegungseigenfrequenz einer Welle.

mäßigen Massenverteilung finden, so stößt man die Welle so, daß sie hauptsächlich die erste Eigenfrequenz ausführt. Der Angriffspunkt des Stoßes muß dabei etwa in der Mitte zwischen beiden Lagern liegen, und der Vibrograph ist möglichst im Schwingungsbauch der so entstehenden Schwingung, d. h. ebenfalls etwa in der Mitte, aufzustellen (Abb. 270).

Sucht man dagegen die zweite Eigenschwingungszahl dieser Welle, deren Knotenpunkte also in den beiden Lagern und etwa in der Mitte dazwischen liegen, so muß man die Stoßstelle und den Aufstellungsort des Vibrographen zweckmäßig in dem Abstand von $^1/_4$ der ganzen Wellenlänge von einem der beiden Lager wählen (Abb. 271).

Ferner muß der Stoß um so härter sein, je höher die gesuchte Eigenschwingung voraussichtlich liegt. Es sei hier auf den Abschnitt „Stöße“ verwiesen. Auf Grund der dort angebenen Tabelle findet man: Eine und dieselbe Saite ergibt in der Mitte gestrichen oder weich angeschlagen, einen nur mit wenigen schwachen Obertönen gemischten Grundton, je näher am Ende und mit einem je härteren Hammer man sie anschlägt, um so mehr kommen die Obertöne zur Geltung.

Das Meßverfahren verdient bei allen raschlaufenden Maschinen weitgehende Anwendung, weil man danach die Eigenschwingungen unter den wirklichen Verhältnissen sehr bequem durch Versuch ermitteln kann.

Für solche Fälle, wo noch Fliehkräfte hinzukommen, wie bei Biegungsschwingungen von Dampfturbinenschaufeln oder Laufrädern

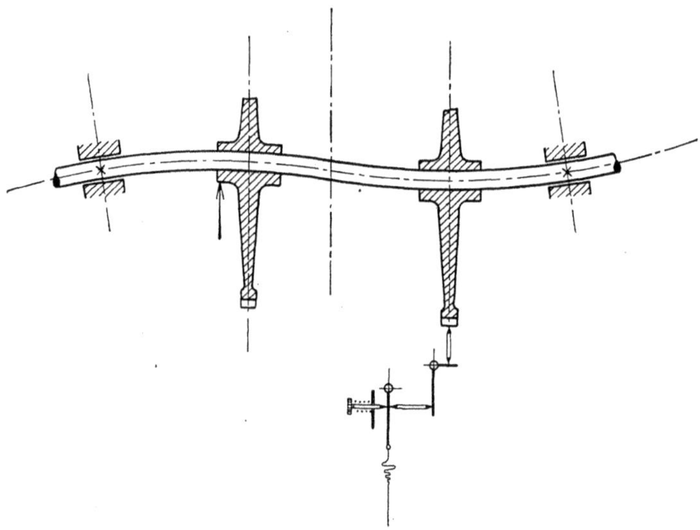

Abb. 271. Bestimmung der zweiten Biegungseigenfrequenz einer Welle.

kann man sich dadurch helfen, daß man z. B. bei Schaufeln an der ruhenden, im Laufrad befestigten Schaufel eine zusätzliche Kraft in der Größe der Fliehkraft anbringt. Zu diesem Zwecke benutzt man einen dünnen, durch ein Gewicht oder Federkraft gespannten Draht, der so lang ist, daß durch Biegungsschwingungen der Schaufel keine wesentliche Änderung der Drahtspannung eintritt.

Bei Rädern kann man das gleiche Verfahren anwenden, das hier allerdings wesentlich umständlicher wird und bei hohen Drehzahlen zu dicke Drähte erfordert. Ermittelt man jedoch bei solchen Rädern die Biegungseigenfrequenzen für die Drehzahl Null und für den dritten bzw. den vierten Teil der Betriebsdrehzahl, so kann man immerhin annähernd durch Extrapolation finden, wo bei der Betriebsdrehzahl die Eigenfrequenzen liegen. Es ist hierbei namentlich zu beachten, daß bei Laufädern die Hinaufsetzung der Eigenfrequenz durch die Fliehkraft gar nicht viel ausmacht, wie im Abschnitt „Biegungsschwingungen von Scheiben" näher erörtert wurde.

Für Biegungsschwingungen solcher Laufräder kann man bei vertikaler Anordnung der Achse nach der Methode der Chladnischen Klangfiguren auch deutlich die Knotenkreise bzw. Knotendurchmesser feststellen: Man streut feinen Sand, Bärlappsamen oder dgl. auf die Radfläche. Der Sand sammelt sich dann an den Knotenpunkten.

Die Ermittlung der Biegungseigenfrequenzen von Turbinenfundamenten ist eine sehr einfache Sache. Man befestigt am besten mittels eingegipster Holzdübel einen Vibrographen auf dem Fundament an einer Stelle, wo man einen Schwingungsbauch vermutet und läßt in der Nähe, d. h. ebenfalls ungefähr im Schwingungsbauch ein Gewicht herabfallen. Um dem Leser Anhaltspunkte zu geben, sei erwähnt, daß als Gewicht auch bei großen Fundamenten 50 kg und als Fallhöhe $\sim$ 1 m genügten. Derart gewonnene Vibrogramme sind in den Abb. 196 und 197 wiedergegeben. Falls man Horizontalbiegungsschwingungen ermitteln will, läßt man eine an einem Kran hängende schwere Masse wagrecht an das Fundament anschlagen.

Ganz ähnlich geht man bei der Bestimmung der Biegungseigenfrequenz eines großen Maschinengestells u. dgl. vor.

Allgemein wird man bei der Bestimmung von Biegungseigenfrequenzen von größeren Bauwerken den Vibrographen mit träger Masse verwenden, während man bei kleineren Organen direkt von einem daneben angeordneten festen Punkt aus, d. h. ohne träge Masse die Untersuchung durchführen wird. Für solche Fälle, wo die Eigenfrequenzen sehr hoch liegen ($\nu_e \geqq 10000$/min) lege man auf kurzes Übertragungsgestänge und solide Befestigung des Apparates größten Wert; auch kommt hierfür der beim Geiger-Spannungsmesser beschriebene Gitterhebel unbedingt in Frage.

Für manche Fälle empfiehlt sich auch direkt die Bestimmung der Biegungseigenfrequenzen mit Hilfe des eben genannten Spannungsmessers: Bei Spannungsuntersuchungen an Brückenstreben, belasteten Eisenbahnschienen u. dgl. sollte man stets die Bestimmung der Eigenfrequenzen dieser Teile durch Anschlagen derselben mit Hilfe eines Pickels durchführen, wobei der Apparat die zugehörigen Spannungsschwankungen aufzeichnet, aus denen sich ohne weiteres an Hand der Schwankungszahlen die Eigenfrequenzen feststellen lassen.

3. Reglerpendelungen und Parallelbetrieb elektrischer Aggregate. Hier kann es sich zunächst um solche Fälle handeln, wo der Regler bereits bei allein laufender Maschine pendelt. Diejenigen Fälle, wo der Regler aus andern als schwingungstechnischen Ursachen nicht ordnungsgemäß arbeitet, sollen hier außer Rede stehen. Bei offenkundigen Schwingungserscheinungen ermittle man zunächst genau die Zahl der Reglerpendelungen und sehe zu, ob sie mit der Umdrehzahl, der Taktzahl oder z. B. der Zündungszahl oder irgendeiner anderen periodisch wechselnden Ursache, welch letztere unter Umständen auch scheinbar geringfügiger Natur sein kann, übereinstimmen oder wenigstens in einem ganzzahligen Zusammenhang stehen. Ist dies nicht der Fall, so ermittle man die Eigenfrequenz des Reglers sowohl durch Rechnung, wie auf S. 113 u. ff. gezeigt, als auch durch Messung durch Anstoßen. Die Messung führt man hierbei zweckmäßig in der gleichen Weise aus, wie dies eben zuvor bei der Bestimmung des Biegungseigenschwingungszahlen von Turbinenwellen gezeigt wurde. Man muß allerdings damit rechnen, daß vielfach die Dämpfung im Reglergestänge selbst — also ohne Ölbremse — so groß ist, daß der angestoßene Regler aperiodisch zur Ruhe gelangt.

Häufiger als bei allein laufender Maschine gibt es Schwierigkeiten bei Maschinen mit Wechsel- oder Drehstromantrieb, welche elektrisch parallel geschaltet sind.

Meßtechnisch ist hier außer den bereits für den Fall einer allein laufenden Maschine behandelten Untersuchungen zu prüfen, ob der Regler nicht Schwankungen ausführt, die der elektrischen Eigenfrequenz der parallel arbeitenden Generatoren entsprechen, oder solche, die von der parallel arbeitender Kraftmaschine herrühren. Endlich kann aber die Ursache auch im Netz selbst liegen, z. B. von irgendeiner großen ungleichmäßig wirkenden Arbeitsmaschine, z. B. einer Pumpe oder einem Kompressor ausgehen. Trotzdem in solchen Fällen gewiß nicht der Regler die Schuld trägt, weise ich auf diese Möglichkeiten hin, weil erfahrungsgemäß oft der Regler als die Ursache der Pendelungen angesehen wird und weil es zwecklos wäre, bei auftretenden Schwierigkeiten die Ursache einzig im Regler zu suchen, während es eine große Menge anderer störender Ursachen geben kann. Eine verhältnismäßig häufige Ursache, die auf die sog. Verzögerungszeit zurückzuführen ist, wurde bereits im Abschnitt ,,Reglerpendelungen" besprochen.

Außer den bereits angeführten Ursachen weise ich der Merkwürdigkeit wegen noch auf eine ,,Ursache" hin: Die elektrischen Schalttafelinstrumente sind in Resonanz mit irgendeinem Takte und pendeln ganz toll hin und her. Das Ganze macht infolgedessen den Eindruck eines schlechten Parallel arbeitens. Diese ,,Ursache" läßt sich leicht wie folgt feststellen:

1. Ein Schalter darf hierbei trotz starkem Pendeln der Zeiger nie herausfliegen.

2. Das Licht brennt ruhig, auch wenn empfindliche Metallfadenlampen verwendet werden.

3. Die Pendelungen am Regler bzw. an den Dynamowellen müssen geringfügig sein.

4. Die Eigenfrequenz des betreffenden elektrischen Instrumentes stimmt mit der Zahl der beobachteten Pendelungen überein.

In diesem Falle sind also in Wirklichkeit nur geringfügige Pendelungen vorhanden, die aber durch Resonanz mit der Eigenfrequenz der elektrischen Instrumente stark verzerrt wiedergegegeben worden.

Zu diesen rein mechanischen Ursachen können noch verschiedene elektrische hinzutreten, deren Besprechung nicht im Rahmen dieses Werkes liegt.

4. Häuservibrationen. Zeigt sich auf Grund unmittelbarer Beobachtung, daß tatsächlich eine bestimmte Maschine die Ursache von Häuservibrationen ist, so handelt es sich darum, durch Messungen einwandfrei die Schwingungszahl, die Form und den Ausschlag festzustellen. Für diese Zwecke hat sich der Vibrograph als besonders geeignetes, leicht zu handhabendes Meßgerät erwiesen. Für Vibrationen, die durch das Gefühl nicht mehr wahrnehmbar sind, kommt dagegen der wesentlich umständlicher zu handhabende Seismograph in Betracht. Es kommt nun darauf an, festzustellen, ob es sich in den Häusern um gewöhnliche erzwungene Schwingungen oder um Resonanzwirkungen handelt. Erzwungene Schwingungen kommen besonders in Betracht, wo die von der Maschine ausgehenden Massenkräfte 1. Ordnung die Ursache sind, oder auch in solchen Fällen, wo das erschütterte Haus dicht neben dem Maschinenfundament sich befindet. Durch das Gefühl kann man bereits einen gewissen Anhaltspunkt gewinnen. Die Erschütterungen werden nämlich auf dem Erdboden zwischen Maschine und erschüttertem Haus und namentlich im Erdgeschoß desselben bereits gut wahrnehmbar sein. Die aufgenommenen Diagramme werden von einer Sinuslinie ziemlich deutlich verschieden sein, was darauf zurückzuführen ist, daß die Erschütterungen durch Massenkräfte verschiedener Ordnung erzwungen werden.

Anders ist dies jedoch bei Häusererschütterungen infolge von Resonanz. Hier können unter Umständen auch verhältnismäßig kleine Massenkräfte Erschütterungen erzeugen oder es können stärkere Massenkräfte Erschütterungen in weit entfernten Häusern hervorrufen. Man wird jedoch hier im allgemeinen auf dem Erdreich in der Umgebung eines erschütterten Hauses weder durch das Gefühl noch durch vibrographische Messung etwas feststellen können. Es wird sich ferner zeigen, daß die Diagramme reine oder — soweit untere Stockwerke in Betracht kommen — nahezu reine Sinusschwingungen sind, die mit zunehmender Höhenlage der Meßstelle im Gebäude ganz auffallend zunehmen. Auf Grund des Diagrammes erkennt man also untrüglich die beiden möglichen Ursachen auseinander. Man kann nun, um in der Beweisführung ganz sicher zu sein, noch weiter gehen und nimmt bei verschiedenen Drehzahlen der Maschine die Diagramme auf. Ist Resonanz vorhanden, so muß die Änderung der Größe der Ausschläge bedeutend stärker sein als auf Grund der Änderung der Massenkräfte folgt, welche bekanntlich von dem Quadrat der Drehzahl abhängig sind.

Soweit mehrere Häuser in Frage kommen, ist es allerdings möglich, daß die Resonanzdrehzahlen verschieden liegen, es darf dann die vibrographische Untersuchung natürlich nicht nur auf ein Haus — etwa das am stärksten erschütterte — beschränkt bleiben, sondern muß auch auf solche ausgedehnt werden, wo bei der normalen Maschinendrehzahl nur relativ schwache Vibrationen auftreten.

5. Untersuchung von Stößen an Fahrzeugen, Brücken usf. Um ein konkretes Beispiel vor Augen zu haben, denken wir uns etwa eine Brücke, über die eine Lokomotive mit großer Geschwindigkeit fährt. An irgendeinem Teile der Brücke werde z. B. ein Spannungsdiagramm aufgenommen. Dasselbe weise einen recht verwickelten Verlauf auf. Es handele sich darum, die Ursache für irgendeine beliebig aus demselben herausgegriffene Zacke zu erklären. Wenn man eine Laststellungsmarkierung angewendet hat, so wird man aus dem zeitlichen Zusammenfallen der fraglichen Zacke mit dem Befahren eines Schienenstoßes durch ein bestimmtes Rad die Ursache ausfindig machen. Handelt es sich um eine Zacke, der wesentlich stärkere vorangehen, so kann es sich um ein Ausklingen zuvor angeregter starker Schwingungen handeln. Eine Möglichkeit für eine verhältnismäßig heftige Zacke, die sich nicht unmittelbar auf einen Schienenstoß oder eine ähnliche Ursache zurückführen läßt, kann auch darin liegen, daß die Brücke bzw. deren Teile durch vorhergehende Stöße zu den verschiedenen Eigenfrequenzen angeregt wurden. Stehen dieselben in keinen einfachen ganzzahligen Verhältnis zueinander, so können Schwebungen eintreten, durch die dann eine Addition der von verschiedenen Eigenfrequenzen herrührenden Schwingungen erfolgen kann.

Im Zusammenhang hiermit sei bemerkt, daß gelegentlich versucht wird, die Ursache eines Stoßes dadurch zu ermitteln, daß man in verschiedener Entfernung 2 oder mehr Apparate aufstellt, deren elektrische Zeitmarkierungen zusammengeschaltet sind. Man stellt sich nun vor, daß dort, wo der Stoß erfolgt, die Wirkung auf das Meßgerät viel früher als an irgendeiner weiter entfernten Stelle eintreten müsse, so daß man aus dem zeitlichen Unterschied in den Diagrammen der beiden Meßgeräte auf die Lage der Stoßstelle schließen kann. Trotzdem der Gedankengang theoretisch richtig ist, wird seine praktische Anwendung in den meisten Fällen der Technik zu Fehlschlägen führen. Die Fortpflanzungsgeschwindigkeit ist bei den in der Technik üblichen Baustoffen meistens viel zu hoch (einige 1000 m/sek). Ist nun z. B. die Entfernung der beiden Meßgeräte 5 m, so folgt auch dann, wenn sie in Richtung der

Stoßwelle und nicht senkrecht dazu angebracht sind, daß der Unterschied nur etwa $^1/_{1000}$ Sekunde beträgt. Die größte Papiergeschwindigkeit, die bei technischen Meßgeräten angewendet wird, besitzen der Torsiograph und der Vibrograph mit maximal etwa 20 m/sek[1]). Aber auch bei dieser größten Papiergeschwindigkeit würde sich ein Zeitunterschied von $^1/_{1000}$ Sekunde nur durch die winzig kleine Länge von $\sim$ $^1/_4$ mm ausprägen. Lediglich bei großen Entfernungen beider Apparate — etwa über 50 m — wird man diese Methode empfehlen können.

Beachtenswertes bei der Handhabung von Meßgeräten.

Das wichtigste bei jeder Messung von mit der Zeit rasch veränderlichen Größen sollte eine genaue Kenntnis der dynamischen Eigenschaften der verwendeten Meßgeräte sein. Aus den Ausführungen über die Theorie der Meßinstrumente S. 180 u. ff. folgt, daß Meßinstrumente, welche ohne Zuhilfenahme der Trägheitswirkung arbeiten, nur dann richtige Ergebnisse liefern, wenn ihre Eigenfrequenz etwa doppelt so hoch oder noch höher als die Schwingungszahl der höchsten an dem zu untersuchenden Bauwerk noch vorkommenden bedeutenderen Schwingungen ist, da sonst mit einer Verzerrung durch Resonanzwirkung oder gar mit einem vollständigen Nichtreagieren des Meßgerätes zu rechnen ist.

Bei Meßinstrumenten, welche unter Zuhilfenahme einer trägen Masse arbeiten, wie z. B. der Seismograph und der Vibrograph, ergibt sich dagegen nur dann ein richtiges Arbeiten, wenn die Eigenfrequenz des Meßgerätes höchstens die Hälfte der niedrigsten Frequenz der zu messenden Schwingungen beträgt.

Daraus folgt, daß man unter allen Umständen vor jeder dynamischen Messung über die Lage der Eigenfrequenz des betreffenden Meßgerätes sich einigermaßen klar sein muß. Es nützt gar nichts, wenn das Meßgerät statisch noch so einwandfrei arbeitet, es kann dynamisch wegen ungünstiger Lage seiner Eigenfrequenz völlig unbrauchbar sein.

Soweit Meßinstrumente zur Verzeichnung mit der Zeit wechselnder Größen in Frage kommen, sollte daher von den Fabrikaten nach Möglichkeit die Eigenfrequenz angegeben werden. Es ist allerdings einzuwenden, daß manche Eigenfrequenzen sich je nach den Versuchsbedingungen ändern, z. B. wird die 2. Eigenfrequenz beim Torsiographen durch die Länge des verwendeten Antriebsbandes bedingt, welch letztere wieder von den räumlichen Verhältnissen abhängen kann.

---

[1]) Hier ist angenommen, daß die Papieraufwickelwalze fast voll bewickelt ist.

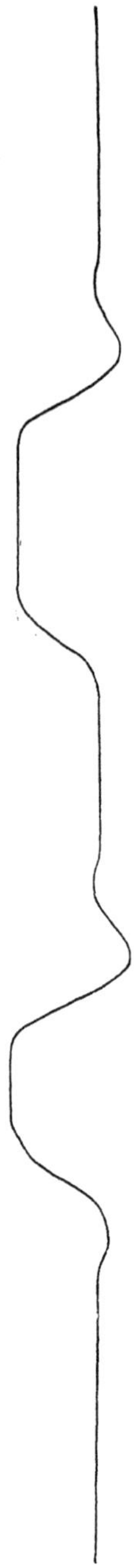

Abb. 272. Eigenschwingungsbild eines Torsiographen.

Selbstredend kommt es auf das gleiche hinaus, wenn statt der Eigenfrequenz der Meßbereich in Schwingungszahlen — also nicht nur bezüglich des Ausschlags — angegeben wird.

Fehlen derartige Angaben, so kann man sich dieselben, wenn die Dämpfung des Instrumentes nicht gar zu stark ist, vielfach durch einen Versuch verschaffen. Man regt das Instrument dadurch zu Eigenschwingungen an, daß man z. B. den Schreibhebel aus seiner Gleichgewichtslage auslenkt. Abb. 272 zeigt ein derartiges Diagramm für einen Torsiographen. Abb. 273 ein solches für einen älteren Spannungsmesser nach der Bauart des Verfassers. Im letzteren Falle muß wegen der außerordentlich hohen Lage der Eigenfrequenz die Papiergeschwindigkeit für den Versuch sehr groß gewählt werden.

Ein solcher Versuch ist auch deshalb von Nutzen, weil er über die Dämpfungsverhältnisse des Instru-

Abb. 273. Eigenschwingungsdiagramm eines Spannungsmessers.

mentes gut Aufschluß gibt. Bei Versuchen, die aus dem normalen Rahmen herausfallen, führe ich deshalb möglichst an Ort und Stelle, d. h. mit dem fertig angebauten Instrument die Bestimmung der Eigenfrequenz durch. An Hand des so gewonnenen Diagrammes sieht man auch, ob sonst alles in Ordnung ist oder ob irgendeine Reibung, z. B. an der Schreibspitze auftritt.

Ein weiterer wichtiger Punkt bei allen dynamischen Messungen betrifft die Zeitmarkierung, von der bereits im Abschnitt „Allgemeines Vorgehen bei Messungen“ die Rede war. Soweit es sich um besonders genaue Messungen handelt, empfiehlt es sich, dieselbe vor und nach der Messung zu prüfen. Hierbei habe ich namentlich solche Zeitmarkierungen im Auge, bei welchen ein Teil, z. B. ein federnd befestigtes, von einem Elektromagneten angezogenes und dann losgelassenes Weicheisenstück zu Eigenschwingungen angeregt wird.

Unter den verschiedenen Registrierarten zur Verzeichnung mechanischer Schwingungen steht die Tintenregistrierung wohl an erster Stelle. Es ist dies darauf zurückzuführen, daß sie gegenüber der Registrierung auf elektrischem bzw. optischem Wege mit Hilfe eines Filmes die Vorteile größerer Einfachheit in der Handhabung und sofortiger Auswertbarkeit besitzt. Auch kann das Diagramm während des Registrierens beobachtet werden. Die optischen Methoden, bei denen, soweit rasche Schwingungen in Frage kommen, wegen der kurzen Belichtungsdauer ein an ultravioletten Strahlen reiches Licht, wie z. B. von Bogenlampen, verwendet werden muß, eignen sich für solche Fälle, wo es sich um ganz ausnehmend rasche Schwingungen — etwa von 600/sek an aufwärts — handelt oder wo nur äußerst winzige Verstellkräfte in Frage kommen. Andererseits besitzt die Tintenregistrierung gegenüber derjenigen mit Bleistift oder Silberstift den Vorteil, daß an der Schreibspitze nur die sehr geringfügige Flüssigkeitsreibung an Stelle der mechanischen Reibung des Stiftes auftritt. Die letztere mag bei

Abb. 274.

Abb. 275.

Abb. 274 und 275. Diagramme, bei extrem hohen Schwingungszahlen erhalten.

manchen Messungen insbesondere da, wo genügend große Kräfte zum Verstellen vorhanden sind, wie z. B. bei Indikatoren, kaum stören. Manchmal sind jedoch bei Schwingungen die Verstellkräfte so klein, daß unbedingt auf geringste Schreibstiftreibung zu sehen ist. Außerdem gibt natürlich die Tintenschrift viel haltbarere und deutlichere Diagramme, die auch alle Feinheiten schön erkennen lassen. Schließlich fällt bei der Tintenregistrierung die Abnutzung des Stiftes bzw. das lästige Nachstellen desselben hinweg. Es dürften deshalb einige Worte über das Schreiben mit Tinte, die sich auf langjährige Erfahrungen beziehen, am Platze sein:

Zunächst wird vielfach auf Grund der Erfahrungen an verschiedenen älteren Meßgeräten und veralteter Angaben in der Literatur befürchtet, daß die Tinte bei raschen Schwingungen nicht mehr mitkommt oder daß die Tintenregistrierung viel zu schwer und massig wird, und daß Schwingungen von über 30 i. d. Sek. nicht mehr verzeichnet werden können. Zum Beweise, daß dies bei richtiger Konstruktion nicht der Fall ist, führe ich die bei den extrem hohen Schwingungszahlen von 322/sek und 430/sek erhaltenen Diagramme Abb. 274 und 275 an und bemerke, daß mit dem auf S. 243 beschriebenen Schreibhebel auch schon Schwingungen von 1000/sek verzeichnet werden.

Eine andere Befürchtung richtet sich gegen das Verstopfen der engen

Schreiböffnung. Dazu ist zu sagen, daß mir ein Verstopfen durch Eintrocknen auch bei Messungen auf der Hochdruckseite am Lager von Dampfturbinen nicht vorkam, trotzdem dort häufig eine so ausnehmend starke Hitze herrschte, daß man den Apparat kaum mehr berühren konnte.

Ebenso habe ich sehr häufig eine Messung an einem Tage unterbrochen und am andern Tage, d. h. nach 12—18 Stunden weiter geschrieben, ohne daß ein Verstopfen durch Eintrocknen eingetreten war. Endlich haben meine Mitarbeiter und eine Reihe anderer Herren auch Messungen an Brücken bei strenger Kälte ausgeführt, ohne daß die Tinte einfror. Wenn ein Tintenhebel nicht schreibt, so können folgende Ursachen in Frage kommen.

1. Er ist nach dem vorausgegangenen Versuch nicht gereinigt worden. Die Abhilfe besteht in gründlichem Durchspülen mit Wasser bzw. allenfalls Benzin und in der Reinigung mit Hilfe einer dünnen Nadel.

2. Es ist keine Tinte mehr darin.

3. Die Tinte ist ungeeignet: Es soll nach Möglichkeit eine säurefreie, schnell auftrocknende etwas Glycerin enthaltende Tinte verwendet werden. Das Glycerin hat den Zweck, ein Einfrieren bei Temperaturen unter 0^0 zu verhüten. Das schnelle Auftrocknen soll durch entsprechende Auswahl des Papiers herbeigeführt werden. Wenn auch rote Tinte am gebräuchlichsten ist, so spricht gegen die Verwendung anderer Farben nichts, und wenn es sich nur um eine einzelne Messung handelt, so braucht man bezüglich der Säurefreiheit nicht ängstlich zu sein, wenn das Schreibgerät nur sofort hernach gründlich gereinigt wird. So erinnere ich noch an eine Messung, bei der wir Tinte dadurch herstellten, daß wir einen gewöhnlichen Tintenstift in Wasser auflösten. Dagegen ist selbstverständlich, daß die Tinte rein sein muß. Aus diesem Grunde verschließe man das Tintengefäß immer, denn es läßt sich sonst bei technischen Messungen oft, z. B. in staubigen Räumen, nicht vermeiden, daß Schmutz darauf gerät.

4. Besonders wichtig ist, daß die Schreibspitze nie mit öligen oder fettigen Fingern berührt wird, denn der kleinste Öltropfen kann erfahrungsgemäß ein Austreten der Tinte aus der engen Schreiböffnung verhindern. Desgleichen darf man die Schreibspitze nie schreiben lassen, solange das Papier nicht weiter läuft, da sonst die Papierfasern aufquellen, in die enge Schreiböffnung geraten und sie verstopfen.

Gerade diese beiden Forderungen werden oft außer acht gelassen. Im Zusammenhang mit dieser Frage sei noch bemerkt, daß mit dem in Abb. 261 dargestellten Tintenschreibhebel ein Registrieren in jeder Lage möglich ist. Es braucht also die Papierfläche keineswegs horizontal zu liegen.

Auswertung von Meßergebnissen.

Neben der wichtigsten Größe, der Schwingungszahl stelle man zunächst fest, wieviel Schwingungen auf eine Umdrehung oder einen Takt der zu untersuchenden Maschine kommen, was sich auf Grund aufgenommener Taktmarken leicht bewerkstelligen läßt. Sind solche Taktmarken ausnahmsweise aus irgendeinem Grunde nicht vorhanden, so wird man doch in manchen Fällen sich helfen können: Die Form des Diagrammes wird sich nach jedem Takt wiederholen; ist aber die Strecke, nach welcher die Wiederholung stattfindet, bekannt, so wird sich — etwa an Hand der eingestellten Papiergeschwindigkeit — vielfach herausfinden lassen, ob dieselbe einem Takt entsprechen kann. Eine genaue Kenntnis der Papiergeschwindigkeit bzw. eine genaue Zusammenstimmung ist hier gar nicht notwendig, da gewöhnlich der periodische Charakter des Diagrammes unverkennbar deutlich ist.

Das Herausmessen des Ausschlags und seine Division mit der eingestellten Vergrößerung ist eine so einfache Sache, daß wir uns damit nicht weiter aufzuhalten brauchen. Für den Fall, daß es sich um Winkelausschläge handelt, ergeben sich dieselben auf Grund der Diagrammausschläge ganz einfach wie folgt:

Ist a der einfache Ausschlag, herausgemessen aus dem Diagramm und bereits dividiert durch die eingestellte Vergrößerung, d. h. z. B. bei Torsiogrammen bereits bezogen auf den Durchmesser d an der Meßstelle der zu untersuchenden Welle, so ergibt sich der zugehörige Ausschlag in Winkelgraden zu

$$\alpha = 360^0 \cdot \frac{a}{d\pi},$$

wobei a und d im gleichen Maßstabe zu messen sind.

Bei den sog. Torsiogrammen handelt es sich häufig darum, aus denselben die Beanspruchung der Wellenleitung festzustellen. Dies ist dann gut möglich, wenn an einen von beiden Wellenenden gemessen worden ist.

Im allgemeinen Falle wäre hierzu die Kenntnis der äußeren harmonischen Drehkräfte (von den Arbeitsdrücken in den Zylindern herrührend) und die Kenntnis der dämpfenden Kräfte (magnetelektrische Dämpfung usf.) nötig. Häufig handelt es sich jedoch nur darum, annähernd die maximalen Drehbeanspruchungen, welche beim Durchfahren von kritischen Drehzahlen auftreten, zu ermitteln. Dieselben sind in den zwischen den einzelnen Massen befindlichen Wellenstücken stark verschieden; man ist gewöhnlich zufrieden, die Drehbeanspruchung in dem am stärksten beanspruchten Wellenstück zu kennen.

Im nachstehenden soll ein sehr häufig vorkommender Fall behandelt werden, in dem die Ermittlung der auftretenden größten Drehbeanspruchung besonders einfach ist, und zwar die Anordnung: „Kolbenkraftmaschine mit direkt gekuppelter Dynamo".

In diesem Falle genügt es für eine angenäherte Ermittlung, für die in Frage kommende kritische Drehzahl die Schwingungsausschläge am Wellenende auf Dynamoseite zu ermitteln. Ist der Doppelausschlag A (cm), die am Torsiographen eingestellte Vergrößerung V, der Antriebsdurchmesser am Wellenende d (cm), so ist, bezogen auf den Durchmesser 100 cm, der einfache tatsächliche Ausschlag

$$a = \frac{A}{2V} \cdot \frac{100}{d} \text{ cm.} \tag{125}$$

Die minutliche Schwingungszahl ν läßt sich aus dem Torsiogramm ohne weiteres mit Hilfe der Zeitmarkierung ermitteln. Daraus ergibt sich die Winkelgeschwindigkeit der Schwingungen

$$\omega = \nu \cdot \frac{\pi}{30}.$$

Ist ferner das Schwungmoment des Dynamoankers Gd^2 in kgm², so ist seine dynamisch auf den Durchmesser 1 m reduzierte Masse

$$m = \frac{Gd^2}{981} \frac{\text{kg/sek}^2}{\text{cm}}.$$

Folglich ergibt sich die zugehörige Massenkraft zu $m \cdot \omega^2 \cdot a$.

Das dadurch auftretende Drehmoment ergibt sich also durch Multiplikation mit dem Hebelarm 50 cm zu

$$\begin{aligned} M_d &= m \cdot \omega^2 \cdot a \cdot 0{,}5 \text{ in mkg} \\ &= \frac{Gd^2}{981} \cdot \nu^2 \left(\frac{\pi}{30}\right)^2 \cdot \frac{A \cdot 100}{2 \cdot V \cdot d} \cdot 0{,}5 \\ &= \sim \frac{Gd^2 \cdot (\nu)^2 \cdot A}{3600 \cdot V \cdot d} \\ &= \sim Gd^2 (\nu')^2 \cdot \frac{A}{V \cdot d}, \end{aligned} \tag{126}$$

wenn unter ν' die Schwingungszahl pro „Sekunde" verstanden ist.

Aus dem Drehmoment ergibt sich ohne weiteres die wechselnde Drehbeanspruchung in dem zwischen dem letzten Zylinder und dem Dynamoanker befindlichen Wellenstücke. Zu dieser ist noch die durch das mittlere (gleichbleibende) Drehmoment entstehende zu addieren.

Dieselbe Rechnung bleibt auch anwendbar, wenn nach den Massen der Getriebeteile an Stelle des Dynamoankers eine andere Schwungmasse oder aber mehrere Massen folgen, dieselben aber so nahe beisammen sitzen und durch so kräftige Wellenstücke miteinander verbunden sind, daß die Schwingungsausschläge dieser Massen nicht wesentlich voneinander verschieden sind.

Ermittlung der Verdrehungsbeanspruchung aus den Torsiogrammen, wenn bei Kolbenkraftmaschinen nur am Wellenende auf Zylinderseite Torsiogramme abgenommen werden: In diesem Falle ist eine einfache Ermittlung möglich, wenn man sich mit der angenäherten Kenntnis der bei starken kritischen Drehzahlen auftretenden Drehbeanspruchungen begnügt. Voraussetzung ist, daß für die zu der betreffenden kritischen Drehzahl gehörende Eigenschwingungszahl bereits die sog. freie Schwingungsform verzeichnet ist.

Aus der freien Schwingungsform ist ohne weiteres die Stelle ersichtlich, wo die größte Drehbeanspruchung auftritt. Sie findet sich dort, wo die Schwingungsform die größte Neigung besitzt. Pro cm Länge sei dort der Unterschied in den Ausschlägen $a_1 + a_2$ (s. Abb. 276).

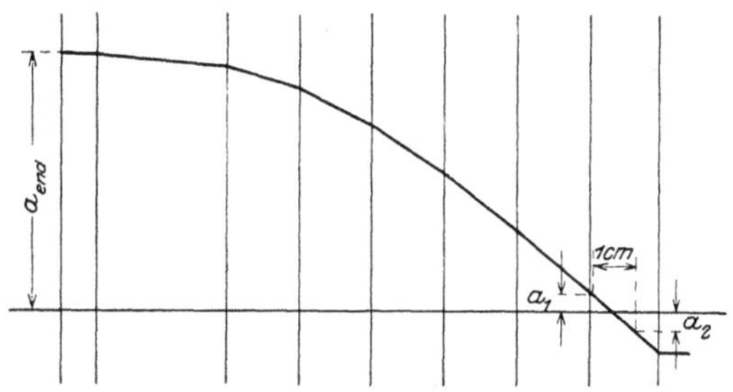

Abb. 276. Freie Schwingungsform, zur Ermittlung der Drehbeanspruchung benützt.

Der Ausschlag am Wellenende auf Zylinderseite in der freien Schwingungsform sei mit a_{end} bezeichnet. Sämtliche Ausschläge sollen sich auf den Halbmesser R (cm) und die Längen auf das der Konstruktion der freien Schwingungsform zugrunde gelegte polare Trägheitsmoment $J_{p\,\text{konst}}$ (cm^4) beziehen. Ist der Doppelausschlag im Torsiogramm mit A (cm) bezeichnet, so ergibt sich daraus der tatsächliche auf den Halbmesser R bezogene einfache Ausschlag zu

$$a_{\text{tats}} = \frac{A \cdot 2R}{2 \cdot V \cdot d} = \frac{A \cdot R}{V \cdot d},$$

wobei wieder V die eingestellte Vergrößerung und d den Durchmesser des Wellenstückes darstellt, an dem die Torsiogramme abgenommen wurden.

Die tatsächliche Verdrehung auf 1 cm Länge an der meist beanspruchten Stelle ergibt sich dann zu

$$\Delta a = (a_1 + a_2) \cdot \frac{\frac{A \cdot R}{V \cdot d}}{a_{\text{end}}}.$$

Daraus folgt der verhältnismäßige Verdrehungswinkel zu

$$\vartheta = \frac{\Delta a}{R} = \frac{a_1 + a_2}{a_{\text{end}}} \cdot \frac{A}{V \cdot d}.$$

Weicht an der betreffenden Stelle das tatsächlich polare Trägheitsmoment J_p von $J_{p\,\text{konstr.}}$ ab, so bezieht sich $\frac{\Delta a}{R}$ nicht mehr auf 1 cm Länge, sondern auf $1 \cdot \frac{J_p}{J_{p\,\text{konstr.}}}$ cm Länge.

Die wirklich durch die kritischen Schwingungen entstehende maximale Schubbeanspruchung folgt dann genügend genau zu

$$\tau_{\max} = \frac{\vartheta \cdot G \cdot D}{2} = \frac{(a_1 + a_2) \cdot A}{a_{\text{end}} \cdot V \cdot d} \cdot \frac{G \cdot D}{2}, \tag{127}$$

wobei G der Schubelastizitätsmodul und D der wirkliche Durchmesser des betreffenden Wellenstückes ist.

Für den Fall, daß in der Nähe des stärkst beanspruchten Wellenstückes die Durchmesser wesentlich voneinander abweichen sollten, ist nachzuprüfen, ob sich nicht an einer anderen Stelle als derjenigen, welche der steilsten Neigung der Schwingungsform entspricht, höhere Beanspruchungen ergeben.

Diese Art der Ermittlung hat zwar keinen Anspruch auf besondere Genauigkeit, weil in ihr auf die harmonischen Drehkräfte, die vom Arbeiten der Kolben herrühren, und auf die dämpfenden Kräfte keine Rücksicht genommen wird. Sie eignet sich daher nur bei starken kritischen Drehzahlen, wo die tatsächliche Schwingungsform der freien recht nahe kommt. Dabei erhält man ohne Berücksichtigung der harmonischen Drehkräfte und Dämpfungen Beanspruchungen, die ein klein wenig niedriger als die tatsächlichen sind.

Falls das Wellenende auf Zylinderseite leicht zugänglich und die freie Schwingungsform bekannt ist, empfiehlt sich diese Ermittlung namentlich für die in der Kurbelwelle auftretenden Beanspruchungen.

Ermittlung des Ungleichförmigkeitsgrades. Abgesehen von dem allgemeinen bereits auf S. 215 geschilderten Verfahren gibt es eine besonders einfache Methode, die aber nur für solche Fälle, in denen das Torsiogramm nicht erheblich von einer Sinuslinie abweicht, anwendbar ist:

Ist ω die Winkelgeschwindigkeit der Maschine und f die Anzahl der Schwingungen, die auf eine Umdrehung der Maschinenwelle kommen, so ist der Ungleichförmigkeitsgrad

$$\delta = \frac{a \cdot \omega \cdot f}{v_m}, \tag{128}$$

wobei a wieder die Gesamtwinkelabweichung in Metern darstellt.

Die Ermittlung der Beschleunigungen aus einem gegebenen Diagramm gestaltet sich dann besonders einfach, wenn es sich um Sinusschwingungen handelt. Ist in diesem Falle a der Ausschlag in mm, V die eingestellte Vergrößerung und ν die Schwingungszahl i. d. Minute, so wird die Beschleunigung in m/sek² bekanntlich

$$b = \frac{a}{V \cdot 1000} \cdot \left(\nu \cdot \frac{\pi}{30}\right)^2. \tag{129}$$

Handelt es sich um keine reine Sinusschwingung, sondern um eine Übereinanderlagerung von 2 oder mehr Schwingungen, so zerlegt man am besten das Diagramm nach den Regeln der harmonischen Analyse in die Einzelschwingungen und bestimmt, wie oben für dieselben angegeben, die Beschleunigungen, die man dann geometrisch addiert.

Die Ermittlung der Beschleunigungen nach dem sog. Tangentenverfahren aus einer Weg- oder einer Geschwindigkeitskurve ist weniger zu empfehlen, weil nur selten die Diagramme so groß und mit so großer Papiergeschwindigkeit verzeichnet werden, daß man die Tangenten genügend sicher anlegen könnte. Insbesondere gilt dies für die Wegkurve, da hierbei das Verfahren zweimal durchzuführen ist.

Bei Weg- oder Geschwindigkeitsdiagrammen, welche an einzelnen Stellen scharfe Spitzen aufweisen, lasse man sich nicht dadurch zu der Annahme einer unendlich oder mindestens sehr großen Beschleunigung verleiten, man wird, sofern man nur die Papiergeschwindigkeit entsprechend groß wählt, in den meisten Fällen finden, daß sich die scharfen Spitzen dann schön abrunden.

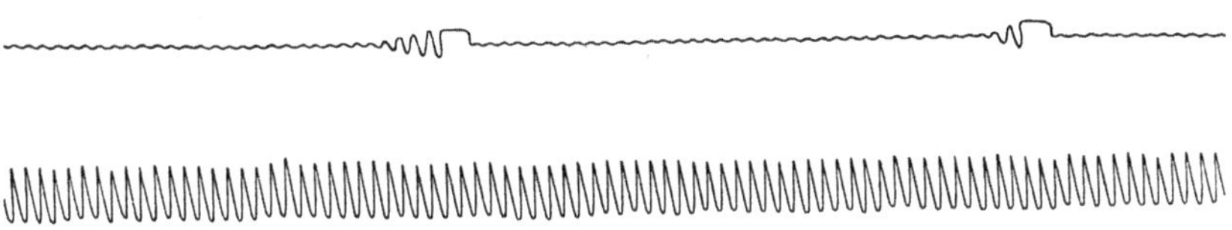

Abb. 277. Fehlerhaftes Diagramm, entstanden durch Abklappen des Schreibgestänges.

Einer Erörterung bedarf noch die Frage, ob und woran man an Diagrammen erkennt, ob dieselben fehlerhaft sind.

Soweit Reibung in Frage kommt, sind solche Diagramme sicherlich richtiger, bei denen ein zeitweises Aussetzen eintritt, als solche, bei denen die Diagrammlinien sehr dick geschrieben sind. Gerade bei Bleistift- und Silberstiftdiagrammen macht sich die Reibung oft recht störend bemerkbar.

Eine ungleichmäßige Bewegung des Papierbandes erkennt man leicht. Bei Zeitdiagrammen sind dann die Strecken für eine Periode (oder einen Takt, eine Umdrehung) verschieden groß; bei Hubdiagrammen (Indikatordiagrammen) betrachte man namentlich den Verlauf der Kompressionslinie, die keinen Buckel aufweisen darf.

Abklappen des Schreibgestänges infolge im Vergleich zu den auftretenden Beschleunigungskräften zu geringer Federkräfte ergibt folgendes typisches Bild (Abb. 277).

Hier sind auf der einen Seite scharfe Zacken, auf der andern sanfte Abrundungen. Die Zacken werden durch das plötzliche Auftreffen der Schreibgestängeteile aufeinander bewirkt, die Abrundungen sind eine Folge der Bewegungsumkehr infolge des Federdruckes. Es soll nicht gesagt sein, daß immer, wenn ein solches Diagramm sich zeigt, ein Abklappen in Frage kommt; man wird aber immer bei derartigen

Diagrammen das Meßgerät nachprüfen, ob nicht an irgendeiner Stelle ein Abklappen eingetreten sein konnte. Die Nachprüfung kann sowohl rechnerisch erfolgen durch Ermittlung der Massenkräfte des Schreibgestänges als auch experimentell durch Anschließen der beiden etwa abklappenden Teile des Schreibgestänges an eine elektrische Leitung und an einen Elektromagnet mit federndem Weicheisenstück und Schreibgefäß. In diesem Falle wird das Schreibgefäß auf einem Papierband solange eine gerade Linie schreiben, bis ein Abklappen und damit eine Stromunterbrechung eintritt.

Verbiegungen und Verdrehungen des Schreibgestänges kommen im allgemeinen nur bei schwach bemessenen Übertragungsteilen, bei zu der jeweiligen Biegungs- oder Drehungsachse exzentrischer Massenverteilung oder bei hohen Schwingungszahlen vor.

Einer besonderen Besprechung bedarf der Ausnahmefall der Resonanz mit einer Eigenfrequenz des Meßgerätes selbst. Sofern diese Eigenfrequenzen bekannt sind und es sich um periodische Schwingungen handelt, läßt sich im einzelnen Falle leicht durch Feststellung der Zahl der verzeichneten Schwingungen nachweisen, ob Resonanz vorliegt oder nicht.

Ein Diagramm ohne ungefähre Kenntnis der Eigenfrequenzen des Instrumentes hat nur einen außerordentlich zweifelhaften Wert und sollte für wichtige Schlußfolgerungen unter keinen Umständen verwendet werden, da es geradezu irreführend wirken kann. Für Instrumente, die wie der Dehnungsmesser ohne eine träge Masse arbeiten, genügt es aber zu wissen, daß im gegebenen Falle die niedrigste Eigenfrequenz des Instrumentes mindestens doppelt so hoch war wie die Zahl der registrierten Schwingungen. In welcher absoluten Höhe sie lag, ob 2- oder 4- oder 10mal so hoch wie diese Zahl, ist nicht mehr so wichtig. Freilich ist damit noch lange nicht gesagt, daß das Diagramm nun in allen Teilen richtig ist; es können in Wirklichkeit an dem zu untersuchenden Bauwerk auch Schwingungen vorkommen, die wesentlich rascher als die Eigenfrequenz des Meßinstrumentes wechseln und infolgedessen von demselben nicht mehr verzeichnet werden. Um nach dieser Richtung hin sicher zu gehen, wird man bei Instrumenten ohne träge Masse immer ein solches mit hoher Lage der Eigenfrequenz bevorzugen. Ebenso ist von 2 Diagrammen, die unter sonst genau gleichen Verhältnissen aber mit zwei Meßapparaten verschiedener Eigenfrequenz gewonnen wurden, dasjenige das richtigere, das mit dem Apparat mit der höheren Eigenfrequenz erhalten wurde. Sind die Eigenfrequenzen nicht bekannt, so wird man doch allgemein sagen können, daß dasjenige Diagramm, das die rascheren Schwingungen aufweist, das richtigere ist.

Abhilfemaßnahmen bei störenden Schwingungen.

Wie aus den Abschnitten über die praktische Untersuchung von Schwingungen ersichtlich ist, treten uns mechanische Schwingungen in vielen Fällen als recht unliebsame Störungen gegenüber. In allen diesen Fällen gilt genau wie in der Heilkunde:

Vorbeugen ist besser als Heilen.

Das heißt: Man sorge von vornherein durch zweckentsprechende Ausführung der betreffenden Anlage dafür, daß störende Schwingungen nicht auftreten.

Die Maßnahmen, die zu diesem Zwecke zu treffen sind, sind bei den verschiedenen Schwingungsarten verschieden, so daß wir am besten dieselben gesondert besprechen:

1. Drehschwingungen. Die beste Vorbeugungsmaßnahme ist die genaue Vorausberechnung der Verdrehungseigenfrequenzen und der zugehörigen kritischen Drehzahlen. Durch passende Bemessung der elastischen Längen und der Massen ist dafür zu sorgen, daß keine störende kritische Drehzahl in den Betriebsbereich fällt. Es sei ausdrücklich das Wort „störend" hervorgehoben, denn irgendeine ganz schwache Kritische wird bei jeder Anlage in den Betriebsbereich fallen, es spielt aber keine Rolle, wenn dadurch die sonstigen Beanspruchungen nur um $\sim$ 10 kg/cm^2 erhöht werden. Bei starken Kritischen ist natürlich dafür zu sorgen, daß der ganze Bereich, auf den sie sich ausdehnen, außerhalb des Betriebsgebietes liegt. Dieser Bereich kann unter Umständen ziemlich groß sein.

Die Frage liegt nahe, ob eine solche Verlegung der Kritischen aus dem Betriebsgebiet heraus allgemein möglich ist. Darauf ist zu antworten: Wenn man hinsichtlich der Dimensionierung der Massen und elastischen Längen noch durchaus freie Hand hat, wird man in fast allen Fällen in der Lage sein, die Kritischen außerhalb des Betriebsbereiches zu legen. Erfahrungen an vielen Hunderten von ausgeführten und später eingehend torsiographisch untersuchten Anlagen bestätigen dies. Freilich haben wir dabei zunächst stationäre Maschinen im Auge, bei denen der Betriebsdrehzahlbereich gewöhnlich klein ist (etwa $\pm$ 10 % der Betriebsdrehzahl). Bei Schiffsmaschinen, wo man innerhalb weiter Drehzahlgrenzen regulieren will, wird ein Verlegen störender Kritischer aus dem gesamten Drehbereich nicht immer möglich sein; es läßt sich aber auch für solche Anlagen wohl immer erreichen, daß eine störende Kritische nicht gerade auf irgendeine gebräuchliche Fahrtstufe, sondern z. B. zwischen halbe Last und Vollast fällt. Erfahrungsgemäß ist dies sogar bei ganz schwierigen Fällen wie den U-Bootskreuzern, bei denen es sich um sehr große Massenanzahl handelt, noch möglich.

Natürlich ist es unbedingt notwendig, eine solche Drehschwingungsrechnung möglichst frühzeitig, d. h. sobald das Projekt einigermaßen bestimmte Formen angenommen hat, durchzuführen. Es genügt dann in den meisten Fällen eine Länge zu ändern. Die Dimensionen der Kurbelwelle und die Gewichte der daraufsitzenden Triebwerksteile werden in den meisten Fällen durch andere Rücksichten gegeben sein, so daß eine Änderung an ihnen nicht in Betracht kommt. Dagegen wird sehr vielfach eine Änderung des auf die Kurbelwelle unmittelbar folgenden Wellenstückes, d. h. vom Kupplungsflansch bis zur nächsten großen Masse, z. B. dem Schwungrad oder einem Dynamoanker von großem Einfluß auf die Lage der Kritischen sein. Falls Änderungen in Frage kommen, wird man daher zunächst versuchen, dieses Wellenstück zu ändern. In solchen Fällen, wo dasselbe bereits äußerst kurz ist, wird man eine Verlängerung desselben oder, was unter Umständen auf das gleiche hinauskommt, den Einbau einer Zwischenwelle rechnerisch untersuchen. In Fällen, wo sich an Hand der Schwingungsform zeigt, daß die störenden Schwingungen sich nicht zwischen den Motormassen und der nächsten großen Schwungmasse, sondern zwischen 2 anderen Massen, etwa zwischen Schwungrad und Propeller oder Schwungrad und Dynamoanker abspielen, wird man versuchen, die elastische Länge des diese beiden Massen verbindenden Wellenstückes zu ändern. Da der Wellendurchmesser im Trägheitsmoment in der 4. Potenz zum Ausdruck kommt, so hat häufig schon eine geringe Änderung des Durchmessers, welche gar nicht auffällt, vollen Erfolg.

Ganz allgemein ist allerdings gewöhnlich zu vermeiden, große Massen in reichlichen Abständen voneinander anzuordnen. Damit soll nicht gesagt sein, daß in solchen Fällen eine günstige Lage der Kritischen sich nicht erreichen läßt, wohl aber, daß die Freihaltung des Betriebsbereiches hierbei schwieriger durchzuführen ist. Außerdem liegen hierbei allgemein die Kritischen tiefer, so daß ein Durchfahren derselben beim Anlassen und Abstellen notwendig ist. Wenn dasselbe für einen geschickten Maschinisten auch keine Schwierigkeiten bieten kann, so ist doch eine solche Anordnung vorzuziehen, bei der sämtliche stärkeren Kritischen über der Betriebsdrehzahl liegen und ein Durchfahren nicht in Betracht kommt.

Eine weitere Maßnahme besteht in der Veränderung der Schwungmassen. Im allgemeinen wird dieselbe nur in Betracht kommen bei Schwungrädern und bei Drehstromrotoren, die gleichzeitig als Schwungrad ausgebildet sind. Meistens bringt aber diese Maßnahme, wenn man sich nicht zu einer ganz weitgehenden Verkleinerung entschließt, nicht den gewünschten Erfolg. Es hängt dies damit zusammen, daß das Schwungrad gewöhnlich in der Nähe des Schwingungsknotenpunktes sitzt. Beim Zusammenfallen mit dem letzteren würde eine Änderung des Schwungrades überhaupt ohne jeglichen Einfluß sein. Eine Vergrößerung des Schwungrades bringt meistens fast nichts, weil dadurch der Knotenpunkt nur näher an das Schwungrad herangerückt wird. Eine Verkleinerung ist aber vielfach wegen anderer Rücksichten nicht möglich. Als solche kommen in Betracht, daß der Ungleichförmigkeitsgrad bzw. die Winkelabweichung nicht zu groß werden dürfen oder bei Drehstromanlagen, daß ein einwandfreier Parallelbetrieb möglich sein soll.

Eine Verlegung des Schwungrades in dem Sinne, daß dasselbe näher zum Motor oder der nächsten großen Schwungmasse hingerückt oder aber in größerem Abstand als ursprünglich vorgesehen davon angeordnet wird, ist dagegen häufig von ganz außerordentlichem Einfluß. Da diese Maßnahme schwingungstechnisch aber auf das gleiche hinausläuft wie die Änderung der Abmessungen des neben dem Schwungrad befindlichen elastischen Wellenstückes und letztere Maßnahme bereits besprochen wurde, so brauchen wir uns damit nicht länger aufzuhalten. Es sei daher nur noch bemerkt, daß unter Umständen eine Verlegung des gewöhnlich in der Mitte, z. B. zwischen Motor und Dynamo befindlichen Schwungrads an ein freies Wellenende in Betracht kommen kann.

Eine weitere Maßnahme wäre die Unterteilung des Schwungrades oder, um mich anders auszudrücken, die Anordnung eines Zusatzschwungrades, wobei man unter Umständen das Hauptschwungrad um das Schwungmoment des Zusatzrades kleiner dimensioniert. Ein solches Zusatzschwungrad bringt man zweckmäßig an einer solchen Stelle der Wellenleitung an, wo die Ausschläge bei den in den Betriebsbereich fallenden Kritischen besonders groß sind. Man erreicht oft durch verhältnismäßig kleine Rädchen schon den gewünschten Erfolg. Eine besonders geeignete Stelle ist das freie dem Schwungrad entgegengesetzte Ende der Kurbelwelle, wobei natürlich Vorausetzung ist, daß die Konstruktion bzw. die Forderung, die Maschine bedienen zu können, dort die Anbringung eines kleinen Schwungrades erlauben. Für andere Fälle kann besonders das freie, dem Motor entgegengesetzte Ende der Wellenleitung in Frage kommen. Es empfiehlt sich daher oft, die Welle über das letzte Lager noch ein Stück weit vorstehen zu lassen, um dort ein Zusatzrad aufsetzen zu können. Namentlich in solchen Fällen ist an diese Maßnahme zu denken, wo eine genaue Berechnung der Eigenfrequenzen unmöglich war, sei es, daß die Anlage zu verwickelt war oder daß die erforderlichen Rechnungsunterlagen — Massen und elastische Längen — nicht rechtzeitig zu erhalten waren. Endlich empfiehlt sich diese Maßnahme für Prüfstandsfälle, bei denen man nicht für jeden einzelnen Fall eine neue Zwischenwelle anschaffen möchte, sondern mit einigen wenigen Schwungrädern und einigen Zusatzrädern auskommen möchte.

Den gleichen Zweck wie mit Zusatzschwungrädern kann man auch in manchen Fällen durch Aufsetzen von Gegengewichten erreichen. Da hierbei die Gegengewichte nicht zum Massenausgleich der Triebwerksteile zu dienen haben, wird man die Gegengewichte hauptsächlich an den dem Schwungrad entfernt liegenden Kurbelschenkeln anbringen und bei raschlaufenden Maschinen mit vollem Massenausgleich darauf achten, daß auch die Gegengewichte selbst sich möglichst weitgehend ausgleichen. Die Gegengewichte brauchen für den vorliegenden Zweck natürlich nicht unbedingt in der üblichen Form ausgeführt zu werden, man kann auch eine solche wählen, die den Kurbelschenkel ganz oder zu $^3/_4$ seines Umfangs umschließt.

Freilich gilt allgemein sowohl bezüglich der Zusatzschwungräder als auch der Gegengewichte, daß man sich zu ihrer Anbringung nur dann entschließen wird, wenn durch die einfachere Maßnahme — zweckentsprechende Dimensionierung der bereits ohnehin notwendigen Massen und Längen — zu keinem brauchbaren Ziel gelangt. Allgemein werden eben durch solche Zusatzmassen die Kritischen erniedrigt und deshalb muß ein Durchfahren derselben, um auf die Betriebsdrehzahl zu kommen, in Kauf genommen werden. Es ist hierbei jeweils genau zu prüfen, ob nicht neue Kritische — etwa von der nächst höheren Eigenfrequenz — in den Betriebsbereich fallen. Ferner erschweren solche Zusatzteile oft die Zugänglichkeit zu andern Teilen; insbesondere gilt dies bei den im engen Kurbelgehäuse unterzubringenden Gegengewichten.

Eine Maßnahme, die nur bei Neuwahl einer Maschinentype erwogen zu werden braucht, besteht in der Wahl eines für Drehschwingungen günstigen Verhältnisses von Kolbendurchmesser zu Hub. Der Zweck dieser Maßnahme wird klar, wenn man bedenkt, daß durch eine Vergrößerung des Kolbendurchmessers das Gewicht der Triebswerksteile nicht besonders stark in die Höhe geht, daß aber durch die ermöglichte Verkleinerung des Hubes die auf einen gegebenen Abstand von der Drehachse quadratisch bezogene Masse wesentlich verkleinert wird. Von 2 Maschinen gleicher Art und Leistung aber verschiedenem Verhältnis von Hub zu Durchmesser wird jene mit dem kleineren Verhältnis auch die kleineren reduzierten Massen der Triebwerksteile und damit höhere Eigenfrequenzen aufzuweisen haben.

Eine weitere wichtige Maßnahme ist der Einbau einer elastischen Kupplung. Als solche sind die verschiedensten Systeme vorgeschlagen worden. Es würde zu weit führen, dieselben im einzelnen zu besprechen.

Die einfachste und rechnungsmäßig am besten zu überblickende Kupplung besteht in der Anordnung einer Hohlwelle, in der eine massive Welle sitzt, die am einen Ende fest mit der Hohlwelle verbunden ist. Das hindurchgeleitete Drehmoment fließt zunächst durch die Hohlwelle und dann in entgegengesetzter Richtung durch die massive Welle. Bei Zahnradantrieben ergibt diese Anordnung eine gute konstruktive Lösung. Sie hat sich auf Schiffen[1]) aber auch bei Wasserturbinen mit Erfolg bewährt. Ein Nachteil ist, daß abgesehen von der inneren Reibung im Wellenmaterial keinerlei Dämpfung vorhanden ist. Während also im eigentlichen Betriebsgebiet durch diese Anordnung sehr günstige, schwingungsfreie Verhältnisse erzielt werden, können sich doch die darunter liegenden kritischen Gebiete unter Umständen sehr stark ausbilden.

Eine andere, für mittlere Leistungen gut bewährte Ausführung besteht in der Verwendung der in der Abb. 278 dargestellten Blattfederkupplung. Auch diese läßt sich rechnungsmäßig vollständig erfassen, besitzt aber, abgesehen vom gedrängten Aufbau, erfahrungsgemäß den Vorteil, daß sich etwa zu durchschreitende kritische Gebiete nicht so stark äußern können, einerseits, weil etwa entstehende stärkere Schwingungen durch die Reibung der einzelnen Blattfedern aufeinander gedämpft werden, andererseits weil in der Abbildung nicht dargestellte Anschläge vorgesehen sind. Sowie diese Anschläge berührt werden, ist gewissermaßen an Stelle der elastischen Kupplung die starre getreten, bei welcher das Drehmoment nicht durch die Blattfedern, sondern die Anschläge und das Kupplungsgehäuse übertragen wird. Für dieses System würde die Eigenfrequenz je nach der Geschwindigkeit, mit der das Spiel zwischen den Anschlägen durcheilt wird, viel höher liegen, wie unter anderen aus dem Abschnitt über nicht harmonische Schwingungen folgt. Infolgedessen ist vom Moment des Anschlagens die Resonanz zwischen der Frequenz der erregenden Kraft und der Eigenschwingungszahl des Wellensystems und damit die Ursache für das Anwachsen der Ausschläge gestört.

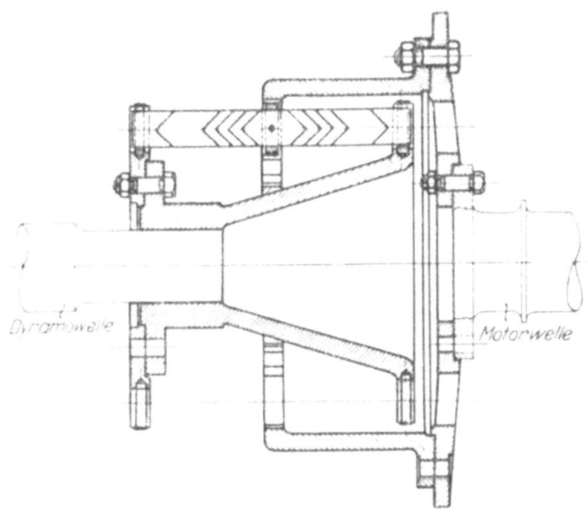

Abb. 278. Blattfederkupplung.

[1]) Siehe die Motorschiffe „Havelland“ und „Münsterland“.

Die sog. **Bibby-Kupplung**, die in Amerika namentlich angewendet wird, verfolgte den gleichen Zweck. Ein Stahlband ist in der in den Abb. 279—282 dargestellten Weise um zahnartige Vorsprünge der beiden Kupplungshälften in Schlangenwindungen herumgelegt. Solange kein Drehmoment durch die Welle fließt, berührt das Stahlband die Zähne an den am weitesten von einander abstehenden Stellen, d. h. die elastische Länge des auf Verbiegung und Zug beanspruchten Stahlbandes ist am größten. Wie aus den Abbildungen ohne weiteres erkennbar, wird sie um so kleiner, je größer das durchgeleitete Drehmoment ist, bis sich schließlich das Stahlband an die beiden einander unmittelbar gegenüberliegenden Zahnecken anlegt.

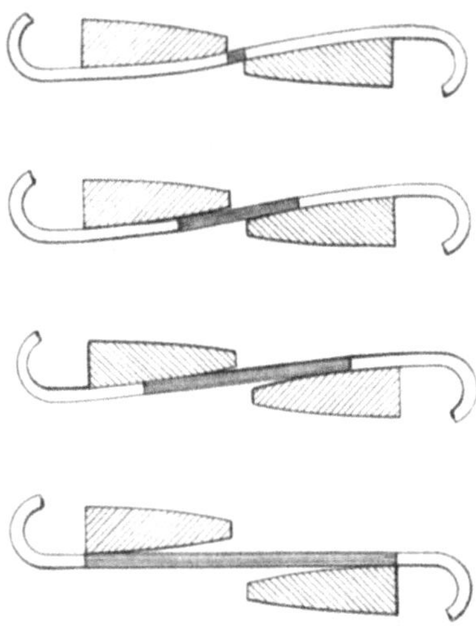

Abb. 279 bis 282. Schema der Wirkungsweise der Bibby-Kupplung.

Sowohl diese Kupplung als auch die zuvor erwähnte Blattfederkupplung können axiale Differenzen beider Wellen aufnehmen. Desgleichen vermag namentlich letztere Schiefstellungen der beiden Wellen und Bewegungen derselben in der Achsvorrichtung bis zu einem erheblichen Maße zu ertragen.

Abb. 283. Bei elektrischen Lokomotiven angewendete elastische Kupplung von Brown, Boveri & Co.

Eine weitere bei Schüttelschwingungen elektrischer Lokomotiven besonders bewährte Kupplung ist in Abb. 283 dargestellt. Bemerkenswert ist hier die Trennung der beiden Aufgaben: Federung und Dämpfung. Als Federn sind zylindrische Schraubenfedern verwendet, die fast gar keine Dämpfung besitzen. Für letzteren Zweck ist eine besondere Lamellendämpfung vorgesehen, die auch aus der Abbildung erkennbar ist.

Vielfach ist versucht worden, als elastisches Zwischenglied einen organischen Baustoff wie Holz, Leder oder Gummi zu verwenden. Diese

Materialien sollten meines Erachtens mit Vorsicht gebraucht werden, weil sich z. T. unter dem Einfluß von Feuchtigkeit ihre Elastizität ändert, insbesondere aber weil sie altern und ihr elastisches Verhalten durch das dauernde Hin- und Herbiegen beeinflußt wird. Außerdem haben diese Baustoffe eine verhältnismäßig niedrige Bruchgrenze, so daß eine damit ausgerüstete Kupplung sich nicht etwa kleiner baut als eine, bei welcher Stahlfedern irgendeiner Form zur Übertragung benutzt werden. Unbedingt sollte man sich davor hüten, Kupplungen, die lediglich zum Ausgleich von Wellenverlagerungen bestimmt sind, als Mittel gegen Torsionsschwingungen zu verwenden und wie es manchmal geschehen ist, die Kupplungsgröße dann nur entsprechend dem mittleren Drehmoment zu bemessen. Wenn man schon aus irgendeinem Grunde eine solche Kupplung in einem Sonderfalle anwendet, so sollte sie doch wenigstens für ein bedeutend größeres als das mittlere Drehmoment bemessen werden. Ferner sollte man infolge der zeitlichen Änderung des elastischen Verhaltens der bereits genannten Baustoffe derartige Anlagen nicht bloß bei Inbetriebsetzung, sondern auch später in regelmäßigen Abschnitten meßtechnisch untersuchen, da es sonst durchaus vorkommen kann, daß eine kritische Drehzahl, die bei neuer Kupplung über der Betriebsdrehzahl lag, infolge des Alterns des Übertragungsmittels nunmehr in den Betriebsbereich fällt.

Eine nur bei Mehrzylinder-Verbrennungskraftmaschinen in Betracht kommende Maßnahme besteht in der Wahl einer geeigneten Zündfolge im Verein mit einer entsprechenden Kurbelversetzung. Nehmen wir z. B. eine Achtzylinder-Viertaktmaschine her. Auch wenn man auf dem vollständigen Massenausgleich der Triebwerksteile besteht, sind verschiedene Kurbelversetzungen möglich. Außerdem sind aber für eine gegebene Kurbelversetzung mehrere Zündfolgen möglich, ohne daß der Forderung gleichmäßiger zeitlicher Abstände zwischen den einzelnen Zündungen Abbruch geschieht. Im Abschnitt „Der Einfluß gleich großer an verschiedenen Stellen angreifender Kräfte auf die Größe der Schwingungsausschläge" haben wir gesehen, daß es durchaus nicht gleichgültig ist, wo eine gegebene erregende Kraft angreift. Nehmen wir nun an, wir haben es mit einer erregenden Kraft zu tun, die an der einen Hälfte der Kurbelkröpfungen in einem gegebenen Moment im Uhrzeigersinn drehend wirkt, während sie an der andern Hälfte entgegen dem Uhrzeigersinn wirkt. Eine solche harmonische Kraft ist z. B. jener 6. Ordnung. Für den Fall, daß für die betreffende Eigenfrequenz der Knotenpunkt der Schwingung in der Mitte zwischen Kurbel 4 und 5 sich befindet und daß gleichzeitig zu der einen Hälfte die Kurbeln 1—4 gehören, während jene der andern Hälfte die Kurbeln 5—8 sind, werden sich die von jeder einzelnen harmonischen Kraft (6. Ordnung) herrührenden Ausschläge addieren und es entstehen verhältnismäßig starke Gesamtausschläge, d. h. die betreffende Kritische (6. Ordnung) wird sich ziemlich deutlich äußern. Nehmen wir andererseits an, die Harmonischen (6. Ordnung) wirken an den Kurbeln 1 und 4, 5 und 8 im Uhrzeigersinn, an den Kurbeln 2 und 3, 6 und 7 entgegengesetzt, so werden sich für den Fall, daß wieder der Schwingungsknotenpunkt in der Mitte liegt, die Ausschläge gegenseitig aufheben, bzw. es wird nur ein ganz schwacher Rest übrig bleiben.

Ähnliches gilt naturgemäß auch für andere Kritische, z. B. $5^1/_2$ter, $6^1/_2$ter und $7^1/_2$ter Ordnung bzw. für andere Mehrzylindermaschinen. Man hat es allgemein unbeschadet eines guten Massenausgleichs und eines günstigen Drehkraftdiagrammes durch entsprechende Zündfolge und Kurbelversetzung in der Hand, gewisse Kritische praktisch zum Verschwinden zu bringen.

Ein solcher Fall ist unter anderen in Werft Reederei Hafen 1925 von Dr. Bauer beschrieben. Auch in dem bereits vorher erschienenen Werk von Wydler: „Drehschwingungen an Kolbenmaschinen" ist bereits auf diese Möglichkeit nachdrücklich hingewiesen.

An weiteren, besonders interessanten Vorschlägen zur Vermeidung von störenden Drehschwingungen, die aber praktische Bedeutung noch nicht erlangt haben, sind zu nennen ein Vorschlag von Blaess und ein ähnlicher von Tolle, bei welchem ein Zusatzschwungrad nur während des Hindurchschreitens durch ein kritisches Drehgebiet hinzu- und hernach wieder abgekuppelt wird, wobei das Zu- und Abkuppeln auch automatisch durch einen Regler erfolgen kann, ferner die sog. Holzersche elastisch gekuppelte Zusatzmasse und ein ebenfalls elastisch gekuppeltes, am freien, dem Motor entgegengesetzten Ende der Wellenleitung angeordnetes Schwungrad (D.R.P. Nr. 298928).

Ferner sind eine ganze Anzahl von sog. Dämpfern vorgeschlagen worden. Dieselben hatten den Zweck, etwa entstandene Schwingungen dadurch zu dämpfen, daß sich ein Organ mit großem Ausschlag in einem ebenfalls rotierenden aber lose auf der Welle sitzenden zweiten Organ, das sich annähernd gleichförmig bewegen sollte, mit geringem Spiel hin- und herbewegt und sich hierbei an einer Flüssigkeit von großer Viskosität reibt oder dieselbe durch enge Öffnungen hindurchdrückt. Solche Dämpfer sind zwar versuchsweise ausgeführt worden, haben aber irgendeine Bedeutung nicht erlangt. Es hängt dies namentlich damit zusammen, daß sich, wie bereits erwähnt, die Beseitigung von kritischen Drehzahlen aus dem Betriebsbereich fast immer durch billigere, einfachere und betriebssicherere Mittel, d. h. durch entsprechende Bemessung der Massen und Längen erreichen läßt.

Endlich sei noch ein Mittel erwähnt, das allem Anschein nach in solchen Fällen, wo man nichts rechnen will oder kann oder aber wo man einen sehr großen Betriebsbereich auf seine ganze Länge frei von kritischen Drehzahlen bekommen will, trotzdem man es mit einer größeren Anzahl Massen zu tun hat, besonders aussichtsreich ist. Bei Automobilen und Lastwagen ist dasselbe vielfach bereits mit gutem Erfolg verwendet worden, und es steht zu erwarten, daß es auch bei großen Anlagen entsprechenden Nutzen bringt.

Hierbei wird an einer solchen Stelle, wo besonders große Ausschläge zu erwarten sind, z. B. an dem freien Kurbelwellenende ein kleines Schwungrad aufgesetzt. Das Schwungrad wird aber nicht mit der Welle fest verbunden, sondern wird, wie aus Abb. 284 hervorgeht, lediglich durch Reibung je mitgenommen. Der Reibungsdruck wird durch Federn erzeugt und kann nach den vorliegenden Verhältnissen beliebig gewählt werden. Solange nun außerhalb einer kritischen Drehzahl gefahren wird, genügt die Reibung zur Mitnahme des Schwungrades. In einer Kritischen sind dagegen die durch die hohen Winkelbeschleunigungen dem Schwungrad aufgezwungenen Trägheitskräfte so groß, daß die Reibung überwunden wird. Das Schwungrad rutscht, das System ist in 2 Teile zerrissen, die Wellenleitung ohne Schwungrad besitzt eine ganz andere, höhere Eigenfrequenz als mit Schwungrad, die Resonanz ist also gestört und damit die Ursache für die Ausbildung großer Ausschläge und gefährlicher Beanspruchungen vermieden. Sowie die Pendelungen und damit die Winkelbeschleunigungen wieder kleiner werden, faßt das Schwungrad von selbst wieder. Das Rutschen tritt also lediglich in starken Kritischen ein.

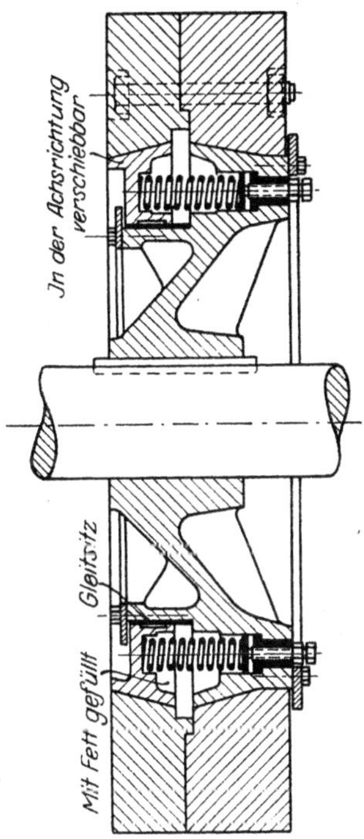

Abb. 284. Reibungs-Schwungrad zum Unschädlichmachen von kritischen Drehzahlen.

2. Biegungsschwingungen. Manche Maßnahmen, die wir bei Drehschwingungen kennen gelernt haben, können wir sinngemäß ohne weiteres auf Biegungsschwingungen übertragen. Insbesondere empfiehlt es sich auch hier neben der experimentellen Untersuchung bei der Inbetriebsetzung eine genaue Vorausberechnung der kritischen Drehgebiete, ganz gleichgültig, ob es sich um Schwingungen von Wellen oder z. B. von Turbinenfundamenten handelt. Der Einbau einer elastischen Kupplung, z. B. zwischen Turbinen- und Dynamowelle wird ebenfalls vielfach Vorteile bringen können. Natürlich ist eine solche elastische Kupplung nach ganz andern Gesichtspunkten aufzubauen als eine, welche, wie im vorigen Abschnitt, gegen Drehschwingungen elastisch sein soll. Eine solche Kupplung soll Verlagerungen, insbesondere aber Schiefstellungen beider Wellen zueinander gestatten.

Im Gegensatz zu Drehschwingungen ist man endlich bei Biegungsschwingungen rotierender Wellen in der Lage, in weitgehendem Maße auf eine Verringerung der erregenden Kräfte durch sorgfältiges Auswuchten sämtlicher rotierender Teile hinzuarbeiten. Die Forderung eines guten Auswuchtens ist in neuester Zeit immer mehr als berechtigt anerkannt worden. Sowohl durch die Hortsche als auch durch die Lawaczerk-Heymannsche Auswuchtmaschine und die im Zusammenhang damit erschienenen Veröffentlichungen ist die Technik nach dieser Richtung hin wesentlich gfördert worden.

Bei Biegungsschwingungen von Fundamentbalken, Maschinenständern, Schiffen u. dgl. wird man danach trachten, die Eigenfrequenz durch zweckentsprechende Versteifung so hoch zu legen, daß die Betriebsdrehzahl sicher frei von kritischen Erscheinungen ist. Es würde zu weit führen, die Art der möglichen Versteifungen näher zu erläutern, es hängt dies zu sehr von der Art des einzelnen Falles ab und ist im allgemeinen, so wie die Eigenfrequenzen nicht nur experimentell, sondern auch rechnerisch ermittelt wurden, unschwer zu entscheiden. In gewissen Fällen kann umgekehrt auch eine Verschwächung eines Teiles Erfolg bringen, doch sollte man nach dieser Richtung hin etwas vorsichtig sein, da sonst vielleicht eine neue Kritische in den Betriebsbereich gelangt oder die Beanspruchungen durch die normalen Betriebskräfte zu hoch werden. Voraussetzung ist natürlich allgemein vorherige vollständige Klarheit über die Ursache.

Solange diese nicht zweifelsfrei vorhanden ist, sollte man lieber von Abänderungen absehen. Ich kenne eine Anzahl Fälle aus der Praxis, wo in ungenügender Kenntnis der Ursache teure Abänderungen getroffen wurden, die nicht bloß hinausgeworfenes Geld darstellten, sondern auch insofern oft Schaden stifteten, als sie zu vollständig irrigen Meinungen verleiteten. Auch dann, wenn bereits klar ist, daß es sich z. B. um kritische Biegungsschwingungen eines Fundamentteiles handelt, sollte man nicht ohne weitere Rechnung Versteifungen anbringen, da es bei verkehrter Anbringung derselben schon vorgekommen ist, daß man aus ihrer Wirkungslosigkeit den Schluß zog, es können doch keine Biegungsschwingungen sein.

Zu den Biegungsschwingungen gehören bis zu einem gewissen Grade auch die **Häuservibrationen.** Hier wird häufig versucht, durch Ziehen eines tiefen Grabens zwischen Kraftmaschine und erschüttertem Haus die Übertragung der Erschütterungen zu verhindern. Diese Maßnahme ist, wie sich mehrfach im großen gezeigt hat, völlig nutzlos. Sogar auch dann, wenn zwischen dem betreffenden Haus und der störenden Maschine ein breiter und tiefer Fluß sich befindet, pflanzen sich solche Erschütterungen fort. In solchen Fällen freilich, wo zwischen dem Haus und dem Maschinenfundament eine direkte steife Verbindung — etwa durch durchgehende Profilträger oder durch Mauerwerk — besteht, wird man durch eine Trennung dieser Verbindung eine Abschwächung der Erschütterungen in dem betreffenden Hause erwarten können.

Als weitere Abhilfemaßnahme sei der Einbau einer Isolierschicht zwischen Maschinenfundament und Fundamentsohle besprochen. Bei kleinen und schließlich auch bei mittleren Anlagen (Nähmaschinen, Stanzen, Pressen, Hobelbänke und dgl.) wurden damit wiederholt Erfolge erzielt. Bei großen Fundamenten mit Maschinen von mehreren hundert Pferdestärken sind dagegen ähnliche Erfolge noch nicht sicher nachgewiesen worden. Denn es beweist nichts, wenn bei einer großen Anlage, unter deren Fundament von Anfang an eine Isolierschicht eingebaut war, keine störenden Erschütterungen in der Nachbarschaft auftreten. Trotzdem soll von Isolierschichten auch bei großen Anlagen nicht abgeraten werden. Sie halten das Grundwasser vom Fundament ab und vermeiden namentlich die Übertragung von Geräuschen bzw. raschen Erschütterungen durch Bodenschall. Außerdem kann der Besitzer einer Kraftmaschinenanlage, welche trotz Einbau einer Isolierschicht Häuser erschüttert, vor Gericht wenigstens nachweisen, daß der alles getan und keine Kosten gescheut hat, um die Übertragung von Erschütterungen zu verhindern.

Als nächste Abhilfemaßnahme wäre an eine Vergrößerung des Fundamentes zu denken. Dieselbe verspricht nach meinen Erfahrungen nur in folgenden Ausnahmefällen Erfolg: 1. Wenn es sich nicht darum handelt, die Erschütterungen in der Nachbarschaft, sondern am Fundament selbst zu verringern. 2. Wenn es gelingt, das Fundament dadurch auf tragfähigen Baugrund herabzuführen. In diesem Fall kann namentlich die Anwendung eines Pfahlrostes in Frage kommen.

Eine Radikalkur ist es, die Kraftmaschine an einen andern Ort zu verlegen.

Eine andere viel billigere Kur die aber nur gewisse Mehrzylindermaschinen zulassen, ist die Wahl einer andern Kurbelversetzung. Sie läuft darauf hinaus, die erregenden Kräfte zu beseitigen. Stellt man z. B. die Kurbeln einer Vierzylinder-Viertaktmaschine unter 90^0 statt wie üblich unter 180^0, baut man also eine neue Kurbelwelle ein, so werden dadurch die freien Massenkräfte völlig beseitigt. Es kommen allerdings neue Momente dazu, die aber erfahrungsgemäß kaum schädlich wirken. Daß allgemein Momente für die Fortpflanzung von Erschütterungen viel weniger in Betracht kommen, läßt sich auch theoretisch leicht einsehen. Bei Massenkräften bewegt sich auch der Schwerpunkt und es findet eine wechselweise Verdrängung von Erdreich statt. Bei Massendruckmomenten bleibt der Schwerpunkt in Ruhe. Dem auf der einen Seite der Fundamentgrundfläche verdrängten Erdreichvolumen steht ein ebenso so großes freigegebenes Volumen auf der andern Seite gegenüber.

In Sonderfällen kann man sich durch verhältnismäßig einfache Mittel helfen. Stellt sich z. B. auf Grund aufgenommener Vibrogramme heraus, daß das erschütterte Haus bei der normalen Maschinendrehzahl gerade in Resonanz ist, so genügt es oft, die Drehzahl nur um wenige Umdrehungen zu ändern insbesondere zu erniedrigen, um die Erschütterungen so weit zu verkleinern, daß sie nicht mehr störend wirken. Man muß hierbei nur aufpassen, daß bei der neuen Drehzahl nicht etwa ein anderes Haus in Resonanz ist.

Bei mehreren Drehstromanlagen, die unter sich parallel arbeiten, kann man sich auch dadurch helfen, daß man die Maschinen elektrisch so zusammenschaltet, daß die Massenkräfte der verschiedenen Maschinen sich gegenseitig aufheben oder wenigstens entgegenarbeiten.

Allgemein ohne Änderung der Antriebsmaschine anwendbar und zugleich wissenschaftlich am befriedigendsten ist die Aufhebung der freien Massenkräfte durch eine sogenannte Ausgleichvorrichtung. Sie besteht aus zwei exzentrischen, um parallele Achsen entgegengesetzt umlaufenden Massen, die, wie man leicht erkennt, eine sinusförmig wechselnde Massenkraft erzeugen. Kuppelt man die Ausgleichsvorrichtung so mit der Kraftmaschine, daß ihre Massenkräfte bestimmten gleich großen Massenkräften der Maschine entgegengesetzt sind, so kann man die Wirkung der letzteren auf die Umgebung unschädlich machen.

Welche Massenkräfte eine solche Vorrichtung ausgleichen soll, darüber können nur in den erschütterten Häusern aufgenommene Diagramme Aufschluß geben. Gewöhnlich treten bei Maschinen neben freien Massenkräften 1. Ordnung solche 2. Ordnung — also 2 mal pro Umdrehung wechselnd — auf. Zeigen die Diagramme sowohl Schwingungen 1. als auch 2. Ordnung, so wird die Ausführung einer solchen Vorrichtung, da dann beide Massenkräfte auszugleichen sind, etwas teuer und umfangreich. Wie bereits bemerkt, treten aber störende Erschütterungen häufig dann auf, wenn die betreffenden Häuser in Resonanz sind; unter den beiden Resonanzfällen, die in erster Linie in Betracht kommen, spielt erfahrungsgemäß bei großen Maschinen die Resonanz mit der Wechselzahl der Massenkräfte 2. Ordnung die Hauptrolle, trotzdem dieselben entsprechend der im Vergleich zum Kurbelradius 4—5 mal größeren Länge der Treibstange nur $^1/_4$—$^1/_5$ der Massenkräfte 1. Ordnung betragen. Es hängt dies eben damit zusammen, daß die Eigenfrequenz mancher Häuser in der Gegend zwischen 250 und 500, nicht leicht aber unter 250/min liegt. Hat man nun auf Grund der Diagramme nachgewiesen, daß es sich um reine Schwingungen 2. Ordnung handelt, so braucht man sich um die Massenkräfte 1. Ordnung gar nicht zu kümmern, sondern nur die vielmals kleineren Massenkräfte 2. Ordnung ausgleichen.

Eine Maschine mit einer solchen Ausgleichsvorrichtung ist in Abb. 285 dargestellt. Die Vorrichtung selbst ist direkt vor dem Maschinenrahmen in der Mitte des Bildes. Wie man sieht, leidet das Aussehen der Maschine keineswegs trotz der nachträglich angebauten Vorrichtung.

Abb. 285. Ausgleichvorrichtung für die Massenkräfte 2. Ordnung, an einer liegenden Dieselmaschine angebracht.

Derartige Anlagen sind in mehreren Fällen ausgeführt worden und haben, trotzdem die fünfmal größeren Massenkräfte 2. Ordnung in keiner Weise geändert wurden, vollen Erfolg gebracht.

Erkennt man auf Grund der aufgenommenen Vibrogramme, daß es sich um reine Schwingungen 1. Ordnung handelt, so genügt es, die Massenkräfte 1. Ordnung auszugleichen. Weil dieselben viel größer als jene 2. Ordnung sind, wird auch die zugehörige Ausgleichsvorrichtung beträchtlich größer.

Bei **Pendelungen von Reglern** kommen, vorausgesetzt, daß der Regler als solcher in Ordnung befunden wurde, folgende Maßnahmen in Betracht:

1. Änderung, insbesondere Vergrößerung des Ungleichförmigkeitsgrades des Reglers.

2. Vergrößerung der Stellzeugmasse.

3. Einbau einer Dämpfung.
4. Änderung der Verzögerungszeit.

Die Vergrößerung des Ungleichförmigkeitsgrades bewirkt — schwingungstechnisch ausgedrückt — eine Erhöhung der Eigenfrequenz und außerdem sind zur Erzeugung größerer Ausschläge d. h. größerer Stellzeugsschwankungen größere Drehzahlschwankungen notwendig.

Im entgegengesetztem, d. h. eine Erniedrigung der Eigenfrequenz bewirkenden Sinne arbeitet eine Vergrößerung der Stellzeugmasse.

Der Einbau einer Dämpfung in Form einer Ölbremse hat in sehr vielen Fällen sich als besonders wirksame für sich allein ausreichende Maßnahme gezeigt. Die richtige Einstellung des Drosselquerschnittes einer solchen Bremse sollte immer an Ort und Stelle erfolgen. Einerseits muß die Drosselung so stark sein, daß die störenden Pendelungen verschwinden; andererseits darf die Drosselung aber noch nicht zu stark sein, damit bei etwaiger plötzlicher Entlastung von Vollast auf Leerlauf d. h. bei Dynamoanlagen beim Auslösen eines Schalters die Drehzahl nicht zu hoch über die normale Drehzahl steigt. Welche Drehzahlsteigerung zulässig ist, hängt ganz von der Art der jeweils in Frage kommenden Maschinen ab. Man wird immerhin bei Kraftmaschinen, die mit Dynamos gekuppelt sind, nicht gerne mehr als 20 vH vorübergehende Drehzahlsteigerung — bezogen auf die der Normallast entsprechende Drehzahl zulassen. Um eine kräftige Dämpfung erzielen zu können, ohne im Falle plötzlicher Entlastung zu hohe Drehzahlsteigerung befürchten zu müssen, habe ich vor längerer Zeit eine Ölbremse ausgeführt, welche mit einer besonderer Einrichtung mit 2 selbsttätigen Ventilen versehen ist. Durch dieselbe wird erreicht, daß die dämpfende Kraft nur bis zu einer gewissen Schwingungsgeschwindigkeit ansteigt, alsdann aber infolge Öffnens der Ventile und Freigabe eines großen Querschnittes in der Verbindungsleitung zwischen beiden Kolbenseiten der Bremse praktisch konstant bleibt. Diese Bremse hat sich sehr gut bewährt.

Allgemein ist bei Ölbremsen besonders darauf zu acheten, daß beim Einfüllen des Öles wirklich alle Luft aus der Ölbremse entfernt ist, da sonst dieselbe bei kleineren oder mittleren Ausschlägen des Kolbens nicht wirkt. Eine richtig eingefüllte Ölbremse muß beim Ziehen von Hand zügig gehen.

Ferner ist in gewissen Zeitabständen nachzuprüfen, ob die Ölbremse immer noch richtig arbeitet, ob nicht Luft hineingelangt oder das darin befindliche Öl verharzt ist.

Die Anordnung einer auf mechanischer Reibung beruhenden Bremse kann, trotzdem in gewissen Fällen damit Erfolge erzielt wurden, nicht empfohlen werden. Als Haupteinwand kann man geltend machen, daß hierbei zu einer gegebenen Belastung der betreffenden Maschine nicht eine ganz bestimmte Drehzahl, sondern vielmehr ein je nach der Größe der Reibung mehr oder weniger großer Drehbereich in Frage kommt, innerhalb dessen die Maschine von der Einwirkung des Reglers unabhängig ist.

Eine Änderung der sogenannten Verzögerungszeit kommt nur bei elektrisch parallelarbeitenden Maschinen in Frage. Wenn diese Verzögerungszeit ungefähr die Hälfte der elektrischen Eigenschwingungsdauer beträgt und sie sich ohne größere bauliche Maßnahmen an der Maschine auf ein Viertel derselben verkürzen oder bis auf 3 Viertel verlängern läßt, kann sie erhebliche Erfolge bringen bzw. die Pendelungen praktisch völlig beseitigen. Ob sich eine solche Veränderung der Verzögerungszeit durchführen läßt, hängt ganz von der Natur der betreffenden Maschine ab. Es sei daher nur als Beispiel angeführt, daß man bei einem Einzylinder-Viertaktdieselmotor mit Drucklufteinspritzung das Öl durch die Brennstoffpumpe in das Einspritzventil sowohl unmittelbar nach Beendigung der vorhergehenden Einblasung als auch kurz vor Beginn der zu dem Brennstoffpumpenhub gehörenden Einblasung überpumpen kann. Zwischen diesen beiden extremen Möglichkeiten liegt eine Zeit von etwa $1^1/_2$ Umdrehungen oder, wenn wir uns auf häufig vorkommende Lagen der elektrischen Eigenfrequenz beziehen, eine Zeit von $\sim$ 0,375 einer elektrischen Schwingungsdauer $= 135^0$. Man erreicht also in diesem besonderen Falle durch diese Maßnahme allein bereits eine sehr beträchtliche Veränderung der Verzögerungszeit.

Nutzbringende Anwendung von mechanischen Schwingungen.

Im Abschnitt „Meßgeräte“ wurden bereits in gewissem Sinne eine große Reihe derartiger Anwendungen und gerade besonders wichtiger gezeigt.

Das wichtigste und wohl am häufigsten angewendete zusammengesetzte Meßgerät dürfte die Uhr sein. Sie ist auch zweifellos das erste, bei welchem Schwingungsgesetze systematisch verwendet wurden. Das Uhrpendel, dessen Schwingungsdauer nur von seinen Abmessungen abhängt, regelt das Zeitmaß. Eine Verkürzung desselben ruft bekanntlich ein Schnellergehen, eine Verlängerung ein Langsamergehen der Uhr hervor. Um seine Schwingungsdauer genau gleichmäßig zu halten, wurden sogenannte zusammengesetzte Kompensations-Uhrpendel — Rostpendel — angewendet, die aus zwei verschiedenen Metallen mit verschiedenem Wärmeausdehnungskoeffizienten bestehen, deren Längen so gewählt sind, daß die Pendellänge genau gleich bleibt. Bei Taschenuhren und Schiffschronometern tritt an Stelle des durch die Schwerkraft in seine Gleichgewichtslage zurückgeführten Pendels die Unruhe, welche aus einer durch eine sogenannte Uhrspiralfeder um eine bestimmte Gleichgewichtslage schwingenden Schwungmasse besteht, welche zur Erzielung kleinster Reibung als Ring, d. h. als Körper von möglichst großem Trägheitsmoment bei gegebenem Gewicht ausgeführt ist.

Im Gegensatz zu dieser ältesten ausgesprochen aktiven Anwendung bei der Uhr steht eine erst in allerjüngster Zeit bekannt gewordene passive Anwendung beim sogenannten Pimeter oder Mitteldruckindikator. Dieses Instrument hat den Zweck, den mittleren auf den Hub bezogenen Druck im Zylinderinnern von Kolbenkraftmaschinen unmittelbar auf einer Skala anzuzeigen. Dies geschieht dadurch, daß vom Zeiger direkt der mittlere auf die Zeit bezogene Druck angezeigt wird und die Skala so eingerichtet ist, daß sich mit Hilfe dieses Zeigers unmittelbar der mittlere auf den Hub bezogene Druck ablesen läßt. Auf die Einteilung der Skala, die für jedes Kraftmaschinenverfahren eine andere ist, kommt es für unsere Zwecke nicht an. Wichtig ist aber, daß es bei diesem Pimeter gelingt, eine nahezu gänzlich ruhige und doch vollkommen genügend reibungsfreie Einstellung des Zeigers herbeizuführen, trotzdem über den mittleren Kolbendruck sich Drücke lagern, die bis zu 50 mal stärker sind als der mittlere Kolbendruck. Die angewendeten Mittel sind verhältnismäßig einfacher Natur, Abb. 286. Mit dem Indikatorkolben K wird durch stark vergrößernde Übersetzungen H, Z eine hinreichend große Schwungmasse verbunden und auf diese Weise eine ganz niedrige Eigenfrequenz erzielt. Infolgedessen spricht trotz der starken Vergrößerung am Zeiger, welche Druckdifferenzen von $^1/_{200}$ at noch erkennen läßt, derselbe auf die Druckschwankungen der Kraftmaschine auch dann kaum mehr an, wenn diese eine verhältnismäßig niedrige Drehzahl besitzt. Um die Schwankungen noch weiter zu reduzieren, ist eine Öldämpfung angewendet, welche in dem sehr eng gehaltenen Spalt zwischen dem Schwungrad und einem dasselbe ganz umgebenden Gehäuse zur Wirkung kommt. Ähnlich sozusagen passive Anwendungen schwingungstechnischer Grundsätze finden sich auch bei manchen elektrischen Meßinstrumenten nur mit dem Unterschied, daß dort die schwankenden Kräfte im Vergleich zur mittleren Kraft bei weitem nicht so stark sind wie bei dem Pimeter.

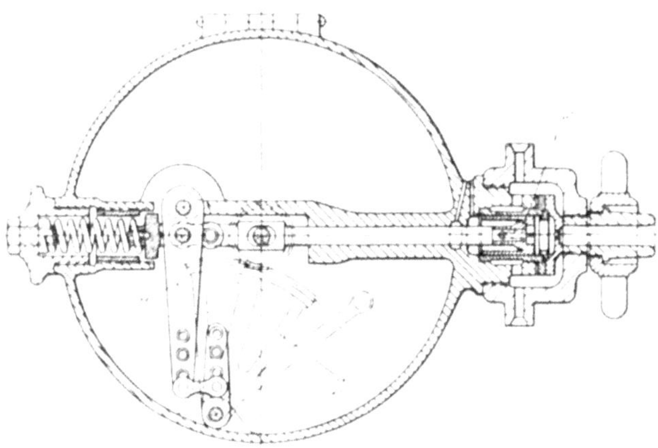

Abb. 286.

Die bedeutendste und häufigste Anwendung von Schwingungen machen wir, allerdings ohne daß wir uns dessen bewußt werden, beim Gehen mit unsern Beinen. Jeder Mensch geht nämlich, wenn er am mühelosesten geht, gerade im Takt der Eigenfrequenz seiner Beine; das Kind bewegt die Beine der kürzeren Länge wegen rascher als der Erwachsene. Natürlich ist diese Anwendung eine rein gefühlsmäßige und empirische: Wir gehen ganz einfach so, wie es uns am wenigsten Mühe macht, und das ist, wie sich theoretisch unter Berücksichtigung der Dämpfung und Reibung zeigen läßt, das Gehen im Eigentakte der Beine. Wenn wir rascher vorwärts kommen wollen, ersetzen wir das Gehen ganz von selbst durch das Laufen, das aber nur unter erheblichem Kraftaufwand möglich ist. Auch hierbei machen wir, wenn auch ebenfalls unbewußt, von Schwingungserscheinungen Gebrauch: Wir lassen nicht wie beim Gehen die Beine annähernd gestreckt, sondern ziehen sie kräftig an den Körper bezw. — und darauf kommt es in diesem Falle an — an den Drehpunkt, das Hüftgelenk, heran. Die Folge ist, daß die Pendellänge bedeutend verkürzt, d. h. die Eigenschwingungsdauer verkleinert wird. Dadurch wird die schnellere Bewegung der Beine und damit das raschere Vorwärtsbewegen ermöglicht, ohne daß wir so viel Kraft aufwenden müssen, als wenn wir auf dieselbe Weise wie beim Gehen also mit nahezu gestreckten Beinen vorwärts kommen wollten.

Natürlich geschieht auch dieser Vorgang ohne schwingungstheoretische Kenntnisse lediglich nach dem Gefühl, wie es uns am wenigsten anstrengt.

Daß in allen jenen Fällen, wo unser Gefühl mitspielt, bzw. wo wir selbst die aufzuwendende Arbeit liefern, dasselbe uns zu schwingungstheoretisch durchaus richtigen Bewegungen führt, sehen wir am Beispiel der Kirchenglocke und der Schaukel. Auch wenn ein Knabe noch nie am Strange einer Glocke gezogen hat, so wird er doch schon nach wenigen Sekunden ganz von selbst wenigstens bei größeren Glocken, wo eine gewisse Kraft aufzuwenden ist, im Takte der Eigenfrequenz dieser Glocke ziehen, weil er eben fühlt, daß es so viel leichter geht.

Genau so wird ein einzelner auf einer Schaukel sitzender Junge die zusätzlichen Bewegungen, die notwendig sind, um die Schaukel in Schwingung zu erhalten, von Anfang an im Sinne des Eigentaktes des Massensystems: Schaukel-Junge ausführen.

Eine ebenfalls sehr wichtige aber ebenso der Hauptsache nach gefühlsmäßige Anwendung der Lehre von den mechanischen Schwingungen kommt bei den Musikinstrumenten vor. Bei allen Streichinstrumenten haben wir es mit den sogenannten Reibschwingungen zu tun, über die bereits an anderer Stelle berichtet wurde.

Der Berliner Ingenieur Schieferstein hat neuerdings versucht, durch Anwendung schwingungstechnischer Grundsätze sozusagen den ganzen Maschinenbau umzuändern und das Resonanzprinzip an Kraft- und Arbeitsmaschinen und sonstigen Vorrichtungen aller Art anzuwenden. Wenn man an das zuvor geschilderte Beispiel der Glocke denkt, so liegt es sicherlich außerordentlich nahe, bei mechanisch angetriebenen Läutwerken das Resonanzprinzip anzuwenden, d. h. den Antrieb so zu gestalten, daß die Glocke rhythmische Anstöße in der Periode des Eigentaktes erhält. Doch wie in vielen anderen Fällen ist auch hier vom Gedanken bis zum Gelingen ein mühevoller Weg. Noch viel schwieriger ist natürlich die Anwendung des Resonanzprinzips bei Arbeits- und namentlich bei Kraftmaschinen. In beiden Fällen scheint Schieferstein die Hauptschwierigkeiten noch nicht überwunden zu haben, insbesondere hat man von einer Anwendung auf Kraftmaschinen, die Schieferstein bereits im Jahre 1923 fest vorhatte, nichts gehört. Damit soll nicht gesagt sein, daß die Anwendung des Resonanzprinzips als solche ganz allgemein eine verkehrte Sache wäre, es mag manche Fälle wie etwa im Uhren- oder Instrumentenbau geben, wo sich wohl eine Verbesserung heute bestehender Ausführungen denken läßt. Wer aber allgemein ein solches Prinzip auf die ganze Technik anzuwenden gedenkt, geht zu weit und übersieht die am Wege liegenden Hindernisse ebensosehr als die Tatsache, daß andere Gesichtspunkte oft von ausschlaggebenderer Natur sind.

Bei einer Kraft- und Arbeitsmaschinenbauart ist übrigens bereits im Jahre 1912 das Resonanzprinzip verwendet worden, bei der in England ausgeführten Humphreypumpe. Eine ausführliche Beschreibung derselben findet der Leser in der Zeitschrift des Vereins deutscher Ingenieure, Jahrgang 1913, S. 885 und 942. Im gleichen Jahrgang ist auch die Theorie dieser Pumpe behandelt. Wir wollen uns hier kurz fassen: Es handelt sich um einen Viertaktgasmotor, bei dem aber die Verbrennungsgase ihre Arbeit nicht wie sonst allgemein üblich an einen zwangläufig hin und her bewegten Kolben, sondern an eine in zwei kommunizierenden Röhren frei hin und her schwingende Wassersäule abgeben. Diese Wassersäule wird durch die Gasexplosionen in Schwingungen versetzt und steuert direkt nicht nur die Pumpen-Saug- und Druckventile, sondern auch die Gasventile — Gemischeinlaß und Auspuffauslaß — und die Zündung auf der Gasmotorseite. Die Schwingungszahl dieser Pumpe, welche Bezeichnung wir hier an Stelle des sonst üblichen Ausdruckes Drehzahl setzen müssen, war sehr niedrig, so daß die Fördermenge der Pumpe in Anbetracht ihrer gewaltigen Abmessungen keineswegs hoch war. Von einem Weiterbau derartiger Pumpen hat man nichts mehr gehört.

Zum Schlusse sei noch der Wuchtförderer[1]) von Heymann angeführt. Als Antriebsmaschine dient ein Elektromotor, der mit einer gewissen Unbalanz behaftet ist. Sein Gehäuse ist elastisch mit der Förderbahn bezw. dem Fördergut verbunden, wobei die Eigenfrequenz des aus den 3 Massen (Elektromotor einerseits, Förderbahn und Fördergut andererseits) bestehenden schwingungsfähigen Systems so gewählt ist, daß sie mit der Motordrehzahl ganz oder nahezu zusammenfällt. Dabei läßt sich durch entsprechende Wahl der Massen des Elektromotors bezw. der Förderbahn erreichen, daß der Einfluß der Masse des Fördergutes auf die Lage der Eigenfrequenz von untergeordnetem Einfluß ist, so daß also der Wuchtförderer sowohl bei voller Beschickung als auch bei Leerlauf annähernd gleich gut arbeitet. Infolge der Anwendung der Resonanz ist der Kraftbedarf eines derartigen Wuchtförderers ganz erstaunlich gering. Dem Verschleiß ausgesetzte Teile sind außer den Lagern des Antriebsmotors nicht vorhanden.

---

[1]) Beschrieben in der Z. V. d. I. 1926.

Abfederung von Fahrzeugen.

Eine hervorragend wichtige aber größtenteils empirische Anwendung von Schwingungsgrundsätzen beobachten wir bei der Abfederung von Straßen- und Schienenfahrzeugen.

Wir behandeln zunächst die Abfederung durch feste Medien, unter denen Stahlfedern in den verschiedensten Formen eine besonders hervorragende Rolle spielen. Der Zweck sämtlicher derartiger Federn ist, Stöße, die von den Unebenheiten der Fahrbahn herrühren und auf die Räder übertragen wurden, abzumildern. Auf Grund unserer theoretischen Ausführungen wissen wir, daß die Eigenfrequenzen des betreffenden Fahrzeuges hierbei maßgebend sind. Nehmen wir an, der Wagen hätte nur eine einzige Schwingungsmöglichkeit — etwa in vertikaler Richtung — und er könnte als materieller Punkt, der durch eine ihn unterstützende Feder in einer bestimmten Gleichgewichtslage gehalten wird, aufgefaßt werden, so können wir die Stoßtheorie des materiellen Punktes mit genügender Genauigkeit übernehmen. Das praktische Ergebnis hierbei ist:

Die Eigenfrequenz eines Fahrzeuges darf nie in einer solchen Gegend liegen, daß sie bei der meist gebrauchten Fahrgeschwindigkeit desselben in einige Nähe der Frequenzzahl der Fahrtunebenheiten zu liegen kommt. Mit andern Worten: Ist v die Fahrgeschwindigkeit pro min und ist z die Zahl der in einer Minute angetroffenen Fahrtunebenheiten, so soll zunächst z um 50 vH tiefer als die Eigenfrequenz oder um 100 vH höher als sie liegen. Außerdem soll aber die durchschnittliche Dauer der Unebenheiten ebenfalls im gleichen Maße von der Eigenschwingungsdauer des Fahrzeuges abweichen. Man wird einwenden, daß die Fahrtunebenheiten ganz unregelmäßig seien, daß sie insbesondere von der verschiedensten Länge sein können. Trotzdem erscheint es aber richtig, auf die angegebene Forderung etwas zu achten. Zunächst sei an sämtliche Schienenfahrzeuge erinnert. Hier wechseln tatsächlich die Schienenstöße in regelmäßigen Abständen und außerdem ist auch die Stoßeinwirkung auf den Wagen bei den einzelnen Schienenstößen im allgemeinen gleich, da der Abstand der Querschwellen vom Schienenstoß im allgemeinen gleich groß ist bezw. sich mindestens gleich groß halten läßt. Dazu kommt noch, daß eine bestimmte Wagengattung meistens mit einer bestimmten Durchschnittsgeschwindigkeit fährt und lediglich insofern ein Unterschied besteht, als diese Geschwindigkeit bei Schnellzugswagen größer als bei Personenzugswagen ist. Für verschiedene Wagengattungen lassen sich aber ohne weiteres verschiedene Federungen ausführen. Es sind also bei Eisenbahnfahrzeugen bereits sämtliche Vorbedingungen gegeben, um die theoretischen Ableitungen anwenden zu können. Natürlich braucht man bei Eisenbahnwagen nicht daran zu denken, daß eine Art Resonanz eintritt, so daß etwa der Wagen dauernd hin und her pendelt. Nachdem auf die einzelnen Schienenstöße immer verhältnismäßige lange Strecken — die Schienen — folgen und außerdem die Federung aus gut gedämpften Blattfederwerken besteht, tritt vielmehr nach jedem Stoß eine Beruhigung ein. Es sei aber ausdrücklich darauf hingewiesen, daß es entsprechend unseren theoretischen Ausführungen äußerst wichtig ist, daß die Stoßdauer im Vergleich zur Eigenschwingungsdauer des Wagens möglichst kurz ist. Je kürzer sie ist, um so weniger Schwingungsenergie wird der Wagen in sich aufnehmen können und um so rascher wird er sich daher beruhigen.

Eine weitere Forderung folgt ebenfalls aus theoretischen Erwägungen. Für ein möglichst sanftes Fahren soll die Masse des Wagens groß sein. Je größer sie ist, um so geringer wird für einen gegebenen Stoßkraftverlauf die auf die Insassen einwirkende Beschleunigung sein, um so angenehmer wird das Fahren sein. Für die Beanspruchung der Federn ist allerdings die große Wagenmasse nicht günstiger und außerdem spielen bei der Bemessung der letzteren noch andere ausschlaggebendere Gründe als möglich ruhiges Fahren mit.

Die Abdämpfung etwa entstandener Schwingungen wird bei Eisenbahnfahrzeugen im wesentlichen nur durch die mechanische Reibung in den einzelnen Gelenken und insbesondere zwischen den Blättern der einzelnen Federn erzielt. Diese Dämpfung ist eine zwar sehr einfache aber verhältnismäßig rohe.

Auch bei Straßenfahrzeugen wird man gut tun, die stoßtheoretischen Erwägungen zu beachten, trotzdem hier zunächst nicht von einer regelmäßigen Stoßdauer oder, was bei gegebener Fahrtgeschwindigkeit auf das gleiche hinauskommt, allgemein von einer gleichmäßigen Länge der Unebenheiten gesprochen werden kann. Bei gepflasterten Straßen wären allerdings dieselben entsprechend dem gleichmäßigen Abstand der Pflastersteine gleich groß; diese Stöße sind aber im Vergleich zur Eigenfrequenz des Wagens von kurzer Dauer, so daß die hierdurch hervorgerufenen Beschleunigungen noch nicht besonders unangenehm empfunden werden.

Andererseits hat man bei Landstraßen gerade in letzter Zeit hervorgerufen durch den starken Kraftwagenverkehr eine zunehmende Verschlechterung beobachten können. Dem aufmerksamen Beobachter wird es hier auffallen, daß vielfach die vorkommenden Unebenheiten von annähernd gleicher Länge sind und häufig in gleichen Abständen sich wiederholen. Das liegt nicht an der Beschaffenheit der Landstraßen, sondern vielmehr in dem Umstande, daß die Eigenfrequenzen der einzelnen Kraftwagen nicht viel differieren, so daß die letzteren, durch eine anfängliche Unebenheit nach oben beschleunigt, sämtlich ungefähr an der gleichen Stelle aufschlagen, wieder in die Höhe springen, nochmals aufschlagen und so fort. Das Aufschlagen wolle man hier nicht so auffassen als ob demselben ein Ablösen des Rades vom Boden vorangegangen wäre. Dies wird nur in den allerschlimmsten Fällen vorkommen. Im allgemeinen handelt es sich lediglich um starke Schwankungen des Raddruckes.

Bei Kraftwagen hat man auch vielfach Dämpfungseinrichtungen versucht. Es würde zu weit führen auf dieselben näher einzugehen. Aus schwingungstechnischen Erwägungen müssen wir von einer guten Dämpfungseinrichtung verlangen, daß sie bei den sehr häufig vorkommenden kleinen Unebenheiten nur schwach wirkt, dagegen um so stärker, je größer die durch den Stoß hervorgerufenen Beschleunigungen sind. Sie soll also nicht wie eine rein mechanische Reibung von der Geschwindigkeit unabhängig sein, sondern vielmehr proportional der ersten oder zweiten Potenz derselben sein. Außerdem soll das Dämpfungsmittel seine Wirksamkeit nicht im Laufe der Zeit verändern. Ferner sollte es bei der ersten Durchbiegung möglichst wenig wirken und erst hernach bei der Rückfederung bzw. den darauf folgenden Schwingungen stark.

Die beste Kraftwagenfederung ist bekanntlich der Pneumatik. Er besitzt die vorzügliche Eigenschaft, daß er sich den Unebenheiten weitgehend anschmiegt, so daß bei den häufigen kleinen Unebenheiten lediglich ein Einbeulen des Laufmantels entsteht, ohne daß sich deshalb der Radmittelpunkt hebt. Lediglich bei großen Unebenheiten tritt ein Heben des Rades selbst ein; aber auch hier bewahrt der Pneumatik seine stoßmildernde Eigenschaft, insofern als er die schroffen Ecken und Vertiefungen ausgleicht und eine mehr gleichmäßige Beschleunigung und Verzögerung des Rades bewirkt, d. h. die Größtwerte der Beschleunigung auch hier ganz erheblich herabsetzt. Bei einem Fahrrad hebt sich beim Überfahren einer zylindrischen Stabes von 9 mm Durchmesser also einer ziemlich erheblichen und plötzlich einsetzenden Unebenheit der Radmittelpunkt nur um 3 mm, d. h. dem dritten Teil der Unebenheit.

Es ist nicht gleichgültig, wie stark der Luftschlauch aufgepumpt wird. Für das Fahren auf der Landstraße wird mit Rücksicht auf gelegentliche starke Unebenheiten und auf die Vermeidung eines Aufstoßens der Felge ein ganz strammes Aufpumpen sehr angebracht sein, umgekehrt werden z. B. bei gleichmäßiger Granitpflasterung die Stöße durch die Lücken zwischen den einzelnen Pflastersteinen weniger zu spüren sein, wenn der Luftschlauch nicht ganz stramm aufgepumpt wird, aber doch so weit, daß die regelmäßigen durch die Lücken zwischen den Steinen entstehenden Stöße bei weitem kein Auftreffen der Felge mehr hervorrufen. Davon kann man sich leicht durch einen praktischen

Versuch mit einem gewöhnlichen Fahrrad überzeugen. Ebenso wird man bei letzterem bei genauerer Beobachtung finden, daß es zweckmäßig ist, das Hinterrad wegen der größeren auf dasselbe treffenden Belastung etwas stärker als das Vorderrad aufzupumpen. Allgemein läßt sich sagen, daß das Aufpumpen nur so weit getrieben werden sollte, daß bei den heftigsten vorkommenden Stößen noch bestimmt kein Aufstoßen der Felge eintritt.

Aus diesem Grunde bieten auch Ballon- und Riesenluftreifen beim Kraftwagen Vorteile: Die vom Reifen bedeckte Straßenoberfläche wird größer, d. h. bei Löchern wird der Reifen nicht nur vor und hinter denselben, sondern auch zu beiden Seiten sich aufstützen können und damit ein Abwärtsbewegen des Radmittelpunktes verhindern; durch

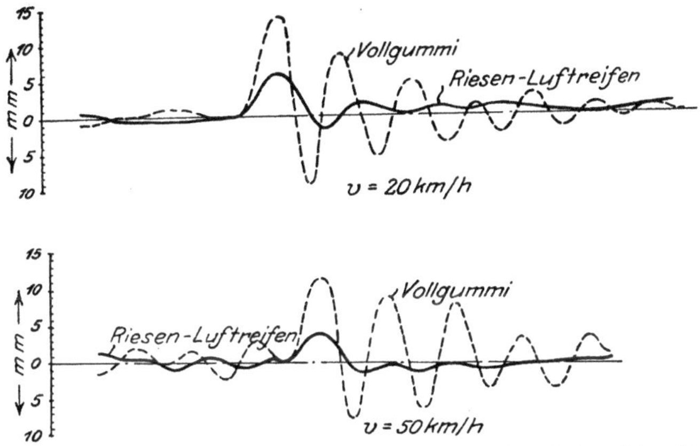

Abb. 287 und 288. Unterschied im Verhalten eines Vollgummi und eines Riesenluftreifens bei verschiedenen Fahrtgeschwindigkeiten.

die große Dicke eines solchen Reifens können aus der Straße hervorragende Unebenheiten schon sehr groß sein, ohne daß ein Aufstoßen der Felge eintritt. Durch die große, die Straße berührende Fläche kann der Luftdruck erheblich herabgesetzt werden, was wieder eine weichere Federung d. h. eine niedrigere Eigenfrequenz und damit geringere Beschleunigungen des Rades hervorruft für den Fall, daß die Unebenheiten bereits so groß sind, daß ein merkliches Heben des Rades entsteht.

Welchen erheblichen Nutzen ein Riesenluftreifen gegenüber einem Vollgummireifen bietet, folgt aus Abb. 287 und 288, in welcher die Schwingungen der Triebräder eines Lastwagens bei Fahrt über ein 15 mm hohes Hindernis bei einer Geschwindigkeit von 20 und 50 km/St. dargestellt sind. Entsprechend den geringeren Schwingungen sind auch die auf die Bahn (Straße) wirkenden wechselnden Raddrücke viel geringer, was sowohl für die Bereifung als auch die Straßenoberfläche sehr wichtig ist.

Neben der äußerst wichtigen Eigenschaft, kleine Unebenheiten vollständig auszugleichen und größere wenigstens beträchtlich abzumildern, besitzt aber der Luftreifen noch zwei weitere sehr schätzenswerte Eigenschaften:

Die Abhängigkeit der Kraft von der Durchbiegung befolgt nicht das Geradliniengesetz, sondern die Zunahme der Durchbiegung wird vielmehr mit steigender Kraft etwas geringer. Es hängt dies damit zusammen, daß mit zunehmender Eindrückung, wie wir an Stelle der Durchbiegung sagen können, die vom Laufmantel berührte Bodenfläche immer größer wird und infolgedessen ein immer größeres Luftvolumen verdrängt werden muß. Experimentell ergibt sich die in Abb. 289 dargestellte Abhängigkeit. Dieselbe zeigt, daß bei den am häufigsten vorkommenden kleinen Unebenheiten die Federung sehr weich ist, daß sie aber bei großen Unebenheiten steifer wird und so zwar hierbei ein Heben des Radmittelpunktes hervorruft, aber ein Aufstoßen der Felge und damit harte Stöße wirksam verhindert.

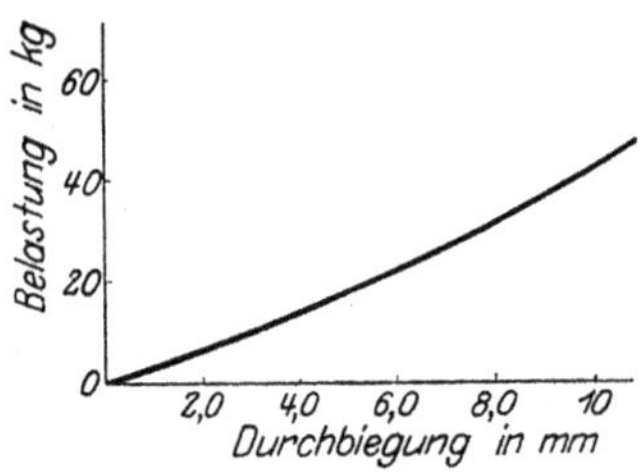

Abb. 289. Abhängigkeit der Durchbiegung von der Belastung für einen Fahrrad-Luftreifen.

Eine weitere sehr wichtige Eigenschaft des Luftreifens ist der Umstand, daß im Gegensatz zu allen andern Federungen die nicht abgefederte Masse nur äußerst gering ist. Sie besteht auch bei Kraftwagen bereifungen nur höchstens aus einigen wenigen Kubikzentimetern Gummi des Mantels und des Luftschlauches. Dadurch wird sowohl die bei Stößen, d. h. bei die Straßenunebenheiten durch Schwingungen verloren gehende Energie wesentlich verringert als auch gleichzeitig die Landstraße geschont. Während des Weltkrieges, als in Deutschland vielfach an Stelle der beschlagnahmten Luftbereifungen federnde Räder angewendet wurden, konnte man, soweit Fahrräder in Betracht kamen, leicht an sich selbst die Beobachtung machen, daß das Fahren mit federnden Rädern viel anstrengender war als mit Luftreifen. Ebenso ist bekannt, daß die eisenbereiften Räder von Lastkraftwagen infolge ihrer größeren unabgefederten Masse die Landstraßen in viel höherem Grade ruinierten als die gummibereiften oder gar die luftbereiften Fahrzeuge.

Alle diese überaus wertvollen Eigenschaften machen die Luftbereifung zur unumstrittenen Herrscherin auf dem Gebiete der Abfederung von Straßenfahrzeugen.

Bisher haben wir bezüglich der Abfederung eines Fahrzeuges von der Ermittlung der Eigenfrequenzen desselben abgesehen und sozusagen nur einen materiellen Punkt oder, was auf das gleiche hinauskam, ein einziges Rad im Auge gehabt. Ein Kraftwagen weicht aber in manchen Punkten von diesem einfachen Bilde ab. Zunächst tritt zu der Federung durch den Luftreifen noch eine solche durch Stahlfedern insbesondere Blattfederwerken. Diese Federwerke und die auf sie treffenden statischen Belastungen können verschieden sein. Sie sind bei zwei Rädern der gleichen Achse wohl gleich; zwischen Vorder- und Hinterachsbelastung- und Federung finden sich dagegen normalerweise erhebliche Unterschiede. Endlich steht der Kraftwagen an 4 Punkten mit der Landstraße in Berührung; von dem Ausnahmefall, daß zufällig an allen 4 Stellen gerade gleich starke Stöße auftreten, wollen wir bei der folgenden Untersuchung absehen. Um endlich unsere Betrachtungen nicht zu langwierig und verwickelt zu gestalten, wollen wir annehmen, die Unebenheit wirke auf die beiden Vorderräder gleichzeitig und in gleicher Stärke ein. Praktisch trifft dies zum Beispiel beim Überqueren eines Eisenbahngeleises zu. Ebenso gilt die Betrachtung für den Fall eines Motorrades. Wie nehmen hier zunächst an, das Chassis des Wagens sei starr. Untersucht man nun hierbei für beliebig gegebene elastische Verhältnisse der Vorderachs- und Hinterachsfederung — unter Vernachlässigung der Masse der Räder und der Federung durch die Bereifung, — wo eine vertikale Kraft am Chassis angreifen muß, um eine rein vertikale Bewegung des letzteren (ohne irgendwelche zusätzliche Verschiebungen in Form von Drehungen hervorzubringen, so findet man diesen Angriffspunkt C im Abstand $AC = BC \cdot \frac{c_h}{c_v}$, wobei c_v die Federkonstante für die Vorderachsfederung, c_h jene für die Hinterachsfederung, A die Vorderachse, B die Hinterachse und AB ihr Abstand ist. Man findet weiter zwei ausgezeichnete Punkte P und Q, von denen der eine (P) zwischen und der andere (Q) außerhalb AB liegen, welche durch die Lage und Größe der Chassismasse und das Verhältnis der Steifigkeit der Vorder- und der Hinterachsfederung bestimmt sind. Näheres über die Lage dieser Punkte findet der Leser in Engineering 1925: „The free vibrations of an autocar" von Guest. Die beiden Punkte sind dadurch ausgezeichnet, daß, wenn irgendwo eine vertikale harmonische Kraft angreift, das Chassis je eine rein sinusförmige Drehschwingung um je eine wagrechte durch die betreffenden Punkte gehende Achse ausführt. Die Eigenfrequenzen sind im allgemeinen für beide Punkte verschieden. Erleidet daher die Vorder- oder die Hinterachse einen Stoß in der vertikalen Richtung, so werden die einzelnen Punkte des Chassis gleichzeitig zwei Sinusschwingungen von verschiedener Dauer ausführen, die sich über einanderlagern und die, weil ihre Stärke (Ausschlag) für jeden Punkt anders, ein verwickeltes Bild ergeben. Die beiden dynamisch und elastisch konjugierten Punkte werden dagegen stets nur rein harmonische Schwingungen ausführen. Eine Person, die in einem derselben sitzt, wird daher an Stelle einer unregelmäßigen Bewegung eine sinusförmige verspüren. Da die Sinusbewegung unter allen periodischen Bewegungsarten einen gegebenen Ausschlag mit der geringsten Beschleunigung ermöglicht, so wird das Fahren in einem an einem dieser beiden ausgezeichneten Punkte angebrachten Sitz am angenehmsten sein.

Durch entsprechende Massenverteilung und Abstimmung der Federn kann man erreichen, daß gerade an einer bestimmten Stelle, wo man den Sitz anzuordnen wünscht, nur eine harmonische Schwingung eintritt. Ebenso läßt sich erreichen, daß der eine konjugierte Punkt (Q) in die Unendlichkeit rückt, d. h. daß die Drehschwingung um diesen Punkt in eine vertikale harmonische Parallelbewegung des ganzen Chassis übergeht. Dies ist dann der Fall, wenn in bezug auf die Massen und Federn vollständige Symmetrie herrscht, wie z. B. bei Eisenbahnwagen. Bei letzteren ist auch dem Laien bekannt, daß das Fahren in einem Platz in der Mitte des Wagens d. h. dem konjugierten Punkt P angenehmer ist als an den Enden. Hervorgehoben sei noch, daß das Gewicht der auf dem Sitz Platz nehmenden Person bei der vorstehenden Theorie keine Rolle spielt; es beeinflußt lediglich die Eigenfrequenz.

Im Zusammenhang mit der Abfederung eines Fahrzeuges in vertikaler Richtung möge auch jene in horizontaler Richtung behandelt werden. Die letztere ist im allgemeinen stiefmütterlich behandelt worden, obwohl sie dies keineswegs verdient. Man kann sich in jedem fahrenden Eisenbahnwagen namentlich bei freiem Stehen, ohne sich irgendwo anzuhalten, überzeugen, daß im Vergleich zu den Stößen in vertikaler Richtung jene horizontal quer zur Fahrtrichtung viel unangenehmer sind, eine natürliche Folge des Umstandes, daß eine Abfederung in dieser Richtung so gut wie gar nicht vorhanden ist. In der Fahrtrichtung sind dagegen von Anfang an Federungen, die sogenannten Puffer, vorgesehen.

Unter den Dämpfern, die zur Abdämpfung etwa entstandener Fahrzeugschwingungen dienen, haben sich insbesondere die progressiv wirkenden Dämpfer eingeführt. Wenn dieselben auch in ihrer Bauart außerordentlich verschieden sind, so haben sie doch alle das eine gemeinsam, daß sie bei geringen Ausschlägen nur wenig, dagegen bei großen Ausschlägen stark dämpfen. Die Dämpfung selbst erfolgt entweder durch rein mechanische Reibung zwischen zwei aufeinander gleitenden Metallscheiben, oder durch Flüssigkeitsreibung, welche durch einen engen Spalt hindurchgepreßt wird. Es würde zu weit führen, auf die einzelnen Dämpferbauarten näher einzugehen; es sei hier nur kurz angegeben, daß der sogenannte Bob-Dämpfer wohl diejenige Konstruktion darstellt, die die progressive Wirkung am deutlichsten erkennen läßt.

Über die früher üblichen Puffer, die gewöhnlich mit Kegelstumpffedern versehen waren, ist kaum etwas zu sagen. In neuester Zeit hat sich die Praxis auch mit dieser Frage beschäftigt und die sogenannten Reibungspuffer herausgebracht. Hierbei werden sogenannte Reibaggregate, welche auf Zug und Druck wirken, an die Feder angebaut. Wird die Feder von der einen oder andern Seite belastet, so bleibt das eine Aggregat in Ruhe, während das andere entsprechend arbeitet. Die Wirkungsweise ist am besten aus der Abb. 290 zu ersehen. Beim Hingang (Belastung) verhält sich die Feder wie eine gewöhnliche, beim Rückgang tritt aber die Reibung in den eigens angeordneten Reibelementen in Tätigkeit und verringert die Rückstoßkraft gegenüber einer gewöhnlichen Feder auf die Hälfte bis ein Drittel. Die Beanspruchung der Feder wird dadurch gegenüber einer sonst gleichen Feder aber ohne die zusätzlichen Reibelemente nicht verringert; desgleichen bleibt auch die größte auf das Fahrzeug einwirkende Stoßkraft dieselbe. Die günstige Wirkung zeigt sich erst beim Rückgang, wo infolge der starken Reibung die Stoßenergie rasch aufgezehrt wird und das Fahrzeug ohne stärkere Pendelungen schnell zum Stillstand kommt.

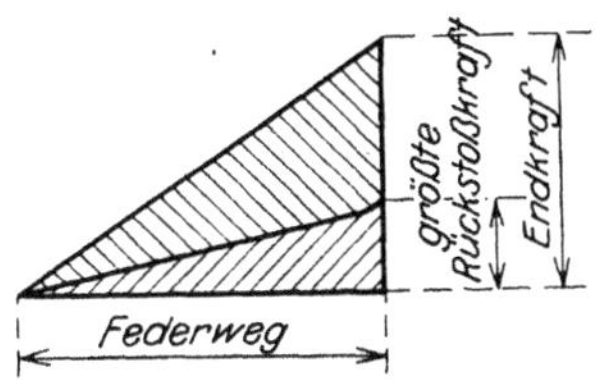

Abb. 290.

GPSR Compliance

The European Union's (EU) General Product Safety Regulation (GPSR) is a set of rules that requires consumer products to be safe and our obligations to ensure this.

If you have any concerns about our products, you can contact us on ProductSafety@springernature.com

In case Publisher is established outside the EU, the EU authorized representative is:

Springer Nature Customer Service Center GmbH
Europaplatz 3
69115 Heidelberg, Germany

Batch number: 10682323

Printed by Printforce, the Netherlands